高职高专“十一五”计算机辅助
设计与制造专业规划教材

机械 CAD/CAM 技术与应用

主　编　王　伟　宋宪一
副主编　何柏海
参　编　郭兰申　张新江

机械工业出版社

本书是为高职高专计算机辅助设计与制造专业编写的教材。该教材采取理论、技术应用与实训教学相结合，并参考当今CAD/CAM领域常用专业系统软件内容，通过绘图、设计、分析、模拟测试及判断优化解决实际问题，使读者掌握CAD/CAM基本理论知识和技术的应用。本书主要内容包括以下几个部分：CAD/CAM技术概述；机械CAD技术概述；图形处理与三维建模技术；机械CAD技术在机械工程中的应用；计算机辅助工程分析技术（CAE）；机械CAM技术概述；计算机辅助工艺过程设计技术（CAPP）；数控加工编程技术；机械CAM技术在机械工程中的应用。每章后附有一定数量的思考题。

本书是在作者多年从事CAD/CAM领域科研、教学的基础上，于理论/实训过程中创作产生的。本书内容全面并有所创新，便于教学和自学，具有高职高专特色，符合高职高专的培养目标和要求。本书是三年制高等职业教育机械类相关专业领域培养指导方案中的一门重要专业技术课程教材，本教材可作为计算机辅助设计与制造、模具设计与制造、机械制造以及机电技术应用等专业的教学用书，也可供有关工程技术人员参考。

图书在版编目(CIP)数据

机械CAD/CAM技术与应用/王伟，宋宪一主编．—北京：机械工业出版社，2008.1（2014.10重印）
高职高专“十一五”计算机辅助设计与制造专业规划教材
ISBN 978-7-111-22929-2

Ⅰ．机…　Ⅱ．①王…②宋…　Ⅲ．①机械设计：计算机辅助设计-高等学校：技术学校-教材②机械制造：计算机辅助制造-高等学校：技术学校-教材　Ⅳ．TH122　TH164

中国版本图书馆CIP数据核字（2007）第183927号

机械工业出版社（北京市百万庄大街22号　邮政编码100037）
策划编辑：崔占军
责任编辑：王海峰　王德艳　版式设计：冉晓华　责任校对：吴美英
封面设计：马精明　　　　　责任印制：刘　岚
北京市朝阳展望印刷厂印刷
2014年10月第1版第5次印刷
184mm×260mm · 17印张 · 418千字
12501-14000册
标准书号：ISBN 978-7-111-22929-2
定价：32.00元

凡购本书，如有缺页、倒页、脱页，由本社发行部调换
电话服务
社服务中心：(010) 88361066
销售一部：(010) 68326294
销售二部：(010) 88379649
读者购书热线：(010) 88379203
网络服务
门户网：http://www.cmpbook.com
教材网：http://www.cmpedu.com
封面无防伪标均为盗版

前　言

随着科学技术的不断发展，特别是计算机应用技术的日新月异，CAD/CAM 技术在国内已得到广泛应用，成为实现先进制造技术的一种必然趋势。特别是近几年，企业信息化从 CAD/CAM 的单元应用向 PDM(Product Data Management 产品数据管理)、PLM(Product Lifecycle Management 产品生命周期管理)的集成应用过渡，现代网络化制造环境中信息化发挥着重要作用。CAD/CAM 技术作为联结设计与生产、产品与管理的纽带以及 CIMS(Computer Integrated Manufacturing System 计算机集成制造系统)技术进入了一个新的突飞猛进的应用和发展阶段。广大工程技术人员迫切希望我国在“两甩”工程的实现中有效地解决取代传统的设计及手工绘图、编制工艺卡片、解决加工问题等模式，从而有更多的时间用来进行制造业的科技创新。

机械 CAD/CAM 技术在我国出现于 20 世纪 70 年代，现在已经在机械、航空、电子、造船、汽车、石油、建筑、地质、测绘及轻工等行业得到了应用及深层次的推广。目前，我国一些科研机构、高等院校正继续加紧研究开发适合国情和符合民族工业发展的，并能与国际同类技术接轨的 CAD/CAM 技术。国内的一些理工科院校也已经开设有关课程。所以说，普及和推广应用这一新兴学科，促进我国科学技术的迅速发展，提高产品设计和制造水平，已势在必行。

在 CAD/CAM 技术的研究、开发与推广应用的过程中，需要各种人才，为了培养 21 世纪高级技术应用型人才，我们根据高职高专计算机辅助设计与制造专业的教学要求，对 CAD/CAM 技术在知识体系上作了调整并组织编写了这本教材。

在编写过程中，本着由浅入深、循序渐进及通俗易懂的指导思想与原则，从 CAD/CAM 系统的基础介绍开始，对机械 CAD 技术、计算机辅助工程分析（CAE）技术、计算机辅助工艺过程设计（CAPP）技术及机械 CAM 技术的理论进行阐述，同时对机械 CAD/CAM 技术在机械工程中的应用采用实例进行说明，从而对机械 CAD/CAM 技术的了解和应用作了全面的分析。力争通过本书的学习使广大读者对 CAD/CAM 技术的基本用途与功能有一较全面的了解，为进一步学习 CAD/CAM 技术打下基础。本教材内容全面，有所创新，便于教学和自学，具有高职高专特色，符合高职高专的培养目标和要求。为了便于广大读者自学，在每一章末，都编写了一定数量的思考题。

本书由王伟、宋宪一任主编，张新江负责统稿。本书第一、二、五、六、七、九章由王伟、何柏海编写，第三、四章由宋宪一、张新江编写，第八章由郭兰申编写。本书引用了一些文献中的内容，在此编者谨对这些被引用文献的作者表示衷心的感谢！

由于编者水平有限，编写时间仓促，书中不足和疏漏之处在所难免，敬请广大师生及读者批评指正，以便再版时修改和补充。

编　者

目　录

第一章　CAD/CAM 技术概述

CAD/CAM 技术的发展是由社会、政治、经济等多方面因素决定的。纵观近两百年制造业的发展史，影响其发展最主要的因素是技术的推动及市场永不停止的变化。一方面，随着人类的不断进步，人类的需求不断产生变化，因而推动了制造业的不断发展，促进了 CAD/CAM 技术的产生和进步。另一方面，人类科学技术的每次革命，必然引起制造技术的不断发展。

第一节　CAD/CAM 基本概念及发展史

CAD 和 CAM 分别是英文 Computer Aided Design 和 Computer Aided Manufacturing 的缩写，CAD/CAM 代表的是计算机辅助设计与制造。这一概念源于 20 世纪 50 年代末至 60 年代初，是在美国麻省理工学院的 D. T. Ross 发展的 APT 程序系统的基础上逐步形成的。APT（Automatically Programmed Tools）语言是通过对刀具轨迹的描述来实现计算机辅助与自动数控编程的系统，在发展这一程序系统的同时，人们就提出了一种设想：能否不描述刀具轨迹，而是直接描述被加工工件的尺寸和形状，由此产生了人机协同设计、加工的设想，并开始了计算机图形学的研究。1963 年，年仅 24 岁的麻省理工学院研究生 I. E. Sutherland 在美国的计算机联合大会上（SJCC）宣读了他的题为“人机对话图形通讯系统”的博士论文，由他推出的二维 SKETCHPAD 系统，允许设计者坐在图形显示器前操作光笔和键盘，在荧光屏上显示图形。这一研究成果具有划时代的意义，促进了计算机辅助设计和辅助制造的发展。同年，第一个被工业界发展的系统 DAC-1（Design Augmented by Computers）也在通用汽车公司问世，并且 IBM 公司发展了 2250 系列的显示装置。虽然这些研究在今天看来是很粗糙和不完善的，但它却大大推动了人们对 CAD/CAM 技术的关注和兴趣。首先做出响应的是美国的汽车工业，然后英国、日本、意大利等国的汽车公司也开始了实际应用，并逐步扩展到其他领域。

从 20 世纪 60 年代中期到 70 年代中期，针对某个特定问题的 CAD/CAM 系统蓬勃发展，出现了主要以自动绘图为目的的配套 CAD/CAM 系统（Turnkey System）。所谓配套 CAD/CAM 系统，一般是由 16 位小型计算机、数字化仪、显示装置、绘图机等硬件组成的，并与软件配套出售的自动绘图系统。与此同时，为适应设计和加工任务的要求，三维几何图形处理软件也相继得到了发展。例如英国的 BUILD 系统、日本的 TIPS-1 和 GEOMAP 系统、美国的 CADD 系统等相继出现。

自 20 世纪 70 年代中期以来，计算机的应用日益广泛，几乎深入到生产过程的所有领域，并形成了很多计算机辅助的“岛方案”（Island Schema）。如果不考虑企业行政管理方面的因素，仅集中在生产过程中的这些“岛方案”有：①计算机辅助产品设计及研究开发（CAD）；②计算机辅助工程分析（CAE）；③计算机辅助工艺规程制订（CAPP）；④计算机辅助加工制造（CAM）等。

CAD 最初的含义是计算机辅助绘图（Computer Aided Drafting），随着这项技术的不断发展，当今的 CAD 已发展成计算机辅助设计的含义（Computer Aided Design）。在 CAD 整个设计过程中，设计人员利用计算机进行工程设计，提高了工程设计的自动化水平。

CAE（Computer Aided Engineering），计算机辅助工程分析是面向工程技术人员的在计算机应用领域的有限元数值分析学科，可应用它对零部件进行强度、刚度以及结构优化计算分析，以避免在物理测试上消耗时间和物力；可以用任意方法对实体模型进行评估，及早发现设计缺陷并加以排除，并能正确评价计算分析结果。

CAPP(Computer Aided Process Planning)，计算机辅助工艺规程设计可利用计算机在分析和处理大量信息的基础上进行选择（加工方法、机床、刀具、加工顺序等）、计算（加工余量、工序尺寸、公差、切削参数、工时定额等）、绘图（工序图）以及编制工艺文件等。并且能有效地管理大量的数据，进行快速、准确的计算，进行各种形式的比较和选择，能自动绘图和编制表格文件等。

CAM(Computer Aided Manufacturing)是与 CAD 等同的另一计算机辅助工程，计算机辅助制造是利用计算机进行生产设备的管理、控制和操作的过程。在生产过程中，使用 CAM 技术能提高生产质量、降低成本、缩短生产周期、改善劳动条件。例如：利用计算机直接控制零件的加工，实现无图纸加工。

另外，还有计算机辅助生产计划与控制（PPS）、计算机辅助质量管理（CAQ）、计算机辅助测试（CAT）等。

在计算机辅助工程的应用过程中，人们把已经存在的 CAD、CAPP、CAM 系统通过局部网络连接起来，并通过一定的数据接口进行数据交换及后置处理，生成所谓集成的 CAD/CAM 系统。随着信息技术的不断发展，又有人提出要把企业内部所有分散的后续环节集成，这一设想不仅包括生产信息，也包括生产管理中所需全部信息，从而构成了一个计算机集成的制造系统（CIMS）。CIMS（Computer Integrated Manufacturing System），计算机集成制造系统是以企业为对象，借助于计算机和信息技术，使机械制造生产的各部分（从经营决策、产品开发、生产准备、生产实施到生产经营管理）有机结合为一个整体，以计算机来辅助制造系统的集成，即：以充分的信息交流及信息共享，促进制造系统和企业组织结构的优化运行，其目的在于提高企业的竞争能力及生存能力。总之，CIMS 是社会、经济、技术发展的必然趋势。

CAD/CAM 系统的应用日益广泛，从飞机制造到地质图的绘制，几乎遍及所有的工业部门。它已经成为人类改造社会、改造自然的强有力工具。可以说，没有 CAD/CAM 技术，机械、电子、建筑、宇航等行业就不会发展到今天这样高的水平。CAD/CAM 代替了人类的经验活动，从而可使设计人员、工艺人员从事更多的创造性的劳动，并提高了企业的适应性和柔性。CAD/CAM 在机械制造中的应用最为广泛，它可以完成从拟订方案、计算分析、绘图、编写文件、模拟和试验、自动加工、装配及控制一直到企业数据总结和管理。目前来看，CAD/CAM 系统继续发展的方向仍是提高使用方便性、柔性、集成性及通用性。

第二节　CAD/CAM 系统的作用与组成

一、系统的作用

由计算机以及其他外部设备（外围设备）组成并能体现 CAD/CAM 操作功能的集合称

为 CAD/CAM 系统。

CAD/CAM 是以计算机为核心来协助完成各种设计与制造任务，并为产品以后加工、技术文件管理提供必不可少的图形与其他相关技术信息的一项专门技术。利用它可以在产品设计过程中对所设计的产品的有关数据资源进行检索，对有关数据和公式进行高速计算，并可以利用有关输入设备及输出设备，采用人—机交互方式或批处理的方式控制和操纵 CAD/CAM 过程，从而完成诸如计算、绘图、模拟、NC 编程等一系列任务。结合设计人员本身的设计经验，对所设计产品生成各工作阶段的图形文件，这种图形文件可以是二维图形文件，也可以是三维图形文件，还可以是产品的外形效果图形文件。也就是说，利用 CAD/CAM 系统不仅可以在设计工作中对产品的内部结构进行图形设计，而且也可以完成外形的美工设计。设计人员可以随时在计算机屏幕上对设计方案进行适时修改、综合分析、审定和评价，最后通过系统中的输出设备输出设计图形和有关设计信息资料。由于设计过程中所使用的数据资料、公式图表以及图形文件等都存储在系统的数据库中，所以完成设计过程以后，设计者可以根据生产实际情况的需要，随时对它们进行调用，然后利用交互装置对所显示的图形文件不断进行人工干预，直到获得满意结果为止。通过系统之间的数据网络，还可以使某一处的数据资源实现多处共享。

总之，利用 CAD/CAM 系统不仅可以极大程度地减轻设计人员及工艺人员重复性强且繁琐的工作强度，缩短新产品的设计周期，最重要的是可以提高设计质量，使工艺安排合理、经济，满足日益激烈的市场竞争需要。另外，便于技术资源的管理与充分利用。

CAD/CAM 系统与传统的手工设计、编排工艺相比，有投资大、工作环境要求高、人员知识结构需要进行一定程度的提高等不同之处。

要想通过系统完成上述的各项工作，系统的合理组合是十分重要的。系统的构成是通过硬件和软件来实现的，如图 1-1 所示。它们的运行能力与功能强弱不仅直接影响整个系统的工作，而且在很大程度上会限制 CAD/CAM 技术的充分发挥和灵活运用。

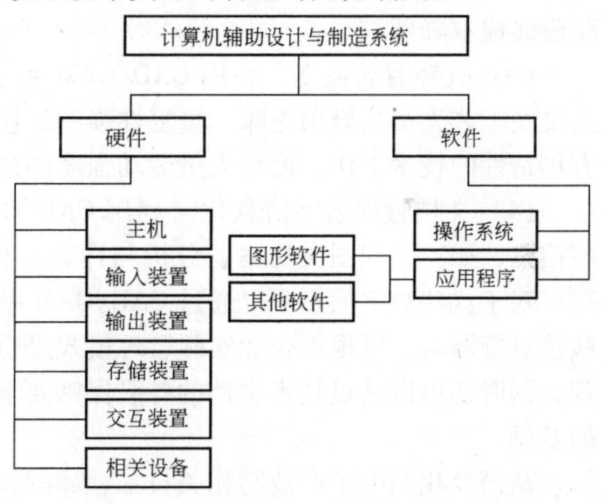

图 1-1　计算机辅助设计与制造系统构成

在考虑一套 CAD/CAM 系统的合理构成时，既要注意利用系统来出色地完成当前的工作任务，又要顾及今后的产品更新及系统功能扩展。资金的投入当然是必不可少的，但系统功能不能充分利用与发挥，变相造成资金积压也是一种浪费。所以，“物尽其用”是合理配置 CAD/CAM 系统的一个重要标准。

为了能利用 CAD/CAM 系统完成整个工程设计，包括较复杂的计算与各种性能模拟分析，乃至加工数据程序编制与加工设备的控制等工作，还需要在 CAD/CAM 系统的基础上加上一些专用的程序模块，使之形成一个从设计、计算、模拟分析与加工控制为一体的功能更加强大的系统。通常把这样的系统称为“广义 CAD/CAM 系统”或“C 调系统”。这样的系统往往对系统硬件环境的要求较高。随着 CAD/CAM 系统应用范围不断扩大，“广义 CAD/CAM 系统”与我们经常用来完成绘图的 CAD/CAM 系统之间的差别也正在不断地缩小。

“广义 CAD/CAM 系统”是由多个程序模块所组成的，常见的包括 CAD(Computer Aided Drafting)——计算机辅助绘图模块、CAM(Computer Aided Manufacturing)——计算机辅助制造模块、CAE(Computer Aided Experiment)——计算机辅助分析计算模块、CAPP(Computer Aided Process Planning)——计算机辅助(过程)工艺模块、CAQ(Computer Aided Quality)——计算机辅助检验模块等，在这些模块中又可以包括若干个子模块。这里需要说明，目前的 CAD/CAM 系统正朝着智能化、特征化、变量化、参数化、低运行条件化和低成本的方向发展。所以，应该广义地去理解 CAD/CAM 系统，而不能把它看作仅仅是一个用于绘图及加工方面的系统。

综上所述，对于一个 CAD/CAM 系统，可将其优缺点归纳如下：

（1）缩短周期　由于计算机本身在整个设计及辅助制造过程中，能高速准确地进行数据、设计资料和工艺流程的检索，对设计者提出的设计模型和工艺方案进行适时分析比较，并通过对外部设备的控制将其结果进行打印、绘图输出或模拟加工，对于必要的设计结果及工艺流程的安排进行存储以备调用，所以，能够大大缩短整个设计、制造周期，提高工作效率。CAD/CAM 系统的“适时修改”能力也是传统的手工设计及工艺安排所不能相比的。

（2）提高质量　在进行传统的手工设计及工艺安排时，通常采用的是经验类比和估算的方法。这种方法不仅效率低，而且设计、工艺流程质量的可靠性较差。使用计算机则可以对大量复杂的数学模型和计算公式进行精确的处理，可以采用优化设计的方法得到最佳的设计结果和工艺方案。设计质量和工艺方案的保证与提高会使得产品的废品率下降，最终使产品整体成本降低。

（3）减轻劳动强度　利用 CAD/CAM 系统从事设计及工艺流程安排，可以使广大设计人员及工艺人员从繁琐乏味、重复性强的工作状态中解脱出来，以便使其有时间进行更加具有创造性的技术工作。设计人员劳动强度的减轻，也使得人力资源需求下降。

（4）文档管理数字信息化　利用 CAD/CAM 系统完成工作后，其结果都可以转化为数字信息，如：工程图文档案、分析与计算过程、产品设计变更情况、工艺尺寸的合理安排等。对于这些数字信息可以通过 CAD/CAM 系统中的图文管理系统进行自动管理。在使用这些信息资源时，可根据企业实际管理模式进行授权负责使用，也可以按设计流程进行阶段管理，同时还可以满足技术文档的各级保密要求。而工程文档的数字信息化则是实现这些功能的基础。

从当今我国电子产业与相关技术领域的发展状况来看，CAD/CAM 系统与传统的手工设计及工艺方法相比还存在着一次性资金投入较大、技术人员知识结构需要提高等缺点与不足。另外，与传统的手工设计及工艺方式相比，由于整个工作是在计算机屏幕上完成的，所以图形文件整体可视区域小、设计结果输出成本较高也是尚需解决的问题。系统图形库的标准化、工作平台的国际通用化、中文字库字体的多样化等都是国产自主版权 CAD/CAM 系统软件有待改进的地方。

二、CAD/CAM 系统的类型

常见的 CAD/CAM 系统按其作用方式可分为三种类型：

（1）信息检索型设计系统　这种系统是先将一些设计及工艺过程中所用的标准机械零、部件和设计及工艺信息（如标准图形和材料信息、加工工艺条件、操作管理指令等辅助信息）存入 CAD/CAM 系统。在实际设计过程中，设计人员无需再对这些标准的零、部件进行重复性的设计，而只要将设计要求输入 CAD/CAM 系统，便能得到满意的设计结果，并可立即进行结果输出。但是，这种 CAD/CAM 系统由于需要事先进行大量的相关设计信息输入，前期工作量较大，而且其可交互性差，故多用于一些较成熟且已经标准化了的行业产品设计。

（2）试探型设计系统　试探型设计系统除具有信息检索型设计系统的优点以外，它还可以事先将一些较成熟的设计图形存入 CAD/CAM 系统中。当设计人员需要对某一产品图形进行修改时，可通过系统与图形显示装置将其调用并显示出来，然后设计人员根据自己的设计构思对其进行修改，从而产生新的设计结果及工艺流程的安排。这种系统多用于产品生产过程中的修改设计。

（3）人—机交互型设计系统　随着计算机与相关领域技术的不断发展，在综合了前面两种设计系统的基础上，出现了现在广泛使用的人—机交互型设计系统。所谓交互，是指操作者与计算机系统之间的信息与要求的往来，这种“往来”是通过 CAD/CAM 系统中的输入、输出和交互装置来实现的。但是，这些信息的调用与判别则是由系统的主机和其他部分来完成的。人们把这种系统又叫做“人—机会话型系统”。人与机之间之所以能够进行信息上的“交互”，除了系统本身由若干称之为“硬件”的设备组成以外，交互语言（软件）则起着桥梁的作用。而正是通过特定的交互语言，设计人员才能向系统适时表达自己的设计构思，同时系统也以最快的信息传输速度及时将分析和计算结果反馈回来。通过这样不断的信息交互，使所进行的设计工作不断修改完善，最后达到满意的程度。由于这种系统需要配置较多的质量好的计算机外部设备和相应的软件，所以一次性投资较大。

无论是哪种 CAD/CAM 系统，其系统的构成都是由硬件部分和软件部分所组成的，通常把它们称为 CAD/CAM 系统的外部运行环境和内部运行环境，这两部分构成了整个 CAD/CAM 系统。

对于一个配置优良的 CAD/CAM 系统来说，要想使其充分发挥作用，人的因素是十分重要的。特别是设计人员的设计经验与系统功能的结合，是获得最优设计结果和取得最佳投资效益的重要保证。同时，也只有这样才能充分体现出 CAD/CAM 系统作为一种设计手段的真正意义。所以说，一个功能较完善的 CAD/CAM 系统，是完成工作任务的工具，而不是用来研究系统本身的场所。

三、系统的组成

所谓系统，是指为着一个共同目标组织在一起的相互联系部分的组合。一个完善的 CAD/CAM 系统应具有下述基本功能：①快速计算和生成图形的能力；②存储大量程序、信息及快速检索的能力；③人机交互通信的操作功能；④输入、输出图形及信息的能力。

为了实现这些功能，CAD/CAM 系统应由工作人员、硬件和软件三大部分组成。其中，电子计算机及其外围设备称为 CAD/CAM 的硬件系统；操作系统和应用软件称作 CAD/CAM 的软件系统，如图 1-2 所示。

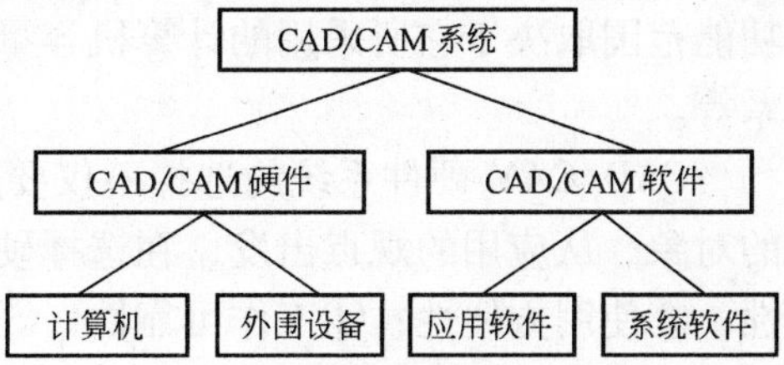

图 1-2　CAD/CAM 系统组成

操作人员在 CAD/CAM 系统中起着主导作用。他们通过人机对话的方式或批处理的方式控制和操纵 CAD/CAM 过程，从而完成诸如计算、绘图、模拟、NC 编程等一系列任务。有人将 CAD/CAM 系统的运行过程与汽车驾驶过程相比拟，认为汽车是硬件，开车技术是软件，汽车司机就相当于 CAD/CAM 系统中的操作人员。要想开好车，司机必须具备有关汽车结构、性能方面的知识和熟练的开车技术，同理，只有把软件、硬件及操作人员融为一体，才能更有效地发挥 CAD/CAM 系统的功能。

为了将人的创造性和计算机的优势有机地结合起来，人机对话式的 CAD/CAM 系统广为应用。人机对话型系统也称为人机交互型系统，在这样的系统中，运算的结果以图形或数据的形式快速显示在屏幕上，供设计者观察和判断，并通过光笔或键盘向计算机发出反馈信息或修改指令。因而这种系统与批处理形式相比具有很大的灵活性，很容易实现设计过程中的局部修改。目前市场上大量出售的 CAD/CAM 工作站就采用这种工作方式。所谓工作站可定义为工程师与 CAD/CAM 系统通信的工具。工作站是由一些设备组成，这些设备的设置和布局随 CAD/CAM 系统的不同而不同，但工作站最基本的组成部分是图形显示器。

根据软、硬件之间的依赖关系，CAD/CAM 系统还可分为配套系统和软、硬件柔性系统。在配套系统中，软件和硬件是作为一个整体来出售的，用户不需要再配置或移植软件，形象地说，打开系统的开关即可使用。而软、硬件柔性系统中，软件、硬件是任选的，或者其中一个是固定的，另一个是任选的。这种系统的最大优点是：用户可根据需要自由扩展系统的功能，其中硬件柔性系统也称为混合硬件系统，可采用下述方式配置：①不同制造厂家的不同外围设备；②不同计算机采用相同操作系统；③研究特定的硬件结构，但整体结构中的元件可互换。

（一）系统硬件结构

CAD/CAM 系统的硬件结构对整个系统综合性能的充分发挥起着十分重要的作用。它不仅为 CAD/CAM 系统提供了必不可少的基本运行条件，而且对最大限度提高工作效率、技术文档的可靠检索与管理以及系统功能的进一步开发都起着不可忽视的作用。所以，在考虑 CAD/CAM 系统硬件环境的配置时，要尽可能地做到配置科学、合理，功能先进，主机与外设之间能正确协调地工作，易于操作与维护。如果一味追求高档次，而系统功能不能得到充分利用，则会导致投资效益的低下，造成较大的浪费。总之，在配置系统硬件环境时，要根据工作任务的具体情况，也可以参考是否充分满足了事先已选定软件的运行条件，在资金许可的情况下，使所配置的硬件环境具有一定的超前功能。

CAD/CAM 硬件系统的典型结构如图 1-3 所示。它由：①计算机；②图形终端、字符终端；③绘图机；④打印机；⑤交互装置等组成。从硬件的角度来看，一个 CAD/CAM 系统的功能范围取决于它所采用的计算机容量、类型、通信方式、外围设备的数目、类型及相互关系等。

CAD/CAM 硬件系统的选择不仅要适应 CAD/CAM 技术发展水平，而且要满足它所服务的对象。从应用的观点出发，在选择硬件系统时应特别考虑下述几点：①工作能力；②经济性；③使用方便性；④工作可靠性；⑤维修方便性；⑥标准化程度及可扩充性；⑦工作环境要求；⑧响应时间及处理速度；⑨采用的语言；⑩存储容量，等等。

（二）系统软件环境

对于一个完整的 CAD/CAM 系统来说，只有硬件运行环境是不能进行工作的，还必须配备软件环境。这就好比有了录相机而还要放入录像带一样。通常所说的 CAD/CAM 系统软件环境，主要是指操作系统（系统管理软件）和应用程序两大部分。它们被称之为软件。无论是哪种软件，它们都是由若干个“子模块”所组成的，每一个“子模块”又是由许多个“子程序”所组成的，而每个“子程序”则是由若干条“命令语句”所组成的。

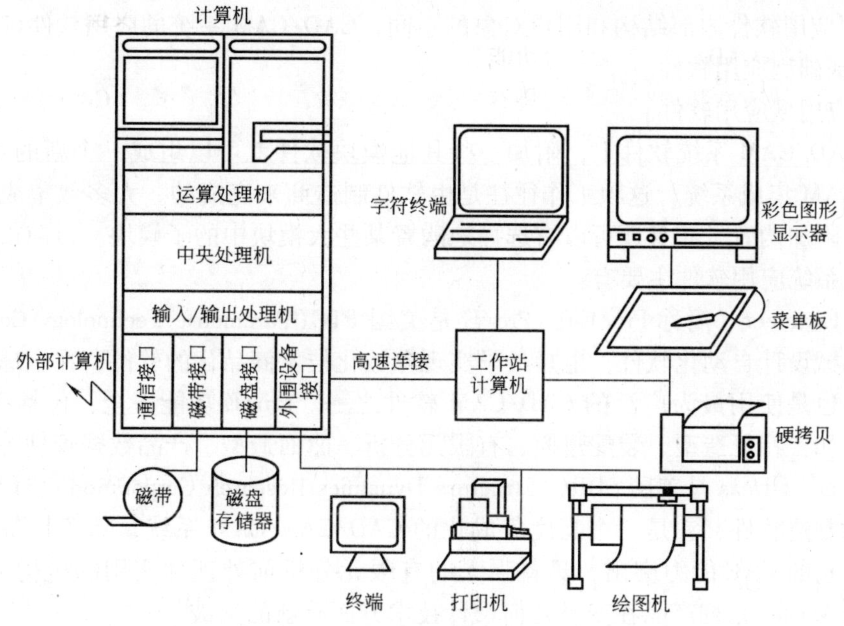

图 1-3　CAD/CAM 硬件结构

1. 系统管理软件

系统管理软件（操作系统）是整个 CAD/CAM 系统运行过程中指挥与管理的核心，是应用程序软件的运行环境，也称为工作平台。在进行 CAD/CAM 系统命令操作时，如某一个绘图命令或其他程序命令的调用、某一个图形数据信息和数据文档的管理都是由系统管理软件来完成的。

常见的微型计算机上流行的系统管理软件有 MS-DOS（PC-DOS）简称 DOS 系统、Windows 系列等，工作站上使用的是 Unix 操作系统。一个功能强大的 CAD/CAM 系统的运行，往往需要一个良好操作系统环境支持。

2. 应用程序

应用程序软件是 CAD/CAM 系统的功能核心软件，它代表着系统功能的强弱，并直接涉及整个工作任务能否完成。所以，正确选用 CAD/CAM 系统的应用软件显得十分重要。从不同的角度出发，CAD/CAM 系统的应用软件大致从以下几方面进行分类：

（1）按照应用软件对系统运行环境要求的不同，CAD/CAM 系统的应用软件可分为：

1）微型机版应用软件。

2）工作站版应用软件。

（2）按照应用软件适用工作领域的不同，CAD/CAM 系统的应用软件主要可分为：

1）机械行业类应用软件。

2）电子行业类应用软件。

3）建筑行业类应用软件。

4）美术行业类应用软件。

5）服饰行业类应用软件等。

（3）按照应用软件内部结构和用户对象的不同，CAD/CAM 系统的应用软件可分为：

1）专业基础型应用软件。

2）专业应用型应用软件。

在一个 CAD/CAM 系统软件上，附加一些其他模块软件就可以组成一个新的系统软件。例如：CAD/CAM 集成系统，这项工作往往是由软件制造商来完成的。大多数集成系统可按用户的需要来附加购置，而且还可以有选择地购置某些大模块中的子模块。目前市面上流行的 CAD/CAM 系统应用软件主要有：

（1）Pro/Engineer（简称 Pro/E） Pro/E 是美国 PTC(Parametric Technology Corporation)公司开发的机械设计自动化软件，也是最早实现参数化技术商品化的软件，在全球拥有广泛影响，在我国也是使用最为广泛的 CAD/CAM 软件之一。Pro/E 功能齐全，包括 70 多个专用功能模块，如：特征造型、装配建模、有限元分析、曲面造型、产品数据管理等等。

（2）I-Deas I-Deas 是美国 SDRC(Structure Dynamics Research Corporation)公司的产品辅助设计与辅助制造软件，它是一个高度集成化的 CAD/CAE/CAM 系统，除了具备一般的设计功能以外，它的 CAE 能力突出，具备强大的有限元分析前处理和实用的机构仿真能力。近年来推出的 Master 系列产品在变量几何设计技术方面有新的突破。

（3）UG UG 是美国 EDS(Electronic Data System)公司的产品，多年来，该软件汇集了美国航空航天以及汽车工业丰富的设计经验，发展成为一个世界一流的集成化 CAD/CAE/CAM 系统，在世界和我国都占有重要的市场份额。近年来，该公司成功收购并推出了 SolidEdge 系统，成为 CAD/CAM 终端系统的主导产品。

（4）SolidWorks SolidWorks 公司的 CAD/CAM 系统从一开始就是面向微型计算机系统，并基于窗口风格设计的，同时它采用了著名的 Parasolid 为造型引擎，因此该系统的性能先进，主要功能几乎可以和上述大型 CAD/CAM 系统相媲美。

（5）MDT MDT 是 Autodesk 公司继 AutoCAD 之后推出的集成化微机版 CAD/CAM 系统，它具有特征造型、约束装配和曲面造型能力，同时，它与 AutoCAD 完全集成。由于 AutoCAD 的世界性影响，同时由于 MDT 的真窗口风格、AISC 造型内核以及较好的曲面功能，使得它一推出，就成为备受欢迎的软件，在我国，它也广泛被企业所接受。由于该软件尚未提供 CAM 功能，它目前是一个仅用于设计的软件。

IBM 公司的 CATIA 系统、美国洛克希德公司的 CADAM 系统等也都是优秀的 CAD/CAM 支撑软件。另外，还有一些分析软件，如有限元分析软件 ANSYS、流动性分析软件 ModelFlow 和机械系统动力学分析软件 ADAMS，也是享有世界声誉的 CAD/CAM 应用软件。

3. 专用应用软件

专业应用软件是指针对用户具体要求而专门开发的软件。在实际应用中，根据用户的一些特殊要求，需要在通用的 CAD/CAM 软件基础上进行二次开发，增加一系列特殊功能，或基于一些通用开发环境（如 VC），开发全新的软件系统，这些软件就是专门的应用软件。专门应用软件和具体应用有关，形式不一，功能多样，应用领域较小，但数量巨大。

为了推动我国 CAD/CAM 系统的开发和应用，国家“863 计划”支持了一批自主版权的目标产品，并在国内大力宣传和推广，有代表性的产品如下：

（1）高华系列产品　北京高华计算机有限公司以清华大学为技术依托，专门从事 CAD/CAM 系统的开发与集成，主要产品包括：①高华计算机辅助机械设计与绘图系统；②高华三维产品造型与设计系统；③高华产品数据管理系统；④高华工程图档管理系统；⑤高华计算机辅助工艺设计系统。

（2）Inte 系列产品　武汉天喻集团公司前身是华软集团，是以华中理工大学 CAD 中心为基础发展起来的高新技术公司，对 CAD/CAM 技术进行了全面的研究和开发，并推出了系列 InteCAX 产品，在国内占有很大的市场，其主要产品包括：①二维绘图系统 InteCAD；②三维设计系统 InteSolid；③工艺设计系统 InteCAPP；④产品数据管理系统 IntePDM；⑤数控编程系统 InteCAM。

（3）华正系列产品　北京华正软件工程研究所以北京航空航天大学为技术依托，并与海尔集团合作，开发华正 CAXA 系列 CAD/CAM/CAE 软件，主要产品有：①电子图版；②注塑模具设计系统；③线切割系统；④数控铣及加工中心系统；⑤注塑工艺设计系统及工艺规程设计系统等。

另外，在国内有较好的市场声誉的 CAD/CAM 产品还有：广州红地公司推出的金银花系统；武汉开目公司推出的开目 CAD/CAM 系统；金叶西工大软件公司推出的金叶 CAPP 和金叶标准件建库系统；大工电脑发展有限公司推出的有限元分析和优化设计软件系统 JIFEX；广州大学推出的机构分析与仿真系统 GMECH。

第三节　CAD/CAM 系统工作流程

当了解了 CAD/CAM 系统的硬件及软件环境后，下面来看看它们之间是怎样进行协调工作的。一般来说，对于机械产品的设计与制造（制造的前期工作）都要经过如下几个工作环节：

（1）确定设计方案　根据产品用户提出的要求，确定产品的设计指导思想和原则，研究和确定工作原理，构思产品结构，绘制各种草图。

（2）施工设计　在方案设计的基础上，进行产品整体设计、部件设计和零件设计。完成这些工作则需要利用《机械制图》、《画法几何》与相关专业等知识，结合 CAD/CAM 系统应用软件进行各种零、部件的绘制。而在绘制时，主要进行假想三维零、部件外形的二维投影，并反映出各零件之间前后的遮挡关系；拆画零件图；抄画标准件或其他相似产品的“借用件”；进行各种所需数据的计算与统计。在整体结构初步满足强度、刚度等方面的条件及工作能力的要求时，初步设计告一段落。

（3）CAD/CAM 集成　CAD/CAM 系统设计的结果在进行工艺规程设计时，还需要将 CAD 输出的图样、文档等信息转换成 CAPP 系统所需要的输入数据，而这些数据正是在制造过程中所需要的参考信息。如果这一过程还需要人工完成，不但影响了效率的提高，而且在人工转换过程中难免会发生错误。只有当 CAD/CAM 系统生成的产品零件信息能自动转换成后续环节（如 CAPP、CAM 等）所需的输入信息，才最经济。这也是 CAD/CAM 集成系统提出的初衷，CAD、CAPP 和 CAM 系统之间数据自动传递和转换，使 CAD、CAPP、CAM 等独立系统集成起来，形成一体化。在这一过程中，可以通过实体、曲面的造型、加工轨迹仿真、工艺控制的后置处理等来检测设计的合理性及准确性。

（4）最终协调设计　进行施工设计时，难免在各阶段出现整体设计参数变化、尺寸变更、错误与遗漏等情况，通过 CAD/CAM 系统集成，可以找到必须进行修改的问题所在，这些都需要设计人员进行反复细致的检查和修改。往往一处的尺寸修改，要造成若干张设计图样的联锁变动。除图样以外，其他技术文件的编写也需使用 CAD/CAM 系统，如：撰写各种汇总明细表、整理设计计算结果等。总之，在这个阶段中，设计人员可利用 CAD/CAM 系统来完成整个设计工作的完善与收尾任务。

为保证设计的合理性、准确性及经济性，在整个设计过程中，主要有两个环节始终贯穿着所有工作。一个是方案的建立与确定，另一个则是不断地修改与完善。

当利用 CAD/CAM 系统进行一个产品的设计时，需要首先建立一个类似草稿或草图一样的构思和方案。这个构思和方案称为建立模型，简称“建模”。所建立的模型可以是二维平面的，也可以根据需要将二维图形转换成三维立体模型，或者直接建立一个三维立体模型。这些模型的建立主要是通过系统的主机、输入设备和显示屏幕来完成的，其整个过程可以在图形显示屏幕上进行观察。建模是利用 CAD/CAM 系统进行工作的开端，也是十分重要的一步，要想成功地完成这一工作，设计人员除了应具备良好的专业设计知识以外，具备较好的数学知识和几何学知识也是十分重要的。因为，在产生几何图形元素时（特别是复杂三维立体模型），经常要涉及数学计算和解析几何的方法。所以，有时又把所建立的模型称为数学几何模型。

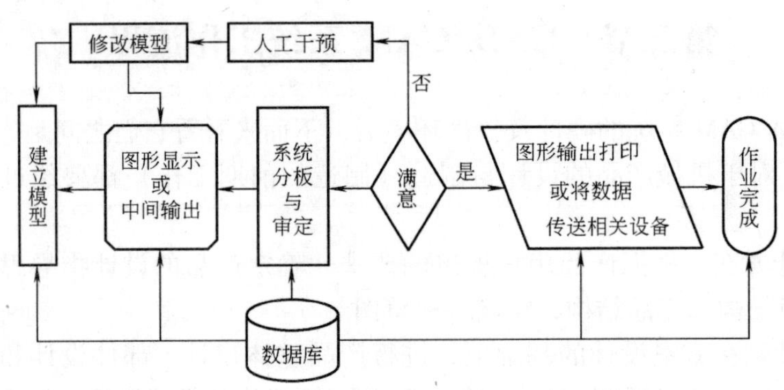

图 1-4　系统工作流程图

如图 1-4 所示，在完成了建立模型这一步以后，其结果可以在图形显示屏幕上进行显示，因为这个结果只是一个中间结果（通常是需要进行修改的），所以如果需要的话，也可将它们通过低成本的输出设备绘制在图纸上。在建立模型并在显示屏幕上进行显示时，系统还将对图形内容与操作过程的正确性、图形之间相互关系的逻辑性等进行分析与审定。当然，这个过程是十分快的，用户是察觉不到的。当系统的分析与审定得以通过时，被系统认为“满意”，用户也可以参加“意见”，这时，所得到的显示结果才能说是最终结果。对于最终结果，可以正式进行绘图仪输出、打印机打印或直接传递给相关的设备进行后续环节的工作。

如果分析与审定过程中出现错误信息提示，即系统认为“不满意”，此时就没有必要进行下一步的正式输出操作了，而是要进行“人工干预”。所谓人工干预就是通过一些操作命令，特别是编辑、几何图形变换或元素属性改变等功能对模型进行“适时修改”，以便能得到一个新的模型。这是CAD/CAM系统的一个十分重要的优势之一，也是传统的手工设计方法所不能做到的。然后，再循环上面的过程，如果还出现“不满意”的情况，那么就需要继续进行“人工干预”，直至“满意”为止。最后，进行正式输出操作。

在整个CAD/CAM的工作过程中，系统随时都需要从系统的数据库里调用有关的操作命令、产生几何图形元素的信息、硬件设备的驱动程序和文件属性信息等，CAD/CAM系统对于文件的管理也有一定的优势。CAD/CAM系统的集成有信息集成、过程集成和功能集成。目前的CAD/CAM系统大多只停留在信息集成基础上，因此，一般所谓CAD/CAM集成是指把CAD、CAE、CAPP集成，CAD、CAM等各种功能软件有机地结合在一起，用统一的执行程序来控制和组织各功能软件信息的提取、转换和共享，从而达到系统内信息的畅通和系统协调运行的目的。

第四节　CAD/CAM技术应用现状及发展趋势

一、CAD/CAM技术在我国的应用现状

CAD/CAM技术发展至今已有较长的历史，无论是硬件技术、软件技术还是应用领域都发生了巨大变化。CAD/CAM技术的发展大致经历了三个阶段：

（1）单元技术的发展和应用阶段　在这一阶段，分别针对一些特殊的应用领域，开展了计算机辅助设计、分析、工艺、制造等单一功能系统的开发及应用。这些系统的通用性差，应用不普及，系统之间数据结构不统一，出现信息孤岛现象，系统之间难于进行数据交换。

（2）CAD/CAM集成阶段　随着一些专业系统的应用普及，出现了通用的CAD、CAM系统，而且系统的功能迅速增强。例如：CAD/CAM系统从二维建模迅速发展到三维建模，特征造型、参数化设计等先进技术被CAD/CAM系统普遍采用，CAD、CAE、CAPP、CAM系统实现集成或数据交换标准化，CAD/CAM的应用已经取得显著成效。

（3）CIMS技术推广应用阶段　计算机技术除了在设计制造等领域获得广泛应用，同时几乎在企业生产经营的各个领域都获得应用。由于企业的产品开发活动和企业的其他经营活动是密切相关的，因此，要求CAD/CAM等计算机辅助系统与计算机管理信息系统进行信息交流时，要在正确的时刻，把正确的信息，送到正确的地方，这是一个更高层次上的企业内的信息集成，也就是所谓的计算机集成制造系统CIMS（Computer Integrated Manufacturing System）。

CIMS的核心技术包括：CAX技术、MRPII技术、数据库技术和网络技术。当今信息集成技术应用的经典代表之作有：波音公司在新一代777客机生产中实现了“无图样设计”；美国福特汽车公司的技术发展计划《FORD2000》，该计划用统一的产品信息管理系统（PDM）把计算机辅助设计（CAD）、计算机辅助分析（CAE）、计算机辅助制造（CAM）集成起来（简称C3P），成为统一福特公司和其遍布全球的协作厂、供应商的技术信息系统，从而将新车型的开发周期从18个月缩短到12个月，减少了90%的实物模型，减少了50%新产品的设计更改，减少了50%的新车试制成本，提高投资收益30%。

我国CAD/CAM的开发应用水平与世界相比还有相当的差距，但是，从20世纪80年代开始，在CAD/CAM技术的研究、开发和应用方面做了大量工作，取得了可喜成绩。在应用方面，开展了广泛的单元技术的应用推广工作，例如：从1995年开始，开展了声势浩大的“甩图版”工程，在全国范围内普及二维CAD绘图技术；在“八五”期间，选择了十个大型骨干企业，开展CIMS工程应用试点。在此基础上，于1998年在全国100家企业开展CIMS应用示范工程，深入应用CAD/CAM技术和信息管理技术。

二、CAD/CAM技术的发展趋势

CAD/CAM技术还在发展之中，发展的主要趋势是集成化、智能化、网络化。具体体现在以下几个方面：

（1）计算机集成制造（CIM） CIM(Computer Integrated Manufacturing)是CAD/CAM集成技术发展的必然趋势。CIM的最终目标是以企业为对象，借助于计算机和信息技术，使经营决策、产品开发、生产准备到生产实施及销售过程中，有关人、技术、经营管理三要素及其形成的信息流、物流和价值流有机集成并优化运行，从而达到产品上市快、高质、低耗、服务好、环境清洁，使企业赢得市场竞争的目的。CIMS是一种基于CIM原理构成的计算机化、信息化、智能化、集成化的制造系统。它适应多品种、小批量市场需求，可有效地缩短生产周期，强化人、生产和经营管理联系，减少在制品，压缩流动资金，提高企业的整体效益。所以，CMS是未来工厂自动化的发展方向。然而由于CIMS是投资大、建设周期长的项目，因此，不能一揽求全，应总体规划、分步实施。分步实施的第一步是CAD/CMI集成的实现。

（2）智能化CAD/CAM系统 机械设计是一项创造性活动，在这一活动过程中，很多工作是非数据、非算法的，所以，随着CAD/CAM技术的发展，除了集成化之外，将人工智能技术、专家系统应用于系统中，形成智能的CAD/CAM系统，使其具有人类专家的经验和知识，具有学习、推理、联想和判断功能及智能化的视觉、听觉、语言能力，从而解决那些以前必须由人类专家才能解决的概念设计问题。这是一个具有巨大潜在意义的发展方向，它可以在更高的创造性思维活动层次上，给予设计人员有效的辅助。

另外，智能化和集成化两者之间存在密切联系。为了能自动生成制造过程所需的信息，必须理解设计师的意图和构思。从这种意义上讲，为实现系统集成，智能化是不可缺少的研究方向。

（3）网络化 自20世纪90年代以来，计算机网络已成为计算机发展进入新时代的标志。所谓计算机网络，就是用通信线路和通信设备将分散在不同地点的多台计算机，按一定网络拓扑结构连接起来，这些功能使独立的计算机按照网络协议运行。这类项目往往不是一个人，而是多个人、多个企业在多台计算机上协同完成，所以，分布式计算机系统非常适用于CAD/CAPP/CAM的作业方式。同时，随着Internet网的发展，可针对某一特定产品，将分散在不同地区的现有智力资源和生产设备资源迅速组合，建立动态联盟的制造体系，以适应全球化制造的发展趋势。

思考题

1. 说出CAD/CAM系统的优点与缺点。

2. CAD/CAM 系统的硬件环境共有哪几部分组成？它们的各自作用是什么？

3. 如果考虑配置一个 CAD/CAM 系统，应该先考虑硬件环境配置，还是软件环境配置？为什么？

4. 什么叫做“广义 CAD/CAM 系统”？

5. CAD/CAM 系统中的软件环境是由哪几部分组成的？

6. CAD、CAM、CAPP 与 CAE 分别代表什么含义？

7. 试举例说明 CAD/CAM 系统的工作流程。

8. 谈谈我国 CAD/CAM 技术的应用现状与发展趋势。

第二章　机械 CAD 技术概述

第一节　设计过程分析和设计类型

一、设计过程分析

德国工程师协会（VDI-Richtlinie 2222）规定，对新产品的设计过程可划分为四个阶段：①任务规划；②方案设计；③草图设计；④详细设计；如图 2-1 所示。

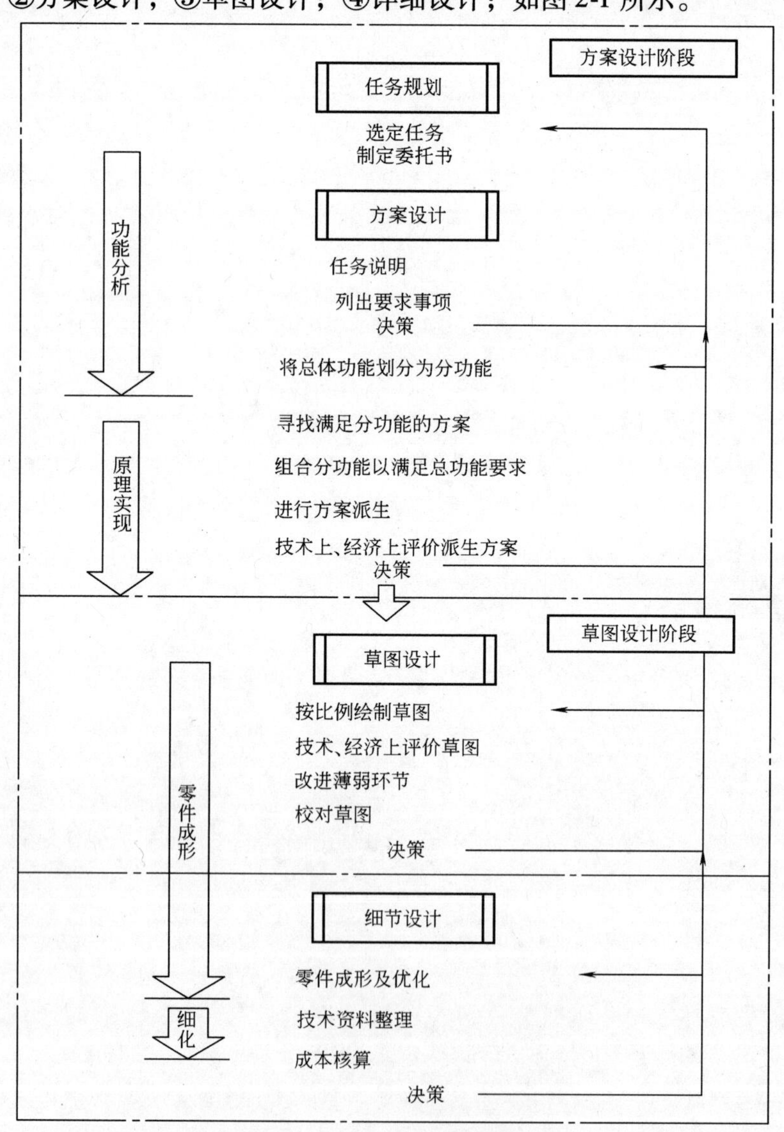

图 2-1　新产品的设计进程

（1）任务规划 任务规划对企业的生存和发展具有重大意义。它包括市场调查分析、用户的建议和咨询、产品的现状和发展趋势，以及考虑企业内部的发展目标、现有的设备能力及科研成果等，由此制定出一个产品开发的任务书。

（2）方案设计 根据产品开发任务书列出一个设计要求的细目表，细目表中应给出相应的目标期望值。为探索求解的方案，首先将总功能要求划分为若干复杂程度较低的分功能。有些情况下，这些分功能还可以继续分解成更低级的分功能，直至可以找到实现各分功能的方法为止，当各分功能已具备了具体的几何结构或结构元部件之后，就可以将这些分功能进行排列组合，并以功能结构网图的形式表达；最后根据技术、经济指标对已建立的各种功能结构进行评价、比较，以便从中选出最满意的一种，绘出原理图。这个阶段是设计过程中最关键的一环，要求设计人员具有充分的想象力、宽广的知识面、丰富的实践经验以及大胆决策的勇气。

（3）草图设计 草图设计也称为技术设计，它是根据所选的方案按比例绘出结构草图来，以便进一步进行技术、经济分析，修改薄弱环节。一般这一阶段首先参考现有产品结构，初定形状和尺寸，然后进行结构元、部件的局部排列分析，选出最优方案，再考虑人机工程学、干涉、加工工艺性、标准化及企业现有条件等因素，最后确定产品的具体形状和尺寸。这一阶段除了要进行较多的分析计算之外，还需要大量信息的支持、图库的支持，例如：材料的物理特性，通用件、标准件目录及图库等。

（4）详细设计 详细设计也称为施工设计，它是从选定的总体草图出发，进行部件、零件的分解工作，同时也进行部分零件结构的优化计算，然后绘出标有全部尺寸及公差要求的完整的技术图样，并完成装配图、列出明细表、制定工艺文件等。这一阶段的工作是一种非常细致的工作，尤其是有关材料、公差的确定等，要重点考虑产品的加工工艺性及经济性。

设计过程划分阶段和步骤的目的是为了实现按部就班的设计，以便提供计算机应用的可能性。对于有人提出“按部就班的设计是否会束缚设计者的创造性呢？”回答是否定的。因为创造性的衡量是看设计的结果如何，而不在于设计过程本身。况且在各个设计阶段都有较多的自由度，尤其是在方案设计阶段中，无论是功能的划分还是元部件的组合、选择，都给设计者提供了充分发挥创造的可能性。

目前，各国学者都在研究设计过程的更细的程式化和更全面的算法化，这是在 CAD 技术的影响下，设计方法学必然的发展趋势。

二、设计类型

主设计类型的确定涉及到设计工作是从设计过程中的哪一个阶段开始的问题，同时也涉及到计算机应用的可能性及应用的深度问题。根据上述阶段划分、步骤划分的理论，可以用一系列的设计变量来描述设计过程，即用功能结构网、结构元、部件的选择和排列、形状和尺寸的确定及公差的确定来描述，相对于上述各设计变量，可称相应的设计为功能设计、布局设计、参数设计及公差设计等。

功能结构网是由若干个分功能相互连接构成，用以表达和定义总功能的关系图。例如：一个测力仪的工作原理可认为是通过变形确定被测力大小的装置，因而它包含三个部分的分功能机构，即力位移转换器、位移测量及加载体，困难的是找出功能和结构之间一一对应的关系。

元、部件是具有相应功能的技术实体部分，它可按功能和技术的观点任意划分和组合。通过排列各元、部件在空间的位置就可得到不同的布局形式，因而称为布局设计。

所谓参数设计，是指在考虑不同技术要求（如功能、加工工艺性等）条件下，确定元、部件的几何形状及尺寸大小，其中尺寸参数设计是指在不改变形状条件下，尺寸大小的确定。

根据这些设计变量在设计过程中是可变的还是不可变的，可将设计划分为新设计、适应性设计和变量设计三种类型。

（1）新设计　新设计是指没有样板参考的开发性设计。它或者是从列出功能结构网出发，或者是通过重新排列、组合现有的或新的元、部件来达到设计要求。例如，模块化设计的原理就属于后者。新设计要求具有创造性思维，即用创造性方法求解问题。创造性思维是人类智慧最集中的表现。由于创造来源于知识，来源于实践，所以专家系统在这一阶段的应用日益受到重视。

（2）适应性设计　适应性设计的标志是在总体布局保持不变的情况下，通过修改个别元、部件的功能和形状以适应质和量方面的某些附加要求。例如：在汽油发动机中，设计汽油喷射装置来代替传统的汽化器，以满足节约燃料的要求，这是设计工作中经常出现的类型。交互型的 CAD/CAM 系统可以满足这类设计的要求。

（3）变量设计　在变量设计中，功能结构网及所有元、部件的布局排列都是确定的，改变的仅是元件的形状和尺寸。计算机非常容易辅助这一类型的设计，例如 CAD/CAM 系统中的图库是利用变量设计原理设计的。有些市场上出售的 CAD/CAM 系统也具有参数化设计模块。

据统计，机械制造中大约 56% 的设计属于适应性设计，24% 为新设计，20% 为变量设计。由于在机床制造业中标准化的程度要求较高，所以变量设计的比重约占 49%。

第二节　CAD 技术发展趋势——先进设计技术

目前 CAD/CAM 系统在设计过程中的应用情况一方面反映出 CAD/CAM 技术在设计过程中的应用历史现状，另一方面也反映出设计过程对 CAD/CAM 系统提出了越来越高的要求。随着人工智能技术的发展，在整个设计过程中先进设计技术的应用越来越多。

设计涉及到数学、物理、化学、机械学、电子学、计算机学、制造工艺学、材料学、认知科学和设计学等多学科领域的基础知识，它是运用已有的知识和技术解决问题或创出新事物以满足社会需要的一种技术活动。根据设计活动中创造性的大小，设计可分为三类：常规设计（Routine Design）、革新设计（Innovative Design）和创新设计（Creative Design）。其中，创新设计的目的是提供有重要社会价值的新颖独特的设计成果，这一类型的设计最富挑战性，也是设计人员追求的最高目标。

先进设计技术是根据产品功能要求和市场竞争（时间、质量、价格等）的需要，应用现代技术和科学知识，经过设计人员创造性思维、规划和决策，制订可以用于设计与制造的方案，并通过其他技术使方案得以实施和完成的技术。先进设计技术使产品设计建立在科学的基础上，在设计范畴方面，从单纯的产品设计扩展到全寿命周期设计；在设计的组织方式上，从传统的顺序设计方式过渡到并行设计方式；在设计手段上，从传统的手工设计向计算机辅助设计过渡并应用计算机网络技术的发展。

先进工程设计技术的范围很广，它包括有：①计算机辅助设计（CAD）；②计算机辅助制造（CAM）；③计算机辅助工艺规程设计（CAPP）；④计算机辅助装配工艺设计（CAAP）；⑤计算机辅助工程分析（CAE）；⑥智能（CAD）和概念设计；⑦可靠性设计；⑧优化设计；⑨动态设计；⑩有限元分析；⑪精度设计；⑫外观造型设计；⑬工作环境设计；⑭模块化设计；⑮防腐蚀设计；⑯疲劳设计；⑰快速原型法；⑱价值工程；⑲反求工程技术；⑳质量功能配置设计；㉑系统建模与仿真；㉒虚拟设计；㉓设计与制造集成；㉔设计过程管理和数据工程；㉕快速响应设计；㉖并行设计；㉗异地设计；㉘绿色产品设计等。

与先进设计技术相关的学科技术有：①系统工程技术；②虚拟现实技术；③人工智能技术；④多媒体技术；⑤数据标准与接口技术；⑥数据库技术；⑦人机工程学；⑧设计方法学；⑨决策支持系统；⑩计算机网络等。

先进设计技术是先进制造技术的一个重要组成部分，它是制造技术的第一个环节。据有关资料介绍，产品设计成本约占产品成本的10%，但却决定了产品制造成本的70%～80%，所以设计技术在制造技术中的作用和地位是举足轻重的。在当前激烈的市场竞争中，除了确保产品的功能、质量，还要有创新意识和快速的响应。在本世纪，先进设计技术将经历前所未有的变化。

1）社会需求的多样化和快速性，反映了人们对产品的需求不仅是物质功能需求，而且附加了非物质需求，如文化、艺术、营销方式等方面。

2）现代化的通信网络将世界连接成整体，经济的全球化使世界变成了一个统一的市场。

3）对生态环境方面关注及可持续发展的理念，使人们在生产过程和消费过程中更加注意生态和环境的相容性和友善性。同时，人们对劳动环境、劳动内容和自身主动地位的要求也在不断提高。

4）现代科技的迅猛发展，多学科相互熔融、贯通，尤其是微电子、新材料和集成技术的进展，使产品结构发生了革命性的变化，机电一体化、模块化等已成为工程产品的发展趋势。

5）计算机技术的飞速发展和广泛应用，深刻地影响着产品形成的整个过程，如设计开发过程、制造过程、营销及售后服务过程，同时也改变、优化了产品的结构，提高了产品的性能。

6）先进制造工艺技术和先进制造设备为先进工程设计提供了前所未有的工艺技术手段和社会化制造体系。

这些变化深刻地影响着设计技术的发展。设计作为人们运用科技知识和方法，有目标地创造工程产品的构思和计划过程，几乎涉及到人类活动的全部领域：从通信工具、计算机及电子产品到软件设计；从生产工具到生活资料；从服装、食品到工艺设备；从运载工具到武器装备；从化学产品、药品到医疗仪器；从公共工程设施到家庭用品等等。设计的费用往往只占最终产品成本的一小部分，然而它恰恰对产品的先进性和竞争能力起到决定性的作用。

思 考 题

1. 设计过程分为几个阶段？每个阶段的主要任务是什么？

2. 设计有几种类型？每种类型的特点是什么？

3. 先进设计技术分为几大类？包括哪些范围？

4. 与先进设计技术相关的学科技术有哪些？为什么说先进设计技术是先进制造技术的一个重要组成部分？

5. 试举例说明CAD技术发展的趋势是先进设计技术。

第三章　图形处理与三维建模技术

当了解并具备了计算机辅助设计与制造系统的硬件环境与软件环境以后，在具体使用整个系统进行几何图形生成或完成某一设计任务时，还应了解一些“人—机交互”系统工作过程中的具体特征，它们即是系统的基本功能，同时也是正确、快速、方便地进行几何图形元素生成或整体图形生成的基础要素。

第一节　图形处理的基础

一、操作平台

在计算机辅助设计与制造系统进行工作时，操作者与计算机之间将发生一种联系，如图3-1所示，那么，这种联系是怎样进行的呢？它又是通过什么方式和手段来实现的呢？

这就是我们所说的“人—机交互”，即人与计算机系统之间的“信息对话”。这种对话包括操作者（用户）向系统发出各种操作命令，如输入某些数字值、确定几何图形元素的位置、进行某一个文件的调用与修改、命令某一台输出设备完成文件的输出工作等。当整个系统完成这些任务后，显示屏幕将系统所完成工作的情况向操作者进行报告描述，对操作者的错误操作和不符合逻辑的命令向操作者提示或提出某些要求等。为了能够进行这种对话，在整个计算机辅助设计与制造系统中，就需要有一个用来从事这些信息对话操作，以及完成其他相关工作任务的应用软件之间相通的一个调谐接口，人们把这个调谐接口就叫做操作平台，也经常把它叫做使用者工作平台。可以说，它是人与系统之间联系的桥梁。而且，这个操作平台通过显示屏幕是可视的。

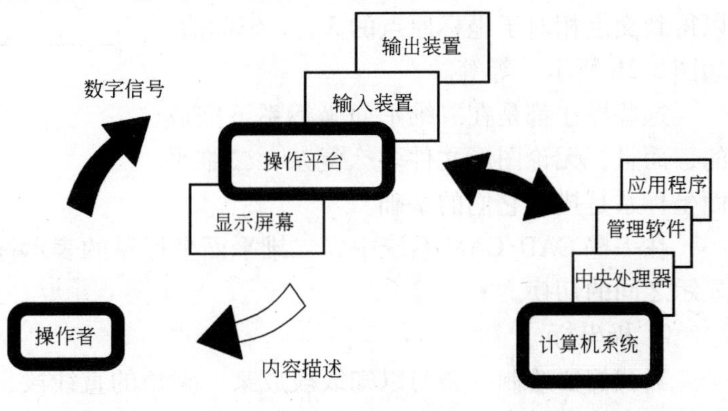

图3-1　操作平台的作用

这个操作平台是由系统的硬件环境和软件环境所共同决定的，它的好坏直接影响整体工作的质量与效果。在操作平台上有一些输入和输出装置，并通过显示屏幕反映出一些进行联系与对话的方式（例如：语言、选择菜单和位置菜单等）。

目前大多数的计算机辅助设计与制造系统是属于人—机交互型系统，这就意味着当使用系统进行工作时，操作者可告知系统想要完成的工作任务。例如：当需要生成几何图形元素时，可以告知系统，从某一点起到另一点止画一条线、以某一点为圆心，以某一数值为半径画圆、通过若干实点生成样条曲线等。又如：当需要进行设计图形输出时，可以告知系统，通过哪一台输出设备完成图形文件的输出操作等。

二、系统坐标

在使用计算机辅助设计与制造系统进行各种几何图形绘制时，为了使操作者能十分方便且快捷地在显示屏幕上找到所需点的位置，并使几何图形元素的定位准确，系统中提供了各种数学坐标系，这些坐标系又可被分为绝对坐标系与相对坐标系。操作者还可以根据自己的操作需要和习惯，随时随地改变相对坐标系的原点位置与方向，我们称为用户坐标系。

1. 二维平面坐标

二维平面坐标又称作笛卡尔坐标，它主要用于在描述平面几何图形时，点位置的确定与一个物体形状的二维平面描述。例如：当需要画一条直线段时，系统将提问这条直线段的起、止点位置，如图 3-2a 所示。这时操作者可以以坐标系的原点为基准点，通过键盘来输入它们在 *X-Y* 平面上的相对位置坐标值。在画圆时，除了圆的直径值，通过键盘输入外，还可以输入圆心点的 *X-Y* 值来确定它的位置。

又如，已知两条互不平行的直线，当要求出它们交点位置的坐标值时，可利用系统中的编辑功能将它们延伸并求出交点，然后，利用测量功能或点位置显示功能，就可以得到交点相对于坐标原点的 *X*、*Y* 坐标值，如图 3-2b 所示，等等。

这些操作都是在二维平面坐标系下完成的，而且，无论图形文件多么复杂，二维平面坐标系是描述它们的基础。

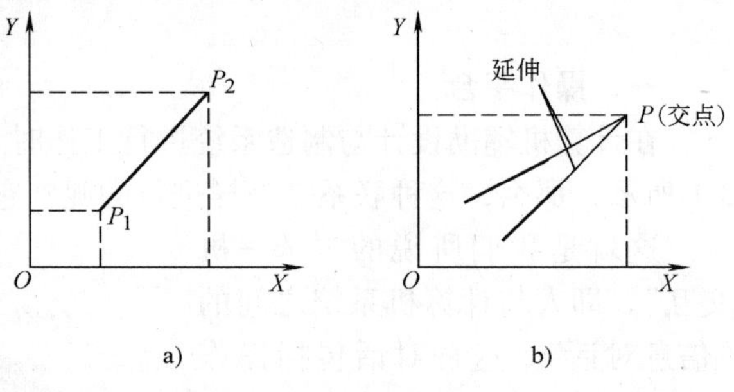

图 3-2　二维平面坐标系

在一些 CAD/CAM 系统中，二维平面坐标系的表示标志，可以通过一个开关进行隐含与显示之间的切换。

2. 极坐标

当我们要绘制一条与以知线段成某一夹角的直线段，且长度有尺寸要求时，常常使用极坐标，在绘制过程中，可用已知线段作为极坐标的极轴，已知线段上的某一点作为极坐标的原点，只要输入所需角度值和到原点的距离，即可得到要生成的直线段。极坐标在二维平面图形的设计中，是一种常用的几何图形元素定位与生成手段，如图 3-3 所示。通常，极坐标在 CAD/CAM 系统中是以隐含的方式存在的。

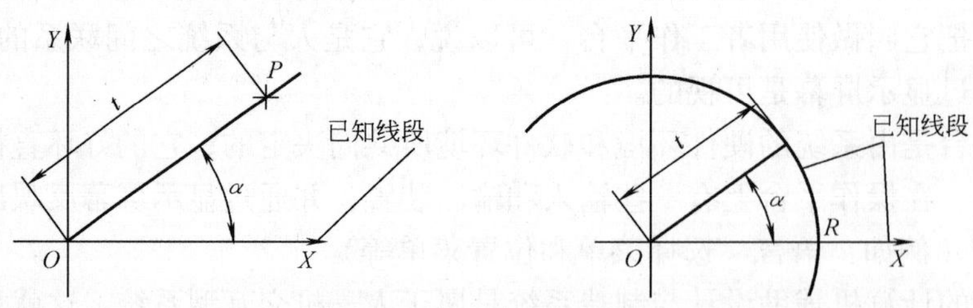

图 3-3　极坐标

3. 三维立体坐标

在 CAD/CAM 系统中的三维立体坐标主要是用来生成各种立体图形，其中包括各方向的轴测图形。在计算机辅助设计与制造中常被称为3D立体几何图形，如图3-4所示。它的特点是除了具有二维平面坐标系中的两个 X、Y 坐标轴以外，还有一个 Z 坐标轴。利用三维立体坐标系，不仅可以进行二维图形元素的平面位置描述，还可以对一个点或几何图形元素进行空间位置的描述。

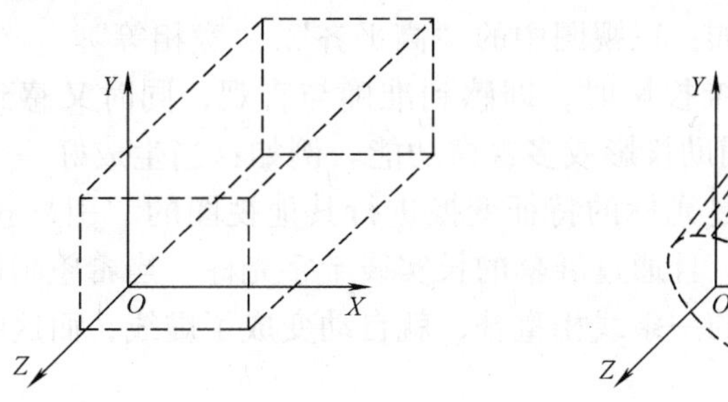

图3-4 三维立体坐标

在三维立体坐标系中，对几何图形位置的确定是通过使用笛卡儿坐标法、极坐标法和球坐标法来进行描述的。

利用CAD/CAM系统进行三维几何图形设计时，经常在二维坐标系下将物体的平面图形绘制出来。然后，通过生成三维几何图形的功能，将物体二维图形转换成三维物体图形。最后，通过二维平面坐标系与三维立体坐标系之间的转换，最终对三维立体几何图形进行描述。

三维立体坐标系和系统中其他的坐标系一样，用户可以根据自己的要求或习惯随时随地建立新的坐标系，并将其存储。

4. 球坐标

球坐标又称为矢量坐标，使用球坐标时，需要输入两个角度值和半径值，如图3-5所示。在一个平面中，当确定了一条直线的起始点和终止点后，通过这两个点的连线可以形成一个矢量。如果，这个矢量的起始点位于坐标原点时，称为坐标矢量。矢量是以朝向方向移动，人们又把它叫做自由矢量。自由矢量对计算机辅助设计与制造中的立体几何图形生成具有较重要的意义。

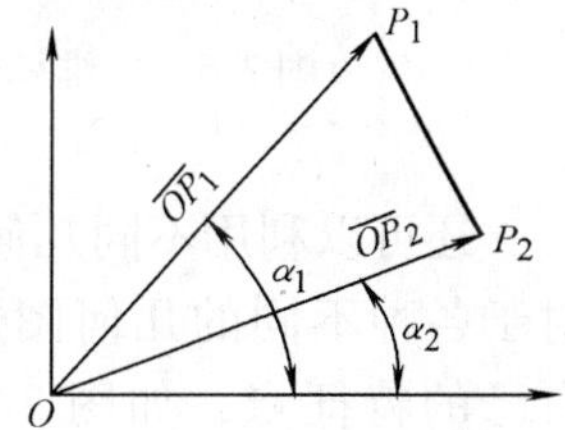

图3-5 球坐标

三、二维、三维模型

计算机辅助设计人员的重要工作是通过输入各种相关数据和与系统进行对话，把要设计的物体以几何图形的方式描述出来。这些几何图形可以是二维平面的，也可以是三维立体的。

如果想生成这些几何图形，首先，设计人员要生成一个草图，即建立一个模型。而这个模型反映了设计物体的几何形状、尺寸参数以及各几何图形元素之间或物体与物体之间符合逻辑的相互关系。这些在显示屏幕上被描述的几何图形信息，都被转换成计算机的内部信息，人们也把它称之为计算机内部模型。这种转换的实现，取决于计算机辅助设计系统的处理程序和数据结构。计算机内部模型可以被存储和调用。当对几何图形进行描述时，借助其他应用软件模块，还可以同时获得一些其他的信息，如加工用的NC程序、工艺方面和结构分析计算、文件管理等方面的信息。

所以，物体的几何图形在计算机系统内部的描述，是用计算机产生其他用途数据和信息的基础。而这些物体的几何图形输入方式，对在计算机系统内部生成什么样的模型，有很大影响。这就是我们常说的，二维（2D）平面模型和三维（3D）立体模型。

1. 二维模型的建立

二维模型可以将一个物体的几何图形以平面的方式进行描述，如图 3-6 所示。这种描述是在二维平面坐标系下，借助机械制图或其他专业图形投影规则来实现的，它的显示效果相当于传统手工设计的视图效果。如：三视图中的“高平齐”、“宽相等”。

为了能够使操作者在进行二维投影时，即感到准确与直观，同时又感到方便，在许多 CAD/CAM 应用软件中都设立了辅助投影或多视窗功能。例如：当生成好一个几何图形元素或一个完整的视图以后，可以通过光标的特征变换进行其他视图的“引导投影”。如图 3-7 所示，光标原来是两条互相垂直，且通过屏幕的长实线十字光标，当希望画侧视图的水平线时，由于水平光标线与主视图上的一条线相重叠，就自动变成了虚线，而这时的位置正是我们所需要的投影位置。

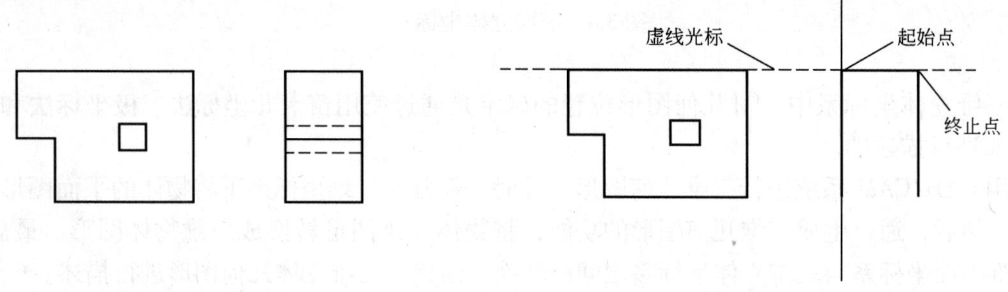

图 3-6　二维模型　　图 3-7　大十字光标的引导投影

还可以利用不同几何图形元素上的特征点，进行“特征点捕捉”投影。在一些系统中，对于各种不同的几何图形元素都设有自己的特征点，如图 3-8 所示，为了方便操作者的多向投影操作，设立了利用十字光标进行几何图形元素特征点捕捉的功能。通常，这种功能可以同时对相邻的几个图形进行特征点捕捉操作。如图 3-9 所示，就是利用已画好的主视图的几何图形元素特征点，生成相应侧视图的几何图形元素。

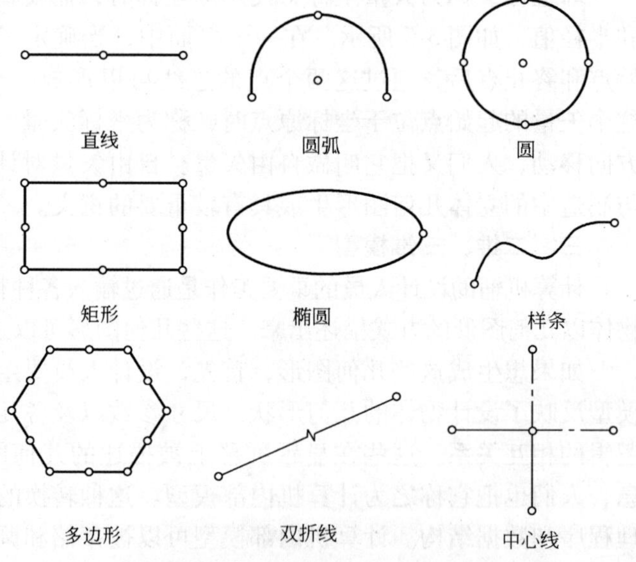

图 3-8　几何图形元素的特征点

除了建立几何图形的二维模型以外，利用二维平面坐标系，以二维模型的方式还可以生成各种图表、尺寸标注、各种文字说明等。可以说，大量的工程图样的绘制是在二维平面坐标系下，以二维模型的方式来完成的。二维模型的建立与完善，也是正确产生三维几何模型的基础。

多视窗投影是指将显示屏幕的有效作图区，按需要临时分成若干份（通常不超过四份），并对每一份进行视图方向设定。如：主视图视窗、左视图视窗、俯视图视窗和轴侧图视窗等。当操作者在某一视窗生成几何图形元素时，在其他视窗中就自动显示出相应的投影图形。

二维几何图形模型在 CAD/CAM 系统中，可以以图形文件的方式被存储、调用、删除和编辑，也可以通过系统中各种数据传输接口与其他系统进行文件交互传输。

2. 三维模型的建立

三维模型可以使一个被描述的物体产生“真实感”的视觉效果，可以把它看成一个数据结构组。这个数据结构组可以用来对物体实施任意侧面旋转，或通过其他某个物体对其进行剖切，就如同将一个真实物体进行剖切一样。也可以对整个被描述的物体进行表面着色处理，如果再加上“灯光照明”的效果，这个物体就更具有真实感。

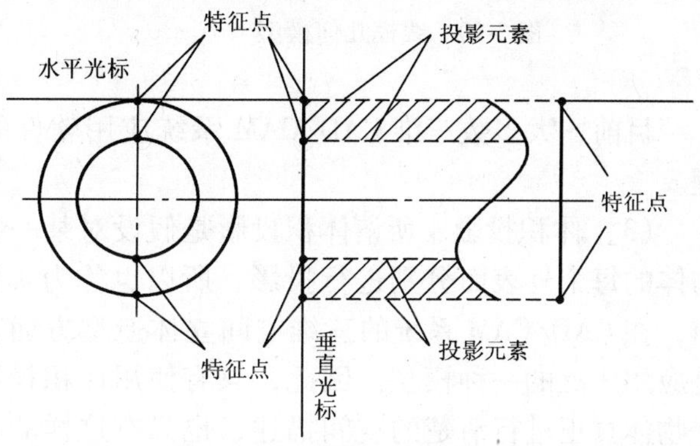

图 3-9　特征点捕捉投影

如何才能在计算机上生成如同真实物体的数据结构，这主要取决于装入计算机辅助设计系统的应用软件。当然，显示效果的真实程度，还与显示屏幕的分辨率有关。

在 CAD/CAM 系统中，对物体的三维模型建立，较常用的方法是在系统三维立体坐标系下进行几何投影，投影方法不同得到的视觉效果也不同。

常用的投影方法可分为以下几种：

（1）边框投影　边框投影又称线框投影，它的特点是通过对被描述的物体投影，以单线几何元素方式来产生物体草图的边框。用边框投影所建立的几何模型称为线框几何模型，如图 3-10 所示。这种投影建立几何模型的方式，相对于其他方式具有操作简单和直观的特点。但是，由于这种投影方式是将物体所有外表面几何元素毫无保留地进行空间投影，所以用这种模型不能十分清楚的反映物体的“真实”外表图像。特别是对于比较复杂的物体，当使用边框模型进行描述时，其图形就显得十分凌乱。当我们想用一个剖切平面来剖切物体时，通常“单线物体”仅用来表达物体轮廓剖切连接点的位置。所以说，边框投影模型限制了一个物体的表达输入和物体轮廓“真实感”的描述。

为了使所描述的物体避免线框几何模型的缺点，有的系统中设立了由线框几何模型向其他模型转换的功能。

（2）面投影　面投影模型用来表达某一物体的每一个表面投影关系，然后用这些投影面包络出一个物体。这些投影面可以是所设计零件中的平面，如图 3-11 所示，也可以是曲面。所以，面投影模型又叫曲面几何模型。利用这种模型所表达的物体，不仅真实感强，而且，给人的感觉并不凌乱，它经常用于 CAD/CAM 系统中 NC 加工程序的生成。在生成 NC 程序时，需要对已经设计好的零件外表面进行模拟加工，这就要求用人为设定的刀具沿零件外表面形成加工轨迹，而这种采用平面投影方法建立的零件模型，正好清楚地表达了零件的各个外表面，所以对用来进行加工轨迹的形成是十分有利的。

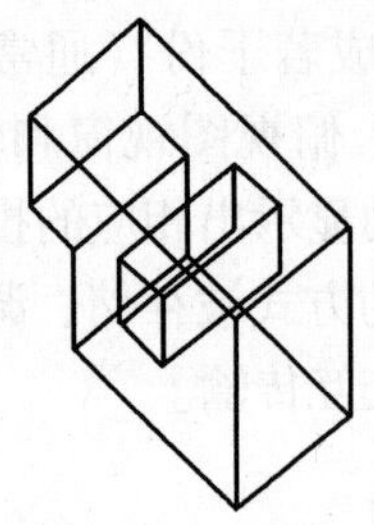

图 3-10 线框几何模型

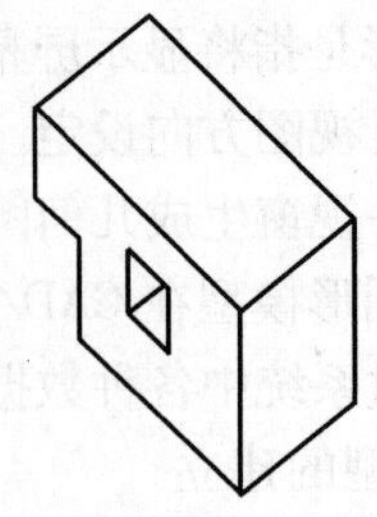

图 3-11 面投影模型

目前，大多数三维 CAD/CAM 系统应用软件的立体物体表达方式，都采用这种投影原理。

(3) 体积投影 所谓体积投影是假设对某一物体的整体进行三维空间投影，而不是对物体的每个外表面分别进行投影，所以也称为实体几何模型。目前，在 CAD/CAM 系统的三维空间立体造型方面，实体几何模型是应用广泛的一种模型。因此，只有使用体积投影模型才能对一个物体真正进行清楚的空间描述，也只有这样的描述才能对物体在任意方向的投影、视图表达和剖面具有真实感和随意性，如图 3-12 所示。

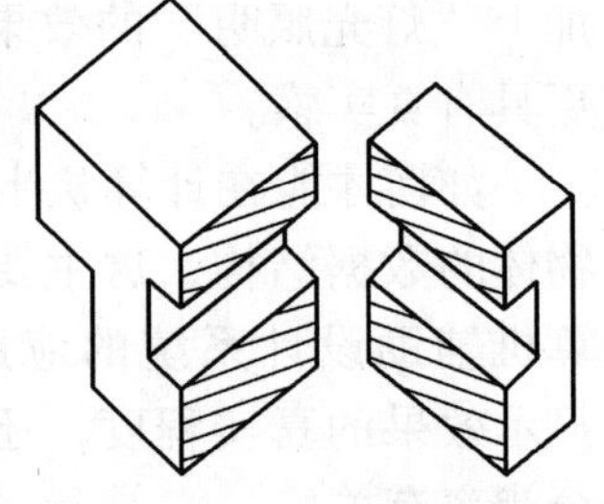

图 3-12 体积投影的剖面表达

利用这种模型所表达的物体，再经着色功能的处理，使操作者直接看到了最终的设计产品，达到了所见即所得的效果，这种模型更适合机械和建筑行业。

在计算机辅助设计与制造系统中，三维体积模型建立时系统的计算量很大，而且需要较大的存储空间。

目前，有一些智能化程度较高的 CAD/CAM 系统应用软件，无论操作者使用哪种三维立体建模方式，根据需要都可以同时得到相应的物体二维模型，并获得必要的尺寸标注和其他参数说明。

四、元素选择

前面讲述了几何图形元素的识别方法和用途，但是这些方法都属于对单一几何图形元素的操作。在系统实际工作中，为了提高几何图形的生成速度和对几何图形元素操作的准确性，往往需要对一个或若干个几何图形元素组进行整体操作。通常把这种操作称为“几何图形元素选择操作”。

为了能够达到这个目的，各种计算机辅助设计系统都编制了一些用于这方面的操作命令，它们也叫做“选择菜单”（Selection Menu）。利用这些菜单中的操作命令使得对整体几何图形元素的操作过程变得既快捷又准确。下面介绍常见的几种元素选择命令。

1. 块（Block）元素选择

对于一些常用的标准几何图形元素，如：标准紧固件和连接件、零件和部件、零件和部件简易图符、加工说明符号、尺寸标注组、文字说明组、图框和标题栏等，为了使对它们的操作实现整体化，通常将它们分别生成块元素，也称为组（Group）元素。在这个过程中，对每一个块元素都将按照通常的习惯或用户的需要赋予一个名称，并可将其以各种图形文件的格式进行存储。

在绘制整体图形时，对这些块元素可作为单一图形单元来进行调用与选择操作。例如：可通过使用光标对某一标准紧固件螺栓进行删除或移动前的目标选择，或是对某一非标准几何图形进行旋转复制的目标选择等。在对块元素进行选择操作时，无须对图形中的每一个元素进行分别选择，由于它们已经是一个元素的整体，所以，只需用光标对其中的任意一个元素进行选择就行了。又因为每一个块元素在建立的时候都被赋予了一个相应的名称，所以，采用告知系统块元素名称的方法也可以对块元素进行有效的选择。

2. 窗口（Window）选择

采用用户窗口来对若干几何图形同时进行选择，是一种十分有效和常用的操作方法。所谓用户窗口，是指按照操作者的要求在显示屏幕上临时开设的操作区域，这个操作区域通常为规则四边形，所以也称为“框选”。通过对系统用户窗口功能的预先设定，可以实现用户窗口以内所有操作有效或用户操作窗口以外所有操作有效两种模式。

另外，在一些系统中还规定了用户窗口的开设方向，例如：当用光标以显示屏幕上的任意一点确定为矩形的第一点后，随着光标向右下方移动所确定的用户窗口与光标向左上方移动所确定的用户窗口，对几何图形元素的选择方式具有不同的含义。向右下方移动所产生的用户窗口中的几何图形元素，只有当它们完全被包括在窗口以内时才被选择。而向左上方移动所产生的用户窗口中的几何图形元素，只要局部被包括在窗口以内则被选择，如图 3-13 所示。

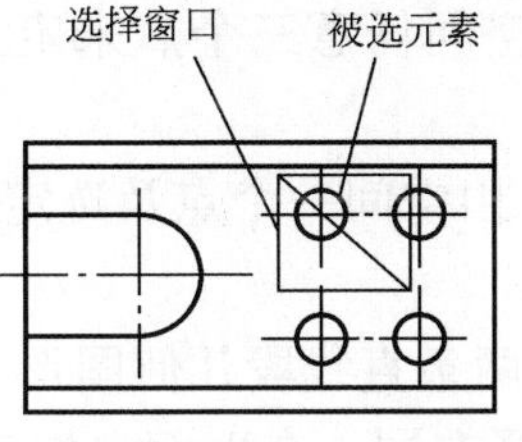

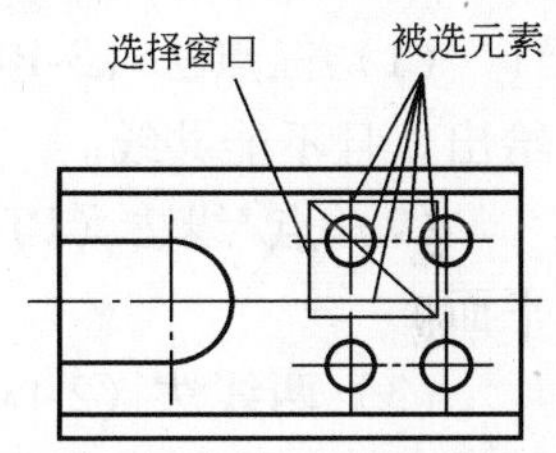

图 3-13　选择窗口建立方向对选择元素的影响

3. 链（Chain）元素选择

一组首尾相接且整体封闭的几何图形元素称为链元素，而且它不是块元素。链元素在各种工程图形中是一种较常见的几何图形组，如：任意多边形、不规则但全封闭的物体二维轮廓等。

对于这些几何图形的操作，如果采用逐一选择的方法就会大大影响整体的作图速度，而且，当图形较复杂或者相互重叠的时候极容易出现误选的情况。为此，系统提供给操作者一种专门用于对链元素进行选择的操作命令。在对链元素进行选择操作时，可以认为是一条按单一传动方向（顺时针或逆时针）转动的链条，操作者只需告知系统哪一个单一几何图形元素为该链条的起始元素、链条相对起始元素的传动方向和链条的终止元素，就可以一次性地将整个属于链元素的所有几何图形元素选择，如图 3-14 所示。

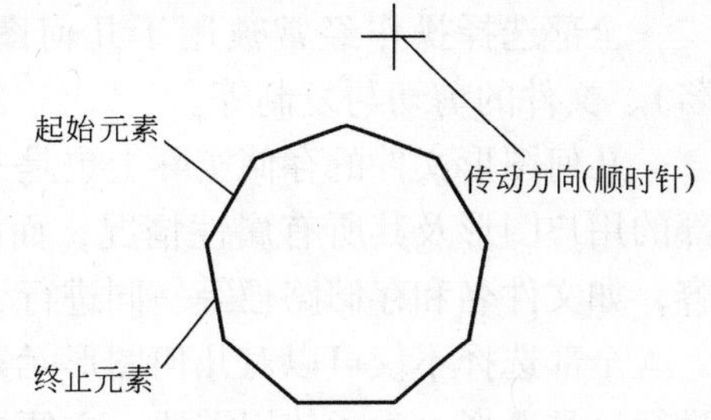

图 3-14　链元素的选择

4. 任意窗口（Polygon）选择

任意窗口和规则窗口一样，都是由用户自己根据需要在显示屏幕上临时开设的操作区域，它们之间的不同之处在于前者为非规则的窗口，后者为规则的窗口。用户在使用任意窗口对几何图形元素进行选择时，可根据几何图形的具体情况任意建立窗口的形状，以使选择元素时更加灵活、方便，如图 3-15 所示。

任意窗口和规则窗口一样，通过对系统用户任意窗口功能的预先设定，可以实现窗口以内所有操作有效或窗口以外所有操作有效两种模式。

5. 平面（Plane）内元素选择

这种方法是一种通过几何图形元素方位和深度定义一个平面来进行选择的方法，它经常被用在空间几何图形元素的选择中。利用这个方法，可以选择那些由于位置关系而难于选择的几何图形元素。在这个命令方式后面通常紧跟着一个平面定义菜单（Plane Definition Menu），当使用这种方法时，首先要对一个平面生成定义，这个平面被定义后，那么所有在该平面上的几何图形元素就被选择了。

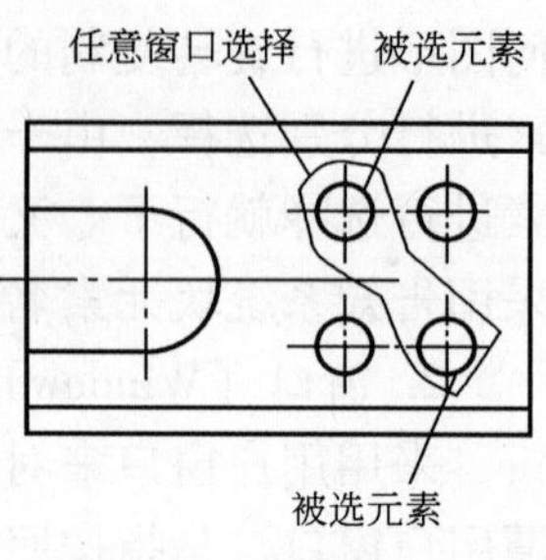

图 3-15　任意窗口的元素选择

平面定义有五种方法：

（1）三点法（3-PTS）　由空间任意三个点来定义一个平面，但这三个点要按顺序依次给出，且不能共线。

（2）点/线法（PT/Line）　由空间一个点及选定直线几何图形元素的两个端点定义一个平面。

（3）两线法（2-Line）　由两条直线段几何图形元素的端点及它们的三维交点（或潜在三维交点）定义一个平面（选择在同一个平面内相交的直线段）。注意：即使这两条线段在显示屏幕内不相交，而其投影相交也视为有效。

（4）视图/深底法（VM/Depth）　指定的视图和深度定义一个平面。对于深度可以输入一个给定值，也可以利用该系统中位置菜单（Position Menu）指定。

（5）实体法（Entity）　指定一条线段、弧或二维样条来定义一个平面。线段实体定义的平面与显示屏幕垂直，且该平面与显示屏幕的交线即为所选线段在显示屏幕上的投影。弧和样条实体定义的平面是实体所在深度处的定义视图平面。

6. 全部显示（All Display）元素选择

当需要对所有已知几何图形元素进行整体一次性操作时，可使用全部选择的操作命令。例如：操作者需要删除所有在显示屏幕上可见的几何图形元素，或对虽然在显示屏幕的有效显示范围内直接看不见，但在同一文件名下确实已存在的几何图形元素（已被放大到显示屏幕有效显示范围以外）进行删除操作，都可以进行全部选择。

全部选择操作经常被用于几何图形文件的管理中，如整个文件的删除（保留原文件名）、文件的剪切与复制等。

几何图形文件的存储实际上也是一种全部选择操作，所不同的是这个操作不仅选择了全部的用户图形及其所有属性情况，而且，还将系统在进行文件管理时所需要的全部信息内容，如文件名和存储路径等一同进行了选择，并将其存放在存储介质里。

全部选择不仅可以对几何图形元素不加分类地选择，而且还可以对具有不同属性的元素进行分类选择。为了使用需要、方便操作、加快系统运行速度和便于系统管理，对于不同的线型、不同的颜色、不同的线宽和不同的几何图形元素以及各种文字和字符，系统都给它们赋予了不同的属性。根据这个特点，操作者可以根据自己的需要，对不同属性的几何图形元素进行分类选择，即选择符合某一或某些属性的全部几何图形元素。

在有些系统中，还提供了对除了符合某一或某些属性以外的其他全部几何图形元素进行选择的功能。当然还可以利用这种功能进行层操作、面操作、块操作和对几何图形元素分别进行选择操作。如果当利用了系统中所提供的层操作功能，将所有已知几何图形元素分别进行了屏蔽操作后，通常使用全部显示选择的功能就不能对几何图形元素进行选择了。

总之，系统中对于几何图形元素选择的方法很多，使用它们时应根据显示屏幕上的具体情况而定。操作步骤越少，速度越快，且错误率越低，不仅可以提高整体操作速度，而且还反映出了操作者对系统掌握的熟练程度。

五、文件

当使用 CAD/CAM 系统进行工作时，所有的人—机交互数据信息都是以文件的形式进行存储与管理的。因此，一个系统的文件管理功能如何，将直接影响操作者对系统的信赖程度，同时，还影响着设计工作的可靠性。

每一种 CAD/CAM 系统都力求为操作者提供功能齐全、操作方便的文件管理环境。通常，在系统中设有文件类型选择（如：图形文件和模板文件）、新文件的建立与存储、旧文件的打开与并入、文本文件的读入与文件的输出等功能。操作者使用这些功能不仅可以灵活、快捷地对原有文件或显示屏幕上的当前绘图信息进行文件处理，而且，有序的文件管理环境还使得工作效率得以提高，系统整体功能的发挥也有了保证。

文件是一组记录在存储介质上相关信息的组合。操作者使用的软磁盘和系统中的硬磁盘好像文件箱的抽屉，每一类文件就好像一个文件夹，而所有文件就分别放在这些文件夹里，无论是哪一类文件都必须有自己的文件名。因为，当对它们进行管理操作时，都是以文件名为依据的。

信息数据项是由一个或多个数字位或字节组成，它们是最基本的不可分的数据单位。

在 CAD/CAM 系统中，文件的调用和管理都是以文件名为依据的，而完成这些任务又是由系统管理软件负责的。当操作者使用 CAD/CAM 系统建立自己的文件时，随着系统的不同，所规定的扩展名也不同。

第二节　图形元素的生成

计算机辅助设计与制造系统的主要任务之一是在生成各种几何图形的基础上完成计算机辅助设计，而一个完整的图形则是由若干个基本几何图形元素组成的。所以，如何准确、快速、灵活地生成操作者所希望的几何图形元素就显得十分重要了。当然，由于各种系统的命令组成方式与几何图形元素生成的步骤不尽相同，它们的操作方法也就会有所不同，但几何图形元素的基本生成功能则有许多共同点。

一、几何图形元素的种类

在计算机辅助设计与制造系统中，几何图形元素是生成几何图形的最基本单位。也就是说，任何复杂的几何图形都是由若干个这些基本元素单位所组成。

不同功能的 CAD 系统，对几何图形元素的分类也是多种多样的，但常见的有：①点（实体）元素；②线元素；③圆与弧元素；④任意多边形；⑤剖面线；⑥椭圆元素；⑦样条元素；⑧抛物线、双曲线及各种方程曲线等；⑨块元素；⑩面元素；⑪字符；⑫尺寸组及专用符号等，如图 3-16 所示。设计者利用这些基本元素的生成功能，可以绘制出各种复杂的几何图形。

当一个基本几何图形元素被生成后，将被系统存储，并被记录到元素清单中。元素清单是用来对元素进行数据、几何图形说明和元素特性等方面管理的。当要对某一几何图形元素或某一类甚至整个图形进行操作与处理的时候，系统可以不断地从元素清单中把各种数据调用出来。因此说，元素清单是对已知元素进行修改、删除或者作为产生新元素的基础。在用 CAD 系统进行图形生成的过程中，通常的情况是通过不断产生新元素并使它们进行组合，最终生成整体几何图形。

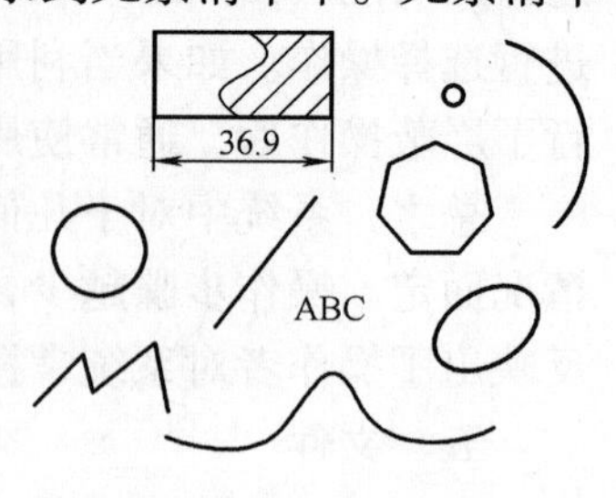

图 3-16　常见几何图形元素种类

系统对几何图形元素的分类越细，操作者生成整体图形的方法越灵活、越方便，也越有利于系统对几何图形元素的分类处理。

下面介绍常见的几何图形元素。

二、点（实体）元素

点（实体）是几何图形元素中的一种，它是一个具有坐标参数、颜色和所在操作层等属性的实体元素。通常，把点（实体）作为生成其他几何图形元素的参考点，或对某一整体几何图形进行整体操作的基点。

点（实体）元素是作为几何图形元素中的一个基本元素实体存在的，一旦被生成，它的所有属性将被记录在元素清单中。通常，把这种能够被记录的点（实体）元素称为“点实体”。

点实体一般在系统中以两种形式出现：

1）点实体作为其他几何图形元素，如线或圆上的组成部分。此时，它们在显示屏幕上是不被单独显示的。它在坐标系中的位置确定仅在元素清单，如图 3-17 所示。作为计算机的内部信息被描述。

2）点实体作为一个独立的几何图形元素出现。操作者进行几何图形元素生成操作时，它将被用专门的符号在显示屏幕上描述，如图 3-18 所示。

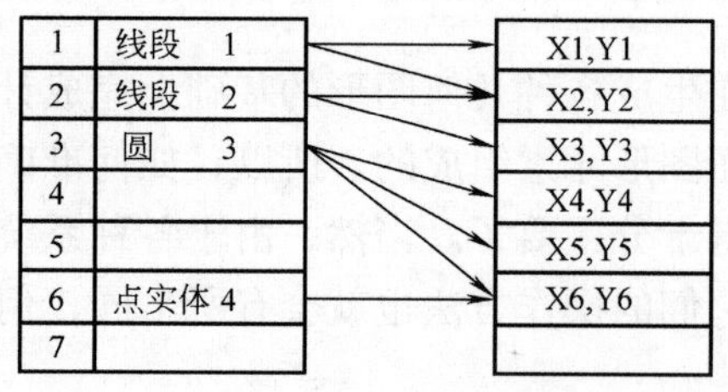

图 3-17　几何图形元素的位置清单

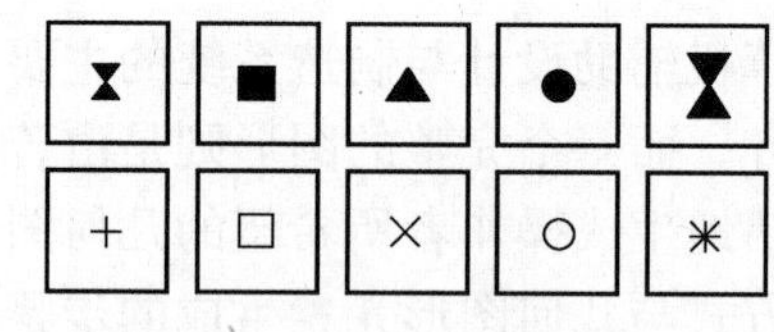

图 3-18　常见点实体的显示形式

不同的 CAD 系统，点实体符号的形式也不一样。点实体符号经常作为标识符或在显示屏幕上进行人—机对话工作的位置基准。在一般情况下，当用绘图机或其他输出设备进行图形输出时，它们一同被绘制出来。

例如：一个点实体可以作为图形组合的参考点或基准点，而其他单个图形都是以该点作为基准被描述的。

所有几何图形元素都可以用一定数量的点实体来作为辅助元素。例如：一条直线段是通过起始点和终止点而构成的；又如：一个圆的中心点也可以用点实体来确定。所以，点实体经常作为辅助元素来完成技术图样或几何图形的描述。

对于一个操作者来说，应该知道所使用的系统对于点实体输入都有哪几种可能性，或者怎样在已知的几何图形中使用基准点来输入其他点实体的位置。这是一种基础操作，它对于产生其他几何图形元素具有重要意义。

对于每一个几何图形元素实体来说，都可在坐标系中输入其 X 或 Y 坐标值来生成（识别），也可以通过确定任意点的方法来输入（数字化）。当已知一个点实体后，也可用该点作基点，通过输入相对于基点的 X 和 Y 坐标来确定另一个点实体的位置。

一个点（实体）可以在绝对坐标系（如图 3-19a 所示）或相对坐标系（如图 3-19b 所示）中生成。当使用系统的绝对坐标功能时，被生成点实体的坐标值将涉及已存在点实体的坐标值，为此，要首先识别已存在的点实体（坐标系的原点与该点重合），然后用键盘输入相对它的 X 和 Y 坐标值。使用哪种坐标系，要根据当时的已知条件和操作习惯来决定。

另外，一个点实体也可以在极坐标系下进行输入，如图 3-20 所示。使用极坐标系时，要涉及已存在的一条直线（极轴）和沿该线段上的某一点（原点）。对于新点实体的产生，还要输入角度值和距已知原点的距离值。这个角度值通常是以 X 轴为基准的，且在 0 ~ 360° 的范围之内。

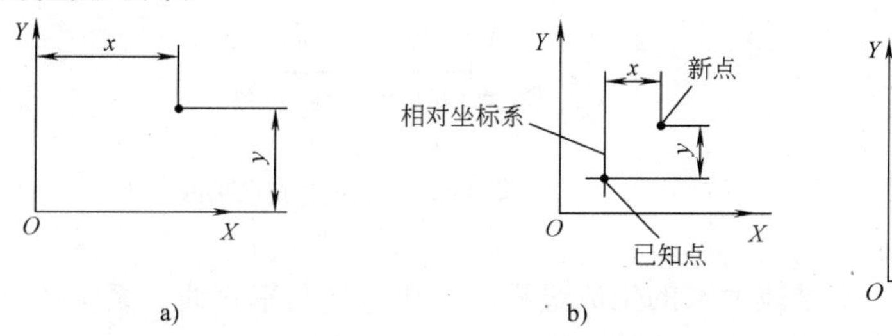

图 3-19　相对与绝对坐标系下点实体的建立

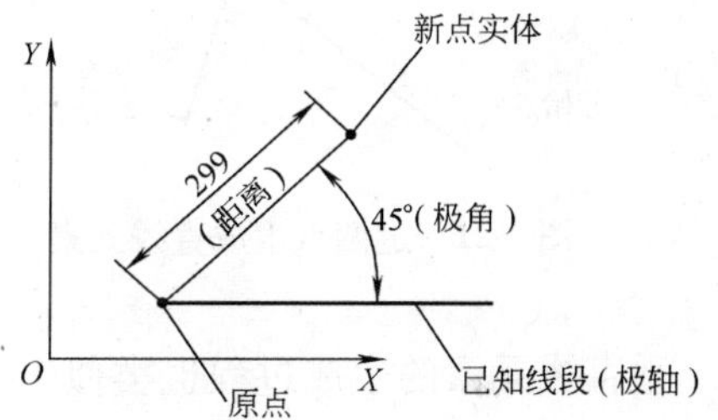

图 3-20　极坐标系下点实体的建立

当用 CAD/CAM 系统生成任意元素时，在显示屏幕上经常会出现一些临时性的点，或是其他各种不同形状的点标记（随系统的不同而各异）。虚点的显示形式与同一系统中点实体的显示形式是不一样的，通常把这种点称为虚点。虚点是为操作者在设计过程中所生成几何图形元素而产生的临时轨迹标记，它不被记录在元素清单中，只是用来提示几何图形元素生成的步骤顺序。例如：当生成一条直线元素时，当给出直线的起始点后，系统将在该点附近为操作者做出一个虚点标记，以提示起始点已经确定，下一步应进行终止点的输入。

三、线元素

这里所说的线元素是指直线几何图形元素，它们在对物体进行几何图形描述的过程中，起着十分重要的作用。对于线元素的生成，通常需要具备下列参数因素：①确定起始点坐标；②确定终止点坐标；③输入角度值（相对某一个轴线）；④设定长度单位。

只要将这些参数因素根据具体情况进行组合，就可以在任何情况下生成直线元素。用 CAD/CAM 系统来生成直线元素有各种不同的方法，下面介绍几种常见的情况。

1. 过两点生成线元素

当选用了生成直线的操作命令以后，在依次给出的两个任意点或两个点实体间进行连接，就可以生成一条直线元素，如图 3-21 所示。这种方法实际上是告诉了系统要生成线元素的起始点和终止点。

2. 用起始点、角度和距离生成线元素

在生成线元素的过程中，有时需要利用角度和某一单位长度参数，特别是在极坐标系下生成线元素更是如此。这时，要告知系统哪条线段为基准轴，基准轴的哪个端点或哪个沿线点为原点（起始点），当输入角度值和距原点的距离值以后就生成了一个新的线元素。如果输入距离的值为负值的话，那么就将从起始点开始沿所给角度的反方向生成线元素。

3. 水平与垂直线元素

在生成几何图形的过程中，会经常绘制平行于系统绝对坐标系 X 轴或 Y 轴的线元素，而这种操作往往是通过计算机辅助设计系统中的专用功能支持来完成的。

在有的系统中，当选用生成水平线的功能以后，必须首先确定线的起始点，由这个点开始再给出终止点的位置，即第二点，如果第一点和第二点不是水平线的共线点的话，系统将让第二点向起始点水平方向进行垂直投影。这样就生成了水平线，且其长度为第二点 X 轴的坐标值，如图 3-22 所示。

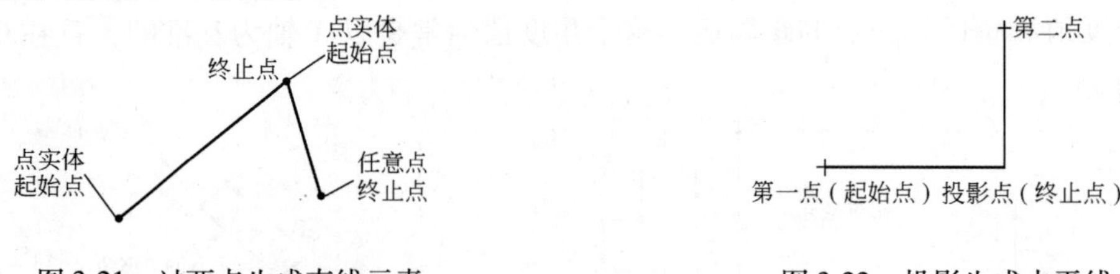

图 3-21　过两点生成直线元素　　图 3-22　投影生成水平线

垂直线元素的生成过程也类似于水平线元素的生成过程。对于水平与垂直线，系统还可以把它们看作是生成绝对坐标系下的正交直线段几何图形元素。

4. 平行线与等距线元素

当已知一线元素在显示屏幕上存在时，相对于该线元素可以生成与其平行的且长度相等的平行线元素。这种操作对于绘制完全对称的线元素是十分有用的。

生成平行线有两种常用的方法：

1）首先确定希望生成的平行线将平行于哪一条直线元素（已知某线元素），输入欲作平行线的一个距离值，此时，平行线的平行距离也就确定了。另外确定平行线应放在参考元素的哪一侧（方位）或者是两侧都有，而这个操作则是通过移动光标来完成的，如图 3-23a 所示。平行线的特点是与已知线段的长度相同，并且只能生成直线段的平行线。

2）可先生成一个点实体，这个点实体所在的位置实际上决定了要生成平行线距已知直线元素间的距离和方位。然后利用系统中生成平行线元素的专门功能，作通过该点实体的一条线元素。在这个操作过程中，系统会自动算出该点实体距已知直线元素间的距离值。

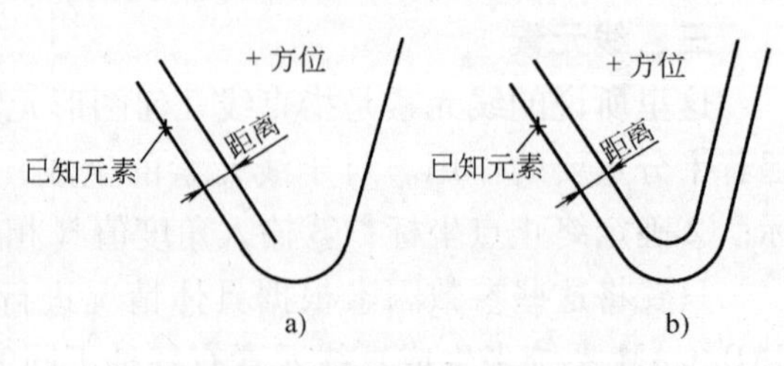

图 3-23　平行线与等距线

等距线与平行线相比，除了操作方法基本

一样以外，所不同之处在于，它不仅能生成平行某一直线段的新元素，而且还可以生成圆、弧等元素的任意等距线段，如图 3-23b 所示。在有的系统中又把这种功能称为“元素扩展”。

5. 切线元素

切线在工程图样中是比较常见的一种几何图形元素。通常，切线必须按给定的条件与其他已知元素在切点上呈相切的形式出现，而被切线所切的元素通常可以是圆、圆弧、椭圆、椭圆弧和样条曲线等。

切线形成的条件即一条切线只能与一个或两个元素相切。另外，当不具备切点存在条件时，切线也不能生成。在操作过程中，由于所给各种条件的限制和操作技巧等原因，可能会出现各种所不希望的显示结果（切点不在所希望的象限上），或者系统同时给出了几种相切的结果。这种情况通常和识别已知元素过程中识别点的位置有关，那么就需要操作者按照自己的愿望对这些结果进行选择。

6. 连续折线

利用“连续折线”的功能可以画出一条相互连接的线元素来。第一次所输入的点将作为连续折线的起始点；第二次输入的点即是第一条直线段的终止点，同时也是第二条直线段的起始点，照此顺序进行不断的输入，就可以得到一条由若干直线段组成的连续折线。在一般情况下，使用这种功能可以进行几何图形外轮廓折线的生成。

四、圆元素

圆元素在几何图形的绘制过程中也是一种常见的几何图形元素，在有的系统中把圆元素和弧元素合成一种元素，一个圆元素可以像线元素一样有许多种生成的方式，那么，在设计过程中应该选用哪些命令形式，这往往取决于操作者当时都知道哪些圆元素的参数。当设计者对所有圆元素的参数都掌握的话，就要考虑用什么方法能最简单地达到目的。

一个圆元素可以由以下参数因素来确定：①中心点坐标；②圆半径；③圆直径；④圆周上的两个点坐标；⑤圆周上的三个点坐标。

当知道了这些参数以后，再对它们进行组合，就可以选用系统所提供的各种命令形式来生成圆元素了。

1. 利用圆中心点和半径或直径确定圆元素

圆的中心点可以是一个点实体，当然，也可以用我们在前面所讲的各种识别点的方法来确定一个点，当把这个中心点坐标告诉给计算机后，还要输入圆的半径值或直径值，这时就生成了一个圆元素。

2. 利用圆中心点和圆周上一点确定圆元素

在选用了这种命令形式以后，首先确定圆的中心点，然后对一个已知点实体进行识别，或用识别的方法确定一所希望位置上的点，该点将来就位于所生成圆元素的圆周上。可以看出，这个点距圆中心点的距离就是圆元素的半径值。

3. 用两个或三个任意点生成圆

在选用该命令方式以后，在当前工作深度（Z 轴）平面上，利用确定圆周上两点而决定直径的方式建立圆元素。

在显示屏幕上用光标对任意两点进行识别，系统自动在当前工作深度下建立相应的圆元素。所选两点的距离决定圆的直径，两点的投影连线的中心即为圆心。这种方法经常用在不知道圆直径，但已知任意两点的情况下。

在选用该命令方式以后，可在显示屏幕上用识别的方法告知系统三个任意点的坐标位置，实际上就确定了这个圆元素的直径和位置，系统将根据这些条件自动生成一个圆元素。但这三个点不能是共线点，也不能是重合点。另外，在选择这三个点的过程中，不允许改变系统坐标的空间方式，否则将会使圆绘制在非显示平面上。

五、弧元素

弧元素的生成过程与圆元素近似，但它要比圆元素多几个参数，如弧元素的起始角度、终止角度和圆心角。在一般情况下，它的生成过程也不同于系统中生成圆角的方式。因为，生成圆角时是通过对两个互不平行已知元素的分别识别，来确定圆角的起始角和终止角的。

系统的情况不同，所给出生成弧元素的命令方式也不同，但它们总有相同或相近之处。下面列举几种常见的命令方式：

1. 用圆心、半径（或直径）、起始角和终止角生成弧

选用这种命令方式以后，首先要对圆心的位置点进行识别或确定，这个位置点可以是点实体，也可以是利用位置确定菜单所进行的任意点识别。然后，输入已知的半径值，随后还要告知系统所希望生成弧元素的起始角度和它的终止角度。通常，角度的计算方法是以一假设的水平轴处为0°，并以逆时针的旋转方向为角度值增长的正向，反之为负向。当完成这些参数的输入后，系统就将自动地由起始角到终止角的方向建立一个弧元素，如图3-24所示。若此时系统处于三维坐标方式下，则弧元素被建立在圆心所处的工作平面上，反之，弧元素将被建立在当前的工作平面上。

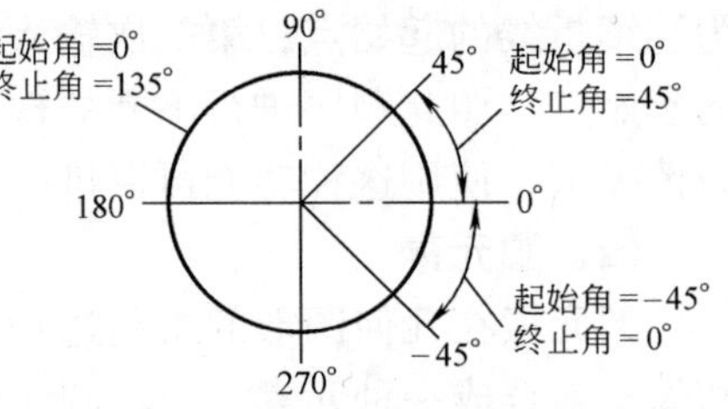

图 3-24 利用圆心、半径、起始角和终止角生成弧

利用圆心、直径、起始角和终止角生成弧元素的命令方式也可以生成弧元素，这种方法和上面利用半径生成弧元素的方法基本相同，不同的是它不需输入半径值，而是输入一个已知的直径值。

2. 用圆心、弧上一点、起始角和终止角生成弧

当选用了这种命令方式以后，也需要首先对圆心的位置点进行识别，这个位置点可以是点实体，也可以是利用位置确定菜单所进行的任意点识别，然后输入弧元素的起始角度和它的终止角度，最后还要对将通过弧元素上的任意一点进行识别，这种对点实体的识别实际上是告诉了系统弧元素的半径值，如图 3-25 所示。

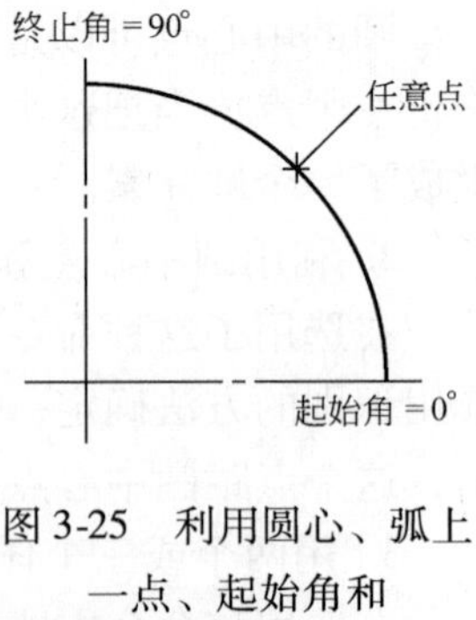

3. 用弧上两点和半径或三点生成弧

像利用两个任意点来生成圆元素一样，当选用了这种命令方式以后，操作者可以在显示屏幕上的任意位置进行两个点的识别，这些点可以是点实体也可以是利用位置确定菜单所进行的任意点识别，但还必须输入一个半径值，如图 3-26 所示。

图 3-25 利用圆心、弧上一点、起始角和终止角生成弧

在选用三点生成弧的命令方式以后，可在显示屏幕上用识别的方法顺序地告知系统三个任意点的坐标位置，实际上这个操作就确定了这个弧元素的直径和位置，系统将根据这些条件自动生成一个弧元素，如图 3-26 所示。但是，如果三点的位置不是顺序地给出的，那么，所生成弧的弯曲方向将会发生变化。

另外，这三个点不能是共线点，也不允许重合。另外，在识别这三个点的过程中，不允许改变系统坐标空间方式，否则会使得弧元素建立在非显示平面上。因此，为避免出现上述错误，就需要在确定三点之前先设置好系统的坐标方式，并在生成弧元素之前保持坐标方式不变。

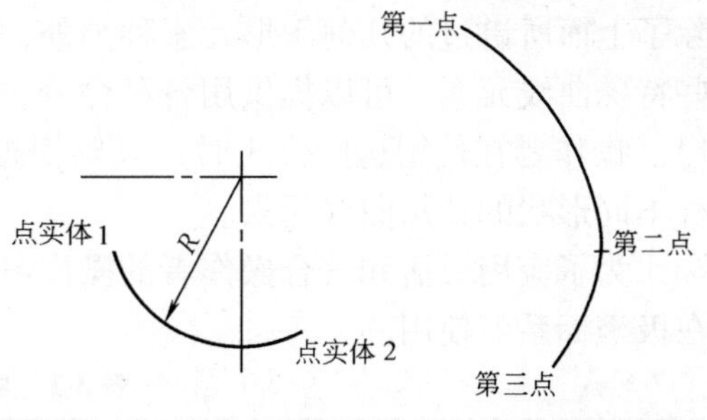

图 3-26　利用两点和半径或三个任意点生成弧

六、椭圆元素

在进行几何图形设计时，椭圆在大多数的情况下是用专门的操作命令来生成的，它的生成位置可根据用户的要求来确定，如图 3-27a 所示，它是曲线元素中的一种。

椭圆元素中重要的参数有各椭圆轴的长度和其位置角度，在绝大多数系统中这些参数可以通过直接输入的方法确定，也可以把它们作为变量来随时改变。

在使用生成椭圆元素的命令方式过程中，首先要对椭圆元素长轴和短轴上的两个顶点进行识别，这两个点定义了椭圆元素在一平面上的大小。当这两个轴的参数相同时，就变成了一个圆元素。然后，还需要确定一点作为椭圆元素的中心点，这个点确定了椭圆元素的位置，当确定了这些参数后，就可以生成一个椭圆元素了。

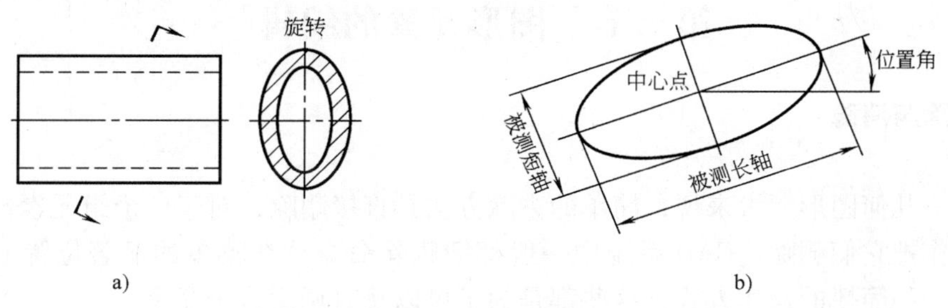

图 3-27　椭圆元素

通过输入一个角度值，还可以改变椭圆元素相对 X 轴的关系，通常把这样的椭圆元素叫做变位椭圆，如图 3-27b 所示。生成变位椭圆，也要首先确定椭圆的中心点，并要输入第一条椭圆轴线与 X 轴之间的夹角（位置角），然后还要输入第一条和第二条椭圆轴线的长度。

七、链元素

在系统中常把一串首尾相接，并且是封闭的元素组作为一种几何图形元素来对待，这就是常说的链元素。链元素在绘制工程图样时是一种常见的图形表达形式，它在构成整体几何图形时，经常被单独用来表达一个零件的某一个投影或用来对某些零件的形状进行描述。当采用专门的链元素选择方法后，可以对它们进行快速的整体选择。在许多系统中，矩形、任意多边形等被单独作为一种几何图形元素来使用，因为它不仅在工程图样中经常被用来描述一个零件的形状，而且，还可以用来作为生成其他元素的线性基准元素。矩形、任意多边形等就是由首尾相接且封闭的线元素所组成的典型链元素。

八、其他元素

随着各种 CAD 系统的功能不同，它们所能生成几何图形元素的种类也不相同。在对一些特殊物体形状的图形描述过程中，也会遇到一些特殊的或极少见的曲线元素。由于这些特殊曲线元素涉及的参数比较多，所以生成的过程也比较复杂，为此，在有些 CAD 系统中，除了上面所讲过的几何图形元素种类外，还有样条、过渡元素、阴影线等图形元素。对于一些特殊曲线元素，可以提供用各种命令方式生成它们，公式方式就是其中的一种（见表 3-1）。操作者在使用这些公式时，只要根据自己的需要，改变公式中的参数值就可以获得各种不同形状的特殊曲线元素。

为了应用灵活和符合操作者的操作习惯，有些公式既可以在直角坐标系下使用，也可以在极坐标系下使用。

表 3-1　特殊曲线及公式命令

元素名称	公式命令	元素名称	公式命令
星形线	X(t) =40pow[cos(t),3] Y(t) =40pow[sin(t),3]	笛卡儿叶形线	X(t) =3 * 100t/(1 + t * t * t) Y(t) =3 * 100t/(1 + t * t * t)
玫瑰线	ρ(t) =40sin(4t)	抛物线	X(t) = t Y(t) = 10t * t
心形线	X(t) =50cos(t)[1 + cos(t)] Y(t) =50sin(t)[1 + cos(t)]	渐开线	X(t) =6[cos(t) + t * sin(t)] Y(t) =6[sin(t) - t * cos(t)]

注：公式命令中 t 为参变量名。

第三节　图形元素的编辑

一、删除与消隐

1. 删除

对于单一几何图形元素来说，简单的去除方法是直接删除，对于一个组元素也可以通过一次性的操作把它们删除。CAD 系统中一般都把删除命令放在菜单的显著位置上，或者为操作者提供一种简捷的操作方式，这些都是为了可以及时调用这个命令。

当需要对某一个图形元素进行删除时，首先要对它们进行识别，然后系统将根据操作者对元素识别的情况（例如，单一元素识别还是某一属性元素识别）进行处理。根据组元素和宏元素的特点，它们将被系统视为单一元素来进行删除。

如果一个图形元素被识别并被删除，那么该元素就意味在元素清单中不复存在了，在有的 CAD 系统中，还对几何图形元素的最终删除提供了一些确认方式。如，通过对操作者的提问或在将进行删除的元素附近作上某一标记，这就给了操作者又一次的确认机会。

对于块元素和宏元素的删除操作，通常必须采用专门的元素识别命令方式对它们进行识别后，才能利用元素删除命令将它们删除掉。

2. 消隐

有的 CAD 系统还为操作者提供了一种可能性，即不能被删除而又影响视图视觉效果的几何图形元素可以暂时不显示，当需要时还可以重新显示在显示屏幕上，这种功能被称为“消隐”或“隐含”。使用这个功能时，被操作的几何图形元素将仍被在元素清单中进行处理。被消隐掉的几何图形元素，随时可以按照操作者的需要得以“重现”。

对于块元素和宏元素进行消隐操作后，能使二维几何图形的整体显示效果更加逼真，并根据有关机械制图的标准要求具有“层次感”，如图 3-28 所示。

对于三维空间线框几何图形来说，利用消隐功能可将本应看不到而又在显示屏幕上被显示的几何图形元素进行自动判别消隐，使得整体几何图形更具有逻辑性和真实感，如图3-29所示。

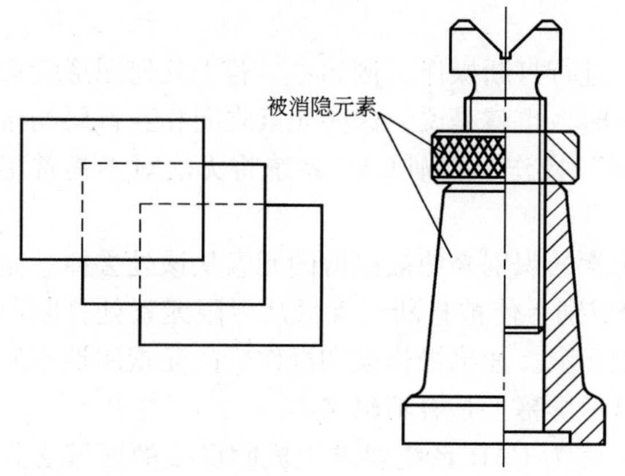

图3-28　二维几何图形与元素的消隐

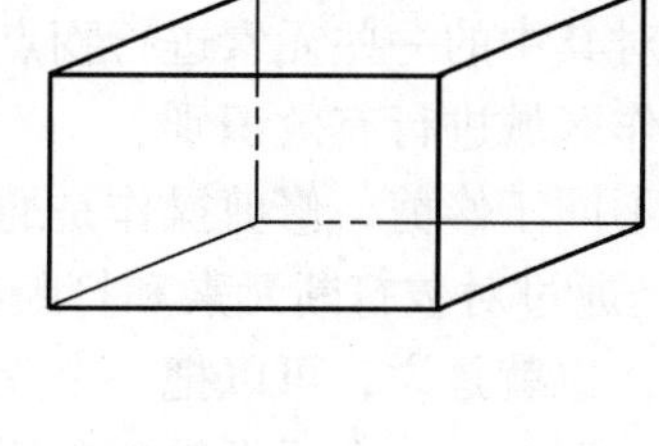

图3-29　三维空间元素的消隐

二、修剪与延伸

修剪与延伸功能在CAD系统的编辑能力中占有重要的地位，因为用传统的手工方式进行绘图时，要经常去除或延长绘制线条的某一部分，并且这样的操作是要经常反复进行的。所以，如果不能对所生成的几何图形元素实施灵活、有效并操作简捷的编辑处理的话，将会在操作过程中感到十分不便。

系统中修剪与延伸功能是根据若干几何图形元素之间的相互关系，或截去元素上的某一部分、或将已知元素延长至某一界限终点，如图3-30所示，图3-30a为修剪，图3-30b为延伸。无论是修剪还是延伸操作，都将使已知几何图形元素之间产生新的相交点。

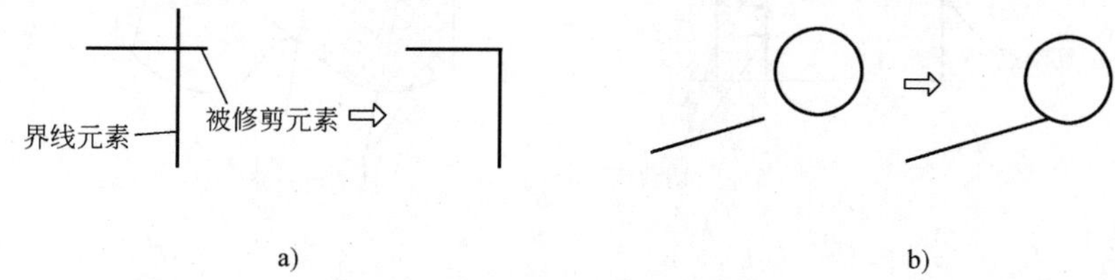

图3-30　线性元素的修剪与延伸

在有些CAD系统中，识别被修剪或延伸的操作元素时，对光标所处的位置进行了严格规定，例如：当同时修剪一个线元素的两端时，选择被修剪元素的光标所在位置必须是元素修剪后要保留的部分；如果对某一线元素进行延伸操作时，允许只将元素延伸到与界线元素未来的相交点处；已知几何元素图形元素的属性被改变后，被修剪的元素属性也将随之改变，即变为当前属性。

在有的CAD系统中，给出了用于各种情况下几何图形元素的修剪与延伸方式，操作者在操作过程中可根据实际情况来选用，例如：

First　修剪或延伸所选两元素中的一个。

Both　对两相交元素同时进行修剪或延伸。

Double 修剪某一元素的两外侧部分。

Divide 修剪某一元素的中间部分。

使用这些方法可以大大提高修剪与延伸的操作速度，因为它们减少了操作步骤。

三、打断

在生成某些几何图形元素时，有时要对它们进行打断操作，例如：当若干几何图形元素所围成的某一图形区域是一个全封闭的图形区域时，也就是说，这些元素之间相互首尾相接时，就要对其中的一些元素进行拐点处的“打断”操作，否则 CAD 系统将无法对不是首尾相接的操作区域进行有效识别。

打断不同于修剪，修剪操作是通过对界线元素的识别来使被修剪的元素从该处去掉。而“打断”是通过对被打断元素和打断界限元素的识别，使被打断元素只从界限元素处打断而不修剪掉，也就是说，可以把一个元素变成几段元素。如果操作前和操作后的元素属性不发生变化时，那么，一个元素被打断后，它们在显示屏幕上是看不出来的。

通常，打断操作用于确定阴影线生成区域，因为 CAD 系统要求生成阴影线的区域必须是一个全封闭且首尾相接的区域。在这种情况下，就需要操作者利用“打断”功能对元素的组成形式进行处理，使它所组成的区域符合系统的要求，如图 3-31a 所示。另外，当操作者需要对某一组几何图形元素所表示区域（例如，不规则多边形）中的某一部分进行数学计算（面积计算）时，要告诉 CAD 系统被计算的具体区域，而这个区域需要操作者利用辅助元素进行“分割”而重新组成。那么，对于重新组成区域中的新、旧元素来说，则需把它们分割为两段（或多段），如图 3-31b 所示，为此，这个操作过程也需要利用打断功能来完成。

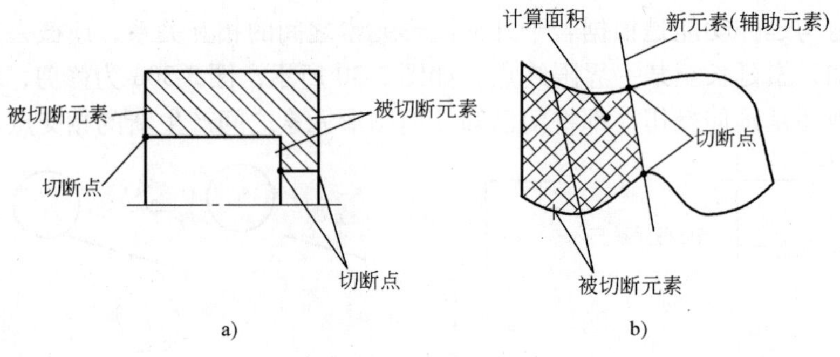

图 3-31 几何图形元素的打断

四、拉伸

拉伸就是在原来的几何图形元素的基础上，把某一元素或若干元素变长或缩短，而原来几何图形元素之间的相互关系保持不变。拉伸功能的作用可这样来理解，把一个由若干元素相互联系的几何图形由一个基准点向某一个方向推动，这些几何图形元素可以在拉伸的过程中将被“拔长”或“镦粗”。

在 CAD 系统中，当同时涉及多个几何图形元素时（即由若干几何图形元素组成的元素组），人们常把“拉伸”功能看作是“延伸”或“修剪”功能的进一步拓展和补充，拉伸命令方式也可以用于一个块元素或宏元素的变化，这种变化可以通过输入一个尺寸参数或用光标指定距离来实现，所以，它又有几何图形的“尺寸驱动”和“图符驱动”之分。

几何图形的“尺寸驱动”必须有一已标注出的尺寸参数参加变化，也就是说，图形的变化是以这个尺寸参数为基础的，所以，在一般情况下，识别驱动对象时，应将该尺寸一同识别，如图3-32所示。

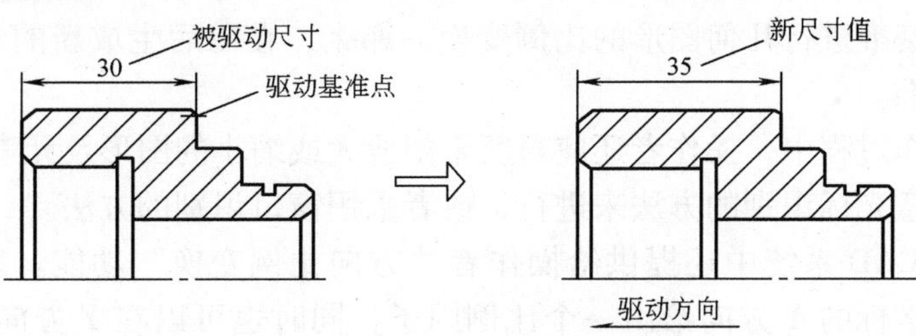

图3-32　几何图形的尺寸驱动

对几何图形进行“图符驱动”时，往往是将CAD系统中为用户在图形库中准备好的“图符”调用出来，通过按某一方向移动光标确定距离，或者通过改变某些参数，实现几何图形的大小变化。这种“图符驱动”也可以用于图形库中由用户自行生成的“图符”，如图3-33所示。

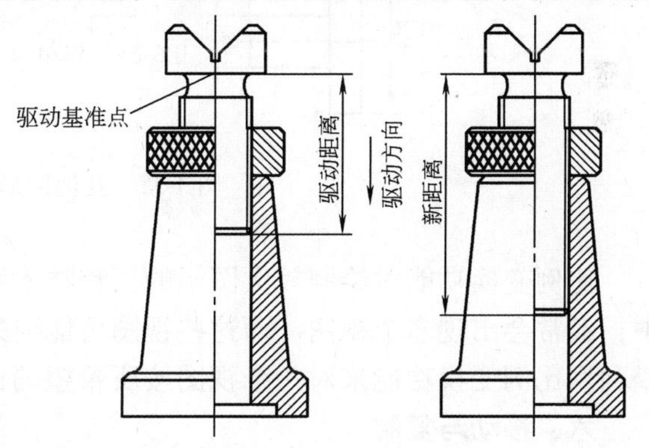

图3-33　几何图形的图符驱动

无论是“尺寸驱动”还是“图符驱动”，在操作过程结束后，虽然几何图形中的某一部分将按一定尺寸实现了大小变化，但与之相互联系的并且被识别的其他几何图形元素也将随之产生位置移动。

在操作过程中，操作者对要进行扩展的元素进行识别时，可以用“窗口选择”命令形式来进行选择，也可用单一元素选择的方法来进行逐一识别，也就是说，要告诉CAD系统哪些元素需要进行拉伸。另外，还要确定一个基准点，以便使CAD系统知道拉伸距离的起始位置。

五、比例变换

由于在进行工程图样设计的过程中，经常要涉及几何图形比例的问题，所以在CAD系统中为操作者提供了几何图形的“比例变换”功能，这个比例变换功能主要用于对已知几何图形的放大或缩小。通常，使用其他的放大或缩小功能只能对图形进行无规则的放大或缩小效果操作，即不受已知比例因子的控制，而使用比例变换功能则可使几何图形按一定的尺寸比例进行变化。

当对一个已标注尺寸的几何图形进行比例变换功能操作后，进行比较时，这种区别就十分明显了，如图3-34所示。例如：用一个比例因子2对一个已知几何图形进行变换操作时，这个变换

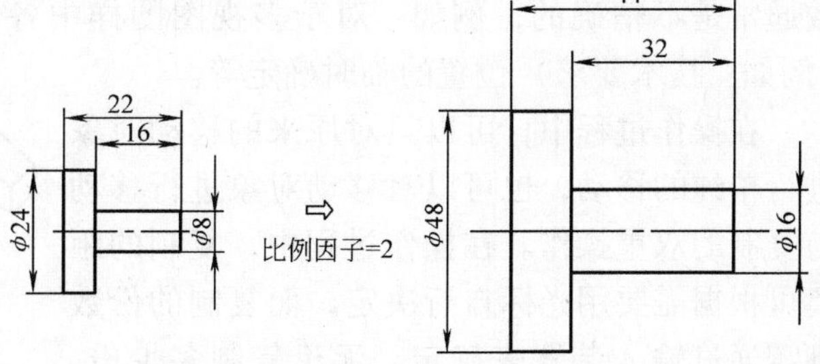

图3-34　比例因子为2的图形变换

后的图形比初始状态的图形要变长2倍和变宽2倍。

在使用比例变换这个功能时，需要通过键盘输入一个比例因子，比例因子大于1时几何图形被放大；小于1时图形则缩小。CAD系统还允许操作者给出一个变换基准点，CAD系统将以该基准点为基准进行几何图形的比例变换，那么，在以后生成新的几何图形元素时，都将以该基准点为准。

在比例变换操作过程中，操作者还应对所希望放大或缩小的图形及元素进行选择，这个选择可以通过用任意光标识别的方法来进行，或者采用窗口识别的方法。

目前，在许多CAD系统中还提供给操作者"方向比例变换"功能。采用这种功能时，操作者可以在平面坐标的X方向给出一个比例因子，同时也可以在Y方向给比例因子，而这两个比例因子允许是不同的数值。那么，通过这样的操作就生成了一个与原几何图形相比发生了全方位扩展现象的新几何图形，如图3-35所示。

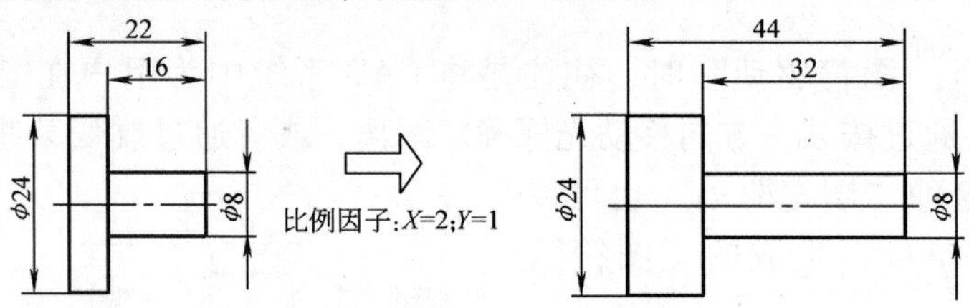

图3-35　几何图形的方向比例变换

比例变换功能对绘制较大图幅的工程技术图样来说是十分有用的，因为，在这样的图样中，经常会出现多个视图，而这些视图可能要采用不同的比例来进行描述。那么，这时就可以利用比例变换功能来对每个视图按所希望的比例因子进行比例变换。

六、移动与复制

当几何图形或某个几何图形元素的位置需要发生变化时，可以使用CAD系统中的"移动"或"复制"功能来实现。由于各种CAD系统的设置不同，在进行图形移动时所采用的方法也不一样，但常见的方法有："相对移动与复制"、"绝对移动与复制"等。

1. 相对移动与复制

所谓相对移动与复制是指操作者在用户坐标系中，设一已知点为原点或称为"旧点"，向另外一点或称为"新点"所进行的移动与复制操作。也就是把几何图形或某一元素从原来的位置上移动或复制到另外一个位置上。当"旧点"或"新点"是采用任意点的方式确定的话，这种移动与复制方式所确定的距离常常是未知的，即几何图形移动与复制的尺寸参数通常是不精确的，例如：对于多视图图样中各视图位置的拼排；某一几何图形或文字（例如：技术要求）位置的临时确定等。

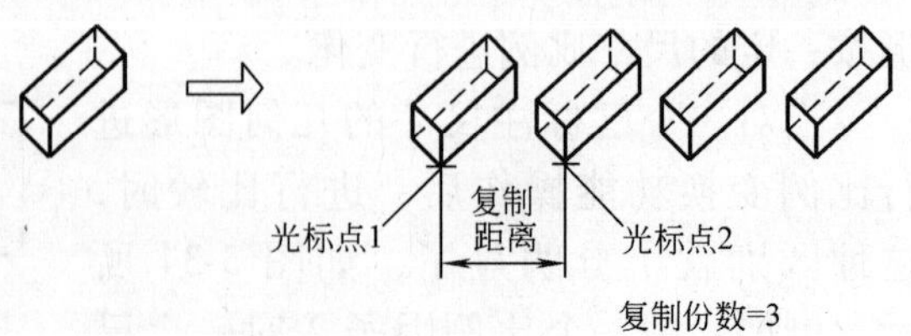

图3-36　几何图形的相对移动与复制

在操作过程中，可以只对原来的移动对象进行单纯的移动，也可以对移动对象进行移动与复制的双重操作。在操作过程中，复制的距离可根据需要用光标自行决定，而复制的份数则需通过输入装置来确定。无论复制多少份，每份间的移动的大小都将按操作者开始告知

CAD/CAM 系统的距离来排列，如图 3-36 所示。

2. 绝对移动与复制

在 CAD/CAM 系统中，绝对移动与复制也叫矢量移动与复制，这个功能允许操作者在自行确定的用户坐标系下或系统本身坐标系下，按任意给定的坐标参数进行 X、Y、Z 或在任意坐标轴方向进行移动与复制，即按一精确尺寸参数把几何图形或元素从某一个指定的位置移动或复制到另一个指定的位置。

这个功能可以十分准确地把一个已知几何图形或元素按所希望的距离移动或复制，并且和相对移动与复制功能一样，不仅可以进行几何图形的移动与多份数复制，而且也可以对单一元素进行复制移动或多份数复制，如图 3-37 所示。

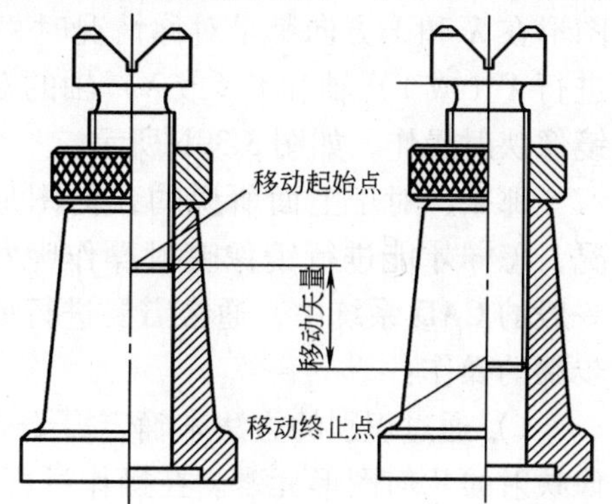

图 3-37　几何图形的绝对移动

七、旋转与复制

利用 CAD 系统中“旋转与复制”这个功能，可以使得单一几何图形元素、块元素、宏元素或其他元素在任意坐标系下，以当前位置上的某一点为原点，进行某一角度的旋转与复制，如图 3-38 所示。对于旋转来说，其主要的参数是旋转角度和旋转点的位置确定。当对旋转的次数进行输入确定后，就会出现原来旋转对象在其初始位置保持不变，而又进行了若干次数的旋转复制。

在一般情况下，旋转功能的操作步骤如下：

1）对需要进行旋转的几何图形元素或其他对象进行选择。这可通过 CAD 系统中提供的任意一种识别方法来完成，例如可使用窗口识别或单一元素识别的方法来选择。

2）通过数字化、识别和输入坐标的方法进行旋转点的确定。

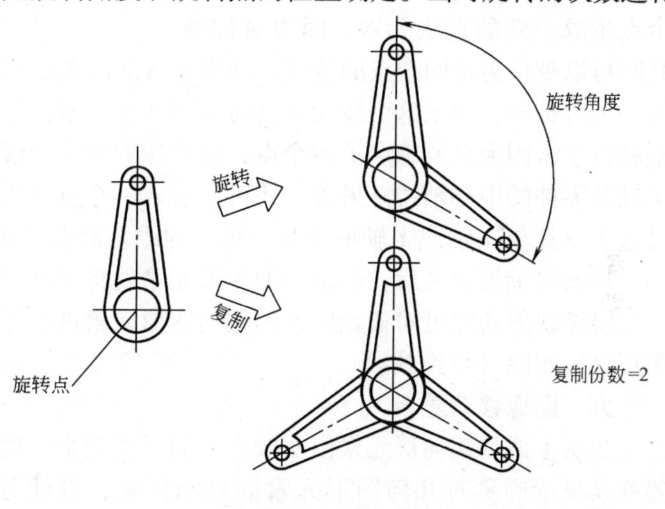

图 3-38　旋转与复制

3）通过键盘输入所希望的旋转角度。在有的 CAD 系统中，可以先确定两个点实体，并使旋转点与这个两个点分别连线形成一个旋转角度。

4）如果需要同时实现复制的话，则可通过键盘或其他输入方法，告知 CAD 系统所希望复制的份数。

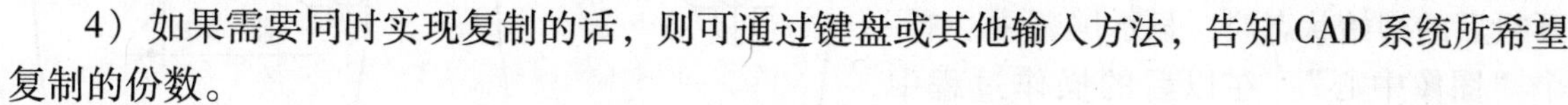

对于一个二维的 CAD 系统来说，在一般情况下只能进行 X—Y 平面中的旋转（又称平面旋转），在三维 CAD 系统中，几何图形元素或其他旋转对象，不仅可以围绕 Z 轴旋转，而且还可以围绕其他任意轴进行旋转（又称半自动空间旋转）及在全空间方位进行连续不断地旋转（全空间自动旋转或称全空间动态旋转），对于这种方式的旋转不需要输入旋转角度，因为，旋转对象将在任意 360°空间内进行连续不断地旋转。

八、镜像映射

CAD 系统中的“镜像映射”功能经常用来生成轴类图形或其他类呈对称状的几何图形。

在对这些零件的几何图形进行设计时，只需要绘制出对称图形的一半即可，而它们的另一半则可通过在其对称轴（中心轴）上的“镜像映射”来完成，如图 3-39a 所示，当几何图形在 X 和 Y 方向都呈对称情况时，就只需绘制出整体几何图形的四分之一，然后，分别进行 X（或 Y）轴和 Y（或 X）轴的双向镜像映射操作，如图 3-39b 所示。

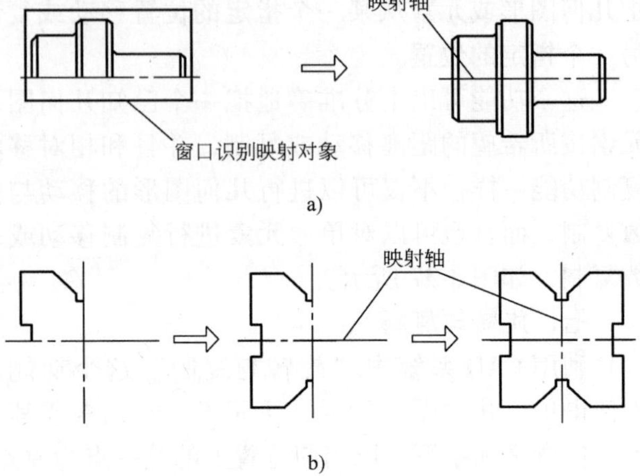

图 3-39　对称几何图形的镜像映射

那么，对于上面所说的几何图形情况，怎样才能进行镜像映射操作呢？在一般的 CAD 系统中，通常需要进行如下步骤的操作：

1）通过识别的方法来确定需要被镜像映射的几何图形元素。在操作过程中，可以采用单一元素逐个识别的方法，也可以选用窗口识别或其他的识别方法来进行，这主要取决于几何图形的分布情况。

2）确定对称轴（映射轴）。通过两个点生成一新的直线元素，因为对称轴此时可以被认为是两个点的连线；或者直接对一条已经存在的线元素进行识别，并用此线作为一个对称轴。如果这个线元素当时不与任何元素发生关系，那么只要对其两个端点进行识别就行了，因为只要确定了两个点，就意味着对一个线元素进行了定义，这种方法特别适用于轴类零件的中心轴线。另外，还可以输入一个点实体元素和一个角度，使映像的结果可在过这个点且与 X 轴或 Y 轴形成某一角度的线元素上实现。

当映射轴被定义后，被选择的图形元素就将在映射位置（与其对称的位置）上生成。

镜像映射功能可对初始状态的几何图形元素进行保留（复制映射），也可以对初始几何图形进行删除（单纯映射）。

九、图像移动显示

当所生成的几何形元素由于较大，而不能完全一次性在显示屏幕上进行显示时，往往需要变动显示屏幕对几何图形元素的显示区域，以便分别对几何图形元素进行显示，使用 CAD 系统中的“图像移动”功能就可以完成这种操作。

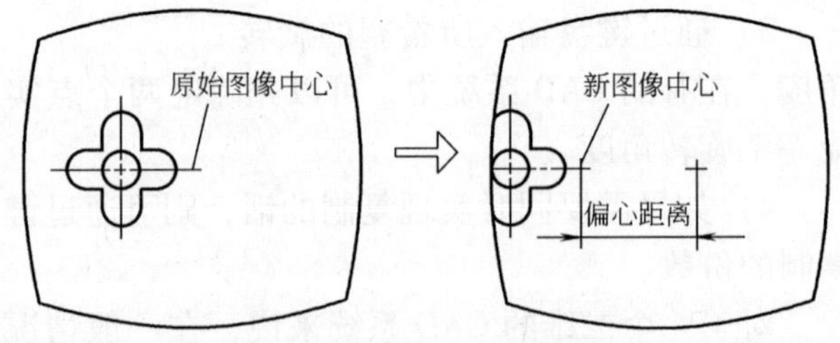

图 3-40　图像中心的偏移

可以这样来理解，当 CAD 系统处于开机后的初始状态时，显示屏幕中心有一个“图像中心”。在以后的操作过程中，由于经常使用如“比例变换”、“图形放大或缩小”以及“移动”等功能，就会使得“图像中心”的位置发生变化，这个变化将涉及已经被显示几何图形的位置。也就是说，这些几何图形的显示位置将随着“图像中心”的改变而移动。所以，操作者就希望能随时将几何图形的显示位置随意移动或者说不受“图像中心”的改变而移动，如图3-40所示。

CAD系统中的这个功能实际上是对“图像中心”位置的重新定义。在操作过程中，可以利用任意光标识别方法来确定“新图像中心”的大约位置，或者可以理解为用光标对“原始图像中心”的一次推移。当任意光标离“原始图像中心”越远时，“新图像中心”被推移的距离就越大，而这个距离可由操作者根据需要显示几何图形元素的具体位置来决定。由于“原始图像中心”的位置发生了变化，那么，与它相对应的几何图形元素也就被移动了，如图3-41所示，即显示屏幕的显示位置发生了变化。

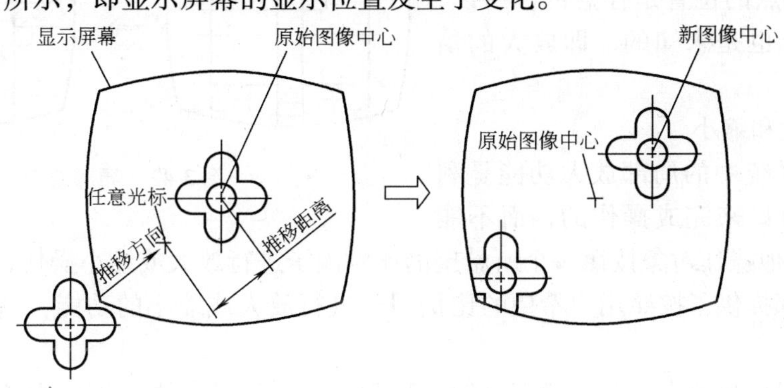

图3-41 图像中心的光标推移

使用这个功能与使用“移动”功能的区别在于，当进行了“图像移动”操作后，所有在当前显示屏幕上的几何图形元素将被全部改变显示位置，而CAD系统中的“移动”操作，只是改变需要移动的部分几何图形的位置。

十、放大与缩小显示

操作者根据几何图形具体显示的情况，将其任意局部放在显示屏幕有效工作区上进行显示。利用CAD系统的“放大与缩小”功能就可以实现这样的操作。

通常在进行工程图样设计之前，根据所估计图样的大小，可以预先设定一个图幅的规格，如：A4、A3、A2、A1、A0或用户定义规格等。但在被定义了大小的图幅上生成几何图形时就能发现，由于显示屏幕有效工作区与图幅的大小比例之间差别较大，所以操作往往十分困难，甚至无法进行，这就是常说的CAD系统“整体可视性差”的缺点。为此，各类CAD系统通过本身的一些功能，都力争克服这一缺点，尽量使操作者在操作过程中，感到观察舒适、操作方便与简单。目前，主要采用的方法就是CAD系统中“放大与缩小”功能。

放缩功能可以这样来理解它，在观察几何图形时，将使用一个照相机的变焦镜头，而这个变焦镜头既可看到几何图形的初始状态，也可看到通过在调焦范围内对变焦镜头焦距进行调整后而被放大或缩小了的几何图形，并且这样的放大或缩小是可以根据操作者的需要随时随地进行的。

1. 局部放大

局部放大又称为窗口放大。在调用这个命令后，只要被放大对象的某一部分被包含在所设窗口内，它就将被放大。在一般情况下，窗口设定得越大，放大的倍数就越小；反之，窗口设定得越小，放大的倍数越大。使用这种方法的优点在于，它可以对用窗口选定的操作对象中任意图形部分进行放大，而不会涉及窗口以外的其他部分，如图3-42所示。

使用这个功能还可在整个操作过程中不受任何尺寸的限制。放大操作的过程类似于使用一个“放大镜”对物体进行观察的过程，“放大镜”放在什么部位上，什么部位就被放大。而且，当一次放大以后，被放大部分还不够清楚的话，还可进行反复同样的操作，直至希望显示的部分完全清楚为止。

窗口设定是在显示屏幕上通过用光标确定矩形窗口的两个对角点来完成的。由于窗口两个对角点的位置是任意的，所以，窗口的面积大小也是未知的，即放大的倍数也是未知的。

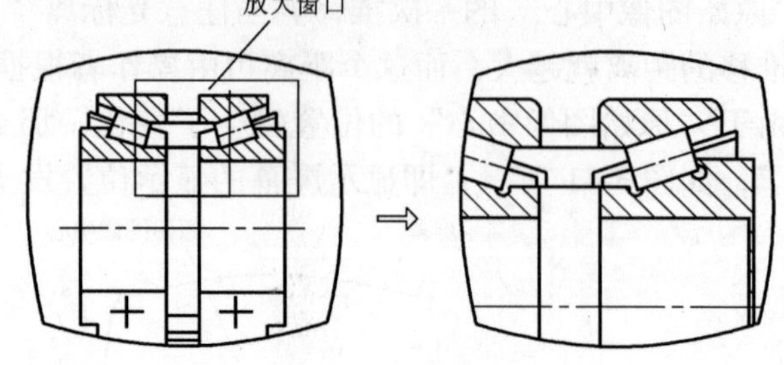

图 3-42 局部放大

2. 比例放大和缩小

由于 CAD 系统中的局部放大功能是利用任意大小的窗口来完成操作的，而不能将几何图形或其他操作对象按照一个所希望的比例因子进行放大或缩小操作，所以，在大多数 CAD 系统中都提供了按照用户希望的比例因子进行放大或缩小的功能，这种功能简称为“比例放缩”。

在有一些 CAD 系统中，为了操作方便，特为操作者提供了固定比例因子放大或缩小命令形式。这种操作方式不需要特意给定一个用于放大或缩小的比例因子，例如：直接选用只允许对几何图形进行 1 倍的放大命令，或者是只能进行 1 倍缩小的命令。使用这些命令时，只需要直接调用它们即可，而无需输入比例因子，并且在操作过程中，可以连续不断地使用这些命令进行操作。

为了使所生成的几何图形比例大小符合某些专业标准，在 CAD 系统中还提供了标准比例因子选用命令方式，例如：操作者可以直接选用 1∶1；1∶1.5；1∶2 和 2∶1；2.5∶1；4∶1 等标准比例实现放大或缩小，而这些比例数值通常是以“菜单命令”形式出现的。

3. 自动定标显示与显示回溯

在 CAD 系统中，自动定标显示功能又称为“自动显示”功能。自动定标显示功能既可以实现对已生成几何图形元素的放大显示，也可以实现对几何图形元素的缩小显示。无论是放大还是缩小显示，这种功能操作的结果，都将把已经生成的且被放大或缩小几何图形，一次性地直接变成在显示屏幕上的整体图形来描述。也就是说，这些几何图形将被放大或缩小到整个显示屏幕的有效工作区内，使显示屏幕达到最大显示程度，并且所有几何图形元素都同时可见。

所以，人们又经常把这个功能叫做不定比例因子的“充满显示屏幕”功能。这个功能主要用于整体或局部几何图形观察，特别是对大幅面、多视图的图面布置情况进行观察与编辑操作等。

由于该功能在生成几何图形过程中被经常使用，所以，通常 CAD 系统为此命令形式设置了专门的功能键或便于操作的其他调用形式。

当使用了上述各种放大或缩小功能以后，经常希望返回到上一次几何图形大小的显示状态，有时则希望返回到以前若干步的显示状态下，在这些情况下，就可以使用 CAD 系统中的“显示回溯”功能。随着各种 CAD 系统的具体情况不同，所能显示回溯的步骤次数也不尽相同，一般都能返回到前 10 次的显示状态。

第四节　工程尺寸标注及文字说明

一、工程尺寸标注

通常在工程图样中，除了有几何图形以外，作为图样的基本存在信息还应有表示物体大小的尺寸，这就是尺寸标注。因为尺寸能进一步准确地描述几何图形的大小及形状，以便人们利用它来制定加工工艺和监控加工过程。

在物体几何图形元素的生成过程中，已经基本上确定了几何尺寸，所以在此基础上，就可以通过 CAD 系统的尺寸标注命令方式，将存入在元素清单中的数据以及其他参数调用出来，并在显示屏幕上得以显示。

在许多 CAD 系统中都提供了完全自动的且较全面和十分灵活的尺寸标注功能。它们既可以采用自动方式进行尺寸标注，也可以采用手动方式进行尺寸标注。这些尺寸标注功能还可以根据所标注的对象不同，被分为不同的类型，例如：线段标注、圆弧标注和角度标注等。对于机械类的 CAD 系统来说，在进行尺寸标注的同时，还可以注明其他有关的加工说明与符号，例如：可以注明尺寸公差或零件的形位公差等。

1. 线段标注

根据有关制图标准的规定，对于线段的尺寸标注有以下几种基本方法：水平标注法、垂直标注法、平行标注法、连续标注法和基准标注法。

（1）水平标注法　水平标注是指对一水平放置的线元素或水平共线两点之间距离的尺寸标注。在标注过程中，CAD 系统需要知道希望获得哪条水平线元素或哪两个水平共线点之间的距离尺寸，即水平界线元素。为此，可对被标注元素直接进行识别，或对两个界线元素（或界线点）进行识别，然后通过第三点的输入，告知 CAD 系统在已知几何图形上的什么地方画出尺寸线、尺寸界线，在什么位置上标注出尺寸数字以及尺寸数字的放置方向，这样就完成了水平尺寸标注的操作，如图 3-43 所示。

（2）垂直标注法　在进行垂直尺寸标注时，其操作方法与水平尺寸标注一样，可以对垂直放置的线元素直接进行识别，对两点间的垂直距离标注则需分别识别两个界线元素或两个界线点，然后，确定尺寸数字的位置，如图 3-44 所示。按照有关制图标准，垂直标注时的尺寸数字应平行于尺寸线，并由下向上书写，与水平标注所不同之处在于，必须告知 CAD 系统数字旋转的角度。

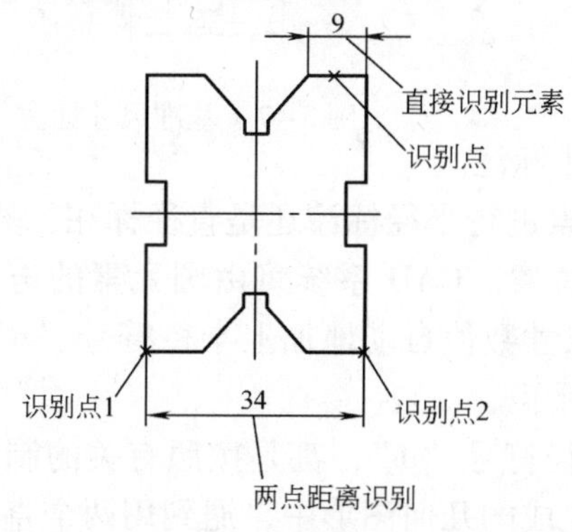

图 3-43　水平尺寸标注

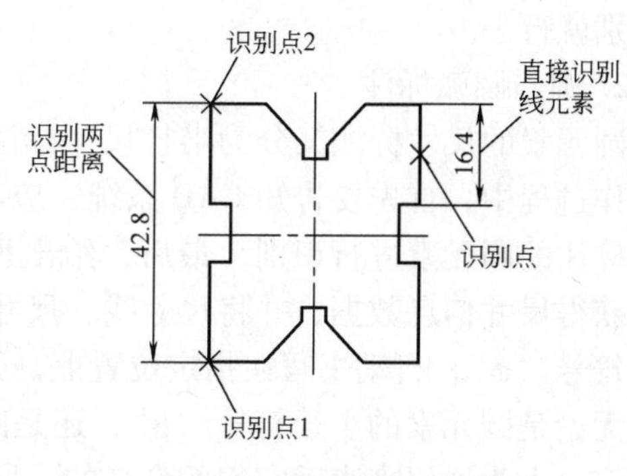

图 3-44　垂直尺寸标注

（3）平行标注法　所谓平行标注是指当被标注的线性元素或两个共线的界线点与 X 或 Y 轴之间形成一夹角时的尺寸标注，如图 3-45 所示。平行标注的操作方法与上面两种标注方法相同，在一般情况下无需输入尺寸数字的角度。因为，按照有关制图标准，平行标注时的尺寸数字应平行于被测元素表面放置（特殊位置除外）。

（4）连续标注法　它的功能是指所标注的尺寸无论是水平的、垂直的还是平行的，都将在同一尺寸行上生成，并互为基准，如图 3-46 所示。也可以把这种方法理解成是对线段尺寸标注类型的一种补充功能。

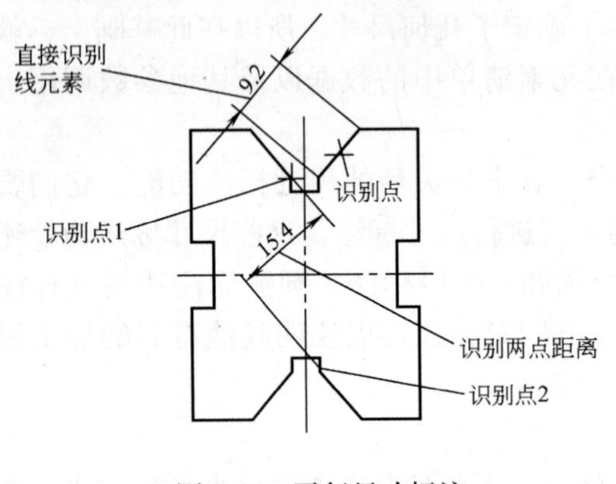

图 3-45　平行尺寸标注

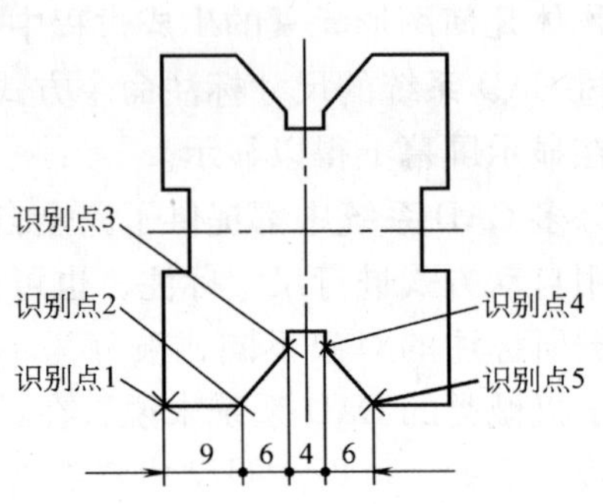

图 3-46　链尺寸标注

在进行链尺寸标注时，应首先确定链尺寸的起始界线元素或其上的第一识别点，然后根据尺寸标注的需要，连续逐一识别其他各点。当告知 CAD 系统最后一个识别点为终止界线元素上的一点后，还要指定尺寸数字的书写位置，这时，一组有序同线排列的链尺寸就标注完毕了。

（5）基准标注法　“基准尺寸”标注又称为“相关尺寸”标注，它主要是用来对以某一界线元素或其上的一点为基准，而进行的其他相关尺寸标注，如图 3-47 所示。

基准尺寸标注也是线段尺寸标注的另一种形式，当在同一个几何图形上有若干尺寸都与同一元素或同一点有关系时，就可以与链尺寸标注时一样，只需对第一个尺寸界线和尺寸数字位置进行识别，而对其他的相关尺寸仅需要进行尺寸界限识别就行了。

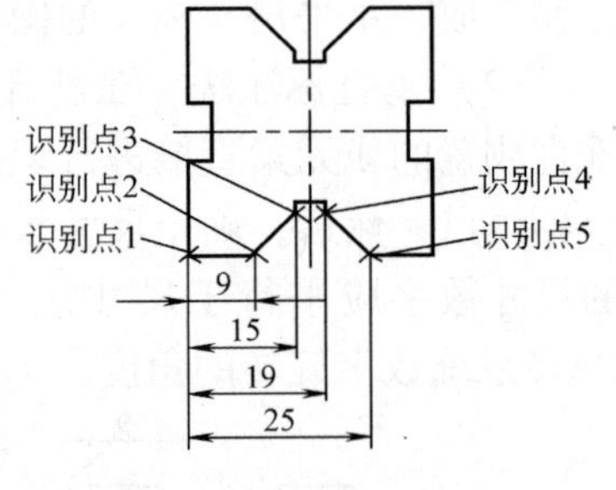

图 3-47　基准尺寸标注

2. 圆与圆弧标注

圆元素的尺寸标注又分为半径尺寸标注和直径尺寸标注。在操作过程中，首先要告知 CAD 系统，应对已知圆元素进行半径标注还是直径标注，然后，对被标注的圆元素进行识别，最后，给出尺寸数字的位置。CAD 系统将由圆元素的记录清单中获得尺寸信息数据，并将尺寸线、尺寸箭头以及尺寸数值自动地加上半径符号“R”或直径符号“ϕ”，自动书写在指定位置上，如图 3-48a 所示。

无论是圆元素的半径符号“R”，还是圆元素的直径符号“ϕ”，都是按照有关的制图标准规定，人为地用来表示它们的含义的，所以，当在生成的几何图形中，遇到用两个直线元素距离来表示某一圆（孔）的直径时，CAD 系统往往将它们按两个元素的直线距离来进行标注，也就是说，不会自动加注“R”和“ϕ”符号。这时，经常需要操作者使用 CAD 系统所提供的线段标注方法进行尺寸标注，最后，再利用尺寸编辑和特殊符号加注功能，对这样的尺寸进行编辑修改，如图 3-48b 所示。

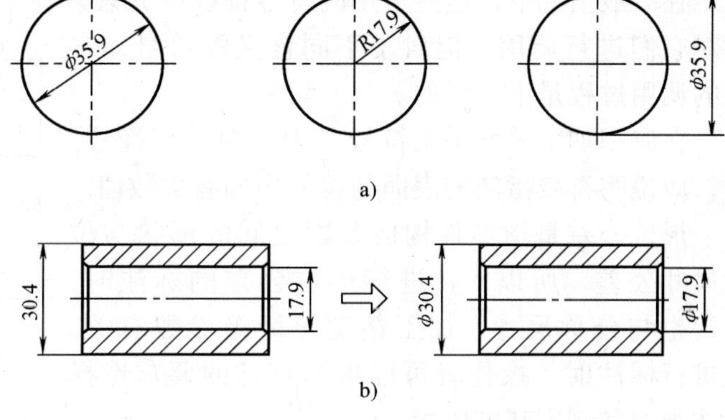

图 3-48　圆元素的尺寸标注

圆弧元素的尺寸标注和圆元素一样，只要对已知弧元素进行识别，并指明尺寸数字的位置就行了，用来表示半径的“R”符号将自动被加注。通常，对于用来连接两个互不平行元素的“过渡圆角”，也可以采用弧元素的标注方法来进行标注，如图 3-49 所示。

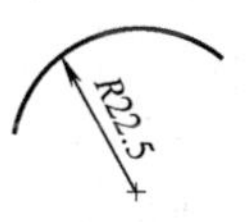

半径标注

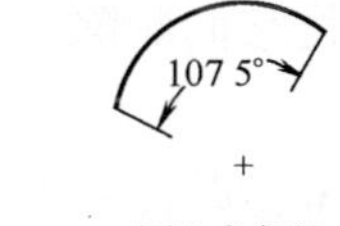

圆心角标注

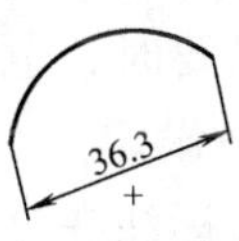

弧长标注

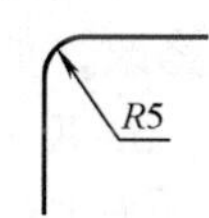

圆角标注

图 3-49　弧元素的尺寸标注

3. 角度标注

还有一种常用的尺寸标注形式就是“角度尺寸”标注，利用 CAD 系统的这个功能可以获得了两个线性几何图形元素之间的夹角，并能将尺寸按“度”、“分”和“秒”的量纲单位标注出来。

在进行角度尺寸标注的操作过程时，通常有两种识别元素的方法，一种是直接识别形成角度的两个线元素，并确定尺寸数字的位置；另外一种方法是分别识别形成角度的两个线元素的交点和两个端点，并确定尺寸数字的位置，如图 3-50 所示。

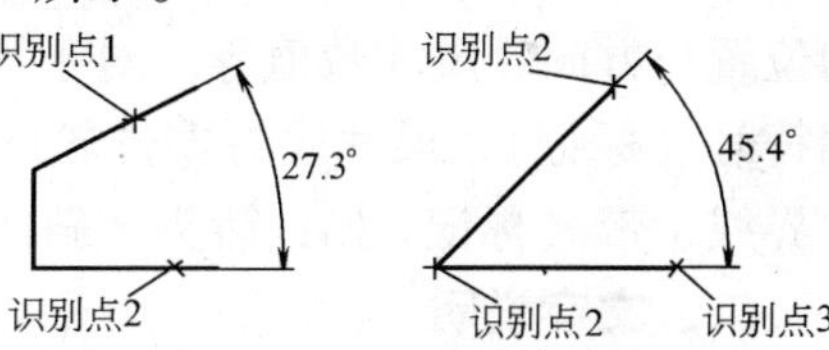

图 3-50　角度尺寸标注

在操作过程中，角度数值大多数都可以被自动地加注上其量纲单位。

4. 尺寸公差与符号表示

公差标注在机械工程图样中占有很重要的地位，所以，一般用于机械设计的 CAD 系统中都考虑了这个功能的设置。

随着目前各 CAD 系统都力争做到“方便用户，符合专业”的要求，增设了一些专业性较强的专用设计功能，例如：免查或少查有关设计手册。在机械类 CAD 系统中，通过标注的公称尺寸、选定加工精度等级等方法来确定零件的设计公差尺寸就是一种具体的体现。特别是近几年一些已经商品化了的国产 CAD 系统软件，基本上都具有这些功能，在符合用户习惯的基础上，更符合有关使用标准。

在进行尺寸公差标注时，通常这些功能都与相关公称尺寸的标注“联动”。即当操作者完成了公称尺寸标注以后，紧接着使用同一功能就可以直接完成尺寸公差的标注。如果操作者希望对已知尺寸加注尺寸公差时，当对被加注的尺寸选择以后，CAD 系统将提示一些尺寸公差的标注提示。在标注过程中，操作者可以根据给定的公差代号，自动地查出相应的公差数值；也可以反之进行查询。总之，操作者可以十分方便地并按有关标注标准进行各种数据参数形式的标注，如图 3-51 所示。

在工程图样中还会经常用到一些符号，例如：形状公差与位置公差符号、加工表面说明符号、焊接符号等。

在一般情况下，这些常用的符号都被事先装入在 CAD 系统中，当需要使用时，可以随时对它们进行调用。但对于不同含义的符号，它们的调用过程是不一样的。

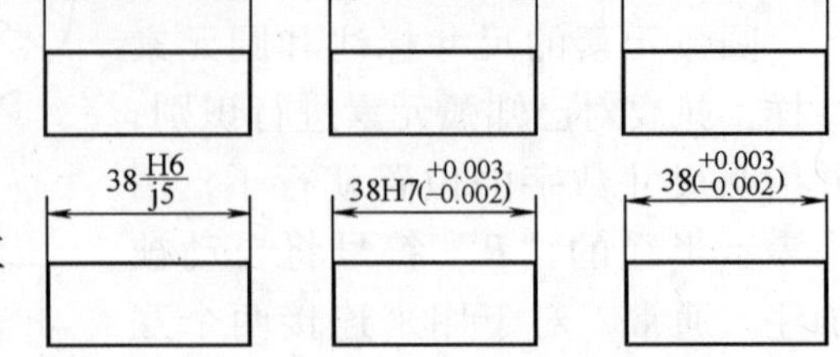

图 3-51　尺寸公差标注形式

在调用加工表面说明符号（表面粗糙度符号）时，应说明符号指向的表面与符号中的有关数值。

形位公差是指零件构成要素之间的形状与位置尺寸公差，所以，在进行形位公差的标注时，通常也与公称尺寸、加工精度等级等参数有关。在进行标注时，操作者可以根据自己的要求选择标注类型和制定基准位置。

无论是尺寸公差还是形位公差标注或是其他的符号说明，都可以对它们进行标注后的编辑修改，如不需要时，也可以将它们删除。

5. 尺寸参数设定

为了使尺寸标注在显示屏幕上既能符合有关标准，又能适合各企业的特殊规定，或者满足一些其他的特殊使用情况，各种 CAD 系统都提供了有关尺寸参数设定与编辑的功能。

尺寸参数设定包括：尺寸数字、尺寸线和尺寸界线等方面的内容。在进行尺寸标注前可预先将这些参数设定成所需的形式或数值，或者设定成标准形式。这样所进行的一次性设定，可一直用于同一文件名中所有几何图形的尺寸标注，直到对它们进行新的参数设定后才被改变。

对于尺寸数字来说，通常有如下的参数可以被设定：字高、小数点后的位数、尺寸数字的位置与方向、尺寸数值等。对于尺寸线来说，通常有如下的参数可以被设定：尺寸线的末端符号（标记）、尺寸线与零件轮廓线间的距离等。对于尺寸界线来说，则有：带/不带尺寸界线、带（标记，如：箭头、斜线、圆和点等）/不带符号等。

二、文字说明

在工程图样中，文字往往被作为对几何图形描述的补充说明，例如：图样标题栏中的说明、加工要求说明、对于尺寸标注的附加说明、各零部件之间的装配说明以及简要的性能说明等。这些说明在不同的系统中可以是西文字符，也可以是中文文字。

从其属性特征上来讲，文字也算作基本元素，也就是说，每个文字、数字或特殊符号，在其形式上都是可变化的元素。对此，还可以理解为，如果改变文字的属性特征，文字的一些显示状态也将随之改变。

文字和尺寸标注一样，可对它们的有关属性和状态进行预先设定，也可以进行生成后的编辑与修改。

就像用打字机进行工作时一样，用键盘也可以把文字输入到 CAD 系统中去，并按照操作者的需要在显示屏幕指定的位置上显示。当使用图形输入板时，输入板上也包含字母区和数字区，此时，文字可以通过数字化笔被逐个字地输入（通常用于西文字符的输入）。但是，无论采用哪种输入方式，被输入的文字并不是马上在显示屏幕的图形工作区中显示，它们往往是先被写到 CAD 系统文字显示屏幕上（两个显示屏幕）或者写到一个对话行中，这样做的目的是为了对它们进行最后输入检查，如需修改，可在将其写到图形显示区上以前，利用文字输入的有关功能对它们进行修改。

为了能生成及修改图形中的文字，CAD 系统提供了文字编辑功能。在使用这些功能时，可以在已经生成了的文字之间添加文字或行，也可以进行删除、移动和复制等。

被输入的文字也需要进行定位，为此，操作者必须指明，应在图样中的什么部位书写文字，而文字位置（书写基准点）的确定是用十字光标或通过输入坐标值来完成的，如图 3-52 所示。

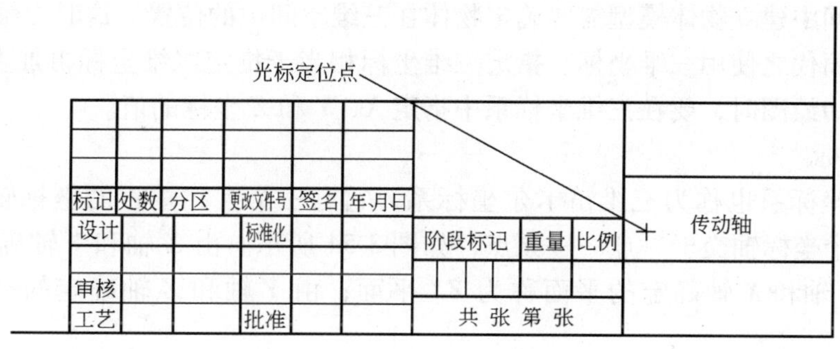

图 3-52　文字位置的光标定位

在许多 CAD 系统中，对文字进行显示时，都使用了一个矩形方框来代替输入的文字位置，这种矩形方框也被称为“文字方框”，如图 3-53 所示。这种显示方式对被存入数据库中的文字内容没有任何影响，如果想了解文字方框中的内容，可以随时使用改变显示比例因子或放大功能将其放大。

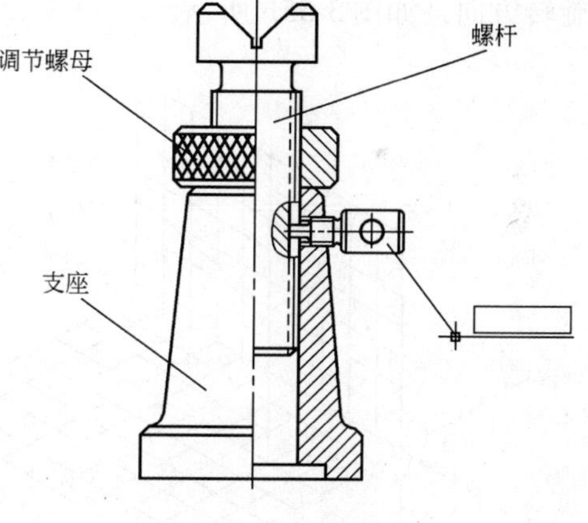

图 3-53　文字方框

文字参数的设定将改变文字在显示屏幕上的显示状态，这种显示状态也将被 CAD 系统进行存储。文字参数通常指：文字的高度；文字的宽度；文字高、宽比例因子；文字的行间距；文字的字间距；文字字体等。

当进入 CAD 系统的初始状态时，在生成文字之前，应预先将文字数字的所有希望参数进行设定。如果在生成过程中觉得某些参数不理想，可以在操作过程中随时对它们进行改变。

第五节　三维几何建模技术

几何模型是用恰当的数据结构以计算机能理解和处理的形式，对所研究的物体（零件、部件以及整台机器）的几何特性进行准确定义。这个模型要存储物体的所有几何信息（形状、大小、位置），目的是供后续的设计、分析、制造等各阶段使用。

在 CAD 系统中，大多数绘图需要对物体本身的多个二维视图进行描述。这种绘图方法在建筑和工程领域广泛使用。但是，这种绘图是对三维物体的二维表示，并且读图者必须在视觉上对其进行解释。因为各二维平面视图的建立过程是彼此独立的，所以存在着出现错误和二义性的可能，为此，必须建立真正的三维几何模型来代替二维平面视图的表示方法。

三维几何造型是指生成所研究对象的三维几何形状的过程和描述方法。几何造型方法包括线框造型、表面造型和实体造型。它们代表了几何造型的三个发展阶段，特别是三维实体造型，因其具有直观、造型过程简单、包含的信息完整、多个投影视图具有一致性等特点，近年来已逐渐成为主流的三维造型方法。

一、三维坐标系统

在三维空间中建立物体模型需要确定物体在三维空间中的位置。这时二维坐标已经不能满足其需要，而代之使用三维坐标。指定三维坐标相当于指定二维坐标再加上第三维 *Z* 轴。当在三维空间中绘图时，要在三维坐标系中指定 *X*、*Y* 和 *Z* 坐标的值。

1. 直角坐标

三维直角坐标系也称为三维笛卡尔坐标系，它有三个互相垂直的坐标轴，即 *X* 轴、*Y* 轴、*Z* 轴。三个坐标轴交于一点——原点，如图 3-54 所示。由 *X* 轴和 *Y* 轴确定的平面称为 *XY* 平面；由 *Z* 轴和 *X* 轴确定的平面称为 *ZX* 平面；由 *Y* 轴和 *Z* 轴确定的平面称为 *YZ* 平面。

使用右手定则来确定三个坐标轴的正方向和正旋转方向。为了确定 *X*、*Y*、*Z* 轴的正方向，把右手手背靠近纸面或屏幕，大拇指指向 *X* 轴的正方向，展开食指和中指并将食指指向 *Y* 轴的正方向，此时，中指所指的方向就是 *Z* 轴的正方向，如图 3-55a 所示。为了确定某一轴的正旋转方向，把右手食指指向此轴的正方向，弯曲其余四指所指的方向就是此轴的正旋转方向，如图 3-55b 所示。

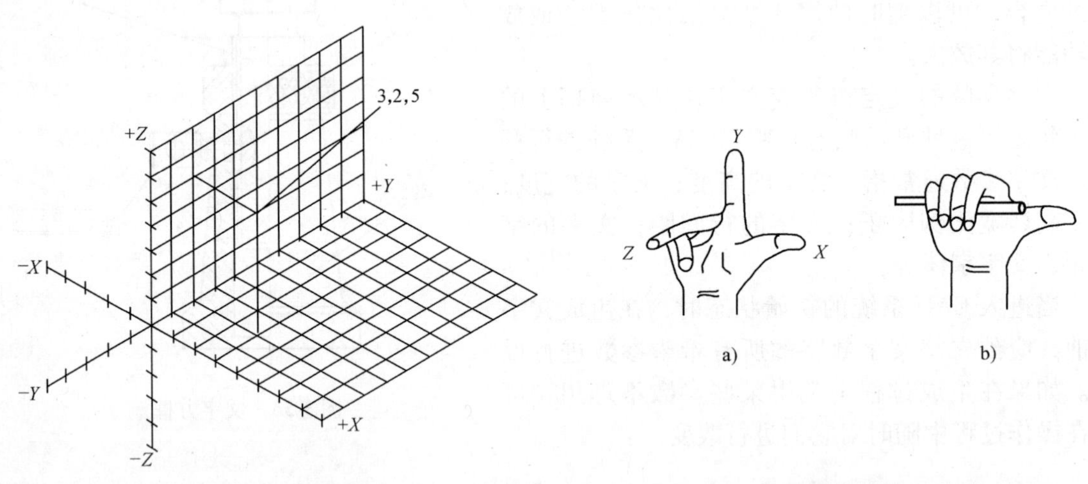

图 3-54　直角坐标系　　　　图 3-55　直角坐标系

2. 柱面坐标

用柱面坐标定位一个点需要指定 *r*（点在 *XY* 平面内的投影与原点的距离）、α（点在 *XY* 平面内的投影和原点的连线与 *X* 轴的夹角）和 *z*（点到 *XY* 平面的垂直距离）。柱面坐标的格式为：$r<\alpha$，*z*。

如图 3-56′所示的坐标 5 <60，6 所表示的点，在 *XY* 平面内的投影距离坐标系原点的距

离为 5 个单位，在 XY 平面内的投影与 X 轴的夹角为 60°，沿 Z 轴方向的长度为 6 个单位。坐标 8 <30，1 表示的点在 XY 平面内的投影距坐标系原点的距离为 8 个单位，在 XY 平面内的投影与 X 轴的夹角为 30°，沿 Z 轴方向的长度为 1 个单位。

3. 球面坐标

用球面坐标定位一个点需要指定 r（点与原点的距离）、α（点在 XY 平面内的投影和原点的连线与 X 轴的夹角）、β（点和原点的连线与 XY 平面的夹角）。柱面坐标的格式为：$r<\alpha<\beta$。如图 3-57 所示，坐标 8 <60 <30 所表示的点与原点的距离为 8 个单位，在 XY 平面内的投影和原点的连线与 X 轴的夹角为 60°，和原点的连线与 XY 平面的夹角为 30°。坐标 5 <45 <15 所表示的点与原点的距离为 5 个单位，XY 平面内投影和原点的连线与 X 轴夹角为 45°，和原点的连线与 XY 平面的夹角为 15°。

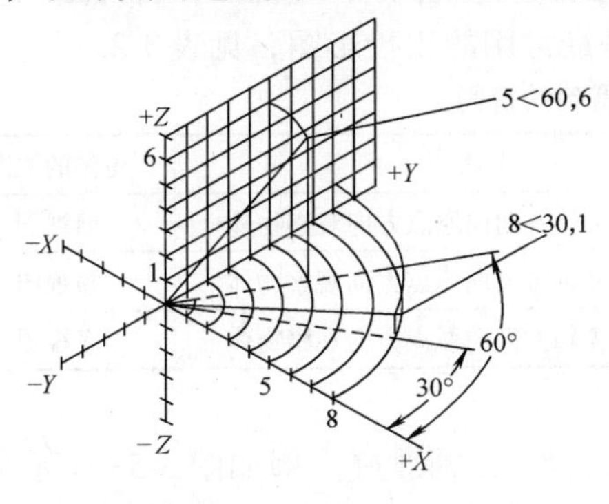

图 3-56　柱面坐标系

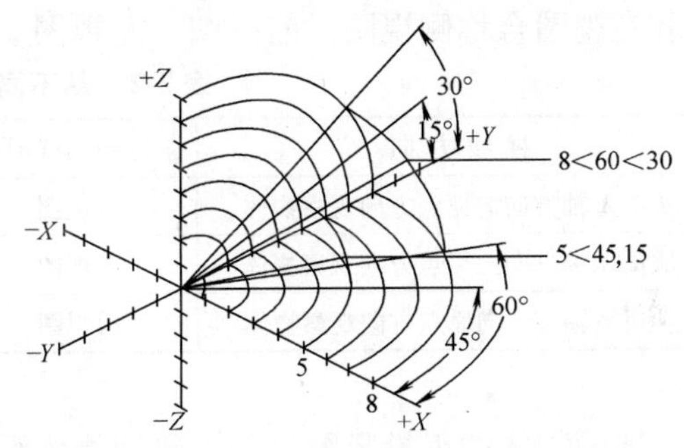

图 3-57　球面坐标系

4. 世界坐标系和用户坐标系

在 CAD/CAM 系统中一般有两种坐标系：世界坐标系（WCS）和用户坐标系（UCS）。

世界坐标系是一种与设备无关的用在应用程序中规定图形输入和输出的直角坐标系统，它是固定的。在世界坐标系中，X 轴是水平的，Y 轴是竖直的，Z 轴与 XY 平面垂直并符合右手定则。

用户坐标系是用户确定的与设备无关的坐标系统，它可随时定义。定义一个新的 UCS，便于对特定部件进行绘制；旋转 UCS 便于在三维空间和经过旋转的视图中指定一点，也可以通过旋转 XY 平面或改变坐标系的原点定义一个 UCS。实际上，所有的坐标值都是使用当前 UCS 输入的。

二、投影视图

设计产品时，设计者要将想象的产品形状在图纸上表现出来供制造者使用或与他人交流。如何在二维平面图纸或屏幕上表现三维物体的形状是设计者必须面对的课题。把三维物体变为二维物体图形表示的过程称为投影变换。投影变换分类如下：正平行投影、正等轴测投影、斜等轴测投影等。

根据投射中心和投影平面距离的不同，投影可分为平行投影和透视投影。平行投影的投射中心与投影平面之间的距离为无穷大，而透视投影的距离是有限的。

投影方向垂直于投影平面时称为正平行投影，三视图均属正平行投影。

投影方向不垂直于投影平面的平行投影称为斜平行投影。在斜平行投影中，一般取坐标平面为投影平面。

透视投影的视线（投影线）是从视点（观察点）出发，视线是不平行的。任何一束不平行于投影平面的平行线的透视投影将汇聚于一点，称之为灭点，在坐标轴上的灭点称为主灭点。透视投影按照主灭点的个数分为一点透视、二点透视和三点透视。

通过投影变换得到的二维图形称为投影视图，简称视图。在实际工程设计中最常使用的两种视图是正投影图和轴测投影视图。

1. 正投影图

正投影图也称多视图，是工业领域表现产品的标准。“正交”是指视线（即观察方向）与 *XY* 平面、*YZ* 平面、*ZX* 平面垂直。依视线方向不同，正投影图包括前视图（也称为主视图）、后视图、顶视图（也称为俯视图）、底视图（也称为仰视图）、左视图、右视图。左视图和右视图合称侧视图。前视图、左视图、顶视图是最常用的正投影图，见表 3-2。

表 3-2　从不同视线方向得到的视图

视 线 方 向	得到的视图	视 线 方 向	得到的视图
从正 *X* 轴方向向原点方向观察物体	右视图	从负 *Y* 轴方向向原点方向观察物体	前视图
从负 *X* 轴方向向原点方向观察物体	左视图	从正 *Z* 轴方向向原点方向观察物体	顶视图
从正 *Y* 轴方向向原点方向观察物体	后视图	从负 *Z* 轴方向向原点方向观察物体	底视图

要画物体的正投影图，首先要把物体沿想象的 *X*、*Y*、*Z* 轴放好。例如图 3-58 所示的阶梯块，首先把阶梯块左边最远的角和原点对齐，其他各边沿 *X*、*Y*、*Z* 轴对齐，如图 3-58a 所示。

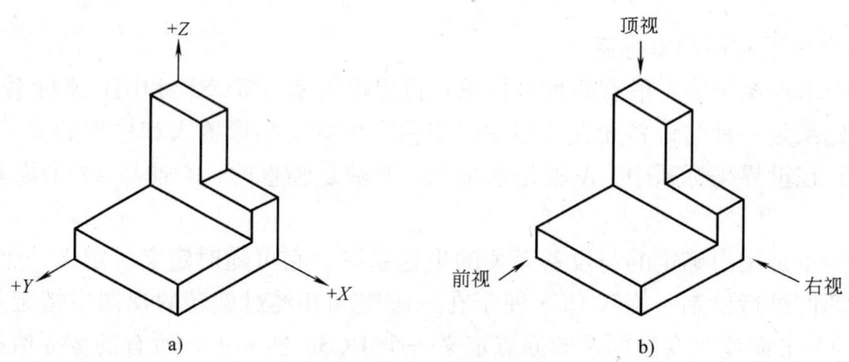

图 3-58　阶梯块

现在，可以从不同方向观察此物体，如图 3-58b 所示。要画阶梯块的前视图，想象在物体前方的一定距离有一个和 *XZ* 平面平行的平面，在这个平行平面上做物体的投影点，把这些投影点连接起来，就画出了前视图。重复同样的方法可画出右视图和顶视图，结果如图 3-59 所示。正投影图的标准布局如图 3-60 所示。画一个物体的正投影图，包括以下步骤：

1）观察一个物体，并确定表现物体的所有特征所需要的视图数。

2）选择能表现物体大多数特征的为物体的前视图。

3）画出物体，并把它和想象中的 *X*、*Y*、*Z* 轴对齐。

4）画前视图，从负 *Y* 轴方向向原点方向观察物体，在想象中的与 *XZ* 平面平行的平面上投影图像，根据尺寸画出物体的前视图，如果有不可见特征，必须用细虚线画出。

5）用与第4）步类似的方法画右视图。

6）用与第4）步类似的方法画顶视图。

7）根据需要画出其他正投影图。

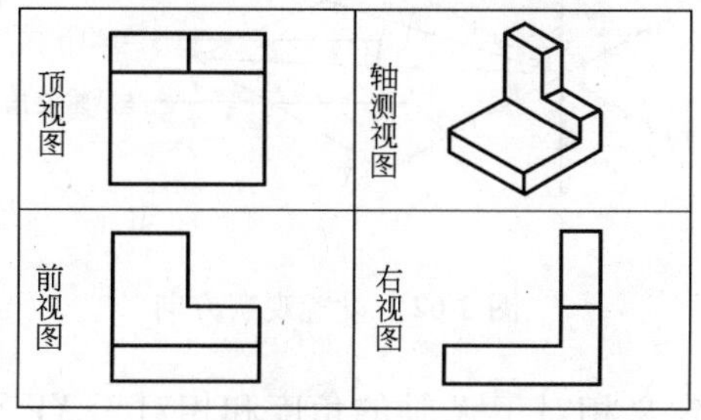

图3-59 轴测投影图与对应的前视图、顶视图、右视图

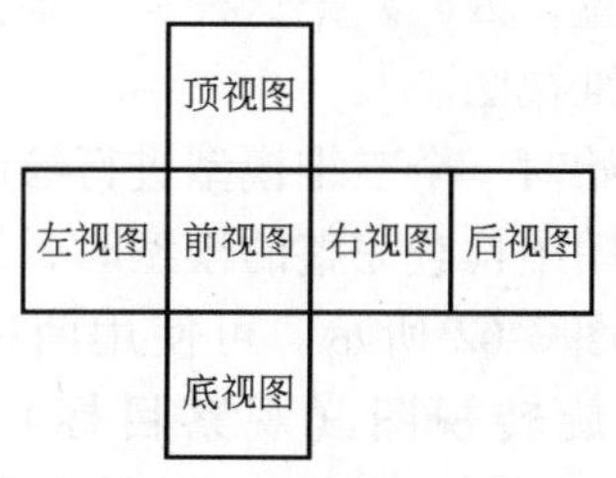

图3-60 正投影图的标准布局

2. 轴测投影视图

轴测投影视图一般用于反映物体的直观形象。仅凭物体的正投影图去想象物体的直观形象很费时间，因此，为了帮助理解产品的外形和特征，一般轴测投影图和正投影图一起提供。

轴测投影视图不是真正的三维图形，它是模拟三维图形的二维图形，它既不能改变轴测投影视图的视点，也不能把轴测投影视图改为透视视图。

轴测（Isometric）的意思是等角测量。轴测投影图的三个主轴之间的夹角都是120°，如图3-61所示。把物体绕想象的竖轴旋转45°然后再把物体向前倾斜35°16′，就得到物体的轴测投影视图。这样得到的视图投影边的长度是实际长度的81%，即轴测投影长度: 实际长度 = 9: 11。但是，因为轴测投影视图是帮助用户理解物体的直观形状的，图中物体的尺寸是否和实际的尺寸一样则相对不太重要，因此，轴测投影视图是按全比例（1:1）而不是按9: 11的比例画出物体的尺寸。若需要物体的实际尺寸，可以在正投影图中表示。在轴测投影视图中也要尽量避免出现物体的隐藏线。

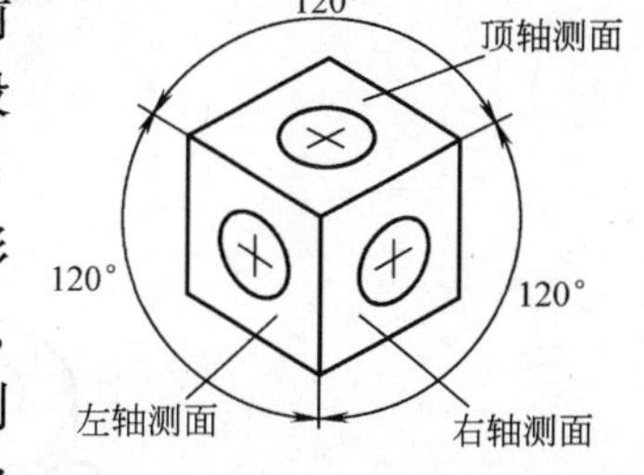

图3-61 轴测投影图的主轴和轴测投影面

轴测投影视图中有三个主轴，即左水平轴、垂直轴、右水平轴。三个主轴把轴测投影视图划分为三个轴测投影面（左轴测面、右轴测面、顶轴测面），如图3-61所示。CAD系统提供了在三个轴测投影面之间切换的命令，以方便用户在不同的轴测投影面上绘图。

3. 三维视图

正投影图和轴测投影视图是表现产品设计的有效手段。传统的CAD系统采用分别绘制各视图的方法，这种方法虽然减轻了手工绘图的工作，但各视图之间是互不相关的。如果这时实际产品的模型发生改变，所有视图都要做相应的修改以保持与实际模型一致。

近年来，随着计算机硬件技术的飞速发展和计算机图形学的深入研究，使CAD设计方法呈现如下趋势：直接绘制产品的三维模型（线框造型、网格造型、实体造型），然后通过改变视点和视线得到产品的正投影图和轴测投影视图。

使用这种方法甚至可得到任意视点位置的视图。如果实际产品的模型发生改变，只需修改产品的三维模型，由 CAD 系统自动对相关的视图做相应修改，以保持与实际模型一致。

因为计算机内部保存了产品的三维模型信息，系统可根据用户的要求任意改变视点，对视图进行设置，因此，把这种从三维模型得到的视图称为三维视图。

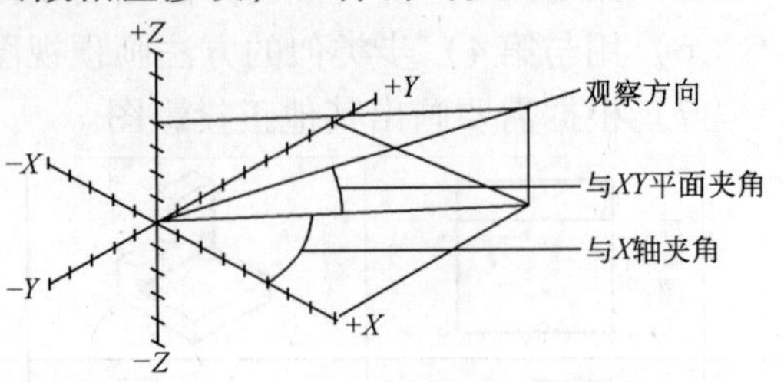

图 3-62　设置观察方向

当开始对一个三维模型进行绘制或要在一个特殊的视图中检查完整的模型时，需要设置观察方向，如图 3-62 所示。可使用两种方法设置观察方向：旋转视图（观察目标）和改变视点（观察者的位置）。如图 3-63 所示是通过在 WCS 中定义相对于 *X* 轴的角度和相对于 *XY* 平面的角度来定义一个视图的示意图。

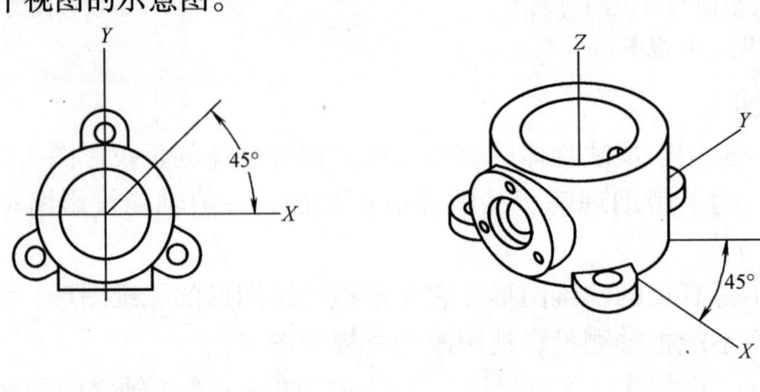

设置视线与*X*轴夹角

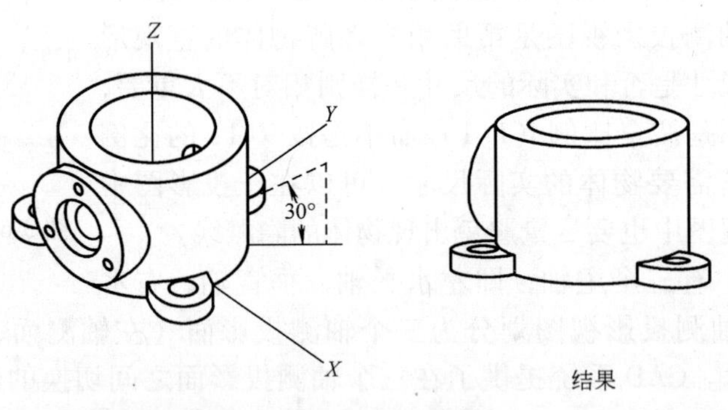

设置视线与*XY*平面夹角

图 3-63　设置观察方向

通过旋转视图来设置观察方向需要两个步骤：

1）设置视线在 *XY* 平面的投影与 *X* 轴的夹角。

2）设置视线与 *XY* 平面的夹角。

4. 透视视图

在 CAD/CAM 系统中，使用照相机创建目标模型（Camera-Target Metaphor）帮助用户在三维空间中从不同的角度观察物体。在照相机创建目标模型中，照相机所在的位置称为视点，它代表观察者眼睛所在的位置；目标位于照相机的焦点，它代表被观察的物体所在的位置；照相机和目标之间的直线称为视线或视线方向，它代表视点和被观察对象之间的一段距离；在观察者视觉范围内的图像称为视图。

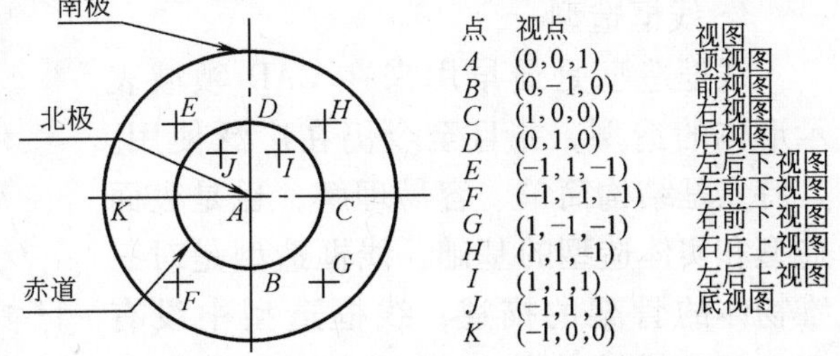

图 3-64　罗盘上的位置及对应的视图

通过把照相机绕目标点旋转来指定一个新的照相机位置。使用两个旋转角度确定新的照相机位置，即照相机在水平平面内绕目标点左右旋转的角度，照相机在垂直平面内绕目标点上下旋转的角度。如图 3-64 所示，表示的是照相机从初始位置向左旋转，但与 *XY* 平面的角度不变。

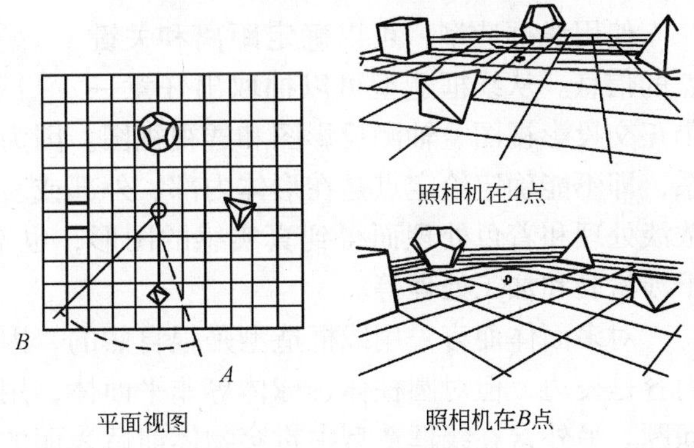

图 3-65　旋转照相机

如图 3-65 所示，通过把目标绕照相机旋转来指定一个新的目标位置，效果类似于转动头部，观察图像的其他部分。使用两个旋转角度确定新的目标点，即目标点在水平面内绕照相机左右旋转的角度，目标点在垂直平面内绕照相机上下旋转的角度。

如图 3-66 所示，表示的是目标点从左向右旋转，与 *XY* 平面的角度保持不变的效果。

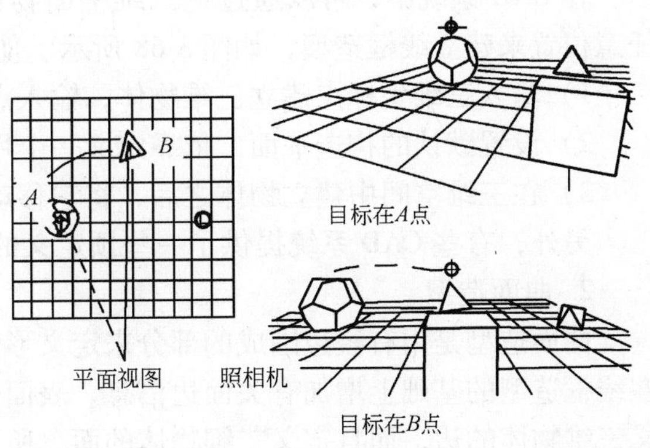

图 3-66　旋转目标点

沿视线推近或拉远照相机与目标的距离。在透视视图中，距离照相机越远的物体显得越小。当指定一个新距离时，如果照相机与目标距离太近，或使用了一个长镜头照相机，用户可能只看到图像的一小部分；如果在视图中什么也看不到，应该输入一个较大的距离。

如图 3-67 所示，表示沿视线移动照相机，而视觉范围（或视角大小）保持不变的效果。

在 AutoCAD 系统中，可以使用 Dview 命令定义一个透视视图或缩放、移动、旋转视图。

三、三维几何造型

尽管建立三维几何造型可能会比建立二维视图困难、费时，但是，三维造型有如下的优点：①可从任意一个有利的角度观察模型；②能自动地、可靠地生成标准二维视图和辅助二维视图；③能进行隐藏线删除（消隐处理）和逼真处理；④能进行干涉检查（Interference）；⑤能进行工程分析；⑥能抽取制造加工所使用的数据。

三维几何造型分线框造型（Wireframe）、曲面造型（Surface）、实体造型（Solid），每一种造型都有自己的创建和编辑技术。

1. 线框造型

线框造型是最早用来在CAD领域表示形体的造型，并且至今仍在广泛使用。其特点是结构简单、容易理解，也是表面造型和实体造型的基础。线框造型是对三维物体的骨架的描述，线框造型中没有面，只有描述物体边缘的点、直线和曲线。

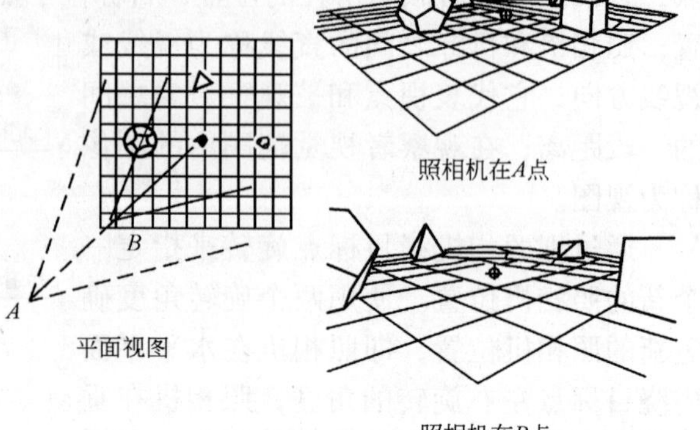

图 3-67 移动照相机

使用线框造型，可以确定距离和关键点的信息。从线框造型可以抽取出任意一个正交投影视图、轴测投影图和透视视图。因为线框造型不能明确地定义给定点与形体的关系，即不能确定给定点是在形体内部、外部或表面上，所以线框造型不能进行隐藏面消除、浓淡处理和着色处理而得到真实感的图形，也不能进行物性分析、干涉检验和加工处理等。

对多面体而言，用线框造型是很自然的，因为图形显示的主要内容是棱边，但对圆柱体、球体等非平面体，用线框造型存在一些问题。另外，在线框造型中贯穿物体前后表面的线段很多，因而领会图形的实际含义有一定困难。

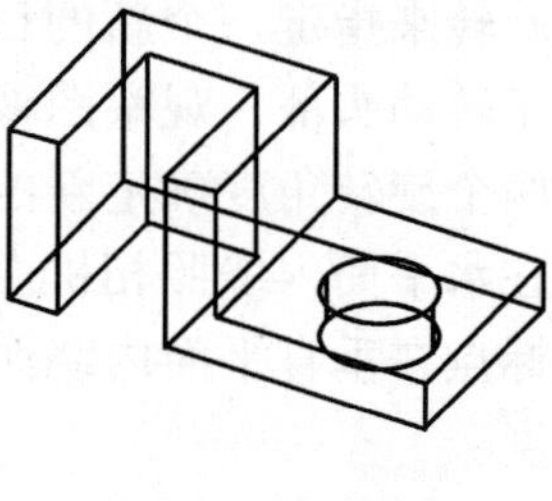

图 3-68 线框造型

在CAD系统中，可以通过把二维平面物体放置到三维空间的任意位置来建立线框造型，如图3-68所示。使用下列方法把二维平面物体放置到三维空间：

1）输入三维坐标点建立三维物体，输入点的 X、Y、Z 坐标值。

2）设置默认的构造平面，依靠定义一个用户坐标系，在此平面上绘出物体。

3）在三维空间中建立物体之后，将它移动到适当的位置。

另外，有些CAD系统提供了一些预定义的三维线框对象，如多义线和样条曲线。

2. 曲面造型

曲面造型是用有棱边围成的部分来定义形体表面，用面的集合来定义形体。曲面造型是在线框造型的基础上增加有关面边信息、表面信息、棱边的连接方向等内容。因为它不仅定义三维物体的边，而且定义三维物体的面，所以可满足面面求交、隐藏线和隐藏面消除、浓淡处理、数控加工等应用问题的需要。但在曲面造型中形体究竟位于曲面的哪一侧，没有给出明确的定义，因而不能用在物性计算、有限元分析等应用中。

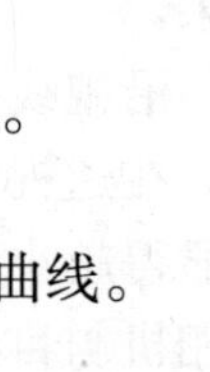

曲面造型使用多边形网格定义多个小平面（Faceted）组成的面。因为组成网格的是多个小平面，所以网格只能是近似的曲面，而不是真正的曲面。将多个小平面组成的面称为网格面，以和真正的曲面相区别。相应的造型称为网格造型（Mesh），如图3-69所示。

图 3-69 曲面网格造型

一个网格造型代表一个由许多小平面组成的表面。在二维空间和三维空间中都可以建立网格物体，但主要用于三维空间。

当不需要使用实体造型提供的详细的物理特性（即质量、重量、引力中心等），而需要线框造型不能提供的隐藏线、浓淡处理、着色等功能时，可使用网格造型。

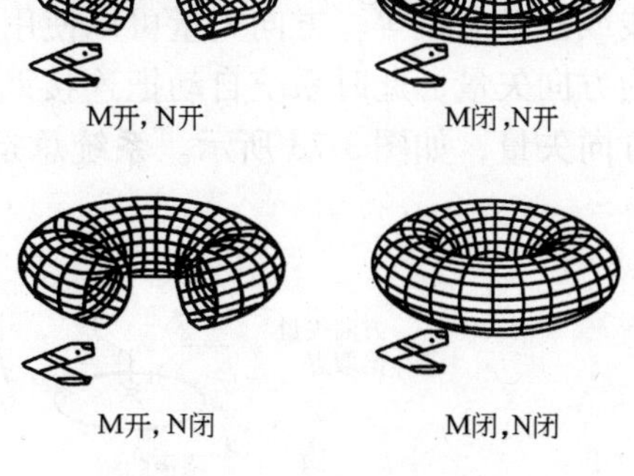

图 3-70　网格造型的开和闭

网格造型可以是开的（Opened）或是闭的（Closed）。开的网格物体在某一方向上，始边和终边没有连接在一起，如图 3-70 所示。

（1）建立预定义三维网格造型　CAD/CAM 系统可以直接提供的三维网格造型有立方体、圆锥、上圆穹、下圆穹、棱锥、球、环、模形体等，如图 3-71 所示。

1）建立立方体网格造型的步骤是指定底面角点、长度、宽度、绕 Z 轴的旋转角度。

2）建立圆锥网格造型的步骤是指定底面中心点、底面直径或半径、顶面直径或半径高度、分段数。

3）建立上圆穹网格造型的步骤是指定底面中心点、底面直径或半径、经线分段数、纬线分段数。

4）建立下圆穹网格造型的步骤是指定顶面中心点、顶面直径或半径、经线分段数、纬线分段数。

5）建立棱锥网格造型的步骤是指定底面基点 1、底面基点 2、底面基点 3 和顶点。

6）建立球网格造型的步骤是指定中心点、指定直径或半径、经线分段数、纬线分段数。

7）建立环网格造型的步骤是指定环的直径或半径、管的直径或半径、管圆周的个数、环圆周的个数。

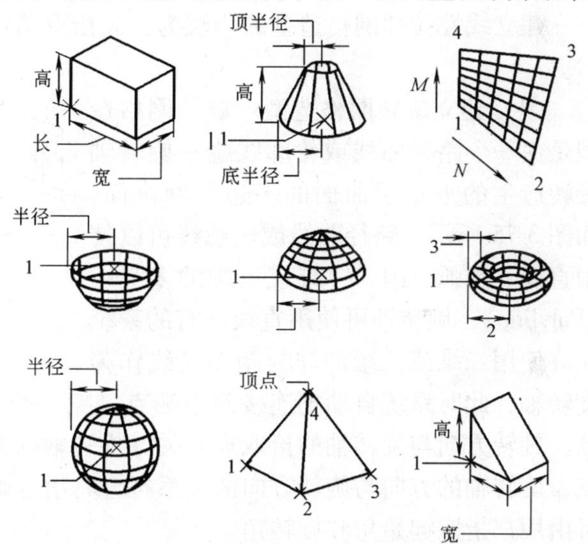

图 3-71　预定义两面网格造型

8）建立楔形体网格造型的步骤是指定底面角点、长度、宽度、绕 Z 轴的旋转角度。

（2）建立直纹网格造型　直纹网格是在两条曲线之间建立的曲面。可以使用下列任意不同的对象定义直纹面的边界：直线、点、圆弧、圆、椭圆、椭圆弧、二维折线、三维折线、样条曲线等。作为直纹面“导轨”的这两条边界既可以是开的，也可以是闭的，如图 3-72 所示。

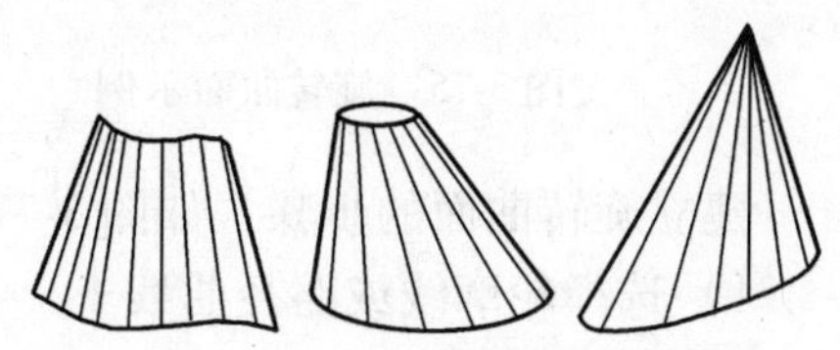

图 3-72　直纹曲面网格造型

选择两条边界时应遵守如下规则：如果有一个边界是封闭的，另一个边界也应该是闭合的；一个点既可以作为开边界，也可以作为闭边界；最多只能有一个边界用点作为边界。

建立直纹网格造型的步骤为：先选取第一条曲线，再选取第二条曲线。

（3）线性拉伸网格造型　线性拉伸网格造型是把一个曲线路径沿一个方向矢量拉伸得到的多边形网格面。路径曲线可以使用直线、圆弧、圆、椭圆、椭圆弧、二维折线、三维折线或样条曲线等。方向矢量可以使用直线，有的系统允许使用二维或三维的非封闭多义线作为方向矢量，此时系统自动把连接两个端点（第一个节点和最后一个节点）的直线段作为方向矢量，如图 3-73 所示。系统总是把与选择点最近的端点作为方向矢量的起点。

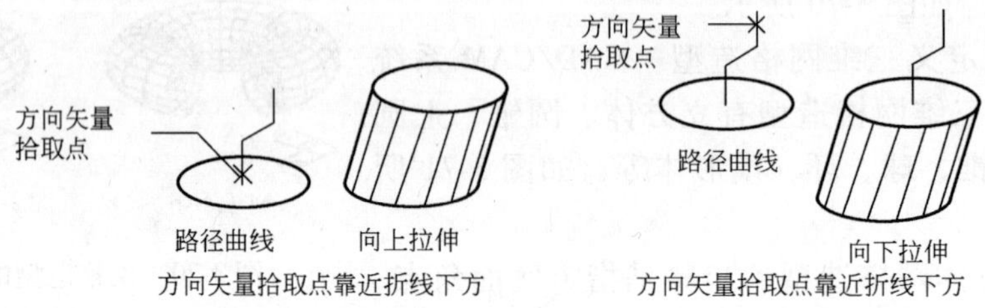

图 3-73　拉伸方向与方向矢量拾取点的关系

建立线性拉伸网格造型的步骤为：先拾取路径曲线 1，再拾取方向矢量 2，如图 3-74 所示。

（4）建立旋转网格造型　旋转网格造型是由一个路径曲线或轮廓线绕一旋转轴旋转产生的近似于曲面的多边形网格面，如图 3-75 所示。路径曲线或轮廓线可以使用直线、圆弧、圆、二维或三维的多义线（Polyline），旋转轴可使用直线。有的系统允许使用二维或三维的非封闭多义线作为旋转轴，此时系统自动把连接两个端点（第一个节点和最后一个节点）的直线段作为旋转轴。旋转方向与旋转轴的拾取点有关，旋转轴的方向为从距拾取点最近的端点指向另一个端点，旋转轴的方向与旋转方向的关系符合右手定则，如图 3-76 所示。旋转角度为 0°～360°，可由用户指定起始角和旋转角。

图 3-74　建立线性拉伸曲面

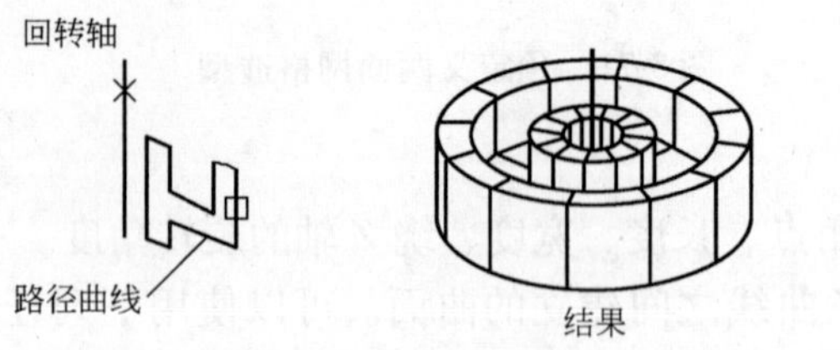

图 3-75　旋转曲面示例

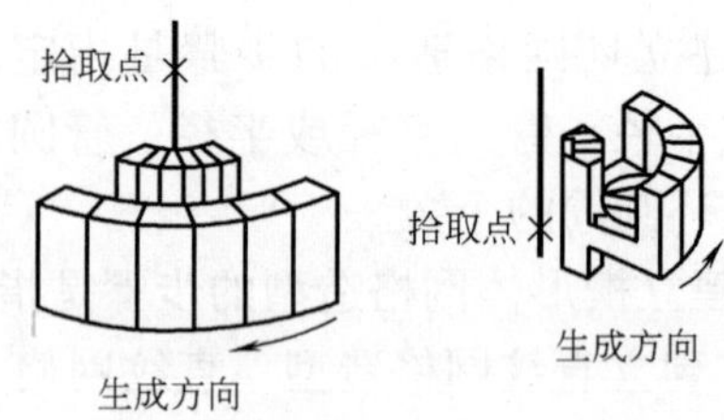

图 3-76　轴的拾取点与生成方向

建立旋转曲面的步骤，如图 3-77 所示如下：

1）选择轮廓线或路径曲线 1。

2）选择旋转轴 2。

3）指定起始角度和旋转角度。

4）删除轮廓线和旋转轴。

3. 实体造型

实体指客观存在并可相互区别的物体，它是CAD/CAM中使用的基本信息成分，分为几何实体和非几何实体。几何实体表示物理形状，如点、线、圆、弧、样条、面、立方体等；非几何实体是指注释和说明，如尺寸标注、技术说明等。

实体造型指的是与物体的实体特性有关的几何建模，用于描述其内部结构和外部形状，是最容易使用的三维造型，如图3-78所示。

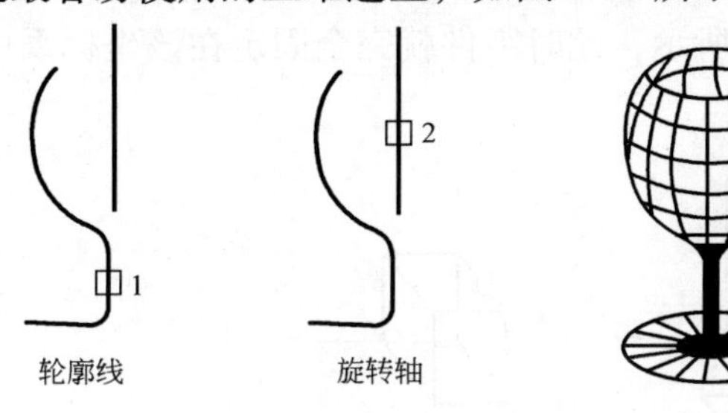

图3-77 建立旋转曲面的步骤

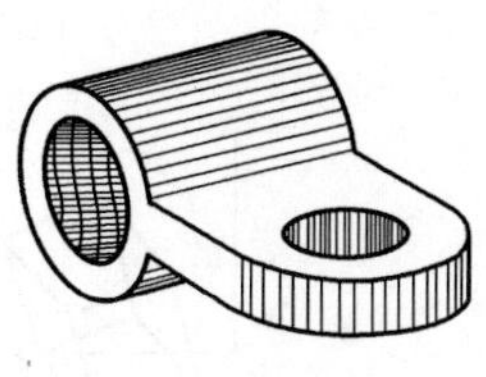

图3-78 实体造型

在CAD系统中，使用实体造型程序可以建立一些基本三维实体，如立方体、锥体、柱体、楔形体和环等。有些CAD系统如AutoCAD，还需通过对这些基本实体进行合并（布尔并运算）、相减（布尔减运算），找出它们的相交部分（布尔交运算），建立更复杂的实体造型。在CAD程序设计中，也可以使用参数定义三维实体并保持三维造型和此三维造型产生的多个二维视图之间的关系。

实体造型代表一个物体的整体。实体造型具有的信息最完整，是二义性最少的一类造型。即使是复杂的实体造型也比线框造型和网格造型容易构造和编辑。

实体造型类似于网格造型，在进行隐藏线处理、阴影处理和着色处理之前，是以线框造型显示的。另外，可以对实体的质量特性（如体积、瞬时惯性、引力中心等）进行分析；可以把这些有关实体物体的分析数据输出到其他应用程序，如数控（NC）加工程序或有限元（FEM）分析程序中。

第六节 装配建模技术

一、装配建模技术中的基本概念

在实际的产品开发中把零件装配成部件，再把部件装配成机器，这种装配是通过各种各样的配合来建立零件之间的连接关系。CAD系统同样具备这种能力，在零件造型之后，可以采用装配模块把各个零件装配到一起，形成一个完整的数字装配方案，可以在计算机上进行模拟装配，因此，可以继续对产品进行修改、编辑，直至对设计满意为止。这种在计算机上将各种零、部件组合在一起形成一个完整装配体的过程叫装配建模或装配设计。装配建模中主要采用了装配约束技术和装配树管理技术。

1. 装配约束技术

（1）零件自由度分析　三维空间中，零件运动灵活性与零件（刚体）的运动自由度

DOF（Degree Of Freedom）有密切的关系。一个自由零件（刚体）的自由度主要由 3 个绕坐标轴的转动和 3 个绕坐标轴的移动组成，可以使零件能够运动到空间的任意位置，并达到任何一种姿态，如图 3-79a 所示。但是，当给零件的运动施加一系列限制时，零件运动的自由度将减少，例如：规定该零件的下表面必须在 *XY* 面上，此时零件就只能在该平面内作平面运动，它的 DOF 就减少到 3 个，2 个移动（沿 *X*，*Y* 轴）和 1 个转动（绕 *Z* 轴），如图 3-79b 所示。如果继续规定该零件的一个侧面不能离开 *XZ* 面，此时零件就只能沿 X 轴作移动了，DOF 继续减少到 1 个，如图 3-79c 所示。如果继续规定该零件的角点不能离开原点，那么该零件就不能运动，其 DOF 等于 0，如图 3-79d 所示，此时零件就完全固定在该坐标系中了。

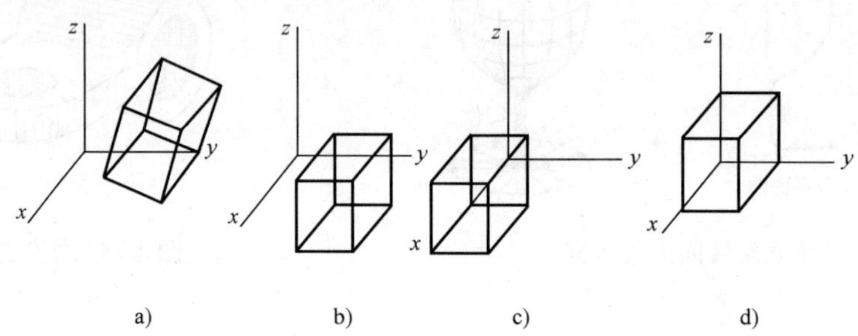

a)　　b)　　c)　　d)

图 3-79　零件的自由度

a）DOF = 6　b）DOF = 3　c）DOF = 1　d）DOF = 0

由此可见，零件的自由度在 0 ~ 6 之间变化，当某零件的自由度为 0 时，称之为完全定位。

（2）装配约束分析　实际上，对零件的自由度进行限制的过程是装配建模过程的表现，因为设备中的大部分零部件是不允许随便运动的（运动部件除外）。对零件施加各种约束是限制零件自由度的手段，通过约束来确定两个零件或多个零件之间的相对位置关系以及它们的相对几何关系，因此，理解并应用各种装配约束方法以及相关的操作命令是学习装配建模的关键。

1）装配约束类型。装配建模经常使用的装配约束类型有四类：

①贴合。贴合约束是一种最常用的装配约束，它可以对所有类型的物体进行定位安装。使用贴合约束可以使一个零件上的点、线（有方向性）、面（有方向性）与另一个构件上的点、线（方向相反）、面（方向相反）贴合在一起，这就是俗称的“共点”、“共线”、“共面”。

②对齐。使用对齐约束可以使两个零件产生共面位置关系。对齐约束使一个零件上的某个面（有方向性）与另一个零件上的某个面（与前一个面同向）实现同向共面对齐，和上一种约束中的“共面”的唯一区别是两个面“同向共面”。

③同向平行。使用同向平行约束可以使两个零件上的指定的线或平面生成同向平行联系。同向平行约束使一个零件上的线或面（有方向性）与另一个零件上的线或面（方向相同）实现同向平行对正。

④反向平行。使用反向平行约束可以使两个零件上的指定的线或平面生成反向平行联系。反向平行约束使一个零件上的线或面（有方向性）与另一个零件上的线或面（方向相反）实现反向平行对正，它和上一种约束的唯一区别是“反向平行”。

可以实现的各种装配约束图例见表 3-3。

表 3-3　装配约束图例

约束＼组合	面-面	面-线	面-点	线-线	线-点	点-点
贴合			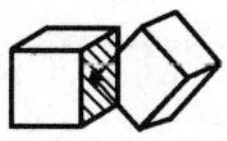	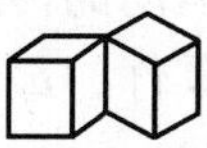	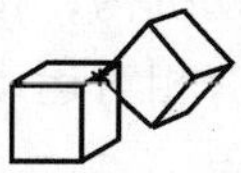	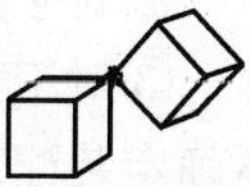
对齐	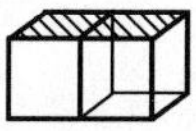					
同向平行	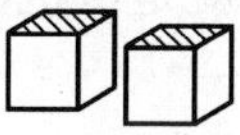	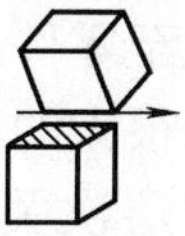		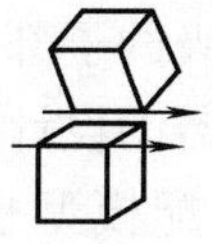		
反向平行	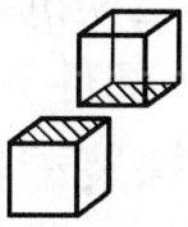	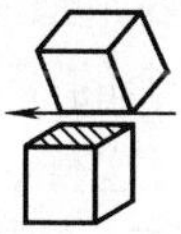		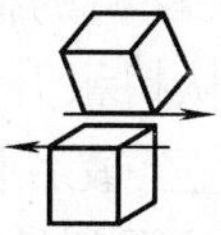		

注意，为了达到所希望的约束程度（例如完全约束），往往要采用上述约束的不同组合。

2）各种装配约束的自由度分析。使用各种约束将会减少零件的自由度，每当在两个零件之间添加一个装配约束，它们之间的一个或多个自由度就被消除了，为了完全约束构件，必须采取不同的约束组合。各种装配约束对零件自由度的影响是：

①贴合约束中的共点约束去除了 3 个移动自由度；共线约束去除了 2 个移动和 2 个转动自由度；共面约束去除了 1 个移动和 2 个旋转自由度。

②对齐约束去除了 1 个移动和 2 个转动自由度。

③如果同向平行约束的角度为 0°和 180°，该约束将去除 2 个旋转自由度，若同向平行的角度是其他值，将去除 1 个旋转自由度。同向平行约束一般要结合贴合或对齐约束使用。

④反向平行约束自由度分析同③。

3）约束状态。根据对零件的自由度分析，可以把对零件的约束状态分为三种：

①欠约束。当对零件施加约束后，零件的自由度仍然大于零，称该零件为欠约束状态。

②满约束。当对零件施加约束后，零件的自由度等于零，称该零件为满约束状态。

③过约束。当零件已经处于满约束状态时，仍然继续对零件约束，则称该零件为过约束。在施加约束时，要避免出现过约束状态，但是否要达到满约束状态则要视具体情况而定。

4）装配约束规划。在某个零件上施加的约束类型和数量，决定了当一个零件或装配模型修改时装配模型被刷新的充分性，即约束情况决定了装配模型刷新变化的表现和结果。由约束的自由度分析可知，任意的单个约束形式都无法完全确定零件之间的关系，称零件之间的自由度不为零时的装配关系为不完整约束装配。严格地说，如果零件之间不存在规定的运动，那么零件之间应尽量做到完全约束装配（尽管有时允许不完全约束装配的存在），这样当对该装配模型进行修改后，整个装配模型的刷新将更彻底，更能体现设计思想。

在进行装配建模时应注意以下约束习惯：

①按零件在机器中的物理装配关系建立零件之间的装配顺序。

②对于运动机构，按照运动的传递顺序建立装配关系。

③对于没有相对运动的零件，最好实现满约束，要防止出现几何到位而实际上欠约束的不确定装配现象。

④按照零件之间的实际装配关系建立约束模型。

2. 装配树的概念

（1）装配树　一个复杂机器可以看成是由多个部件所组成，每个部件又可以根据复杂程度的不同继续划分为下一级的子部件，如此类推，直至零件，这就是对机器的一种层次描述。采用这种描述可以为机器的设计、制造和装配带来很大的方便。

同样，机器的计算机装配模型也可以表示成这种层次关系（或称父子关系、目录关系），这种层次关系可以用装配树的概念清晰地加以表达。整个装配建模的过程可以看成是这棵装配树的生长过程，即从树根开始，生长出一个一个的子树校（部件），每个子树校再生长出子树校（子部件），直至最后长出叶子（零件），这样，在一棵装配树中就记录了零部件之间的全部结构关系以及零部件之间的装配约束关系。如图 3-80 所示为减速器装配树，其中第二层次的前四个装配体均为子装配体，其余均为零件。

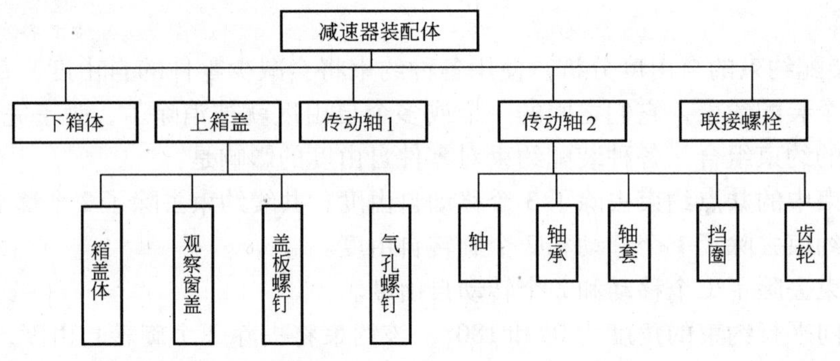

图 3-80　减速器装配树

（2）根构件　装配模型的最底层结构是根构件，也是装配模型的图形文件名或称为主目录。当创建一个新装配模型文件时，根构件就自动产生，此后引人该图形文件的任何零件都会跟在该根构件之后。注意，根构件不是一个具体零部件，而是一个装配体的总称，如图 3-80 所示的减速器装配树。

（3）构件与部件　装配模型中的零件或子装配体均简称为构件，对子装配体有时又称为部件。部件是由一系列零件装配而形成的附属于大装配体的一种较小的装配体，它是装配模型中逻辑上附属于上层体系的一种零件组，如同子目录附属于上层目录的一个文件组一样。部件可以任意嵌套，部件既可以在当前的装配文件中创建或驻留，也可以在外部装配模型文件中创建和驻留，然后引用到当前文件中来。

（4）基础构件　在根构件之后首先引入到装配模型中的第一个构件叫基础构件，它是装配模型的最上层构件，其后引用的各个零部件在装配树中都要依次向后排列，如图 3-80 所示下箱体。基础构件在装配模型中的自由度为零，无须施加任何装配约束（因为是第一个零件，也无法施加约束），因此，在装配模型中，它是默认不动的；此后，可以继续选取构件并对构件施加装配约束，伴随着这个过程，装配树在不断扩大，直至完成整个装配。必须注意的是，在对两个构件施加装配约束时，后引用的构件总是要移向先引用的构件。

（5）内部构件和外部构件

1）内部构件。在本装配模型内部创建的构件（零部件）为内部构件。内部构件可以外部化，即可以把部分或全部的内部构件保存为专门的文件，供其他文件调用。

2）外部构件。把外部文件模型引入到当前装配文件中，并参与当前的装配建模，这种构件称为外部构件。

（6）构件样本　同样一个零件有可能在装配模型中使用多次，这时可以对该零件制作多个拷贝，这样的拷贝也可称为构件样本，习惯上把构件样本的使用称为构件引用。构件样本有以下重要性质：

1）当在同一个装配模型中需要多次引用同一个零件时，例如要在当前装配模型中的六个不同的地方用到相同的螺栓和螺母，这时只需要在模型系统中存储一个该零件的图形文件即可，这样就大大减少了模型占用的磁盘空间。

2）当对某个构件定义进行修改时，所有引用过该构件样本的装配模型都会自动刷新，无须逐个修改，从而大大减少了工作量，同时避免了因为修改遗漏所带来的错误。

3）相同的零件可能应用到不同的装配文件中，在不同的装配模型中采用外部引用的方式不需要重复构造就可以在文件之间反复引用。

（7）装配和闭环装配　有一些运动机器，如四杆机构，其构件形成一个首尾相接的封闭装配模型，对这种对象进行装配时，从基础构件开始，逐一通过装配约束把各个构件引入到装配模型中，对最后一个构件，又重新装配约束到基础构件上，称这种装配为闭环装配。此时，在对应的装配树中出现一种所谓的“闭环”现象，就好像树中某一个树校和另一个树校粘连在一起了（自然中的树极少出现这种情况），如图 3-81 所示。

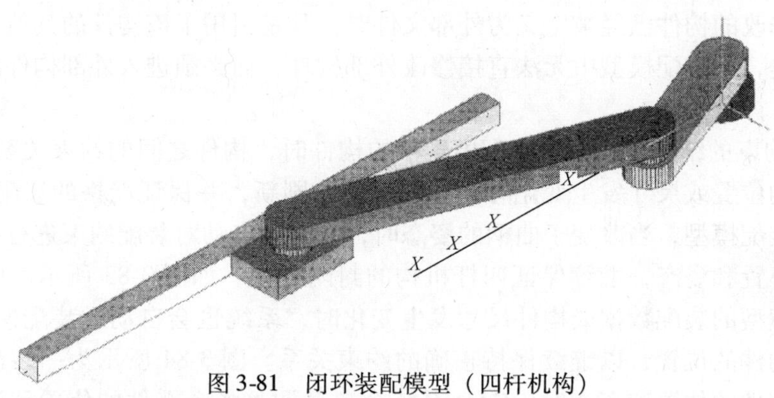

图 3-81　闭环装配模型（四杆机构）

反之，装配树中没有任何的封闭装配现象，称为开环装配，例如机器人和减速箱的装配模型都属于开环装配模型，如图 3-82 所示。

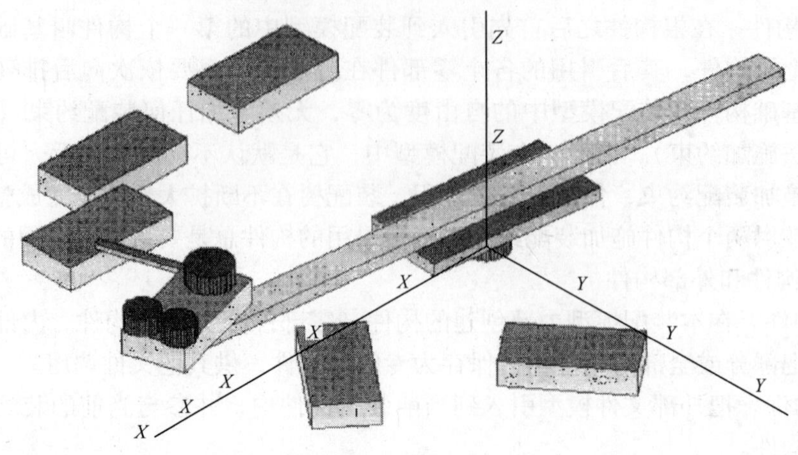

图 3-82　开环装配模型（机器人）

在闭环装配中要注意各个构件的初始装配位置，要保证该初始位置和机器的实际位置基本吻合，否则，由于机构存在多种初始构形，CAD/CAM 系统在进行封闭求解时可能会得出和实际机器构形完全不同的装配结果。

3. 装配模型的管理

（1）装配模型的编辑　可以方便地结合装配树和装配图形窗口对装配模型进行管理，主要包括以下内容：

1）查看装配零件的层次关系、装配结构和状态。

2）查看装配件中各零件的状态。

3）选择、删除和编辑零部件。

4）查看和删除零件的装配关系。

5）编辑装配关系里的有关数据。

6）可以显示零件自由度和显示构件物性。

注意：在对装配模型中的构件进行编辑修改时，该构件的变化不仅仅会体现在本装配模型的变化，当修改的构件已经被定义为外部文件时，凡是引用了该构件的其他装配模型也会自动修改。但是，在装配模型中无法直接修改外部构件，而必须进入外部构件的定义文件中进行构件修改。

（2）装配约束的维护　在修改装配模型中的构件时，构件之间的约束关系并不会改变，因此，当构件的位置或尺寸发生变化时，整个模型会刷新，并保证严格的装配关系。例如：对四杆机构的装配模型，当改变了曲柄的姿态时，系统会自动对装配约束进行维护，以便调整每个构件的位置和姿态，继续保证四杆机构的封闭特征，如图 3-83 所示。同样，对开环装配模型，当模型的装配数据或构件尺寸发生变化时，系统也会自动对装配模型进行维护，及时调整每个构件的位置，以继续保持正确的约束关系。图 3-84 所示为一装配机械手，当改变机械手末端件的位置和姿态时，CAD 系统会自动调整各个零件的位置和姿态，但是始终保持已经定义的约束关系不变。CAD 系统的这种装配约束维护功能实际上是由系统内部的约束求解器自动完成的，无须人工参与。

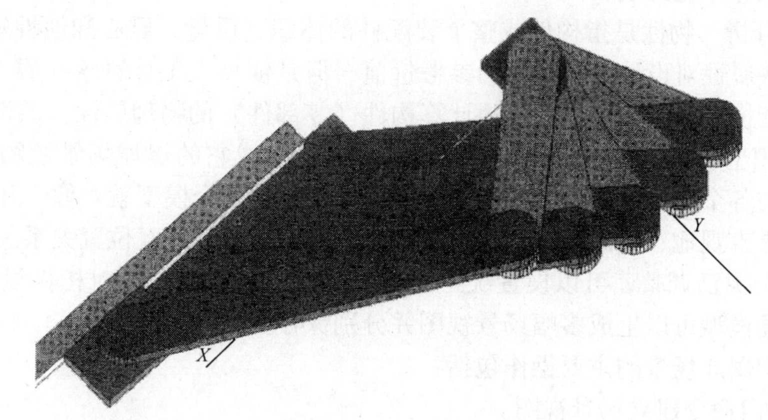

图 3-83　四杆机装配约束维护

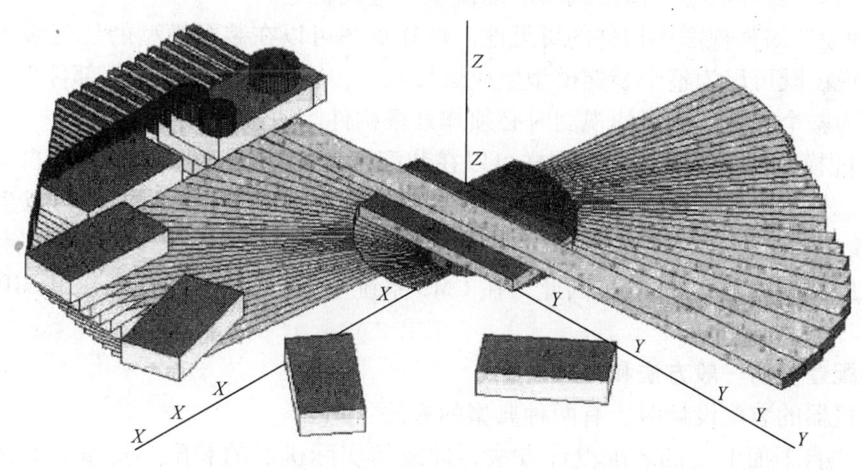

图 3-84　机器人装配约束维护

4. 装配模型分析及使用

当完成机器的装配建模之后，可以对该模型进行很多必要和有用的分析，以便了解设计质量，发现设计中的问题。主要的分析包括装配干涉分析和物性分析。

（1）装配干涉分析　装配干涉是指零部件之间在空间发生体积相互侵入的现象，这种现象将严重影响产品设计质量，因为相互干涉的零件之间会互相碰撞，无法正确安装，因此在设计阶段就必须发现这种设计缺陷，并予以排除。对运动机构，碰撞现象更为复杂，因为装配模型中的构件在不断运动，构件的空间位置在不断发生变化，在变化的每一个位置都要保证构件之间不发生干涉现象。CAD 系统的干涉分析功能已经是一种基本功能，只需要在装配模型中指定一对或一组构件，系统将自动计算构件的空间干涉情况。若发现干涉，会把干涉位置和干涉体积计算并显示出来，这时，就必须对设计进行修改。对运动过程中的干涉检查就要复杂得多，因为必须检查运动中每一个位置的干涉情况，因此必须先进行运动学计算，生成每一个中间位置的装配模型，再进行该位置的干涉检查。通常这种分析要借助专门的运动学分析软件才能完成。

（2）物性分析　物性是指构件或整个装配件的体积、质量、质心和惯性矩等物理属性，简称物性。这些属性对设计具有重要的参考价值，但是依靠人工计算这些属性将非常困难，有了计算机装配模型，系统可以方便地计算构件（零部件）的物理属性，供设计参考。

（3）装配模型的爆炸视图　由装配模型可以自动生成它的爆炸场景视图。在这种视图中，装配模型的各个构件会以一定的距离分隔显示，这样整个模型就好像炸开了一样，通过这种视图可以更直观地、更清晰地表达装配造型中各个构件的相互位置关系。分隔距离可以由“爆炸因子”灵活调整，可以设置统一的爆炸因子，也可以单独对构件设置不同的爆炸因子。一个装配模型可以生成多幅场景视图并分别保存备用。

对装配模型爆炸场景的主要操作包括：

1）采用专门命令建立场景视图。

2）删除场景视图或迹线，所谓迹线是构件爆炸的方向参考线。

3）编辑修改爆炸因子，修改编辑装配模型的迹线轨迹。

4）管理设置爆炸视图中构件的可见性。爆炸视图可以在装配模型的任何装配层次上生成，也就是说，既可以为整个装配模型生成爆炸视图，也可以为其中的某部件生成单独的爆炸视图。要为整个装配生成爆炸视图时必须炸开根构件。

（4）装配模型的二维工程图　同样可以在装配模型的基础上由CAD系统自动生成二维装配工程图，生成过程和方法与二维零件图类似。除了可以生成图形，还可以生成材料清单，即BOM表（Bih Of Material）。BOM是产品的重要信息，特别是在生产加工和管理过程中，要经常用到产品的BOM表，因此，在CMS系统中，BOM是CAD系统和MB系统集成的纽带。

二、装配建模的一般方法和技巧

在进行机器的装配设计时，有两种典型的方法：

一种是“自下而上”的装配设计方法，即模仿实际机器的装配，把事先制造好的零件装配成部件，再把零部件装配成机器。计算机辅助装配时也可以采用这种方法，先构造好所有的零件模型，然后把零件模型装配成子部件，最后装配成机器，采用由最底层的零件开始展开装配，并逐级向上进行装配建模。

另一种为“自上而下”的方法，是模仿产品的开发过程的，即先从总体设计开始，再把机器分解为一系列的部件，并大致确定部件的结构和尺寸，然后进入部件设计，并继续大致确定部件中的零件结构和尺寸，最后进行零件的详细设计，当零件设计完成了，机器的设计也基本完成了。

两种装配设计方法各有所长，并各有其应用场合。例如：在开展系列产品设计时，机器的零部件结构相对稳定，零件设计基础较好，大部分的零件模型已经具备，只需要补充部分设计或修改部分零件模型，这时，采用“自下而上”的装配设计方法就比较恰当。而在创新性设计中，事先对零件结构细节不可能非常具体，设计时总是要从比较抽象的装配模型开始，边设计边细化，边设计边修改，逐步求精，这时，就很难开展自下而上的设计，而必须采取自上而下的设计方法。这种方法特别有利于创新性设计，因为这种设计一直能把握整体的设计情况，一直能着眼于零部件之间的关系，并且能够及时地发现、调整和方便地修改设计中的问题。采取这种逐步求精的设计方法能实现设计的一次成功，提高设计效率和设计质量。

当然，两种方法不是截然分开的，完全可以根据实际情况综合应用这两种装配设计方法来开展产品设计，这就是所谓的“自中向外”的设计方法。这种方法有更大的灵活性和更大的运用范围。这种方法的特点是对现有的设计零件进行自下而上的装配，然后在装配树中设计新的子装配体，并在外部文件中设计子装配体中所需要的零件，最后把这些零件引入该子装配体中，并进行子装配体内部的约束装配以及子装配体和总装配体的约束装配。

1. 自下而上的装配设计

开展自下而上的装配设计的基本步骤如下：

（1）零件设计　逐一构造装配体中的所有零件的特征实体模型，这些零件可以在同一个文件中构造，也可以分成多个文件构造。对较复杂的设计对象，建议根据功能或结构的不同特点，分多个文件进行零件数据的构造。对于一些通用的零部件，采用单独文件保存，以便在不同场合下以外部文件引用方式进行调用。

（2）零部件的引用　对当前文件中的零件可以随时引用，对外部文件可以采用专门命令进行引用；零件或外部文件可以仅引用一次也可以引用多次。

（3）装配规划　这是装配建模中最关键的一个内容，主要考虑下列问题：

1）为新的装配模型取名（即创建根构件）。

2）分析基础构件。由于基础构件自由度默认为零，因此，应该把机器中实际的基础零件作为基础构件。

3）分析构件的引入顺序以及构件之间的约束方法。考虑构件的装配顺序要注意以下几点：

①反映机器本身的装配顺序。例如减速器，下箱体应该作为基础构件，轴承部件应装配在箱体上，传动轴应该装配在轴承部件上，齿轮和定位元件应该安装在传动轴上。

②反映机器运动的传动顺序。对于运动机构，运动是从动力源开始经由传动构件传递到工作执行部件上去的，在进行该类机器的装配设计时，装配顺序和这种传递顺序应该保持一致。

4）考虑是否建立子装配体。对复杂机器，建议采用按部件划分成多层次的装配方案，进行装配数据的组织和实施装配，特别是对一些变化很少的通用零部件，事先做成独立的子装配文件，然后采取外部引用的方式调进装配模型。当需要修改零部件时，可以打开相关文件，在较小规模的数据文件中进行修改。

5）全面考虑模型的参数化方案。这个问题是装配建模的核心问题，为了建立一个灵活的、易于修改的、参数化的装配模型，除了考虑零件的参数方案之外，更应该考虑整体的参数化方案。例如减速器，希望修改齿轮直径参数后，箱体部件、支撑部件能够自动修改相关尺寸，并获得一个新的减速器装配模型，为此，大部分CAD/CAM系统都提供了全局参数化技术，必须在零件建模时就考虑全局参数化方案。具体应用参考减速器装配建模实例。

（4）装配操作　在上述准备工作基础上，采用系统提供的装配命令，逐一把零部件装配成装配模型，这一过程中的主要问题是熟悉和熟练掌握系统的有关命令。

（5）装配管理和修改　也是一个系统命令的熟练应用问题，但涉及的命令内容更多，技巧性更强。

（6）装配分析　在完成了装配模型之后，采用系统提供的专门命令，开展干涉状态分析、零部件的物性分析。若发现干涉碰撞现象或物性表现不理想，可以回到上一步，对装配模型进行修改。

（7）生成工程图　在装配分析并得出正确性结论后，可以采用系统的专门命令生成爆炸视图、二维装配工程图及零件材料表（BOM）。

2. 自上而下的装配设计

开展自上而下的装配设计的基本步骤如下：

（1）装配规划　这是自上而下装配建模的第一步，也是最关键的一个内容。虽然还不知道零件的具体结构，但是可以事先设计好装配体的组成，也就是要首先设计装配树的结构。具体内容包括：

1）划分装配体的层次结构，并为每一个构件取名。由于采用层次结构表达装配体，因此可以采取逐步划分的方法，逐步地扩充装配的细节，例如：减速器装配体的层次结构如图3-80所示。

2）计划部件之间的装配约束方法。虽然还没有任何的几何信息，还无法开展真正的装配操作，但是，和“自下而上”的装配设计方法一样，应该事先规划部件或零件之间的装配约束方法。考虑到装配结构的层次关系，这种装配约束规划可以逐渐深入。

3）全局参数化方案设计。由于这种设计方法更加注重零部件之间关系的协调，设计过程中的修改更加频繁，因此，应该提前考虑参数化问题，特别是全局参数化问题。应该设计一个灵活的、易于修改的全局参数化方案，同时该方案与零件级的参数方案要协调一致。

注意：由于没有零部件的几何模型，以上工作主要体现为一种设计准备，还没有过多的实际命令操作，但是对装配结构的设计是可以利用装配树管理功能完成的，此时仅仅建立了构件的名称和结构关系，但是没有零件的几何信息。

（2）部件级设计与装配采取由粗到精的策略　首先设计部件的轮廓或零件的轮廓，暂时不考虑细节，大致轮廓要求能基本反映零部件的结构，对于一些主要的配合部位，要尽量详细，同时注意全局变量的使用。在粗略的几何模型基础上，再按照装配规划，对初始轮廓模型加上正确的装配约束。采取同样的方法对部件中的子部件进行由粗到精的设计，直至出现零件的轮廓，此期间可以采用装配模型的编辑功能进行装配模型的管理。

（3）零件级设计　采取特征造型的方法细化零件结构，修改零件尺寸，特别注意零件级的参数化方案与全局参数化方案的协调关系。随着零件级设计的深入，可以继续在零部件之间补充和完善装配约束。

在零件级的设计过程中可以采用特征管理技术对特征进行灵活的管理和修改，同时可以采取装配模型的编辑功能进行装配模型的管理和修改。

注意：以上第（2）步和第（3）步的设计工作是一个不断反复、不断细化的过程，同时可以随时对装配模型进行干涉分析，以便及时发现问题，及时修改设计。

（4）零部件的引用　对于一些可以利用的外部构件，也可以在设计过程中采用专门命令进行直接引用。

（5）生成工程图　由于设计过程中在不断地细化、不断地完善设计，因此，装配设计结束后，可以直接生成爆炸视图、二维装配工程图及零件材料表（BOM）。

3. 自中向外的装配设计

开展自中向外的装配设计的基本步骤如下：

（1）装配规划　装配规划也是自中向外的装配设计中至关重要的第一步，要考虑好整个装配关系，考虑好哪些零部件可以直接利用，哪些需要重新设计。对需要重新设计的零部件，虽然还不知道具体结构，但是可以事先设计好子装配体的组成及装配约束方法。

（2）零部件的引用　对于可以直接采用的零件可以随时引用，内部零件或外部文件可以仅引用一次，也可以引用多次。

（3）设计子装配体　对于全新设计部分，虽然还不知道设计的具体结构，但是必须事先在总装配树中设计好子装配体的位置，即应该创建子装配体，并为子装配体取名。由于采用层次结构表达装配体，因此对于复杂的机器，可以采用这种方法逐层划分子装配树。由于还没有任何的几何信息，因此该子装配体是空的，还无法开展真正的装配操作。

（4）在外部文件中设计子装配体中的零件　可以首先设计零件的轮廓（但是对于一些主要的配合部位要尽量详细，同时注意全局变量的使用），细节部分在装配分析以后再采用特征修改编辑的方法继续细化，也可以在外部文件中完成零件的精细设计。

（5）新零件的引用　在装配主模型中激活子装配体，并采用外部引用的方式把新的外部零件引入该子装配体。

（6）子装配体的约束装配　完成子装配体内部的约束装配以及子装配体在总装配体中的约束装配。

（7）生成工程图　由于设计过程中在不断地细化、不断地完善设计，因此，装配设计结束后，可以直接生成爆炸视图、二维装配工程图及零件材料表（BOM）。

第七节　图形处理辅助功能

在一个 CAD 系统中，为了能十分方便、快捷和准确地生成各种几何图形，发挥 CAD 系统的优势和克服其缺点，还为用户设置了许多辅助性功能命令。当操作者利用 CAD 系统进行设计时，可以根据实际情况随时使用它们。对这些功能命令的理解和运用熟练程度，将直接影响到使用 CAD 系统的效率和最终的设计质量。

一、宏程序命令

当使用 CAD 系统生成工程技术图样时，可以理解是由若干单一几何图形元素所构成的元素集合体，它们可以对一个单一物体的形状、大小和其他技术特性进行描述，也可以对复杂图形进行描述。一张装配图样是若干个单一物体的组合描述，其中有些单一物体经常在一张装配图样中反复出现，或被经常绘制到其他装配图中去，例如：机械图样中的标准件、紧固件、企业专用件和常用物体描述符号等都是经常在图样中出现的几何图形。

对于这些经常反复在图样中出现的几何图形，CAD 系统可以利用宏程序命令方式生成，并将它们存储。使用时操作者不必重新绘制，只需利用有关命令把它们“调”出来就可以了，并且操作者可以根据自己的尺寸要求来修改有关尺寸参数，以便获取形状相同，但大小不同的新几何图形。

利用宏程序命令生成经常出现的几何图形，不仅可以随时对它们进行调用和修改，而且调用次数不受限制。在 CAD 系统中，把用宏程序生成的几何图形元素叫做“宏元素”，有的系统又把它们叫做“部件图形”或“样板图形”，如图 3-85 所示。

宏元素不仅可被单独使用，而且还可由多个宏元素不断合并成更大的几何图形单元，又称为“结构组”。宏元素结构组还可再次生成更复杂的宏元素，这种方式经常被用于那些比较成熟的机械结构设计和结构方案设计。这种方法即可以快速地进行各种几何图形拼合，也可以灵活地进行编辑、修改，所以，又被称为“积木式”或“抽屉式”设计方法。

当需要把宏元素放到一个新的图形上或与其他几何图形进行组合时，必须将宏元素从系统存储器中调出来，并按所希望的图形显示比例、显示角度和位置及数量等参数将它们放置到系统当前有效的图形中去，以备今后随时按此步骤进行调用。

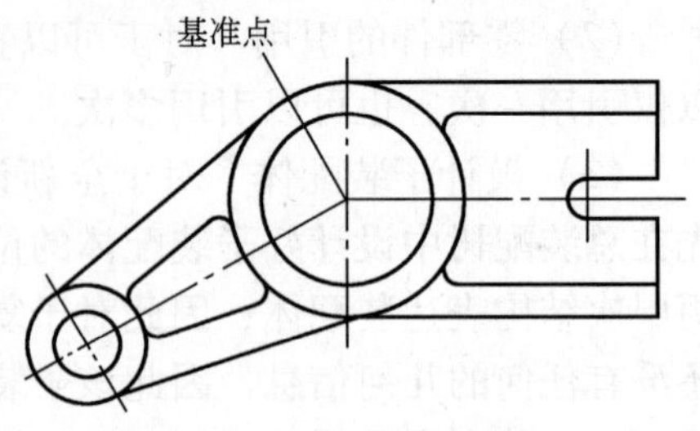

图 3-85　宏元素图形

利用宏命令方式生成的宏元素和利用基本几何图形元素的命令生成的块元素的元素属性是不一样的。块元素在调用时，虽能对其比例、显示角度等参数进行改变，但不能在调用过程中对元素的几何参数进行修改。而生成宏元素的过程实际上是对一个操作过程的记录，在这个记录过程中，它将对操作者在生成宏元素时的所有操作步骤按顺序逐一进行存储；在调用过程中，使用有关的显示命令可以对这些操作步骤逐一连续进行显示，这样就可以对其中的一个操作步骤进行修改了。

宏元素在生成时，要使用有关的操作命令方式或打开宏程序记录开关，告知 CAD 系统生成宏元素的开始时刻和终止时刻，以便系统对有用的操作步骤进行记录。另外，还应在所生成的宏元素上确定一个基准点（或称调用点），目的是为了将来在调用宏元素时，能十分准确地在当前显示图形上定位，或作为在定位时的旋转原点以及进行其他操作的基准点。

1. 宏元素的类型与特点

根据宏元素的应用情况和生成方式一般可分为以下两种形式：

（1）不具有变量值的宏元素　这种宏元素，通常是用常量值来表示零件几何图形元素的大小和形状，即调用到当前显示屏幕上的宏元素中单一元素的尺寸不再进行任何改变。如果必须对某个元素进行修改，可通过系统的基本操作命令来完成，如编辑、删除和消隐等命令。

这种宏元素通常用来表示一些标准零、部件或尺寸变化不大的常用非标准件。它们可以像普通几何图形一样被存储到 CAD 系统的存储介质中，如硬盘或软盘上，并在需要时可以随时调用。

为了实现调用，生成宏元素时，要赋予宏元素一个名字，并且在宏元素上确定一个调用基点。如上所述，这个基点是为了在调用宏元素时能一次性准确定位。

当调用一个宏元素时，还需在当前显示屏幕上输入一个定位点，即要告知被调用的宏元素应该放在什么位置上。这个定位点和宏元素上的调用基点是相重合的，如图 3-86 所示。

在调用宏元素时，允许将其进行角度旋转，此时，需要输入旋转角度值，然后，系统将告知宏元素按所选定位点进行旋转和定位。

另外，在调用过程中，还可以重新给出一个比例因子，用于宏元素在当前显示屏幕上的缩小和放大。用这些方法，宏元素可按所需的大小和放置角度，被重复地放在任何位置上。

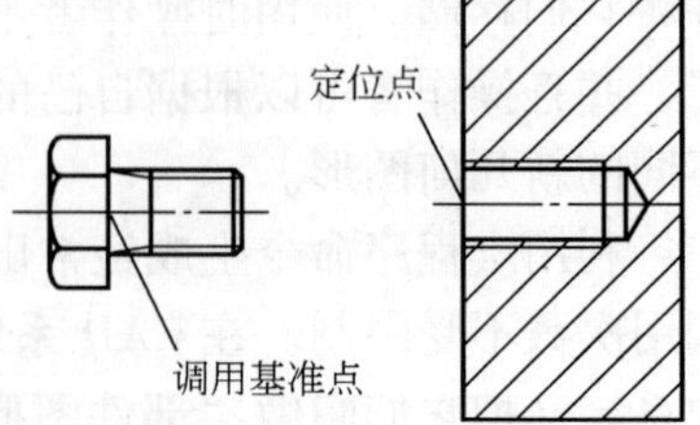

图 3-86　定位点与调用基点

（2）具有变量值的宏元素　与上面的情况不同，当调用另一种宏元素时，对其本身的几何图形不进行增删处理，仅对它的形状或尺寸进行某些改变。也就是说，这些几何图形中的元素之间还保持着以前的相互关系，而只对其进行某些参数或尺寸的“变异”操作，这种宏元素叫做具有变量值的宏元素。

这种宏元素适合于那些尺寸规格较多、尺寸参数变化较明显，且经常使用的非标准零部件的几何图形设计。

例如：对于符合标准要求的螺栓来说，虽然它的种类比较多，但结构与形状则是相同的，只是其尺寸参数有所不同。又如：一个零件上的长形孔，尽管它们的尺寸参数不一样，但它们的形状和几何图形构成的要素是相同，如图 3-87 所示。对于这样的零件就可以用“变异”的概念进行宏元素描述，使其在调用过程中，仅输入某些尺寸，就可以得到符合设计需要的新几何图形。通过这些操作，避免了只因改动原有几何图形中少量尺寸参数，而造成的重复操作，从而提高了几何图形的生成速度，也使操作者从繁琐的操作过程中解脱出来。

这种宏元素适合于那些尺寸规格类比较多的标准紧固件、尺寸参数变化较明显的且经常使用的非标准零部件的几何图形设计。在有些 CAD 系统中，为用户提供了一个常用标准件的图形数据库，这些图形数据库中的几何图形，通常具有以下特点：

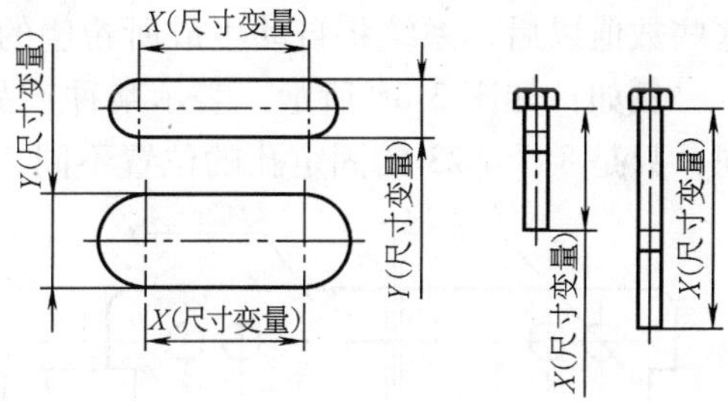

图 3-87　具有尺寸变量的宏元素

1）三维性。对于每一个标准件几何图形来说，图形数据库中不仅存放有它们的平面几何图形信息，而且还有立体几何图形信息。这样，在对它们进行调用时，根据需要就可以得到每个标准件的六个平面视图（如主视图、俯视图等）和若干个轴测图（如正等轴测图、斜二测图等）。

2）标准件的变参数绘制。每种标准件都具有一些不同的规格和类型，而每一种规格都由若干个主参数所决定，例如：螺母由直径 D 即可以决定它的其他所有参数；而对于螺栓来说，要通过公称直径 D 和长度 L 才能决定其他的尺寸参数等。在对它们进行调用时，操作者只需输入这些主参数，CAD 系统便自动地判别操作者输入参数是否正确和符合逻辑性，最后在显示屏幕上显示出由输入主参数所决定的所有几何图形元素。

3）多形状几何图形的自动处理。对于具有多种几何图形形状的标准件（多视图）的调用，当操作者输入某些图形信息后，系统还会自动提示操作者输入所要绘制几何图形的形状编号，只有输入这种图形形状编号以后，系统才会自动调出符合设计要求的标准件几何图形视图。

4）标准件图形数据库的修改。对于大量的数据文件和图形文件，CAD 系统提供了图库的扩充、修改和删除功能，有的系统还规定了容易记忆的文件名编码方法，这些都为今后的图形数据库升级与扩充提供了方便条件。

2. 产生变异宏程序的方法

由于各种系统生成宏元素的命令形式不完全相同，所以，操作步骤和方法也有很大区别。操作者除了直接使用这些图形数据库以外，有时还需要根据自己的专业设计范围建立一些库中没有的标准件宏元素库，即编制变异程序。生成变异程序的难易程度主要取决于CAD系统本身的二次开发能力。常用生成变异程序的方法有：

（1）用高级程序语言来直接生成变异程序　如FORTRAN语言、C语言和其他开发工具等。

（2）用系统中的宏程序语言来生成变异程序　宏程序语言可以用某一种高级语言来编写，如C语言。在这种宏程序语言中，包含专用几何图形生成命令，它适用于基本、简单的几何图形编程。

（3）图形交互变异程序　这种方法不要求有专门的编程知识。对几何图形中需要进行变异编程的几何图形元素来说，就像平常生成几何图形元素一样操作（交互式生成），并对它们进行尺寸标注。对在以后需要进行变化的尺寸来说，则要通过系统中的宏命令来进行变异处理；对某些尺寸变量来说，可用一些数学公式来代替。最后，这个零件将被作为变异程序几何图形存储起来。

对变异程序零件进行调用时，系统将询问变化元素参数的当前实际数值，当操作者输入这些数值以后，系统将自动生成所希望的零件几何图形。

例如：如图3-88所示，表示某种产品的一个企业标准零件，它的外部形状及尺寸都相同，只是8个$\phi23$的固定孔的位置不同，由这个位置所决定的三种零件型号见表3-4。

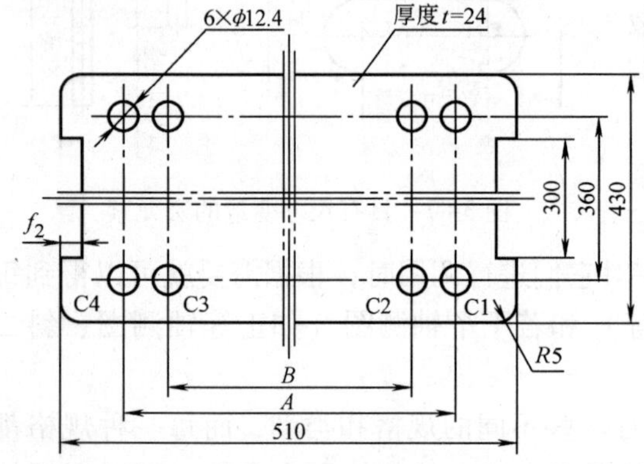

图3-88　底板零件图形

表3-4　不同型号零件的尺寸组

零件型号	A	B
Ⅰ	440	245
Ⅱ	440	255
Ⅲ	450	275

在绘制这个标准件时，不需要把三种型号零件的几何图形都画出来，只要先绘制一个不带八个固定孔的零件图形，并存成具有固定孔变量值的宏元素文件即可。当建立零件图形后，打开CAD系统的宏程序记录器，把绘制8个固定孔的操作过程记录下来（绘制C1，C2，C3，C4，然后用后面讲的镜象映射功能进行映射复制）。在整个操作的过程中，当需要输入8个固定孔的间距A和B，即确定孔的中心位置时，暂时关闭记录器，而只输入三组数值中的某一组。然后，打开记录器继续进行其他图形元素的生成，直至全部完成。最后把整个几何图形都存为具有变量值的宏元素。在存储过程，需要给该宏元素起一个文件名，并在图形上确定一个基准点，以便调用。

若在绘图过程中需要A和B尺寸组的零件图形时，可按宏元素的名称将其调出，并执行CAD系统中的宏命令方式。此时，CAD系统中的记录器将被打开，重复生成几何图形时的操作过程。当这个过程进展到需要输入8个固定孔的间距值A和B时，记录器自动关闭等待输入；当新的数值输入完成后，记录器又重新打开，重复其他的操作过程，直至所记录的过程全部重复完毕，这时一个具有新尺寸的标准件几何图形就生成了。

在整个操作过程中，操作者除了调用事先存储的宏元素以外，仅仅进行了新数值的输入操作，其他的操作过程都是系统自动完成的。这就大大提高了零件几何图形生成的速度。

总之，不论使用哪种生成宏元素程序的方法，其目的都是为了加快零件几何图形的生成速度，特别是标准件图形的生成速度。对于需要进行重复操作的几何图形生成工作，宏元素程序也具有十分重要的作用。

由于各种 CAD 系统生成宏元素的命令形式不完全相同，在操作过程中，其操作步骤和方法也会有很大的区别。

二、元素属性

几何图形元素属性包括生成及显示元素时所用的颜色、线型、线宽以及这些几何图形元素在笔式绘图仪上输出时所对应的绘图仪笔号，对于折线和多边形元素还有其结构属性，例如，框架封闭和内部填充。

元素属性也是一种几何图形信息，它的主要用途是为了使所绘制的图形符合标准化的要求，同时也使图形轮廓的显示效果令人感到舒适，或者便于对几何图形进行操作管理，从而使得几何图形的整体操作与显示变得简单明了。

在一个 CAD 系统中，几何图形元素的属性是可以被预先定义和事后修改的。当定义了几何图形元素的各种属性以后，这些属性信息将随元素其他的有关生成信息一同被记录在对应的元素清单中，而对已存在属性所进行的修改，实际上就是对元素清单的修改。

1. 元素颜色

当使用显示屏幕进行几何图形元素显示时，为使显示的效果层次分明，视觉舒适，可通过设定所需的元素显示颜色属性来实现，或对被显示元素颜色进行选择、修改。

在一些 CAD 系统中设置了若干种可被选择的元素颜色，在生成几何图形元素时可按自己的需要进行选择，并且允许随时改变选择。而有的 CAD 系统除了给出固定的颜色种类以外，还根据显示设备的情况，还提供了颜色调色板的功能，在操作过程中，如果从 CAD 系统所提供的固定颜色种类中选不出认为满意的颜色，可通过调色板来进行颜色的自行配置，所配置的颜色往往可以达到几十种或更多种。

生成几何图形元素时，可按不同的元素颜色生成以表示各种不同用途的几何图形元素。例如，一个零件的外轮廓线、中心线、剖面线和假想线；一个老的设计和新的修改设计；尺寸公差和形位公差等，都可以采用不同的几何图形颜色来生成。

这样做的目的不仅是为了“视觉”上的舒适，而主要是便于对某一种颜色的元素进行整体操作和管理。例如，可以指令 CAD 系统，将某一种颜色所代表的某一类几何图形元素删除或移动到另外一个显示层上去等。

对几何图形元素的颜色种类要求不高时，图形输出时还可以利用绘图仪笔的颜色来实现几何图形元素颜色的变化。使用彩色喷墨或类似的绘图仪来进行图形输出时，可以基本或完全达到“所见即所得”的效果。但单色屏幕显然不能实现几何图形元素的彩色效果。

2. 线型

技术图样作为工程技术的交流语言，需采用不同的线型来表示几何图形的含义，也就是说，在各种图样中都具有各种不同的线型。例如：用实线、虚线和点画线等，来表示几何图形中的某种含义，如图 3-89 所示。所以，在 CAD 系统中，考虑到用户的不同需要设置了各种线型供选择。只不过有些 CAD/CAM 系统为某种专业设计考虑的多一些，所以它们所提供的线型种类、数量也不尽相同。例如：在国产机械设计类的 CAD 软件中，按 GB/T 4457. 2 ~ GB/T 4457. 5、GB/T 4458. 1 ~ GB/T 4458. 6、GB/T 4459. 1 ~ GB/T 4459. 7、GB/T 4460 等机械制图标准，就为用户提供了机械产品设计或其他技术文件编写时所将涉及到的各种线型。而国外的一些 CAD 软件，根据用户的需要和所涉及的专业范围，按照有关其他标准，如 DIN、ISO 等也都提供了数量各异的几何图形元素线型。

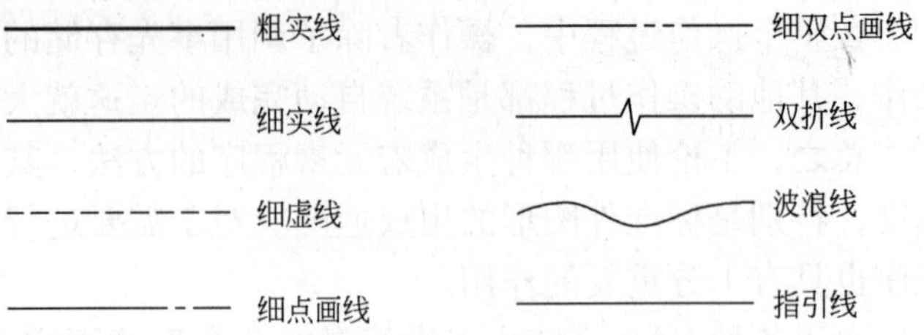

粗实线　细双点画线
细实线　双折线
细虚线　波浪线
细点画线　指引线

图 3-89　线型

由于 CAD 系统在许多行业中的广泛应用，所以有的 CAD 系统中除了提供一些标准的线型以外，还为用户提供了设置其他非标准线型或定义线型的可能性。

对于所选用的线型来说，在 CAD 系统中可以进行预先的设定，也可以根据需要随时改变线型。改变线型后，用原来线型生成的几何图形元素不受任何影响，因为，它们的属性早已被 CAD 系统进行了存储，而改变后的线型也随时被 CAD 系统存储。

3. 线宽

各种工程技术标准规定了不同线宽的应用范围。例如：在 ISO128-20—1996、ISO128-21—1997《技术制图-画法的一般原则》中，就对各种不同线型的宽度进行了规定，如：粗实线线宽 = d、细实线线宽约 = $d/3$ 和细双点画线线宽约 = $d/3$ 等。

几何图形元素的线宽一般可在显示屏幕上出现，它们是一种按比例因子变化的，能分出不同粗细的图线。能否较清楚地区分出各类线型宽度，还与显示器分辨率的高低有关。当显示器分辨率不够高，但又希望有线的宽度区别时，可以通过使用各种不同的颜色来区别各种几何图形元素不同的线宽（显示器为彩色图形显示器时）。

当把生成好了的几何图形元素输出到绘图仪上时，线宽的控制主要是通过绘图机上的绘图工具来完成的。使用绘图机进行绘图时，将根据几何图形元素的属性，即“线宽”或“颜色”自动地按照设定的笔号从笔架上拿取相应宽度或颜色的绘图笔，然后，用这些事先按所希望宽度或颜色而设定顺序排列的绘图笔（不断地自动更换），就可以画出所希望的线型宽度和颜色的几何图形来。

由此可以看出，对于操作者来说主要的工作是正确设定所要绘制几何图形元素与绘图笔之间的关系。

使用笔式绘图仪进行输出时，常见绘图仪的笔架可以放置 6 ~ 8 支绘图笔。由于所放置的绘图笔的数量有限，加上绘图笔的颜色种类也有限，所以，用更换绘图笔的方式很难完成多线宽、多颜色的几何图形的绘制。

当使用其他类型的绘图仪进行输出时，几何图形元素的线宽是由系统程序自动识别的。

为了使对几何图形元素属性的控制操作和编辑修改更加灵活与方便，在许多 CAD 系统中都给出了专门的元素属性操作命令方式，例如：“元素选择设置”、“元素属性设置”等。通过使用这些命令，可以一次性地对几何图形元素属性进行设定与修改，如果对符合某一类元素属性的几何图形元素进行选择和设定时，就不能对它们进行任何操作。

三、层操作

在 CAD 系统中，一般都为用户提供了“层操作”功能。可以把“层操作”想象成在一种载体薄膜上的操作，而操作者可以在这些载体薄膜上分别生成工程技术图样中的任一部分内容。也就是说，图样上的几何图形可被分为若干部分放在许多这样的载体薄膜上，而且当这些载体薄膜重叠放置在一起时，各部分的内容是透明可见的，如图 3-90 所示。

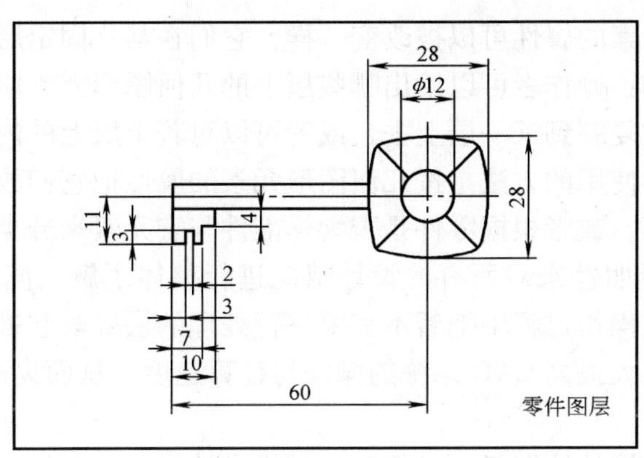

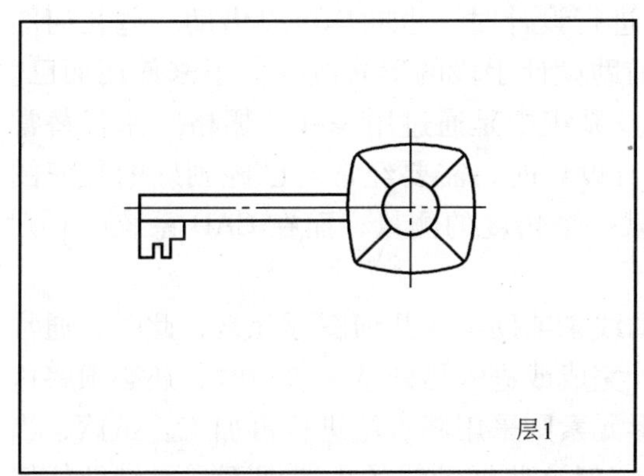

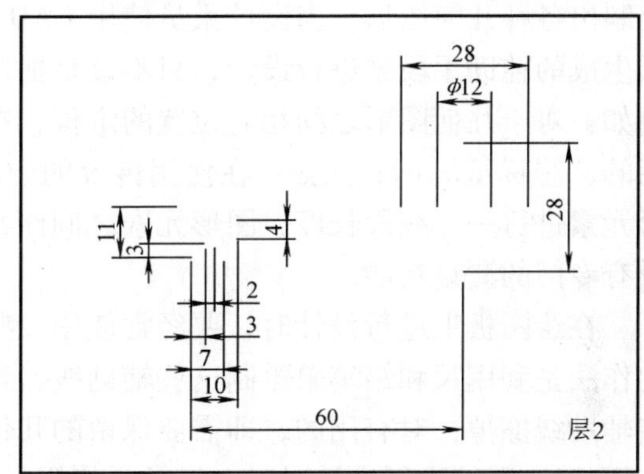

图 3-90　层操作

为了使操作者在绘制复杂物体几何图形时操作方便，提高系统对几何图形处理的整体速度，在 CAD 系统中经常设有上百种或几百种这样可供用户使用的载体薄膜，每一个载体薄膜称为“层”，对在层上的操作或对层与层之间的操作称为层操作。在有的 CAD 系统中甚至对层的数量没有限制。

在 CAD 系统中，一个单一的层可以是被显示（载体薄膜透明）的，或者是被屏蔽（不可见的）的。操作者可以在显示屏幕上将所有的层同时显示，也可以仅显示其中的某一任意层或若干层，并且被屏蔽的层可以随时被恢复显示，就是说将原来层上的内容重现。而且，在屏蔽过程中，层上的内容是不会丢失的。

在利用 CAD 系统生成较复杂的几何图形时，可以利用几何图形元素各种不同的颜色、线型、线宽等元素属性或各种元素种类的特点，将它们分别生成在不同层上，并且将暂时不参加操作的层进行屏蔽。这样可以使操作者在设计过程中，不仅对所进行的设计情况一目了然，同时还改变了“视觉环境”（几何图形元素数量暂时减少）。

在利用CAD系统中的层操作功能时，可在由用户支配的层里选出一个层作为“永久性工作层”，而在进行几何图形生成时，另外再确定某些层为“当前有效层”。在“永久性工作层”上所进行的操作结果将可以随时放到“当前有效层”上，而无需经常改变层号。相反，在任意“当前有效层”上的几何图形元素，可在“永久性工作层”上随时对它们进行操作。

就像一种几何图形元素的属性可以被改变一样，它们在某一固定层上的显示与属性情况也可以随时被改变。例如：操作者可以给出哪些层上的几何图形元素应被删除或被修改；哪些层上的什么内容应该被复制到某一层上去，或者可以对若干层上的内容进行叠加操作。

在设计过程中，经常使用的方法是按几何图形元素的属性把它们放置在不同的层上。例如线宽、线型、和颜色等，或者根据零件是否为标准件与宏元素来分类。这样做的目的不仅仅可以通过“薄膜”的透明性来对所有的设计情况进行整体了解，同时，由于层显示具有可屏蔽的特点，还可以在操作过程中把暂不需要进行处理的层屏蔽起来，而只对当前有效层进行操作。这样就可以极大提高CAD系统的操作与计算速度，从而提高整体的设计速度。

四、辅助线与栅格

通常，设计人员在传统的绘图板上进行工程图样设计时，会采用一系列的辅助设计手段绘制出各种几何图形，当设计人员使用CAD系统进行设计时，也同样可以借助一些几何图形生成的辅助手段来进行设计，只不过是把这些辅助设计手段的形式改变一下来使用而已。例如：对于几何图形之间相对位置的定位，在CAD系统中是通过用一种“栅格”来代替常用的“坐标纸”的；又如：在使用传统的方法进行设计时，需要经常对已经画好的几何图形元素进行一个线段长度、图形元素之间距离或某一个角度的测量，而在CAD系统中，则设有专门的测量功能。

在绘图板上进行设计时，要经常使用一些辅助线来辅助生成几何图形元素，此时，通常的作法是利用尺和铅笔来绘制这些辅助线，当设计完成或进入另外某一阶段时，还必须将这些辅助线擦掉；对有用的，即需要保留的几何图形元素则采用墨水笔进行再加工。虽然，当使用CAD系统进行设计时，也经常要使用辅助线，但这些辅助线的生成即不需要借助任何其他工具，又能十分准确方便地生成与删除。所以在CAD系统中都设有“辅助线”功能，在设计完成以后，这些辅助线就没有存在的价值了，此时，可通过一个命令将这些辅助线删除或转换成其他有用的几何图形元素。

类似这种情况很多，在上面的章节里已经讲了一些，下面将介绍一部分CAD系统中常见的辅助功能以及它们的用法。

1. 辅助线

在一个CAD系统中，为了使几何图形元素在生成的过程中变得更简单和快捷，往往需要借助一些“辅助线”功能。

辅助线可以被理解成是一种能够被直接调用，而且具有本身属性的一类几何图形元素。例如：呈“通显示屏幕”形式的水平线段和垂直线段；用于确定几何图形中心的“十字中心线”等。这些辅助线在设计完成后，可以根据具体情况对它们进行编辑处理、保留或删除。所谓“通显示屏幕”是指该水平线段或垂直线段为一条无限长的线段，它们的显示状态是充满整个显示屏幕的。在使用的过程中，操作者可以根据自己的需要，将它们作为生成其他几何图形元素的中心线、外轮廓线、基准线或参考线等。利用 CAD 系统中的修剪或延伸功能，还可以对它们进行长短调整；利用几何图形元素的属性变化功能，可将它们转换成最终需要保留的几何图形元素，如图 3-91 所示。

当需要生成一个具有对称部分的几何图形时，可以利用 CAD 系统中“镜像映射”功能对几何图形中的某一部分进行对称复制，那么，此时就需要一个对称轴，而这个对称轴既可以是一个已知的线元素，也可以用生成辅助线的方法来代替。

当需要生成一盘类零件的几何图形时，可直接调用 CAD 系统中的“十字中心线”作为整个图形的中心线，也可以借助生成水平辅助线和垂直辅助线的方法作为整个图形的十字中心线，如图 3-92 所示。

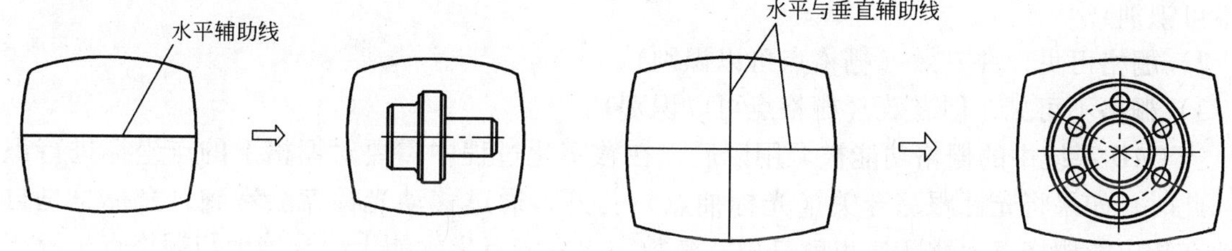

图 3-91　作为轴线的水平辅助线　　图 3-92　作为中心线的水平与垂直辅助线

辅助线还经常被用来生成一些假设的零件几何图形，例如：当需要观察一个已知零件图形与某一个未知（假想）零件图形的相对位置或装配关系时，可用辅助线的方法生成这种未知零件的几何图形，以便进行“临摹”设计。它的最大优点是临摹设计生成的几何图形元素不被存储。

为了使这些辅助线能更好地与其他几何图形元素相区别，它们大多数是用一种固定的属性（颜色或线型）来进行描述的。另一种辅助线可用几何图形元素生成，可利用 CAD 系统中的元素编辑功能对它们进行修剪或延伸等编辑操作，甚至可以对它们进行属性的改变（例如：线宽、线型等）。当整个设计完成后，对不需要的那些辅助线应该进行删除操作。

如果以上这两种可能性在同一 CAD 系统中都存在的话，将它们结合起来使用就会显得更加方便。

2. 栅格

CAD 系统中的栅格命令形式，主要是为了提高生成几何图形、文字排列或其他元素时的定位准确度。它的作用就像在坐标纸上用手工绘制一条曲线一样，利用各线之间的距离尺寸，使被绘制曲线更加贴近实际形状。“栅格”功能正像在显示屏幕上铺设了一张传统的坐标纸，使操作者无论是在上面生成几何图形或是书写文字等，都会产生准确的定位效果，并为观察几何图形元素之间的相对位置关系提供了方便。与传统的坐标纸相比，其上的网点通常是按某一可调整的距离呈线性阵列分布在显示屏幕上的，而且，操作者可以根据自己的需要，将任意网点设定为用户坐标的原点。在有些 CAD 系统中，还为用户提供了按不同圆直径阵列的特殊栅格形式。

根据各种 CAD 系统的具体情况，网点的显示形式也不完全相同，但大多数系统是用“十字状点”或“实心点”来构成栅格的。还有一些 CAD 系统所显示出来的栅点是呈点与线相连的线网状栅格，如图 3-93 所示。

栅格不是CAD系统中的基本几何图形元素，而是一种能用来进行几何图形元素生成的辅助工具。所以，栅格只能在显示屏幕上进行显示，而用绘图仪或其他输出设备进行绘图输出时，不能同几何图形元素一起画出，也就是说，它不被记录在元素清单中。

CAD系统中常见的栅格控制功能包括：显示和消隐栅格、设置栅格间距、选择或改变栅格基准点等。

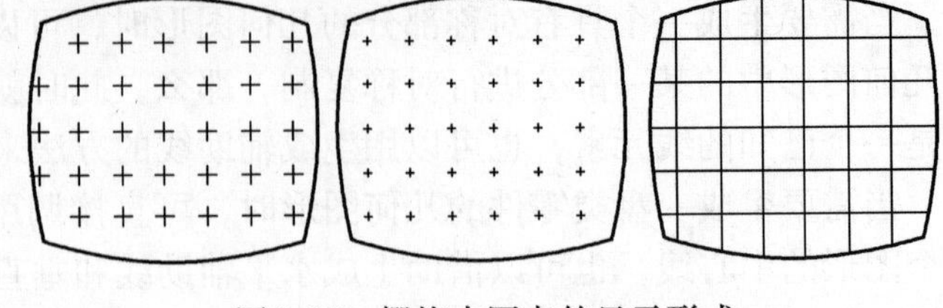

图3-93　栅格中网点的显示形式

栅格在显示屏幕上显示的形式，通常也有如下几种情况：

1）网栅格可见，但无效（栅格点不可识别）。

2）栅格可见，并有效（栅格点可以识别）。

3）栅格不可见，但有效（栅格点可以识别）。

当CAD系统中的栅格功能被调用以后，在数字化过程中需要对栅格上的点坐标进行识别。此时，如果将光标跟踪开关（光标抽点）打开，通过移动光标就会看到，光标总是自动地在相应的栅格点上跳跃。也就是说，被数字化后的点坐标能十分准确地与栅格点坐标相对应。当栅格不在显示屏幕上出现，但只要打开光标跟踪开关，同样可以出现这个效果。在这个状态下使用生成直线元素功能时，可以很方便地将一个线性的几何图形轮廓描述出来。

如果栅格可见，但没将光标跟踪开关打开（栅格点不可识别）的时候，相当于没有调用这个功能一样，利用光标仍可在显示屏幕上的任意地方进行数字化操作，但光标不在栅格点上跳跃。此时，这些可见的栅格点只作为操作辅助参考点，所以，这时候在所有栅格点上进行的定位操作，基本上都是用估计的方法实现定位的。

栅格间距可以根据自己的需要进行初始状态设置，也可以在使用过程中随时对它们进行必要的修改。

思　考　题

1. 讲述一下操作平台的含义，它的主要用途是什么？
2. 说明系统中常用坐标系的种类和用途。
3. 采用什么设计模型方式才能使显示屏幕对一空间立体物体进行“真实”描述呢？
4. 为什么用数字化的方法不能在显示屏幕上对几何图形元素进行准确定位？
5. 在光标范围内能对几何图形元素进行识别的功能叫什么？
6. 用哪些操作方法可以完成数字化？
7. 试比较矩型窗口选择与任意窗口选择之间的优缺点。
8. 最少叙述出四种方法，在已存在的几何图形元素上定义一个点实体。
9. 通过哪些操作过程可以生成一个线元素？
10. 对于一个圆或圆弧元素来说，可以用不同的方法来生成，请说明下面的生成方法是用哪些命令形式来完成的（如图3-94所示）？

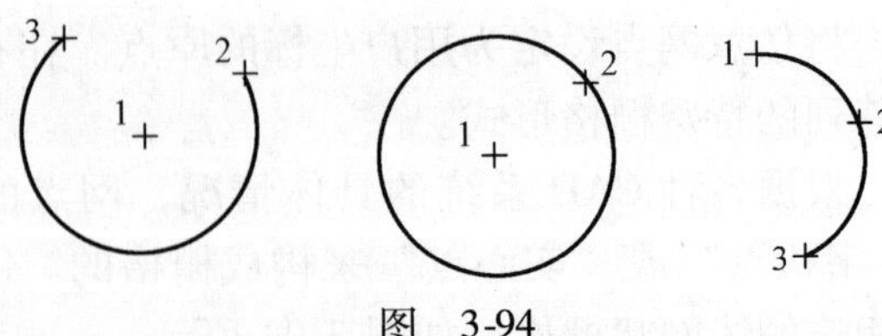

图　3-94

11. 当已知一个圆元素的直径是ϕ90mm，利用哪种方法可以将一个半径*R*25mm、起始角度为0°和终止角度为135°的弧心定位在该圆元素的圆心上？

12. 说明哪些元素是链元素，它们的组成要素是什么？

13. 生成弧元素时，所输入的起始角度和终止角度有什么意义，是否可进行负角度值的输入？

14. 如果要对一个链元素进行选择操作时，需要告诉CAD系统哪些参数信息？

15. 已知两点实体间的距离为120mm，当要通过它们生成一条线元素时，请叙述用什么命令方式对它们进行识别？

16. 在实际工程设计中，椭圆元素除了用来直接表示物体的几何图形形状以外，还可以有哪些用途？

17. 生成圆元素和圆角的过程有哪些区别？

18. 请试绘制出由三条线元素的识别而生成的圆元素，如图3-95所示。

19. 能否在一个几何图形生成后，将其中部分图形作为宏元素来定义？

20. 叙述出三种不同的元素属性？

21. 怎样在彩色显示屏幕上进行几何图形的“层操作”，它的意义是什么？

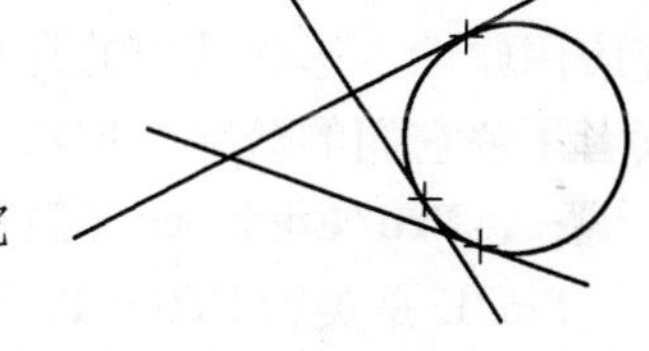

图 3-95

22. 对于上图中所给出的例子都应进行哪些操作？

23. CAD系统中的栅格功能有什么作用？

24. 当将显示缩放比例因子改成0.5以后，在显示屏幕上的几何图形会有哪些变化？

25. 在什么情况下使用PAN功能？它与“移动”功能之间有什么区别？

26. 说出三种最常用的线段尺寸标注方法？

27. 在进行尺寸标注时，有哪些参数可以被设定和调整？

28. 在用CAD系统完成设计时后，是怎样对图形文件进行长期保存的，为什么？

29. 三维坐标系中涉及到哪些坐标系？它们是如何定义的？

30. 三维建模时如何用投影视图观察实体，投影视图指的是什么？

31. 三维几何造型中的线框造型、表面造型和实体造型在具体应用中的区别是什么？分别适用于什么情况？

32. 选择任一机械CAD/CAM应用软件，进行零件造型，题例参考《CAD练习题集》。

33. 装配建模中采用了哪两个关键技术？对装配建模的过程进行简单叙述。

34. 装配约束类型在装配建模中经常使用的装配约束类型有几类？分别作以描述。

35. 在进行装配建模时注意哪些约束习惯？什么是装配树？

36. 对装配模型分析中的两项技术进行解释。

37. 在进行机器的装配设计时，有两种典型的方法，对这两种方法的优缺点进行叙述。

38. 选择任一机械CAD/CAM应用软件，进行零件造型和装配建模，题例参考《CAD练习题集》。

第四章　机械 CAD 技术在机械工程中的应用

第一节　常用机械 CAD 应用软件介绍

在 CAD/CAM/CAPP/CAE/……技术领域，近年来，以三维 CAD 技术为基础，按照最终形成一套完善的企业信息集成系统的思路，在计算机辅助设计（CAD）、计算机辅助制造（CAM）、计算机辅助工艺过程（CAPP）、计算机辅助分析（CAE）以及电子图档管理系统的各个方面均取得了一系列的技术突破和技术更新，使得现在的 CAD/CAM/CAPP/CAE 软件不断地朝着实用化、高效化、集成化方向发展。在这里，根据目前市面上流行的 CAD 系统应用软件，选取其中的几套最新的典型软件，将它们的 CAD 模块功能介绍给大家，以便读者了解它们的概况、技术特点和最新的技术应用。

一、Pro/Engineer（简称 Pro/E）

Pro/E 是美国 PTC（Parametric Technology Corporation）公司开发的机械设计自动化软件，也是最早实现参数化技术商品化的软件，在全球拥有广泛影响，在我国也是使用最为广泛的 CAD/CAM 软件之一。Pro/E 软件包的产品开发环境支持并行工作，它通过一系列完全相关的模块表述产品的外形、装配及其他功能。Pro/E 能够让多个部门同时致力于单一的产品模型，包括：特征造型、装配建模、对大型项目的装配体管理、有限元分析、曲面造型、功能仿真、制造、产品数据管理等。其中 CAD 模块的行为建模技术使其成为把梦想变为现实的杰出工具，主要包括以下两大模块：工业设计（CAID）模块和机械设计（CAD）模块。

工业设计模块主要用于对产品进行几何设计，过去，在零件未制造出时，是无法观看零件形状的，只能通过二维平面图进行想象。现在，用 3DS 可以生成实体模型，但用 3DS 生成的模型在工程实际中是“中看不中用”。用 Pro/E 生成的实体建模，不仅中看，而且可用。实际上，Pro/E 后阶段的各个工作数据的产生都要依赖于实体建模所生成的数据，包括：Pro/3DPaint（3D 建模）、Pro/Animate（动画模拟）、Pro/Designer（概念设计）、Pro/NetworkAnimatior（网络动画合成）、Pro/Perspecta-Sketch（图片转三维模型）、Pro/PhotoRender（图片渲染）几个子模块。

机械设计模块是一个高效的三维机械设计工具，它可绘制任意复杂形状的零件。在实际中存在大量形状不规则的物体表面，如一些自由曲面。随着人们生活水平的提高，对曲面产品的需求将会大大增加，用 Pro/E 生成曲面仅需 2 步 ~3 步即可做出。Pro/E 生成曲面的方法有：拉伸、旋转、放样、扫掠、网格、点阵等。由于生成曲面的方法较多，因此 Pro/E 可以迅速建立任何复杂曲面。它既能作为高性能系统独立使用，又能与其他实体建模模块结合起来使用，它支持 GB、ANSI、ISO 和 JIS 等标准，包括：Pro/Assembly（实体装配）、Pro/Cubing（电路设计）、Pro/Pining（弯管铺设）、Pro/Report（应用数据图形显示）、Pro/ScanTools（物理模型数字化）、Pro/Surface（曲面设计）、Pro/Welding（焊接设计）。

常用模块的介绍：

（1）Pro/Designer　是工业设计模块的一个概念设计工具，能够使产品开发人员快速、容易的创建、评价和修改产品的多种设计概念；可以生成高精度的曲面几何模型，并能够直接传送到机械设计和/或原型制造中。

（2）Pro/NetworkAnimatior　通过把动画中的帧页分散给网络中的多个处理器来进行渲染，大大的加快了动画的产生过程。

（3）Pro/Perspecta-Sketch　能够使产品的设计人员从图样、照片、透视图或者任何其他二维图像中快速的生成一个三维模型。

（4）Pro/PhotoRender　能够很容易的创建产品模型的逼真图像，这些图像可以用来评估设计质量，生成图片。

（5）Pro/Assembly　构造和管理大型复杂的模型，这些模型包含的零件数目不受限制。装配体可以按不同的详细程度来表示，从而使工程技术人员可以对某些特定部件或者子装配体进行研究，同时使整个产品的设计意图保持不变。附加的功能还能使用户很容易地创建一组设计，有效的支持工程数据重用（EDU）。

（6）Pro/Detail　由于具有标注尺寸、公差和产生视图的功能，因而扩大了 Pro/Engineer 生成设计图样的能力，并且这些图样遵守 ANAI、ISO、DIN 和 JIS 标准。

（7）Pro/Feature　允许产品设计人员创建高级特征（例如高级的扫描和轮廓混合），利用简便的设计工具，在很短的时间内就可以实现。

（8）Pro/Notebook　以“自上而下”的方式对产品的开发过程进行管理，同时对复杂产品设计过程中涉及的多项任务自动分配，来增强产品的生产效率。

（9）Pro/Scan-Tools　满足工业上使用物理模型作为新设计起点的需求，把模型数字化，其形状和曲面就可以以点数据的形式输入到 Pro/Scan-Tools 中，因此能产生高质量的与物理原型非常匹配的模型。

（10）Pro/Surface　能够使设计人员和工程技术人员直接对 Pro/Engineer 的任一实体零件中的几何外形和自由形式的曲面进行有效的开发，或者开发整个的曲面模型。Pro/WeldingTM 参数化地定义焊接装配体中的对接要求，使用户很容易的确认焊接点，避免装配零件与焊接点之间发生干涉，在文件编制和制造中消除错误成分。

（11）功能仿真模块 Pro/FEM-Post　用户无须离开 Pro/Engineer 环境，就能够显示高级计算器计算的有限元结果，还鼓励在产品开发早期对设计进行验证。

（12）Pro/Mechanica Custom Loads　用户可以把自定义载荷输入，清楚的编辑和连接到 Pro/Machanica Motion 的图形用户界面上。

二、Unigraphics（简称 UG）

UG 是美国 EDS（Electronic Data System）公司的产品，是一个集 CAD/CAM/CAE 于一体的软件系统。UG 软件从 CAM 发展而来，20 世纪 70 年代，美国麦道飞机公司成立了为解决自动编程系统的数控小组，后来发展为 CAD/CAM 一体化的 UG1 软件，90 年代曾一度被美国通用汽车公司的 EDS 公司收并，因此，UG 软件有着航空和汽车两大制造产业的应用背景，这对其本身的发展和软件的适用性有着深远的影响。近年来，该公司成功收购并推出了 SolidEdge 系统，成为 CAD/CAM 中端系统的主导产品。

Unigraphics 软件具有强大的三维设计能力，设计人员可以方便地设计、分析零件，构造出零件精确的三维模型，然后可采用 Drafting 应用程序生成所需的视图，也可以用 Manufacturing 应用程序加入制造信息，并生成刀具位置源文件（CLSF），大多数数控机器可用来直接加工。其中 CAD 技术包括的模块有：

1. UG 实体建模（UG/Solid Modeling）

UG 实体建模提供草图设计、各种曲线生成、编辑、布尔运算、扫掠实体、旋转实体、沿导轨扫掠、尺寸驱动、定义、编辑变量及其表达式、非参数化模型和参数化等工具。

2. UG/Features Modeling（UG 特征建模）

UG 特征建模模块提供了各种标准设计特征的生成和编辑的工具，如：各种孔、键槽、凹腔——方形、圆形、异形、方形凸台、圆形凸台、异形凸台、圆柱、方块、圆锥、球体、管道、杆、倒圆、倒角、模型抽空产生薄壁实体、模型简化（Simplify）等，并且可以用于压铸模设计与砂型设计等，模块还提供其他功能的实现，如：拔锥、特征编辑、删除、压缩、复制、粘贴等、特征引用，阵列、特征顺序调整、特征树等工具。

3. UG/FreeFormModeling（UG 自由曲面建模）

UG 具有丰富的曲面建模工具，包括：直纹面、扫描面、通过一组曲线的自由曲面、通过两组正交曲线的自由曲面、曲线广义扫掠、标准二次曲线方法放样、等半径和变半径倒圆、广义二次曲线倒圆、两张及多张曲面间的光顺桥接、动态拉动调整曲面、等距或不等距偏置、曲面裁减、编辑、点云生成、曲面编辑。

4. UG/User DefinedFeature（UG 用户自定义特征）

UG/User Defined Feature 用户自定义特征模块提供以交互式方法来定义和存储基于用户自定义特征（UDF）概念的、便于调用和编辑的零件族，形成用户专用的 UDF 库，提高用户设计建模效率。该模块包括：从已生成的 UG 参数化实体模型中提取参数、定义特征变量、建立参数间相关关系、设置变量默认值、定义代表该 UDF 的图标菜单的全部工具。在 UDF 生成之后，UDF 即变成可通过图标菜单被所有用户调用的用户专有特征，当把该特征添加到设计模型中时，其所有预设变量参数均可编辑并将按 UDF 建立时的设计意图而变化。

5. UG/Drafting（UG 工程绘图）

UG 工程绘图模块提供了自动视图布置、剖视图、各向视图、局部放大图、局部剖视图、自动、手工尺寸标注、形位公差、粗糙度符合标注、支持 GB、标准汉字输入、视图手工编辑、装配图剖视、爆炸图、明细表自动生成等工具。

6. UG/AssemblyModeling（UG 装配建模）

UG 装配建模具有如下特点：提供并行的自上而下和自下而上的产品开发方法；装配模型中零件数据是对零件本身的链接映像，保证装配模型和零件设计完全双向相关，并改进了软件操作性能，减少了存储空间的需求，零件设计修改后装配模型中的零件会自动更新，同时可在装配环境下直接修改零件设计；坐标系定位；逻辑对齐、贴合、偏移等灵活的定位方式和约束关系；在装配中安放零件或子装配件，并可定义不同零件或组件间的参数关系；参数化的装配建模提供描述组件间配合关系的附加功能，也可用于说明通用紧固件组和其他重复部件；装配导航；零件搜索；零件装机数量统计；调用目录；参考集；装配部分着色显示；标准件库调用；重量控制；在装配层次中快速切换，直接访问任何零件或子装配件；生成支持汉字的装配明细表，当装配结构变化时装配明细表可自动更新；并行计算能力，支持多 CPU 硬件平台。

7. UG/Advanced Assemblies（UG 高级装配）

UG 高级装配模块提供了如下功能：增加产品装配设计的特殊功能；允许用户灵活过滤装配结构的数据调用控制；高速大装配着色；大装配干涉检查功能；管理、共享和检查用于确定复杂产品布局的数字模型，完成全数字化的电子样机装配；对整个产品、指定的子系统或子部件进行可视化和装配分析的效率；定义各种干涉检查工况，储存起来多次使用，并可选择以批处理方式运行；软、硬干涉的精确报告；对于大型产品，设计组可定义、共享产品区段和子系统，以提高从大型产品结构中选取进行设计更改的部件时软件运行的响应速度；并行计算能力，支持多 CPU 硬件平台，可充分利用硬件资源。

8. UG/Sheet MetalDesign（UG 钣金设计）

UG 钣金设计模块可实现如下功能：复杂钣金零件生成；参数化编辑；定义和仿真钣金零件的制造过程；展开和折叠的模拟操作；生成精确的二维展开图样数据；展开功能可考虑可展和不可展曲面情况，并根据材料中性层特性进行补偿。

另外，Unigraphics 还具备独有的功能：集成化的概念设计、集成化的知识工程、实时的设计协同以及世界一流的产品设计和加工。

三、CATIA

CATIA 是法国达索飞机公司开发的高档 CAD/CAM 软件。目前在中国由 IBM 公司代理销售。CATIA 软件以其强大的曲面设计功能在飞机、汽车、轮船等设计领域享有很高的声誉。CATIA 的曲面造型功能体现在它提供了极丰富的造型工具来支持用户的造型需求。比如：其特有的高次 Bezier 曲线、曲面功能，次数能达到 15，能满足特殊行业对曲面光滑性的苛刻要求。CATIA 软件推出了 CATIA V5 版本。

根据不同产品、过程的复杂程度和技术需求的不同，针对这些特定任务，过程需求的功能层次也有所不同。CATIA 的产品按 P1、P2、P3 三个层次进行组织。

CATIA P1 平台是一个低价位的 3D PLM 解决方案，并具有能随企业未来的业务增长进行扩充的能力。CATIA P1 解决方案中的产品关联设计工程、产品知识重用、端到端的关联性、产品的验证以及协同设计变更管理等功能，特别适合中小型企业使用。

CATIA P2 平台通过知识集成、流程加速器以及客户化工具可实现设计到制造的自动化，并进一步对 PLM 流程优化。

CATIA P3 平台使用专用性解决方案，最大程度地提高特殊的复杂流程的效率。这些独有的和高度专业化的应用将产品和流程的专业知识集成起来，支持专家系统和产品创新。

CATIA 在三维 CAD 方面的常用的模块有：

（1）交互式工程绘图　满足二维设计和工程绘图的需求。交互式工程绘图是新一代的 CATIA 产品，可以满足二维设计和工程绘图的需求。本产品提供了高效、直观和交互的工程绘图系统。通过集成 2D 交互式绘图功能及高效的工程图修饰和标注环境，交互式工程绘图也丰富了创成式工程绘图产品。

（2）零件设计　在高效和直观的环境下设计零件：提供用于零件设计的混合造型方法，广泛使用的关联特征和灵活的布尔运算方法相结合，该产品提供的高效和直观的解决方案允许设计者使用多种设计方法；用户可以在可控制关联性的装配环境下进行草图设计和零件设计，在局部 3D 参数化环境下添加设计约束；由于支持零件的多实体操作，可轻松进行零件更改，如进行灵活的设计后期操作；设计更改十分直观快捷。

（3）装配设计　可用鼠标和图形化的命令方便地抓取零件并放置到正确的位置来建立

装配约束；装配设计使用自上而下或自下而上的方法帮助设计者管理庞大的、有层次结构的CATIA V4、V5、VRML或STEP格式的装配零件。零件和子装配的数据可以方便地重用，无需数据复制；高效率的工具，如：爆炸视图自动生成、碰撞和间隙检查、自动BOM表生成等，大大减少了设计时间、提高了装配质量；柔性子装配功能使用户能动态地切断产品结构和机械行为之间的联系，这一独特的命令能够在父装配中移动子装配的单独部件，或者管理实例化子部件不同的内部位置。

（4）创成式工程绘图　从3D零件或装配设计生成图样：创成式工程绘图可以从3D零件或装配件生成相关联的2D图样；结合交互绘图功能，创成式工程绘图集成了2D交互式绘图功能及高效的工程图修饰和标注两方面的优点；创成式工程绘图提供了灵活、可扩展的解决方案，能满足钣金、曲面和用混合建模方法建立的零件或装配件对工程绘图的需求；图样创建助手或“向导”简化了多视图工程图的生成，也可以自动生成3D标注；用户可以将图案与零件材质规范关联起来并利用标准的修饰特征添加后生成的标注。2D图样与3D主模型之间的关联性，使用户可以进行设计和标注的并行工作。

（5）实时渲染　利用材质的技术规范，生成模型的逼真渲染图：实时渲染可以通过利用材质的技术规范来生成模型的逼真渲染显示；纹理可以通过草图创建，也可以由导入的数字图像或选择库中的图案来修改；材质库和零件的指定材质之间具有关联性，可以通过规范驱动方法或直接选择来指定材质；实时显示算法可以快速地将模型转化为逼真渲染图，可充分发挥现有硬件资源，交互生成真实感动态影像和实时的动画；动态地创建和设置材质、灯光和环境后，能够马上看到相应的效果；通过对电子样机的完全动态显示，实时渲染允许在产品开发过程的任何时期对设计进行有效的评估和确认。

（6）线架和曲面　创建上下关联的线架结构元素和基本曲面：线架和曲面可在设计过程的初步阶段创建线架模型的结构元素，通过使用线架特征和基本的曲面特征可丰富现有的3D机械零件设计；它所采用的基于特征的设计方法提供了高效直观的设计环境，可实现对设计方法与规范的捕捉与重用。

（7）创成式零件结构分析　可以对零件进行明晰的、自动的结构分析，并将模拟仿真和设计规范集成在一起：创成式零件结构分析允许设计者对零件进行快速的、准确的应力分析和变形分析；此产品所具有的明晰的、自动的模拟和分析的功能，使得在设计的初级阶段，就可以对零部件进行反复多次的设计和分析计算，从而达到改进和加强零件性能的目的；通过为许多专业化的分析工具提供统一的界面，此产品也可以在设计过程中完成简短的分析循环；又因为和几何建模工具无缝的集成而具有完美和统一的用户界面，创成式零件结构分析为产品设计人员和分析工程师提供了一个简便的应用和分析环境。

（8）创成式曲面设计　结合线架和多种曲面特征，创建在上下关联环境下由规范驱动的外形设计：创成式曲面设计帮助设计者在线架、多种曲面特征的基础上，进行机械零部件外形设计；提供了一系列全面的工具集，用于创建和修改复杂外形设计或混合零件造型中的机械零部件外形。GS1还带有智能化的工具，如用于管理特征重用的超级拷贝（Powercopy）功能；它的以特征为基础的方法提供了直观和高效的设计环境，系统可以捕捉和重用设计方法和规范；它还提供了一系列广泛的工具，用于创建和修改复杂外形设计或混合零件建模中的机械零部件外形；创成式曲面设计中包括的智能化工具和定律（Law）功能是用户提高曲面设计速度最好的工具。除了创成式曲面设计产品，新的CATIA创成式曲面优化产品

（GSO）允许用户使用强大的曲面整体修改技术。

（9）自由风格曲面造型　帮助设计者创建风格造型和曲面，提供使用方便的基于曲面的工具，用以创建符合审美要求的外形：通过草图或数字化的数据，设计人员可以高效创建任意的3D曲线和曲面；通过实时交互更改功能，可以在保证连续性规范的同时调整设计，使之符合审美要求和质量要求；为保证质量，提供了大量的曲线和曲面诊断工具进行实时质量检查；该产品也提供了曲面修改的关联性，曲面的修改会传送到所有相关的拓扑上，如曲线和裁剪区域；帮助设计者创建风格化外形，既使是临时用户也可以很容易地光顺和裁剪曲线及曲面；大量的面向企业的曲线和曲面诊断工具可以执行实时质量检查，以保证设计质量。

（10）钣金设计　其基于特征的造型方法提供了高效和直观的设计环境：允许在零件的折弯表示和展开表示之间实现并行工程；钣金设计可以与当前和将来的CATIA V5应用模块如零件设计、装配设计和工程图生成模块等结合使用。由于钣金设计可能从草图或已有实体模型开始，因此强化了供应商和承包商之间的信息交流。钣金设计和所有应用模块一样，提供了同样简便的使用方法和界面，大幅度地减少了培训时间并释放了设计者的创造性，既可以运行在NT平台，又可以以同一界面运行在跨NT和UNIX平台的混合网络环境中。

另外，CATIA还有一些专业特殊功能：焊接设计、阴阳模设计、航空钣金设计、汽车曲面造型等。

四、SolidWorks

美国SolidWorks公司是一家专门从事开发三维机械设计软件的高科技公司，公司宗旨是使每位设计工程师都能在自己的微机上使用功能强大的世界最新CAD/CAE/CAM/PDM系统，公司主导产品是世界领先水平的SolidWorks软件。SolidWorks软件是世界上第一个基于Windows开发的三维CAD系统，该系统在1995~1999年获得全球微机平台CAD系统评比第一名，从1995年至今，已经累计获得十七项国际大奖。

第一个基于Windows平台的三维机械CAD软件；

第一个创造了FeatureManager特征管理员的设计思想；

第一个在Windows平台下实现的自上而下的设计方法；

第一个实现动态装配干涉检查的CAD软件；

第一个实现智能化装配的CAD公司；

第一个开发特征自动识别FeatureWorks的软件公司；

第一个开发基于Internet的电子图板发布工具（eDrawing）的CAD公司。

其功能介绍：

1. Top Down（自上而下）的设计

自上而下的设计是指在装配环境下进行相关设计子部件的能力，不仅做到尺寸参数全相关，而且实现几何形状、零部件之间全自动完全相关，并且为设计者提供完全一致的界面和命令进行全自动的相关设计环境。用户可以在装配布局图做好的情况下，进行其他零部件的设计，并保证布局图、零部件之间全自动完全相关，一旦修改其中一部分，其他与之相关的模型、尺寸等自动更新，不需要人工参与。

2. Down Top（自下而上）的设计

自下而上的设计是指在用户先设计好产品的各个零部件后，运用装配关系把各个零部件组合成产品的设计能力。在装配关系定制好之后，不仅做到尺寸参数全相关，而且实现几何形状、零部件之间全自动完全相关，并且为设计者提供完全一致的界面和命令进行全自动的相关设计环境。用户可以在产品的装配图做好后，设计其他零部件、添加装配关系，并保证零部件之间全自动完全相关，一旦修改其中一部分，其他与之相关的模型、尺寸等自动更新，不需要人工参与。

3. 配置管理

在 SolidWorks 中，用户可利用配置功能在单一的零件和装配体文档内创建零件或装配体的多个变种（即系列零件和装配体族），而其多个个体又可以同时显示在同一总装配体中。其他同类软件无法在同一装配体中同时显示一个零件的多个个体，也无法创建装配体族。具体应用表现在：设计中经常需要修改和重复设计，并需要随时考查和预览同一零部件的不同设计方案和设计阶段，或者记录下零部件在不同尺寸时的状态或不同的部件组合方案，而不同的状态和方案又可同时在一张工程图或总装配体内同时显示出来，因而 SolidWorks 利用配置很好地捕捉了实际设计过程中的修改和变化，满足了各种设计需求。特定的设计过程，如钣金折弯的状态、零件的铸造毛坯及加工后的状态可从单一零件文档中浏览或描述在同一工程图中，其他同类软件只有通过使用派生零件的方法才能实现。图形显示和性能方面，利用配置功能 SolidWorks 可通过隐藏/显示和压缩等手段实现同一部件的不同个体显示在同一总装配体中，而其他同类软件是无法做到的，即在其他同类软件的装配体内，一个部件的所有实例必须是相同的，这将大大降低显示性能。配置提供了便于创新的结构化平台，帮助工程师扩充功能达到了新的高度。SolidWorks 的管道设计模块就是利用配置管理的功能，工程师只要通过简单的拖拉操作即可实现自动找出与已有管接头尺寸完全配合的管道规格，而无须事先指定相应尺寸规格的管道。也正是基于配置，SolidWorks 方便地实现了有孔时自动从标准件库中找到合适尺寸的螺栓与之配合，同时又找到相应规格的螺母和垫圈与螺栓配合。SolidWorks 的模具模块也是利用了配置来管理其模架库；还利用配置技术创建了一个基于 Internet 的三维产品目录管理和交付服务的实时在线 3D 网站（Partstream. Net）。

4. 易用性及对传统数据格式的支持

SolidWorks 完全采用了微软 Windows 的标准技术，如：标准菜单、工具条、组件技术、结构化存取、内嵌 VB（VBA）以及拖放技术等。设计者进行三维产品设计的过程自始至终享受着 Windows 系统所带来的便捷与优势。其他同类软件虽然也是与 Windows 兼容的产品，但其仍无法真正在整个系统内采用拖放技术，也无法在系统内自动地进行 VB 编程和过程回放。

SolidWorks 完全支持 dwg/dxf 格式输入、输出时的线型、线色、字体及图层，并所见即所得地输入尺寸，使用一个命令即可将所有尺寸变为 SolidWorks 的尺寸并驱动草图，而且可以任意修改尺寸公差和精度等。其他同类软件只能成组地输入尺寸，因而这些尺寸无法被修改和变得像在原始系统内那样灵活，这使得其他同类软件要想利用已有的工程图变得非常困难。

SolidWorks 提供各种 3D 软件数据接口格式，其中包括：Iges、Vdafs、Step、Parasolid、Sat、STL、MDT、UGII、Pro/E、SolidEdge、Inventor 等格式输入为零件和装配，还可输出 VRML、Tiff、Jpg 等文件格式。

5. 零部件镜像

SolidWorks 中提供了零部件的镜像功能，不仅包括镜像零部件的几何外形，而且包括产品结构和配合条件，还可根据实际需要区分是作简单的拷贝还是自动生成零部件的对称件。这一功能将大大节约设计时间，提高设计效率，而其他同类软件是没有这一重要功能的。

6. 装配特征

SolidWorks 提供完善的产品级的装配特征功能，以便创建和记录特定的装配体设计过程。实际设计中，根据设计意图有许多特征是在装配环境下、在装配操作发生后才能生成的，设计零件时无需考虑。在产品的装配图绘制完成后，零件之间进行配合加工，比如：零件焊接、切除、打孔等功能。SolidWorks 支持大装配的装配模式，拥有干涉检查、产品的简单运动仿真、编辑零件装配体透明的功能。

7. 工程图（RapidDraft，剖中剖，交替位置视图）

SolidWorks 提供全相关的产品级二维工程图，现实世界中的产品可能由成千上万零件组成，其工程图的生成至关重要，其速度和效率是各 3D 软件均要面临的问题。

SolidWorks 采用了快速生成工程图的手段，使得超大型装配体的工程图的生成和标注也变得非常快。

SolidWorks 可以允许二维图暂时与三维模型脱离关系，所有标注可以在没有三维模型的状态下添加，同时用户也可随时将二维图与三维模型同步，从而大大加速工程图的生成过程。

SolidWorks 在已有配置管理的技术基础上提供了生成交替位置视图的功能，从而在工程图中清晰地描述出类似于运动机构等的极限位置视图。其他同类软件没有配置管理，也就无法提供由此而创新出的各种功能。

SolidWorks 提供 GB 标注标准，可以生成符合国内企业需要的工程图，用于指导生产。

8. eDrawing

SolidWorks 一向以创新领先而著称，其中 eDrawing 的出现就是一个典型代表。长期以来，工程技术人员交换工程设计信息的主要方式就是二维工程图，而要读懂一张复杂的产品工程图是一件非常费时费力的事。

eDrawing 的出现使得工程师们交换设计信息变得便捷而又轻松，还是一张二维工程图，却赋予了更多的智能和信息，轻松地实现了二维图纸三维看，而且可以以三维动画方式展现产品各个角度和剖面的细节，结构再复杂的产品也可让设计者在几分钟内了如指掌。同时，所生成的电子文件体积小巧，便于传递。文档内还包含了免费的浏览工具，任何人可以在任何一台装有 Windows 系统的 PC 机上进行自由地浏览，而无需任何其他软件的支持。

9. 钣金设计

SolidWorks 提供了非常强劲的钣金设计能力。任意复杂的钣金成型特征均可在一拖一放中完成；钣金件的展开件也会自动生成，可以制作企业内部的钣金特征库、钣金零件库。

SolidWorks 中钣金设计的方式与方法同零件设计的完全相同，用户界面和环境也相同，而且还可以在装配环境下进行关联设计。自动添加与其他相关零部件的关联关系，修改其中一个钣金零件的尺寸，其他与之相关的钣金零件或其他零件会自动进行修改。

因为钣金件通常都是外部围绕件或包容件，因此需要参考相关零部件的外形和边界，从而设计出相关的钣金件，以达到其他零部件的修改变化会自动影响到钣金件修改变化的效果。

SolidWorks 还利用配置的优越性，收集所有折弯并可单独压缩从而展示零件的加工过程。

SolidWorks 提供了把三维建模和钣金零件设计进行混合设计的能力，通过这种能力，用户可以设计出相关复杂的钣金零件。

SolidWorks 提供了两次折弯、自动卷边、一次折弯、建立成型工具、插入折弯系数表、展开、展开除料、成型零件除料等多方面功能，用户可以结合实际综合运用这些功能，并设计出符合产品设计需要的零件。

SolidWorks 的二维工程图可以生成成型的钣金零件工程图，也可以生成展开状态的工程图，还可以把两种工程图放在一张工程图中，同时可以提供加工钣金零件的一些过程数据，生成加工过程中的每个工程图。

10. 3D 草图

SolidWorks 提供了直接绘制三维草图的功能，在友好的用户界面下，像绘制线架图一样不再局限在平面上，而是在空间直接画草图，因而可以进行布线、管线及管道系统的设计；这一功能在主流实体造型领域内是独一无二的，而且是作为 SolidWorks 内置功能。如果设计中有管线零部件，SolidWorks 可直接解决问题；此外 3D 草图还可作为装配环境下的布局草图进行关联设计，其他同类软件是没有这一功能的。

11. 曲面设计

曲面设计功能对三维实体造型系统尤为重要，SolidWorks 提供了众多的曲面创建命令，同时还提供了多个高级曲面处理和过渡的功能，如：混合过渡、剪裁、延伸和缝合等，而且是完全参数化的，从而帮助设计者快捷而方便地设计出具有任意复杂外形的产品。

12. 基于 Internet 的协同工作

SolidWorks 采用了超链接、3D 会议、eDrawings、Web 文件夹以及 3D 实时托管网站等技术来实现基于 Internet 的协同工作。

3D 实时托管网只需点击鼠标即可将三维产品以多种通用格式发布到网上，便于大家浏览与切磋；网站既可以建立在局域网上，也可以发布到 SolidWorks 所托管的网站上。

SolidWorks 以 Web 文件夹作为局域网与 Internet 的共享文件夹和资源中心，方便地实现对零件、装配及工程图的共同拥有和协同合作。其他同类软件不支持 Web 文件夹。

13. 动画功能—Animator

SolidWorks 提供了一个动画功能，它把屏幕上的三维模型以及所作的操作记录下来，生成脱离软件环境并可直接在 Windows 平台上运行的动画文件。利用这些文件，用户可制作产品的多媒体文件，以供设计评审、产品宣传、用户之间交流、技术协调运用。动画功能可以生成产品的装配过程、爆炸过程、运动过程的动画文件，同时也可生成各个过程的组合动画文件。

14. 渲染功能—PhotoWorks

SolidWorks 提供了产品的渲染功能，提供了材质库、光源库、背景库，可以在产品设计完成还没有加工出来的情况下，生成产品的宣传图片，图片文件格式有：JPG、GIF、BMP、TIFF 等。用户可以通过调整软件环境下的光源、背景和产品的材质，并在产品的一些面上进行贴图操作，可以生成专业级的产品图片。

15. Toolbox 工具箱

SolidWorks 的 Toolbox 工具箱提供了建立企业库文件的工具，可以对轴承等一些通用的标准零件进行计算，提供了 ISO、ANSI 等标准的标准件库，并可与装配环境进行自动插入。

16. 管道设计—Piping

对于化工或设计管道的企业，运用管道设计—Piping 功能可以自动布置管道，并生成相关的管道布置图，同时，它提供了制作管道库的工具。

17. 特征识别—FeatureWorks

SolidWorks 提供了特征识别的功能，它可以把其他软件的数据进行分析，自动生成其识别的特征，并可进行编辑和修改。

五、MDT

MDT 是 Autodesk 公司继 AutoCAD 之后推出的集成化微机版 CAD 系统，它具有特征造型、约束装配和曲面造型能力，同时，它与 AutoCAD 完全集成。由于 AutoCAD 的世界性影响，同时由于 MDT 的真窗口风格、AISC 造型内核以及较好的曲面功能，使得它推出后，就成为备受欢迎的软件，在我国，它也广泛为企业所接受。由于该软件尚未提供 CAM 功能，因此它目前是一个纯设计软件。

为了推动我国 CAD 系统的开发和应用，国家 863 计划支持了一批自主版权的目标产品，并在国内大力宣传和推广，有代表性的产品如下：

（1）高华系列产品　北京高华计算机有限公司以清华大学为技术依托，专门从事 CAD 系统的开发与集成，主要产品包括：①高华计算机辅助机械设计与绘图系统；②高华三维产品造型与设计系统；③高华产品数据管理系统；④高华工程图管理系统；⑤高华计算机辅助工艺设计系统。

（2）Inte 系列产品　武汉天喻集团公司的前身是华软集团，是以华中理工大学 CAD 中心为基础发展起来的高新技术公司，对 CAD/CAM 技术进行了全面的研究和开发，并推出了系列 InteCAXA 产品，在国内占有很大的市场，其主要产品包括：①二维绘图系统 InteCAD；②三维设计系统 InteSolid；③工艺设计系统 InteCAPP；④产品数据管理系统 IntePDM；⑤数控编程系统 InteCAM。

（3）华正系列产品　北京华正软件工程研究所以北京航空航天大学为技术依托，并与海尔集团合作，开发华正 CAXA 系列 CAD/CAM/CAE 软件，主要产品有：①电子图版；②注塑模具设计系统；③线切割系统；④数控铣及加工中心系统；⑤注塑工艺设计系统及工艺规程设计系统等。

另外，在国内有较好的市场声誉的产品还有：广州红地公司推出的金银花系统；武汉开目公司推出的开目 CAD 系统；金叶西工大软件公司推出的金叶 CAPP 和金叶标准件建库系统；大工电脑发展有限公司推出的有限元分析和优化设计软件系统 JIFEX；广州大学推出的机构分析与仿真系统 GMECH。

第二节　机械产品的 CAD 技术应用实例

实例 1　Pro/E 软件在冲裁模设计中的应用

1. 常规冲裁模设计

程序设计人员得到产品图样或实物后，冲裁模设计常规程序如下：

1）分析制件的冲裁工艺性，确定合理的冲裁工艺方案。

2）模具结构形式的选择。

3）必要的工艺计算（毛坯尺寸、冲裁力、模具压力中心、主要零件外形尺寸、凸模和凹模间隙及工作部分尺寸等）。

4）模具总体设计。先绘出结构草图，初定模具闭合高度及外形尺寸，对各部件（工作零件、定位零件、卸料和推件装置、导向零件、模架的选用和安装方式）进行结构设计。

5）选择压力机。

6）绘制模具总图、非标零件图和校核。

2. 应用 Pro/E 软件

设计冲裁模与常规设计有很大不同，如图 4-1 所示为应用 Pro/E 软件设计冲裁模程序。

（1）首先建立图库（单点画线框内容） 为简便设计及加快模具制造，尽可能选用模具标准件、通用件，如：模架和卸料螺钉等。

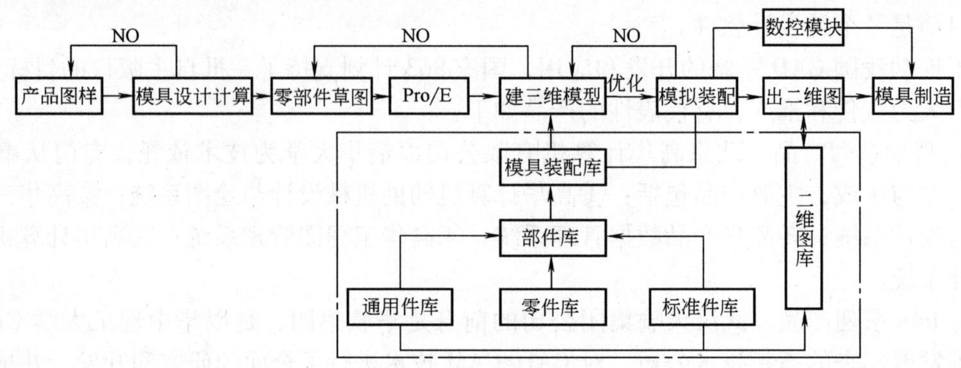

图 4-1 应用 Pro/E 软件设计冲裁模程序

据统计，一副新的冲裁模一般由 4/5 以上的原有零部件或类似零部件和 1/5 以下的创新零部件组成，设计新冲裁模往往是个别部分的创新和调整。对已有冲裁模（已试模成功）模型的不断优化将为新冲裁模设计打下良好的基础，因此，建立图库势在必行，将模具标准件、通用件、典型零部件图样利用 Pro/E 软件建立三维实体模型输入计算机，存在公共目录下以便随时调用，成为模具设计人员共享的资源。这样既避免了重复劳动，又加快了设计进度。

（2）模具设计计算时，首先要进行冲裁模设计 根据计算结果在纸上绘出零件草图，供 Pro/E 软件建立三维实体模型之用，并不断完善。

（3）建立零部件三维实体模型

1）根据零件草图，利用 Pro/E 软件建立零部件三维实体模型，其一般程序，如图 4-2 所示。

以往设计中遇上复杂结构，特别是复杂三维结构，很难准确反映，只能近似表达，给后期加工带来麻烦。利用 Pro/E 软件建立零件三维实体模型，问题就迎刃而解。如图 4-3 所示，为冷柜锁钩冲孔落料复台模中凹模三维实体模型。在计算机上，实体可做空间 360°旋转，可简便而直观地确定该零件的空间结构。

2）将已建立的零部件三维实体模型结构、尺寸进行优化，使之更简单、更合理。

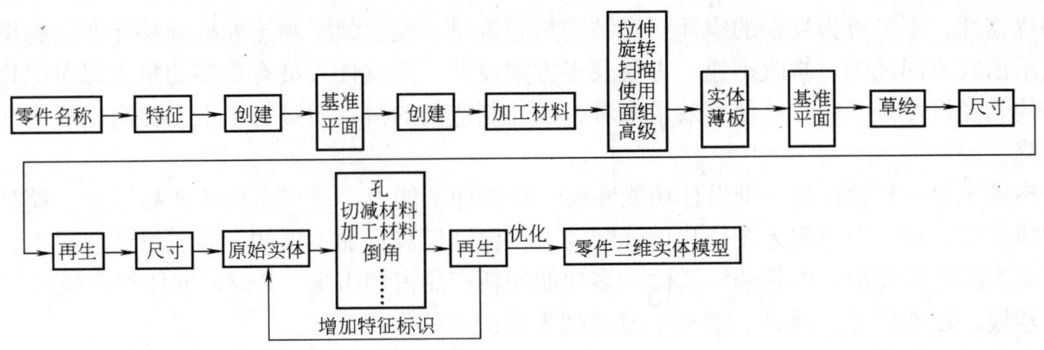

图 4-2　应用 Pro/E 软件建立零件三维实体模型过程

（4）模拟装配　在以往的冲裁模设计中，零部件之间的结合是通过绘制二维装配图（平面图）来表达的，设计人员必须透过平面图纸去想象零部件的三维安装定位情况，容易出现偏差，并且设计中的某个零部件的修改常常带来一连串的相关修改，而这些修改产生的问题，一般只有到零件装配时才能发现。借助 Pro/E 软件，在设计时，根据总体方案的装配简图，将已建立三维实体的零部件进行模拟装配，一旦发现干涉现象，可随时修改相关零件，避免出现结构问题。例如：在模拟装配芯片冲孔落料复合模的下模和上模部件时，发现它们的几个螺钉孔、定位销孔不重合，偏差在 4mm 左右；经检查原来上、下垫板两零件的相关孔位尺寸有错误；修改这些尺寸后零件相关部分自动修改，且按比例自动生成。修改后的零件重新进行装配，问题就解决了。通过装配检查无误后，可以逐一建立各部件及模具三维实体；如图 4-4、图 4-5 所示，分别为芯片冲孔落料复合模的下模部件和上模部件。

图 4-3　凹模三维实体模型

图 4-4　冲裁复合模的下模部分三维实体模型

图 4-5　冲裁复合模的上模部分三维实体模型

（5）利用 Pro/E 软件　实现从零件建模到模具设计，直到后续环节的整体设计，无须经过传统设计的二维图环节。需要修改时，修改原始零件就能使模具及后续环节指令重新更改，使用极为方便，提高了设计效率。同时，人们越来越深刻地体会到 Pro/E 软件直观而方便的优越性，不必再为复杂的空间三维结构冥想苦思，模拟装配和干涉检查功能在结构设计中显示出其不同凡响、修改迅速、方便及多方案设计，让设计人员有更多的精力思考优化模具结构和经济性等问题。从使用效果来看，设计制造出的模具质量有了很大提高，成本却明显下降。

借助于 Pro/E 软件的三维设计功能和模具数控加工能力，逐步实现从产品设计、模具设计到模具数控加工全过程无图样化设计制造，在保证模具及加工出的产品质量的前提下，缩短了新产品开发周期，以新颖、质优、多功能的新产品占领市场。Pro/E 软件将在模具（包括吸塑模、注塑模等）设计、制造中发挥越来越重要的作用。

实例 2　UG 软件在保健产品设计中的应用

广东省汕头大学 CAD/CAM 中心以美国 EDS 公司开发的机械设计集成化软件 Unigraphics（UG）为平台做了大量的辅助设计和辅助制造工作，以机械设计和结构设计的 CAD/CAM 为依托方向，坚持探索产品设计的虚拟现实技术、三维造型技术和参数设计技术，并将其融入新产品开发设计中去。实践表明：虚拟现实技术、三维造型技术、参数设计技术是机械设计的发展方向，也是 CAD/CAM 技术的关键。

现以汕头大学 CAD/CAM 中心为广东省汕头市紫薇星电子实业公司开发新型保健机的下座设计为例，说明 UG 软件在新产品设计中的应用。

1. 生成产品下座分型面轮廓曲线

1）首先利用 UG 软件中的 Toolbox-Curve 选项，选择 Arc 构造出如图 4-6 所示曲线。构图时应注意取好基准面，确定三维造型的基准。

2）然后用 Offset 选项生成其轮廓形状，得到该产品下座的下轮廓线，由此绘制出其立体图形。

2. 生成产品下座造型实体

1）设好工作层，使生成的实体与构成实体的轮廓线在不同的层上，这样有助于在设计操作中不出错。

2）如图 4-7 所示，生成产品下座的大致外形。

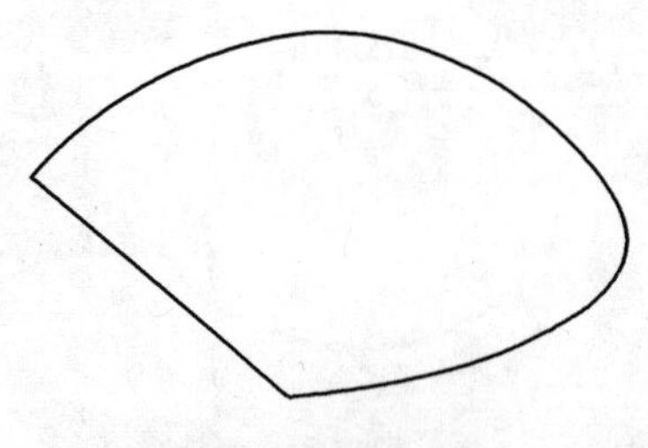

图 4-6　保健机下座
分型面轮廓曲线

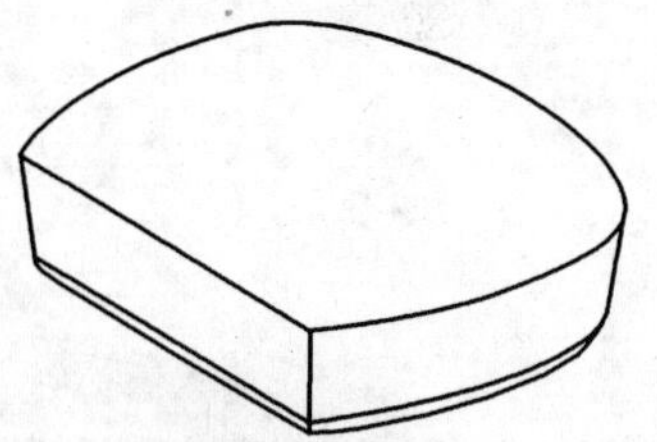

图 4-7　保健机下座
三维基准实体

3. 生成产品下座空心壳体

先将该三维实体的下部进行圆角处理，去掉下面的尖角，以符合美学功能和使用功能；然后选择 Hollow 把实体变为厚 3mm 的壳体；最后生成壳体上沿四周的配合台阶，即用 Extruded Body 功能选择实体上表面的外轮廓线，再使用 Offset 参数就可生成该配合台阶，使其符合装配工艺要求。

4. 生成下座分型面四周定位卡

1）用 Line 绘出直线与上轮廓线相交，以求交点的方法确定出按一定间距分布的各定位卡的位置。

2）定其中一个交点为原点，以轮廓线在该点的法线为 X 轴。

3）以原点为对称点绘出一个长方块作为定位卡贴在壳体内壁上，并把该方块的上面两边倒圆；再以壳的内表面为边界修剪掉多余的部分。

4）重复步骤 2）和步骤 3）生成所有的定位卡。

5. 生成下座内部功能结构

1）建立筛动板及支撑灯泡座板的八个带有螺柱孔的支撑柱的实体模型。

2）生成支撑磁波线圈的四块定位板，再生成四个圆柱。此后用四块板减去四个圆柱即得到卡住线圈的定位凹槽。

3）用步骤 1）同样的方法生成用于上下外壳锁紧的连接定位柱。

4）选择 Pocket 功能在下座底部生成一个通气槽，然后根据散热量的需求，生成其他的通气槽，并使之排成一个阵列。

5）用 Block 功能生成一个方块，在方块上生成两个凸台，然后进行倒圆角；再把这个方块平移到确定位置，选择 SUBTRACT 功能，用下座减去此方块即得到两边抠手盒的插孔。

至此，得到了该保健仪下座的大部分结构，其余一些相关结构如：加强肋、定位支柱、安装支板等用上述方法亦可做出。图 4-8 所示即为整个下座的三维实体图形。

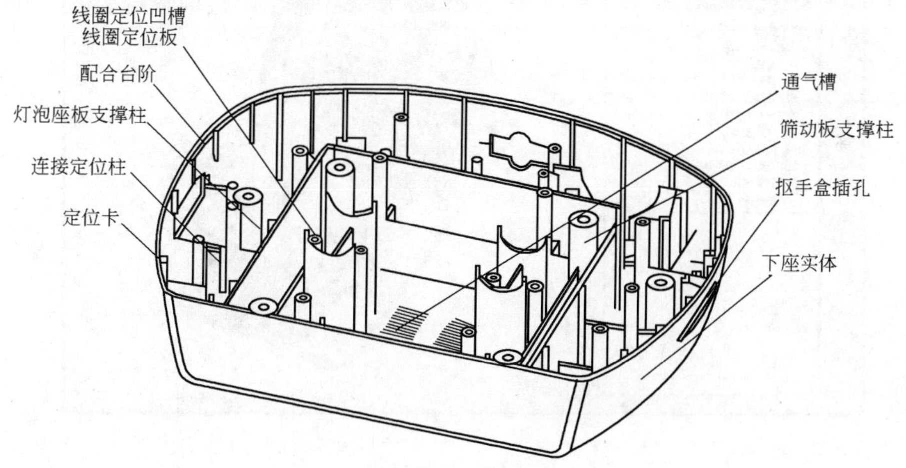

图 4-8　保健机下座三维实体造型

UG 生成的三维实体模型不仅可在着色渲染后作虚拟现实的产品供设计者和用户审核和评价，也可直接转化为二维工程图形输出，还可用其三维立体信息数据生成数控加工程序，传输到加工中心直接加工出零件。

实例 3　SolidWorks 软件在减速器齿轮轴装配设计中的应用

减速器齿轮轴组中各零件关系如图 4-9 所示。

闷盖和透盖放置在下箱体中的凹槽内，完成径向和轴向支撑。

两个轴承依次排列在闷盖和透盖边并放置在下箱体的轴承座上。

大齿轮与两个轴承在同一轴线上，其对称面与下箱体的对称面重合。

1. 利用装配约束设计零件的参数

下面通过减速器中的装配关系，用关联设计的方法设计所需的齿轮轴。

1）打开“齿轮轴组 . sldasm”装配体，如图 4-10 所示。

2）选择菜单命令“插入”→“零部件”→“新零件”，点击“新零件”；在出现的“另存为”对话框中定义新零件的名称为“齿轮轴 . sldasm”；点击“保存”，完成新零件的创建。

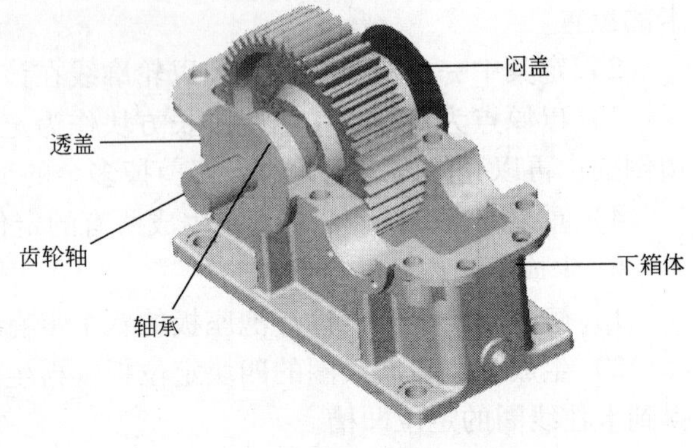

图 4-9　减速器齿轮轴组

3）此时系统回到装配体“齿轮轴组 . sldasm”的编辑模式中，选择零件“下箱体”的上端面作为零件“齿轮轴”的放置面。

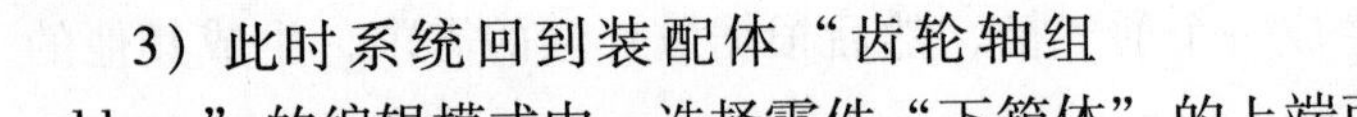

图 4-10　齿轮轴组

4）系统进入装配体模式下的零件编辑状态，其他零部件都以半透明的状态显示，如图 4-11 所示。

5）选择零件“下箱体”的上端面，点击“剖面视图”，以下箱体的上端面观察模型。

6）由于半透明状态显示的零部件并不适合于看清楚零部件的外部边线，不利于利用其外部引用关系，点击“消除隐藏线”，以轮廓边线的形式观察模型。

7）点击“正视于”，正视于草图。

8）点击“直线”按钮和“转换实体引用”，绘制齿轮轴的旋转轮廓，如图 4-12 所示。

9）选择命令“插入”→“凸台/基体”→“旋转”，创建齿轮轴。

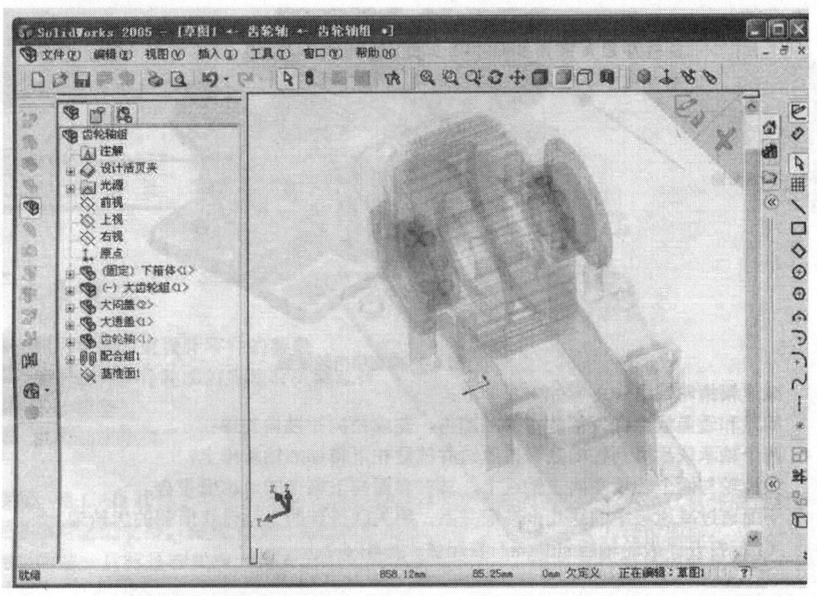

图 4-11　编辑零件“齿轮轴”

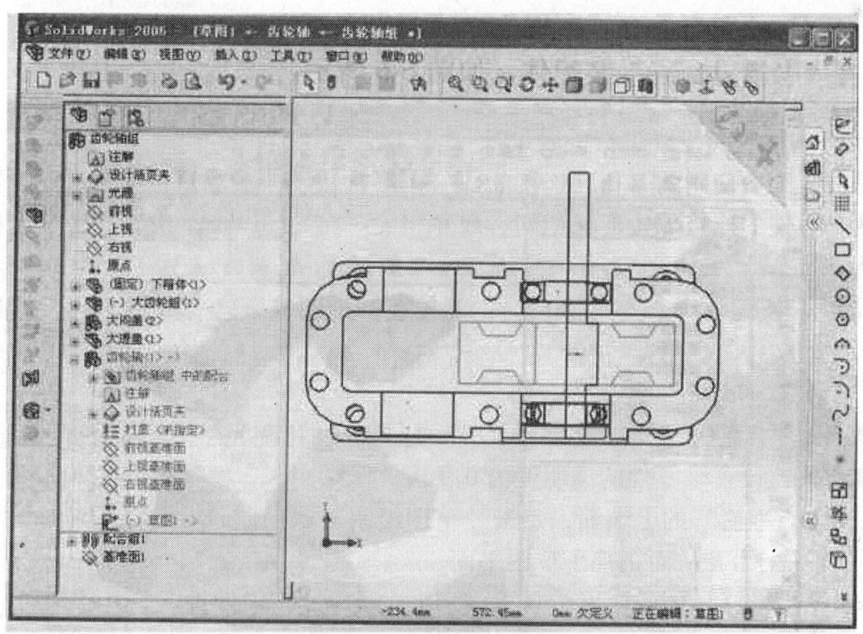

图 4-12　齿轮轴旋转轮廓

10）退出零件“齿轮轴”的创建。至此，零件“齿轮轴”就制作完成了，最后的效果如图 4-13 所示。

当减速器中齿轮轴所参考的其他零件的尺寸或配合关系发生改变时，齿轮轴会做相应的调整以适应装配关系。

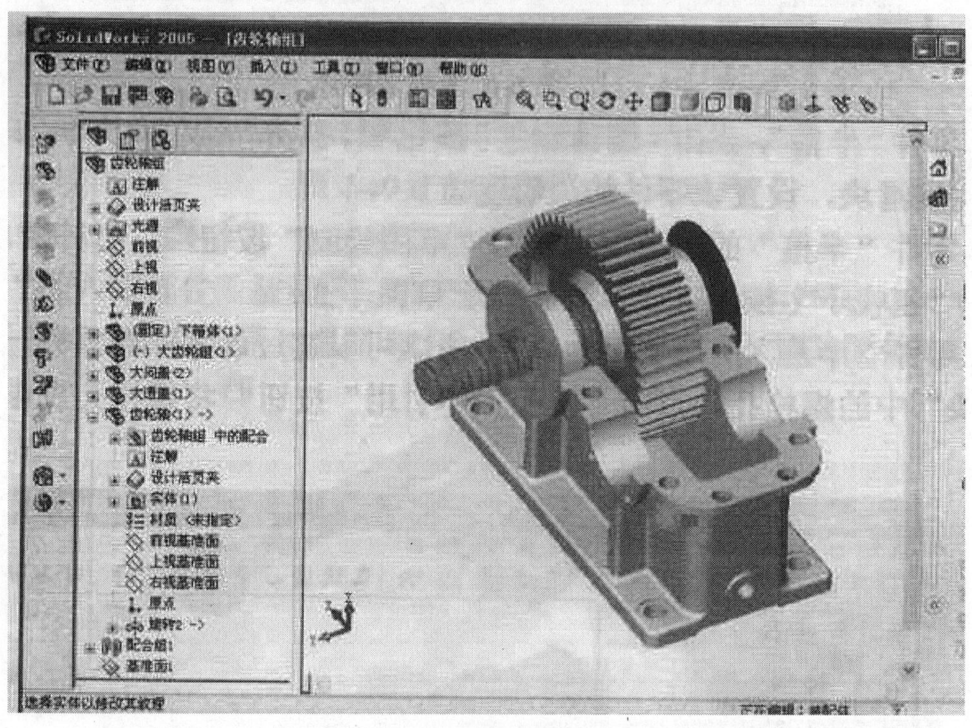

图 4-13　创建的齿轮轴

2. 基于已有零件轮廓投影进行关联设计

零件都是在装配中使用的。相互连接的部分在形状和尺寸上也是相互关联的。工程师的设计构思是两个零件的连接部位形状相同、尺寸相关。在 SolidWorks 中，这种设计构思可以被很好地表达。

下面以设计“卡箍 . sldasm”中相配合的螺栓孔，说明基于已有零件轮廓投影进行关联设计。

1）打开“卡箍 . sldasm”装配体，如图 4-14 所示。

2）选择零件“半箍”，点击“编辑颜色”。打开“颜色和光学”PropertyManager，拖动其中的透明度滑块，设置该零件的透明度为 0. 9。

3）选择零件“半箍”的上端面，点击“草图绘制”，打开新草图。

4）点击“正视于”，从而正视于草图平面。

5）由于零件“半箍”的透明度为 0. 9，所以可以透过该零件查看另一个零件“垫块”。选择零件“垫块”中的螺栓孔，点击“转换实体引用”将螺栓孔投影到草图平面，如图 4-15 所示。

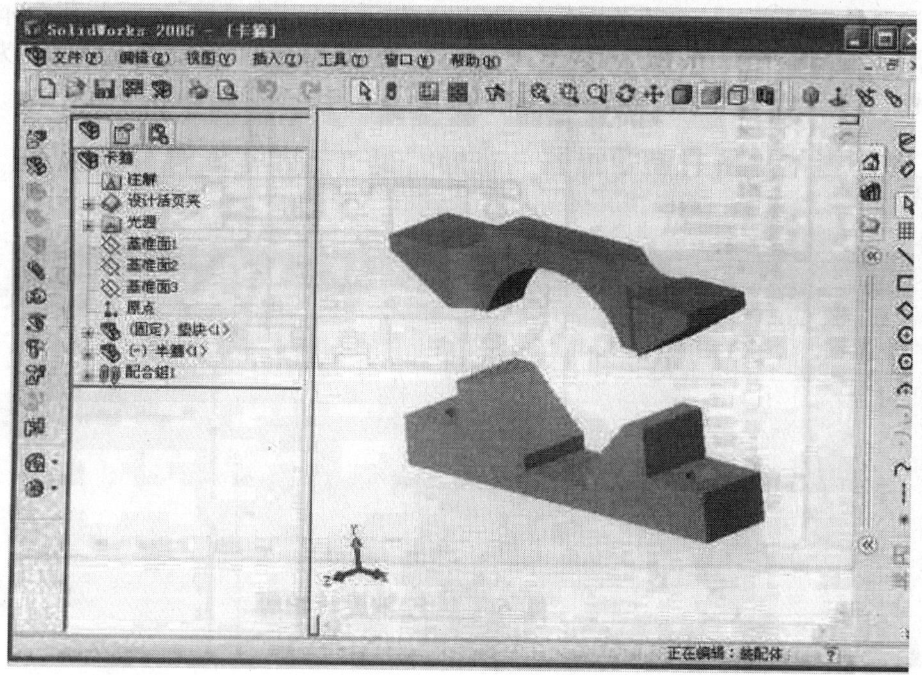

图 4-14　卡箍装配体

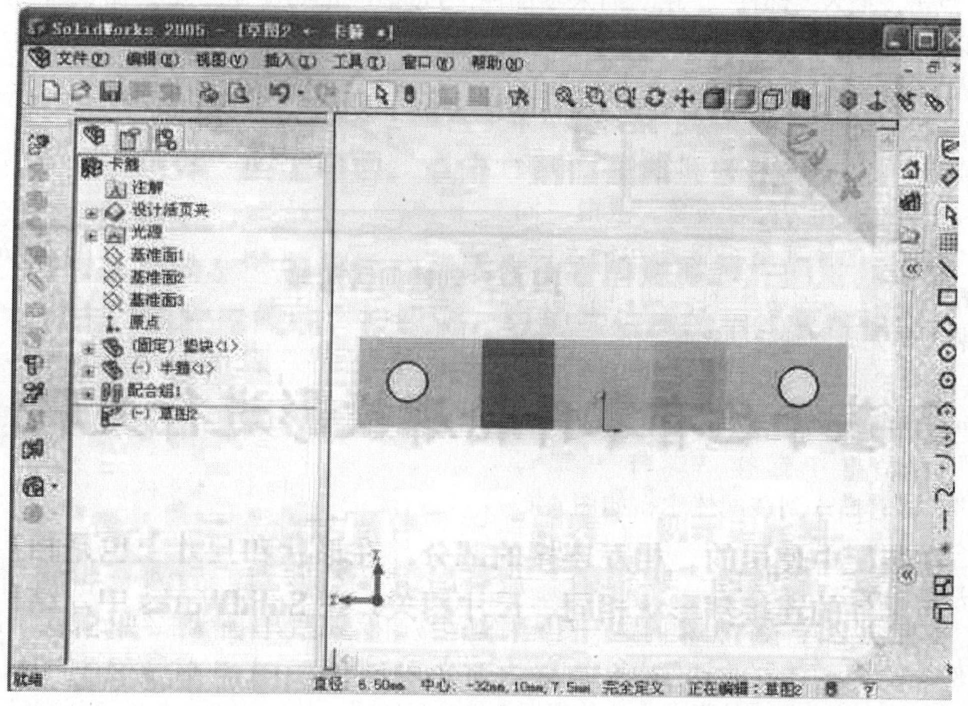

图 4-15　将“垫块”零件的螺栓孔投影到零件“半箍”中

6）选择命令“插入”→“装配体特征”→“切除”→“拉伸”，打开其 PropertyManager 对话框。设置“终止条件”为“给定深度”，在深度微调框中设置拉伸深度为 10mm，其他选项如图 4-16 所示，从而创建装配体中的螺栓孔。

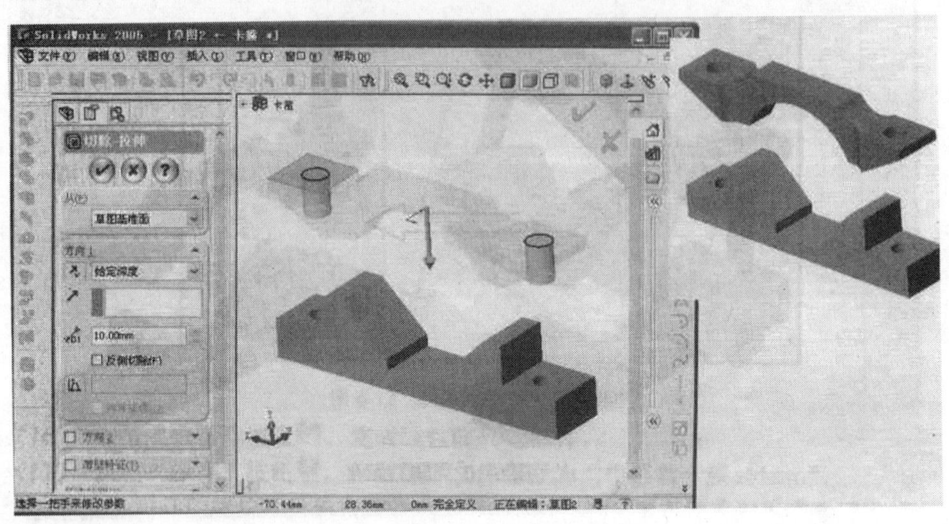

图 4-16　设置装配体拉伸切除参数

7）点击“插入零部件”，在“插入零部件”PropertyManager 中点击“浏览”，在“打开”对话框中选择“螺杆·螺母 . sldasm”，将它插入到装配体中，如图 4-17 所示。

8）点击“配合”，选择装配体“螺杆·螺母 . sldasm”中的螺杆面和零件“卡箍 . sldprt”的螺栓孔作为配合对象，点击“同轴心”，此时装配体如图 4-18 所示的左图，点击“配合对齐”选项中的“同向对齐”，从而使装配体完成同轴心的配合。

9）点击“插入零部件”，在“插入零部件”PropertyManager 中点击“浏览”，在“打开”对话框中选择“螺杆·螺母 . sldasm”，将它插入到装配体中，如图 4-19 所示。

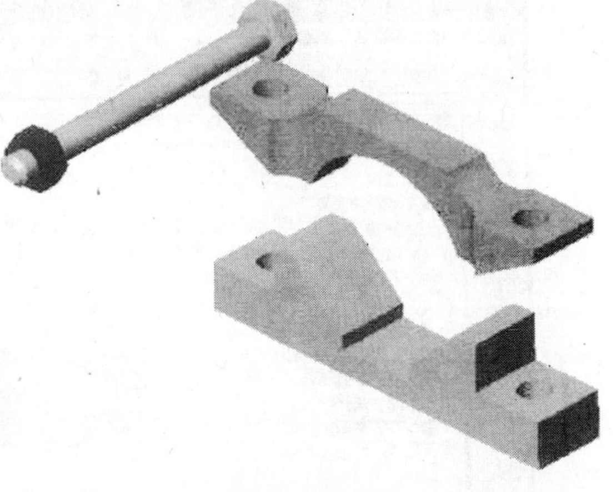

图 4-17　装配体

10）利用命令“插入”→“零部件阵列”→“线性阵列”，选择零件“垫块”的下边线作为“阵列方向”；在“阵列间距”图标右侧的微调框中设置阵列零部件的间距为 64mm；在“实例数”图标右侧的微调框中设置阵列零部件的个数为 2；完成线性阵列零部件，如图 4-20 所示，并将装配体文件保存为“传感器卡箍 . sldasm”。

在本例中，设计的螺栓孔虽然是在零件“卡箍 . sldprt”的端面上创建的，但该“切除·拉伸”特征所在位置是在装配体上而并非零件上。

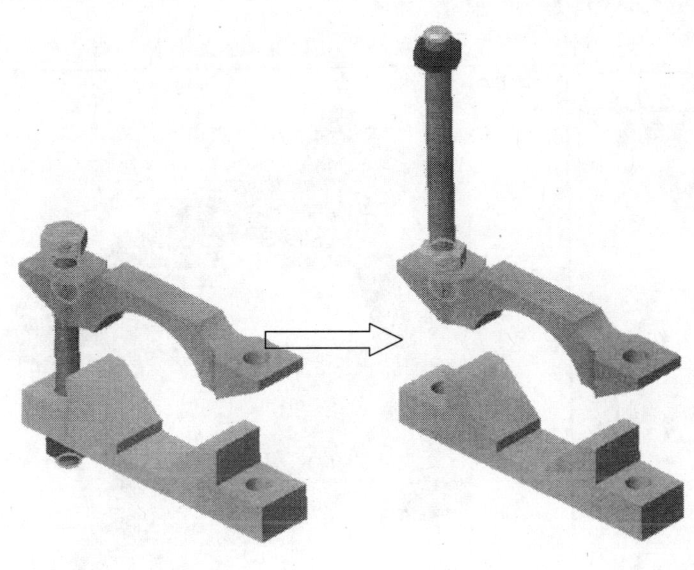

图 4-18　同轴心配合

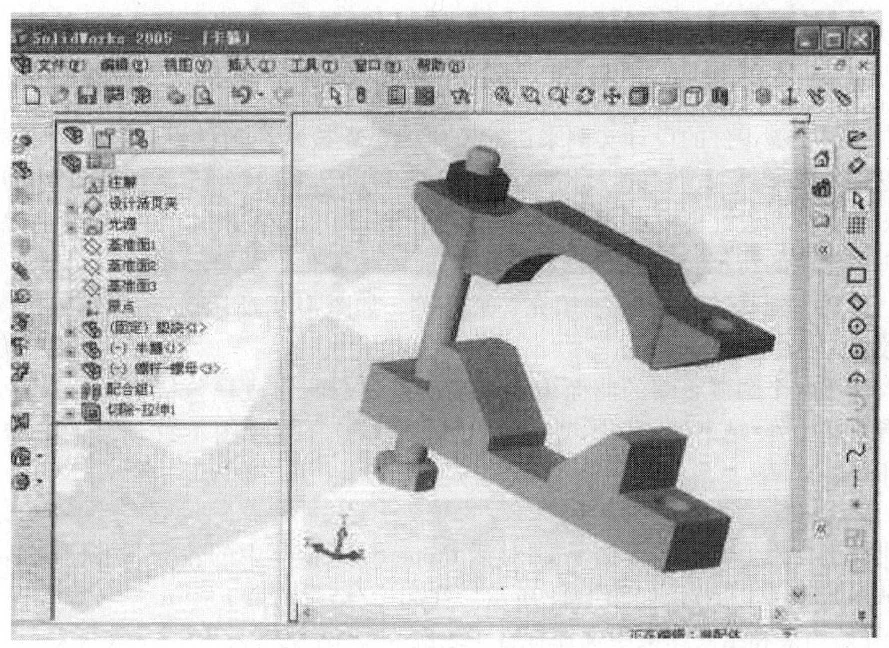

图 4-19　完成卡箍的配合

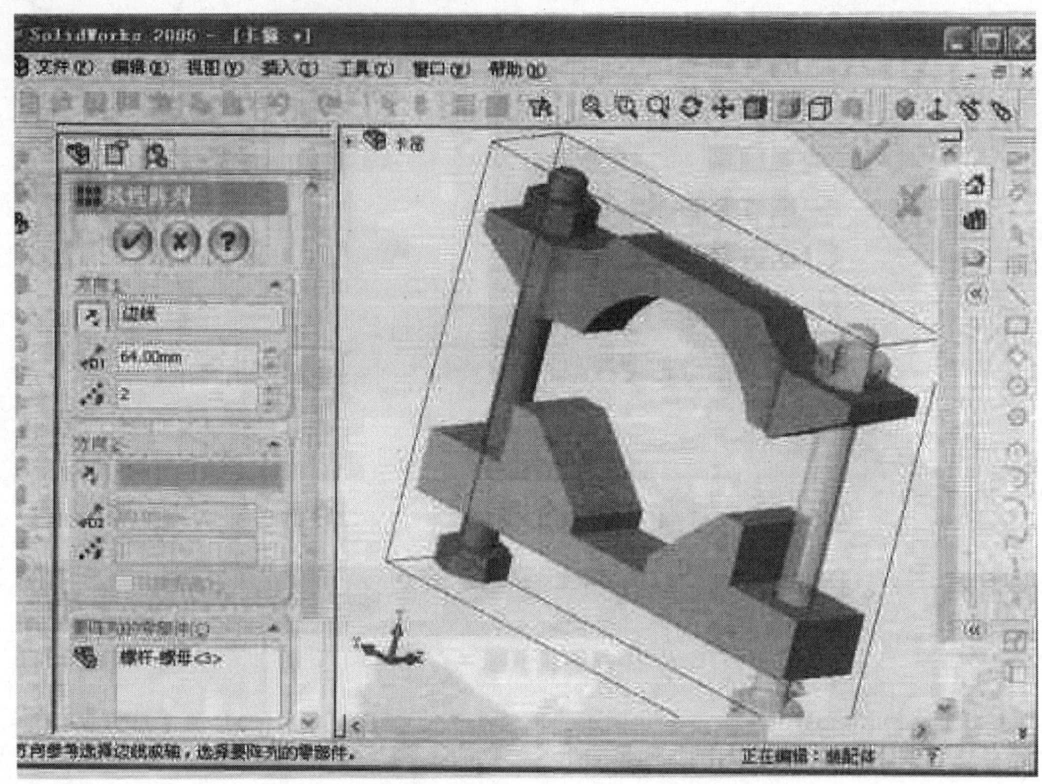

图 4-20　设置线性阵列零部件参数

第三节　零件设计在 SolidWorks 中的实现

本节中通过喷嘴零件的设计实例来讲述 CAD/CAM 技术在零件设计系统中的具体应用。由于喷嘴零件的外形复杂，它的设计过程需要由零件的基本的特征造型和曲面造型技术共同完成。草图的绘制和设计也是很重要的一个环节，基本上由直线、圆弧、样条曲线及草图点所组成。应用相应的特征造型和曲面特征来生成喷嘴零件：放样、缝合、剪裁、扫描、旋转、延伸、移动/复制、解除剪裁、填充、加厚等，如图 4-21 所示。

一、放样

首先，使用两个圆弧之间的曲面生成喷嘴的基体。曲面放样包括与实体放样相同的选项，可以指定起始处/结束处相切类型，使用引导线等。下面用图 4-22 所示的喷嘴草图来生成实体特征。

打开曲面工具栏上的放样曲面对话 PropertyManager 中的轮廓选择 Sketch2（草图 2）和 Sketch3（草图 3），如图 4-23 所示。在起始/结束约束下：

1）在开始约束和结束约束中选择垂直于轮廓。

2）设定起始处相切长度和结束处相切长度为 0. 50。

确定后，完成图 4-24 所示部分。

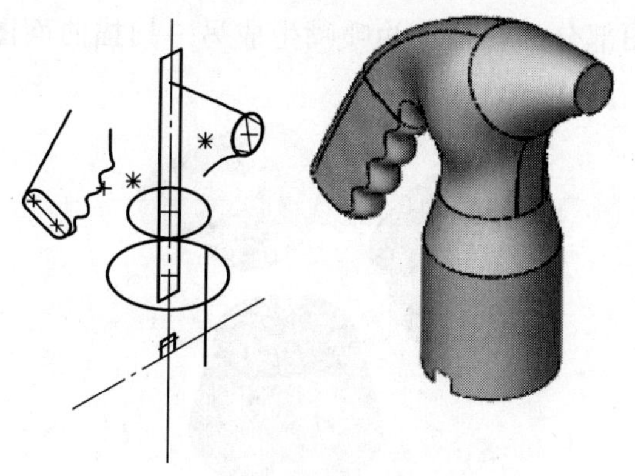

图 4-21　喷嘴零件的外形

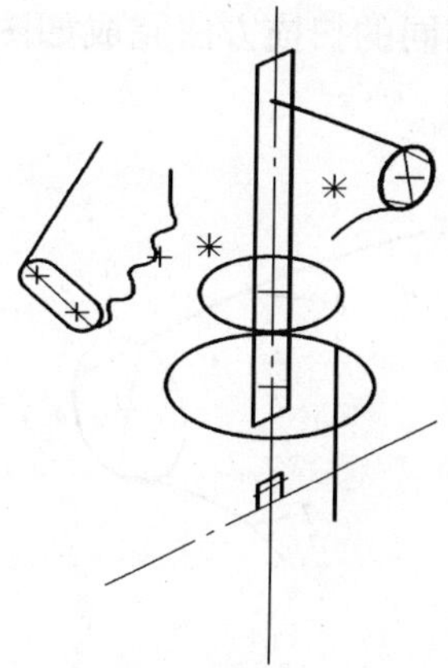

图 4-22　喷嘴零件草图

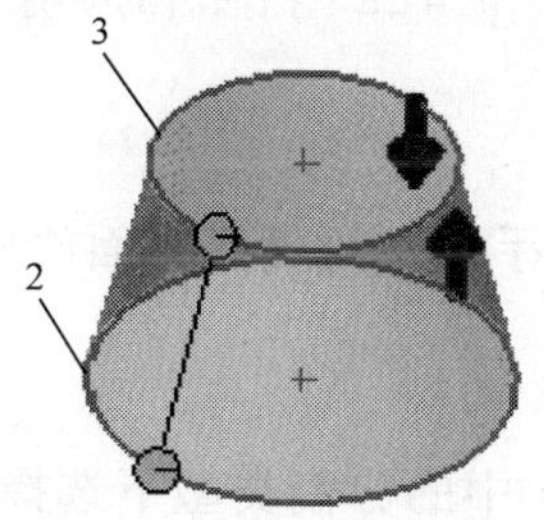

图 4-23　基体放样草图

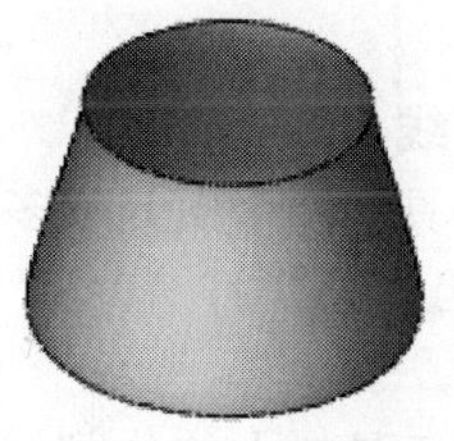

图 4-24　放样后基体

二、扫描

使用扫描曲面工具生成喷嘴把手。若想定义把手的手指抓柄，在曲面扫描中包括引导线。

打开曲面工具栏上的扫描曲面对话 PropertyManager 中的轮廓选择 Sketch 6（草图 6）；路径选择 Sketch 4（草图 4）；在引导线下：

1）为引导线选择 Sketch 5（草图 5）。

2）选择合并平滑的面，如图 4-25 所示。

在选项下消除选择合并切面，确定后，完成如图 4-26 所示。

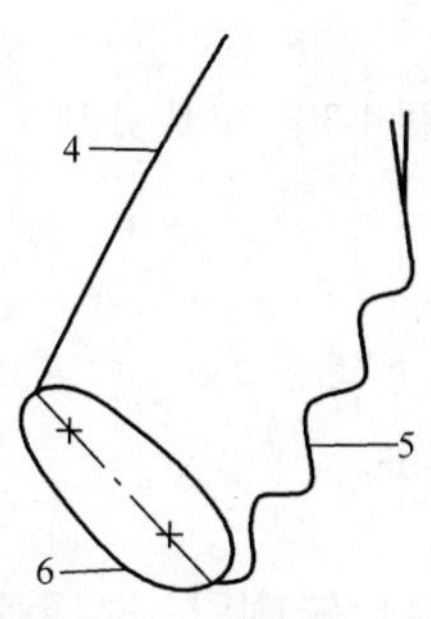

图 4-25　把手扫描草图

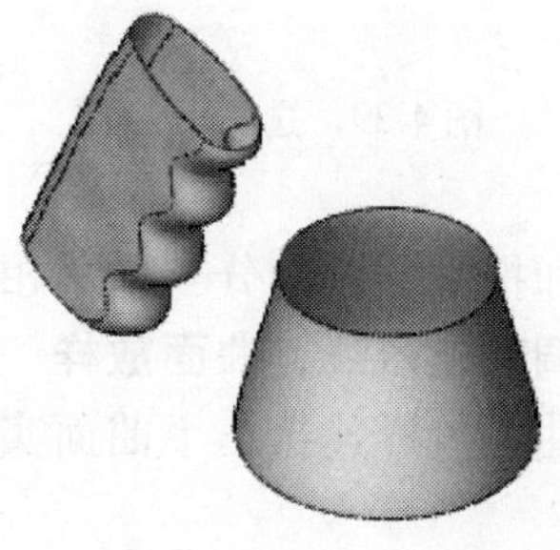

图 4-26　扫描后把手

利用相同的扫描方法完成如图 4-27 所示草图部分的扫描，为喷嘴生成另一扫描曲面图 4-28。

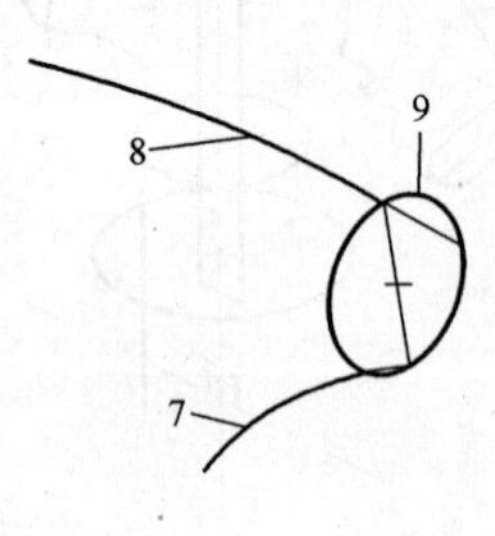

图 4-27　喷嘴扫描草图

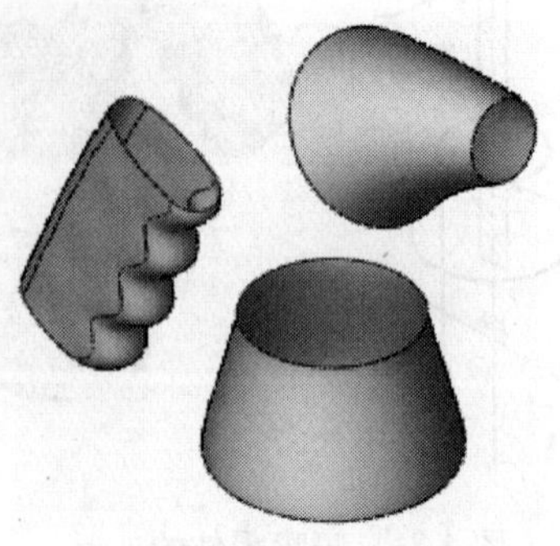

图 4-28　扫描后的喷嘴

三、分割线

分割线工具将一个面分成多个面。这将允许基体、把手、及喷嘴以曲面放样连接起来。首先分割喷嘴。

打开曲线工具栏上的分割线对话 PropertyManager 中的分割类型下选择投影，在选择下：

1）为要投影的草图选择 Sketch 10（草图 10）。

2）为要分割的面选择喷嘴的面，如图 4-29 所示，完成分割后如图 4-30 所示。

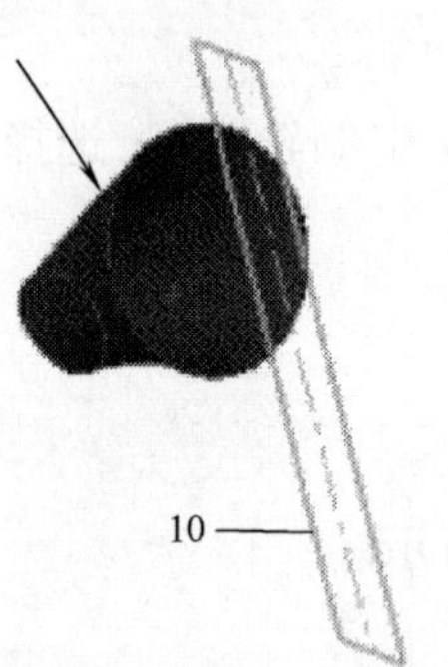

图 4-29　选择分割面

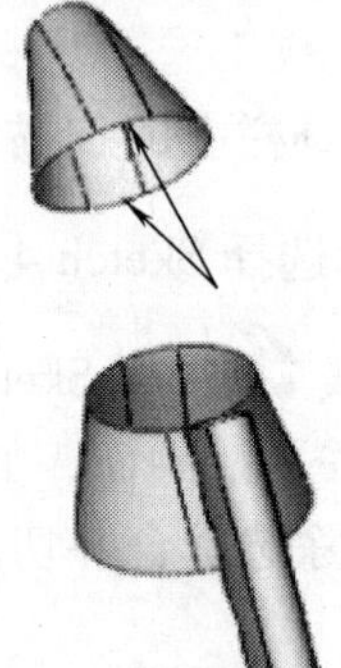

图 4-30　完成分割

基体和把手部分的分割采用相同方法完成。

四、调整连接线，曲面放样

使用曲面放样连接三个曲面实体，首先将喷嘴连接到把手上。

打开曲面工具栏上的放样曲面对话 PropertyManager 中为轮廓选择喷嘴的上段边线（由分割特征生成）以及把手。如果放样的轮廓被扭曲，可调整连接线。如图 4-31、图

4-32 所示。然后在起始/结束约束下为开始约束和结束约束选择与面相切；在选项下选择合并切面，确定后如图 4-33 所示。

图 4-31　调整连接线

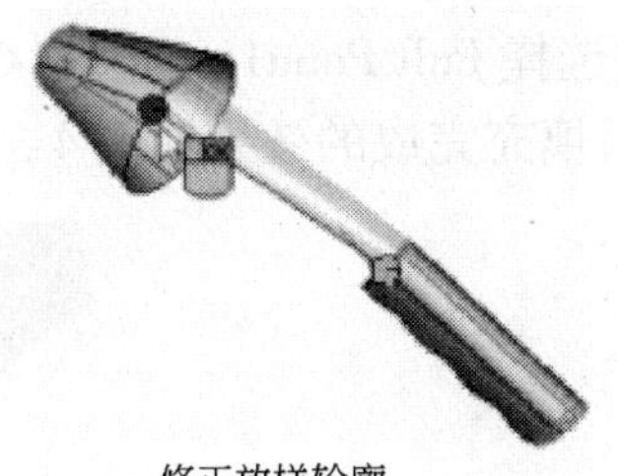

图 4-32　修正放样轮廓

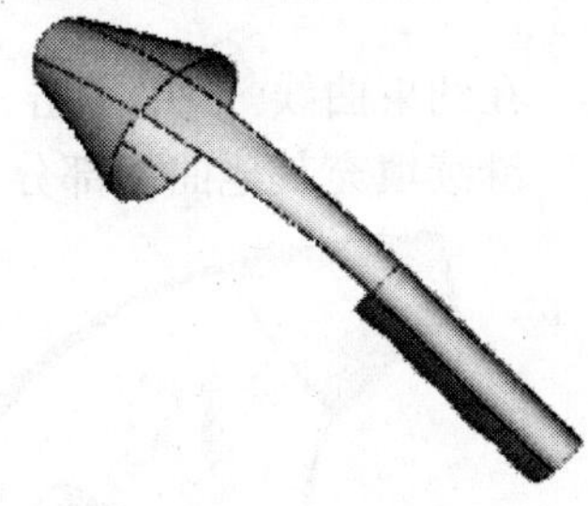

图 4-33　合并切面

然后，将基体连接到把手，如图 4-34 所示；最后，将基体连接到喷嘴，如图 4-35 所示。

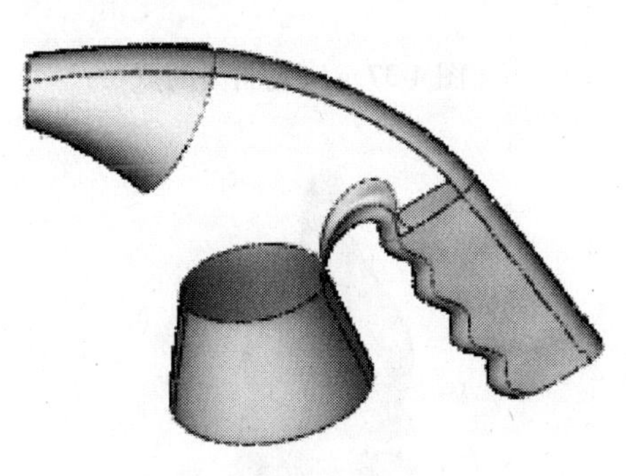

图 4-34　基体与把手的连接

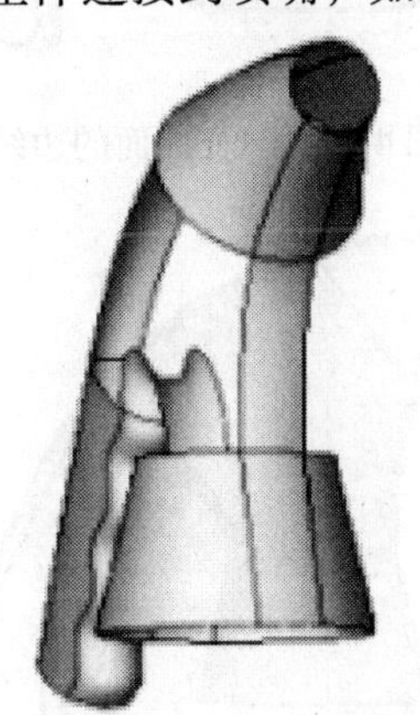

图 4-35　基体与喷嘴的连接

五、缝合

使用缝合指令将放样和扫描所生成的曲面连接在一起。缝合曲面将两个或多个相邻曲面实体合成为一个整体。

打开曲面工具栏上的缝合曲面对话 FeatureManager 设计树中扩展 SurfaceBodies（曲面实体），选择文件夹中的所有曲面实体为要缝合的曲面和面。缝合曲面不更改模型的外观。

六、填充

使用填充曲面工具填充在基体、把手、及喷嘴之间闭合区域的每个侧边。若想操纵曲面的曲率，使用一草图点来约束曲线，约束曲线允许修补添加斜面控制。

打开曲面工具栏上的填充曲面对话 PropertyManager 中选择一边线后确定，为修补边界选取选择开环，如图 4-36 所示。选择开环查找闭环中的所有边线，从而生成曲面填充。在边线设定下：

1）消除选择预览网格只显示预览。

2）在曲率控制中选择相切。

3）选择应用到所有边线。

在约束曲线 中单击，然后选择 Pull Point1，如图 4-37 所示，确定后如图 4-38 所示。继续填充其他曲面部分，最后填充完成的效果如图 4-39 所示。

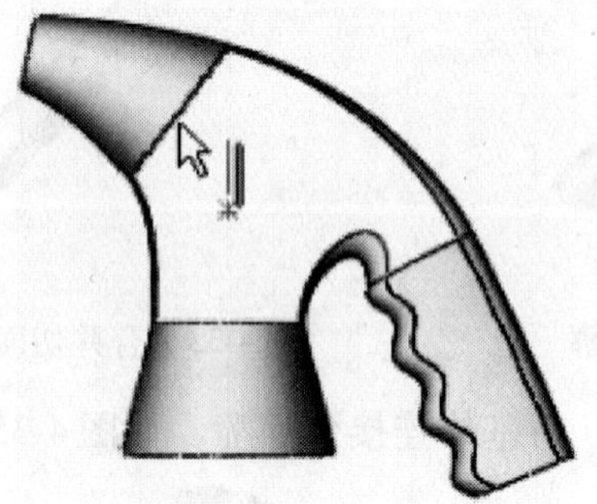

图 4-36 填充曲面的边线

图 4-37 填充曲面的点

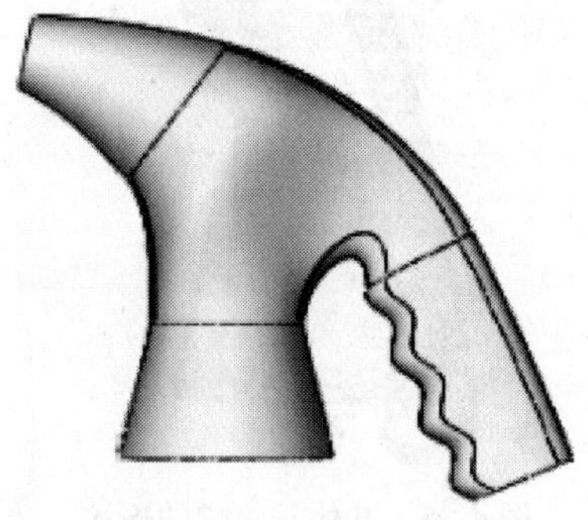

图 4-38 填充曲面

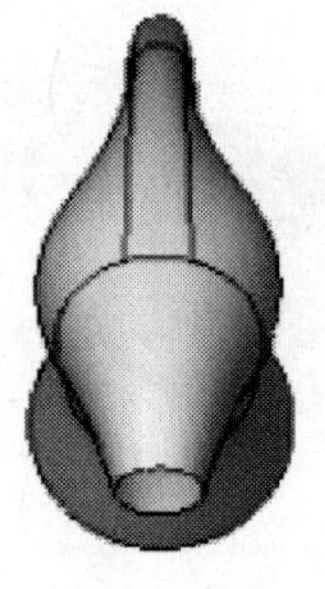

图 4-39 填充曲面后效果

七、平面

应用一个平面来闭合把手和喷嘴上的开口。

打开平面区域 对话 PropertyManager 中为边界实体 选择喷嘴上的边线，确定后如图 4-40 所示。把手处的开口闭合平面如图 4-41 所示。

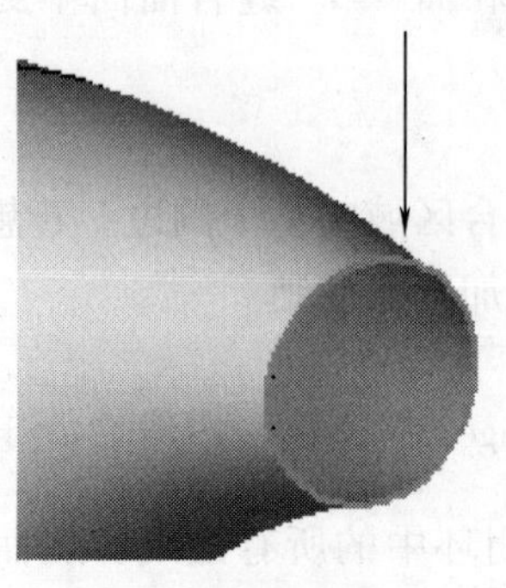

图 4-40 喷嘴闭和平面

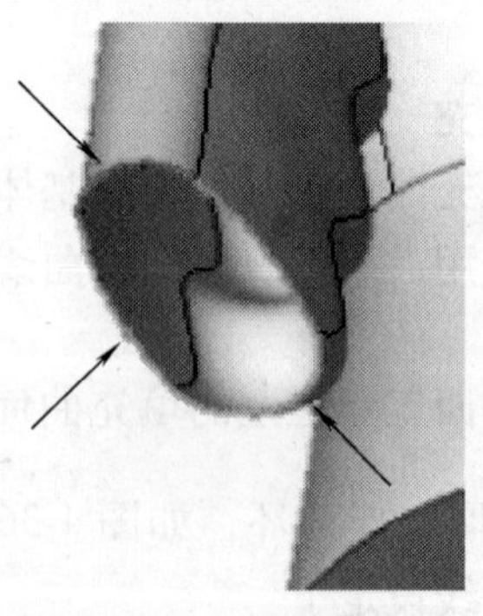

图 4-41 把手闭和平面

八、将曲面缝合成整体

打开缝合曲面对话 FeatureManager 设计树中扩展曲面实体，选择文件夹中的所有曲面实体为要缝合的曲面和面，确定后如图 4-42 所示。

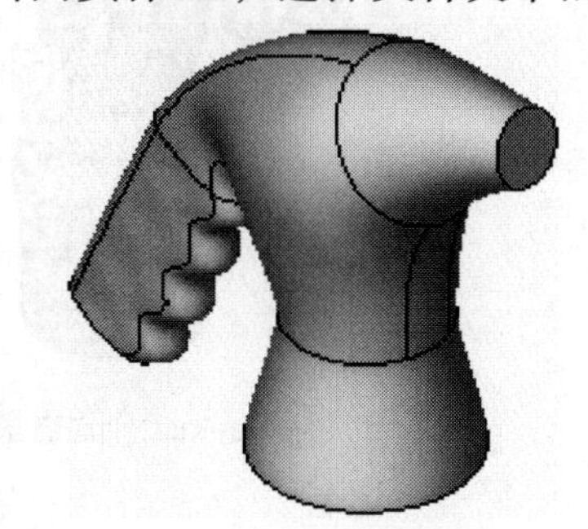

图 4-42　曲面缝合

九、旋转

使用旋转曲面工具来生成一个延伸喷嘴基体的曲面。

选择 Sketch13（草图 13），如图 4-43 所示。打开曲面工具栏上的旋转曲面对话 PropertyManager 中旋转参数下选择单一方向并设定角度为 360°，确定后如图 4-44 所示。

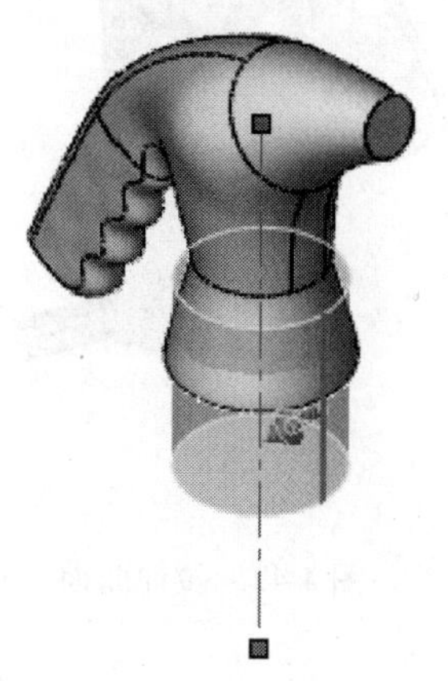

图 4-43　旋转曲面草图

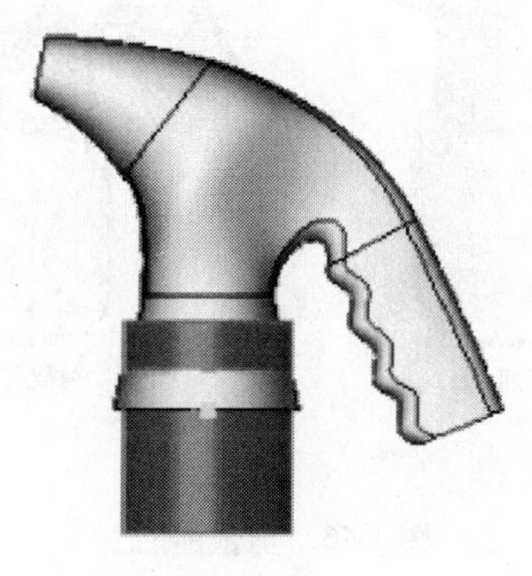

图 4-44　旋转曲面

十、移动/复制

使用移动/复制实体工具移动旋转的曲面并将之放置在现有喷嘴基体之下。此工具可移动、旋转、或复制实体和曲面，并使用坐标将实体放置在任何位置。

十一、剪裁

使用剪裁曲面的相互选项来移除多余的面，相互选项使用多个曲面为多个剪裁工具。

打开曲面工具栏上的剪裁曲面对话 PropertyManager 中的剪裁类型，选择相互。同时选择 Surface-Knit2（曲面缝合 2）和 Body-Move/Copy1（实体移动/复制 1）选项，在剪裁曲面中选择图形区域如图 4-45 所示。剪裁后效果如图 4-46 所示。

十二、拉伸及裁剪曲面成槽口

使用拉伸曲面工具在喷头底座生成剪裁工具，如图 4-47 所示。剪裁曲面在喷嘴底座生成槽口，如图 4-48 所示。

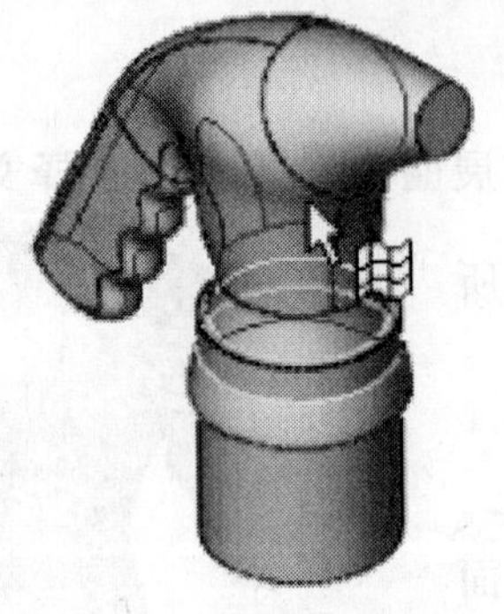

Surface-Knit2(曲面缝合2)

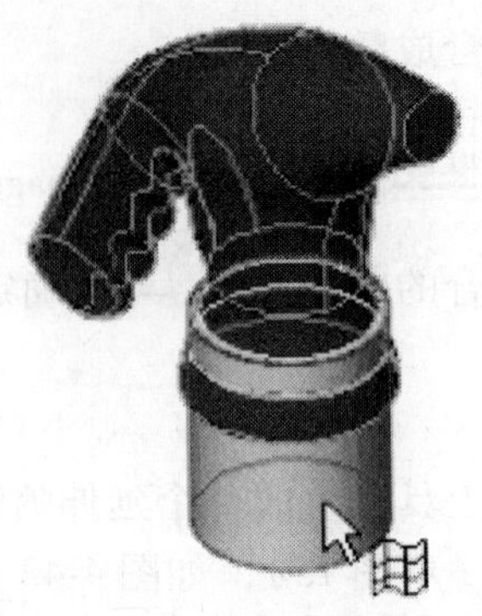

Body-Move/Copy1(实体移动/复制1)

图 4-45 剪裁曲面

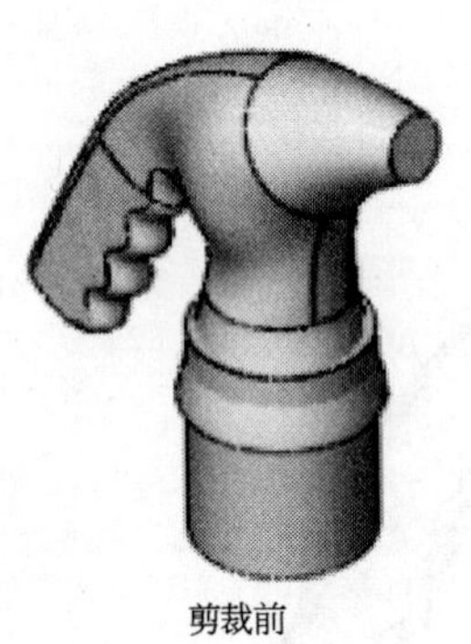

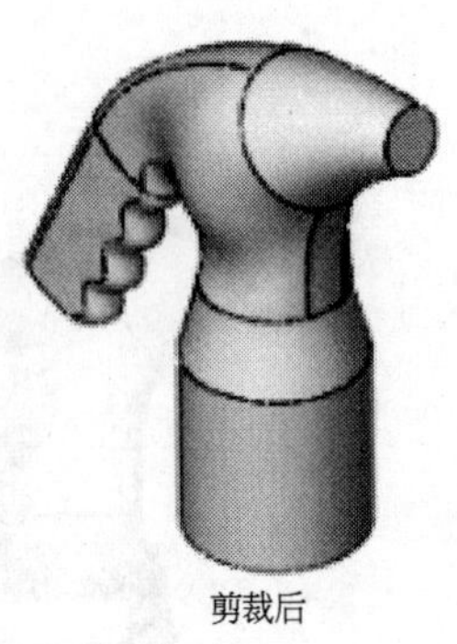

图 4-46 剪裁前后

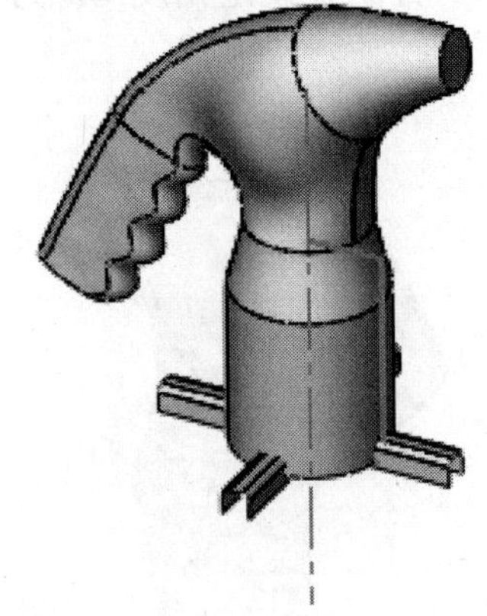

图 4-47 拉伸曲面

十三、加厚

加厚曲面模型以生成一个实体模型，如图 4-49 所示。

打开特征工具栏上的加厚对话 PropertyManager，在加厚参数下面选择 Surface-Untrim1（曲面解除剪裁 1）为要加厚的曲面，加厚两侧的同时设置厚度。

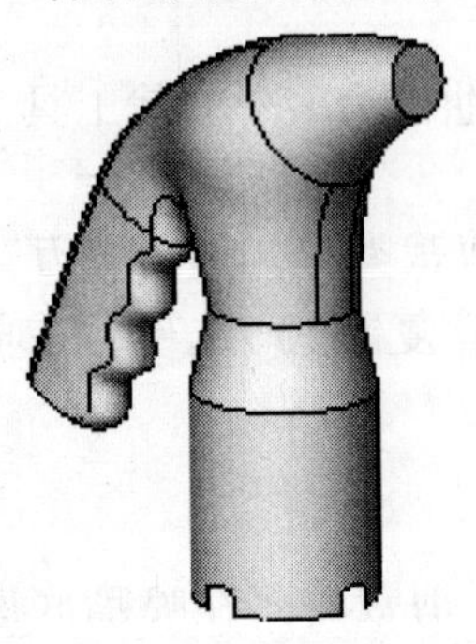

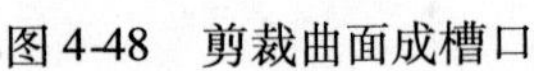

图 4-48 剪裁曲面成槽口

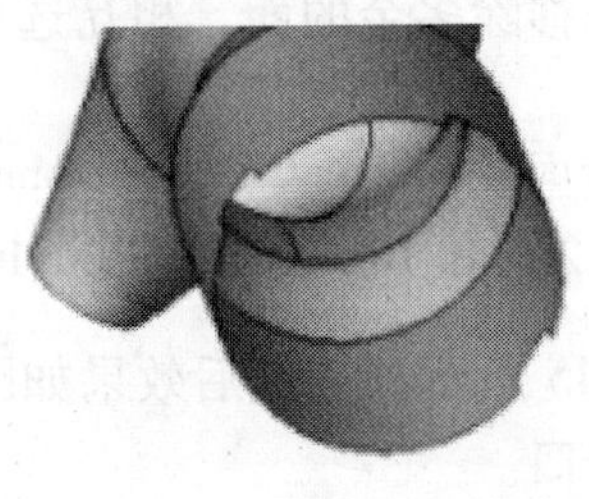

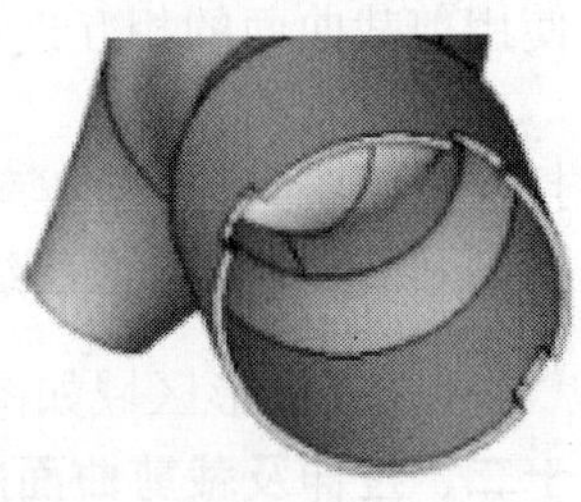

图 4-49 加厚前后的效果

第四节 装配设计在 SolidWorks 中的实现

利用 SolidWorks 的装配功能可以将若干个已经单独制作完成的零件组装在一起，通过对装配在一起的零件间赋予的约束关系，达到机械配合的效果；还可以通过对装配体的检验，来验证零件和装配设计的合理性。

下面通过万向联轴器的装配实例进一步阐明机械 CAD/CAM 在产品装配设计中的应用。如图 4-50a 所示万向联轴器装配体；如图 4-50b 所示万向联轴器的各零件。

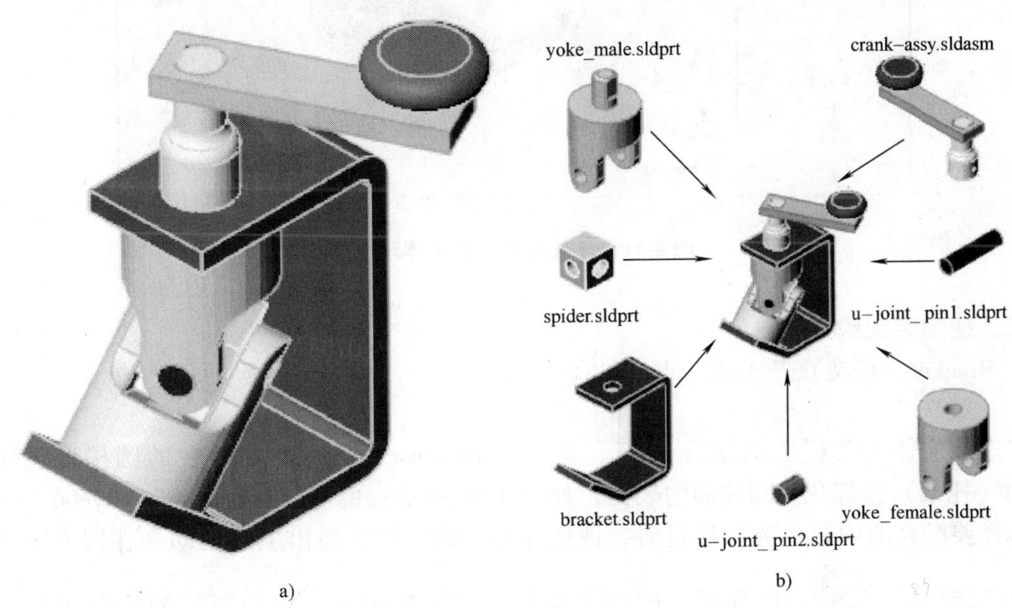

图 4-50 万向联轴器装配体与各零件

一、加入已存在的零件

将已设计完成的零件分别插入到装配体环境中

（1）将认为是主体的零件首先插入，作为整个装配过程的基体 单击如图 4-51 所示的 浏览(B)... 浏览，打开零件 Bracket（托架）。

（2）将其他零部件添加到装配体中 注意每个新零部件的名称之前都有前缀（-），表示其位置尚欠定义，可移动和旋转这些零部件。使用装配体工具栏上的以下工具来移动或旋转单个零部件：

1）单击移动零部件，选择零部件的一个面，然后拖动，以此来移动零部件。

2）单击旋转零部件，选择零部件的一个面，然后拖动，以此来旋转零部件。

单击插入零部件，按照插入第一个零件 Bracket（托架）的方法将第二个零件 Male yoke（凸轭）插入到装配体环境中来，如图 4-52 所示。

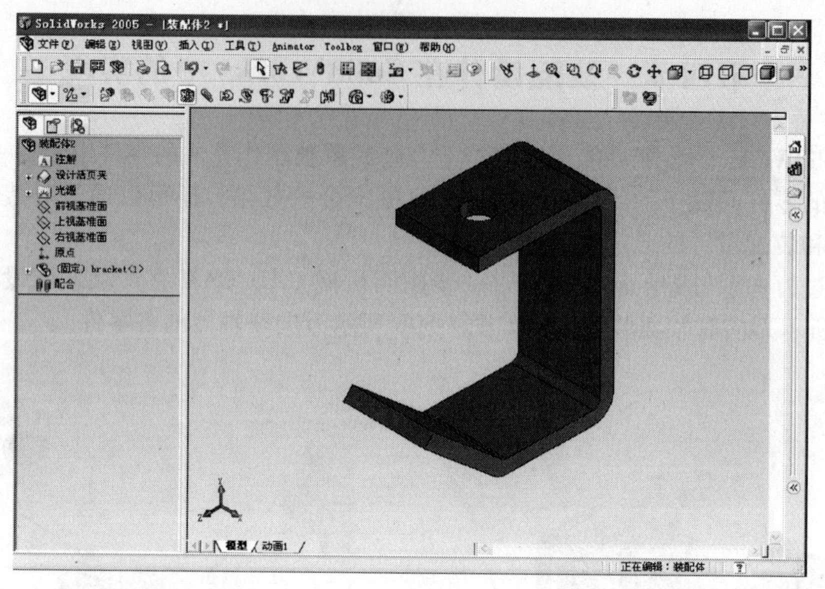

图 4-51　托架插入到装配体环境

二、使用装配约束

1. Bracket（托架）及 Male yoke（凸轭）配合

单击装配体工具栏上的配合，选择 Male yoke（凸轭）上凸台的圆柱形表面和 Bracket（托架）顶部孔的圆柱形内表面，如图 4-53 所示；也可以在打开 PropertyManager 之前先选择要配合的项目。选择项目时，请按住 Ctrl 键，配合弹出工具栏即会在图形区域出现，并已选择同心，出现同心配合的预览。这样 Male yoke（凸轭）的凸台和 Bracket（托架）的孔就会以同轴心的方式配合。此时，在装配体工具栏上单击移动零部件，可以沿着同轴心配合的轴上下拖动 Male yoke（凸轭），零件移动时还可旋转。

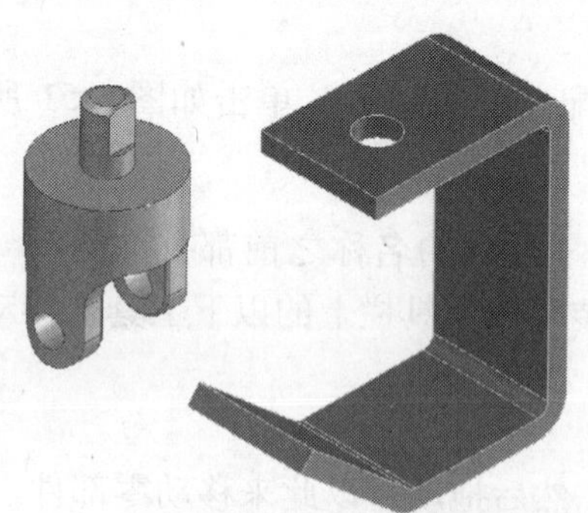

图 4-52　凸轭插入

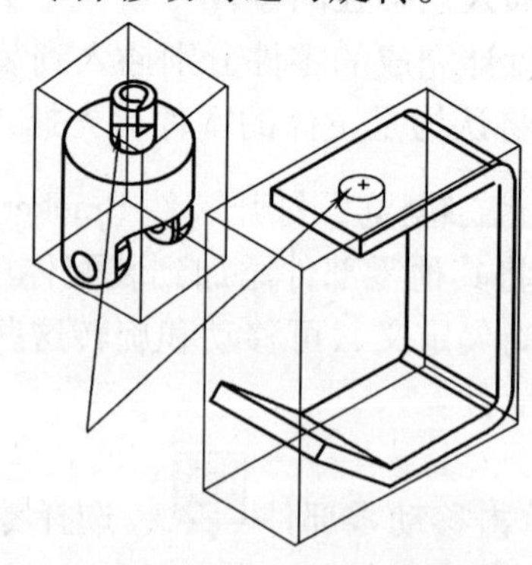

图 4-53　选择配合表面

再次单击装配体工具栏上的配合，选择 Bracket（托架）的顶部内面及 Male yoke

（凸轭）的上面，如图4-54 所示。这时 Male yoke 的顶部就会插入 Bracket 的孔中，如图4-55 所示。

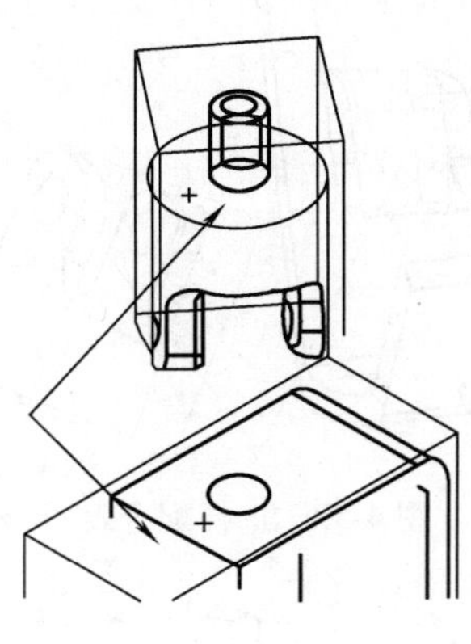
图4-54　选择配合表面

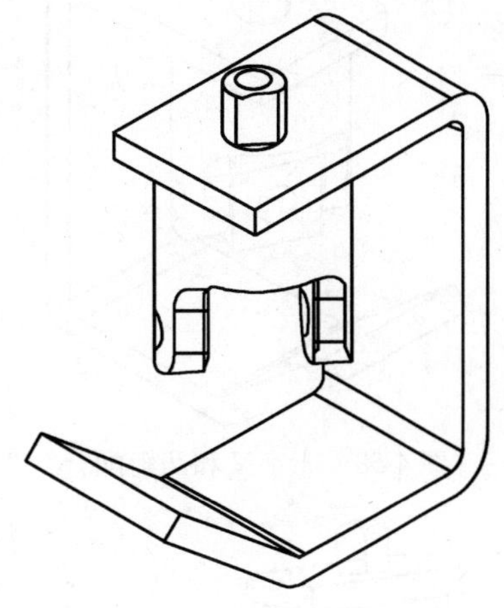
图4-55　凸轭插入托架孔中

2. Spider（十字叉）和 Male yoke（凸轭）配合

选取 Male yoke（凸轭）的销孔内侧面及 Spider（十字叉）的一个销孔同心配合，如图4-56 所示。在 Spider 上选取孔的平面，然后选取 Male yoke 的内侧面重合配合，如图4-57 所示，配合后如图4-58 所示。

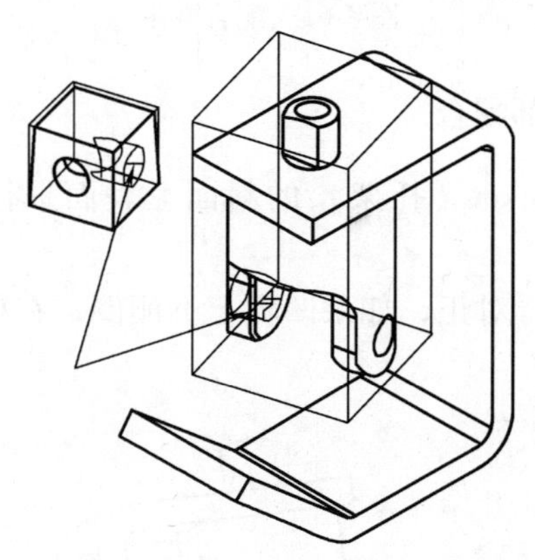
图4-56　选择配合表面

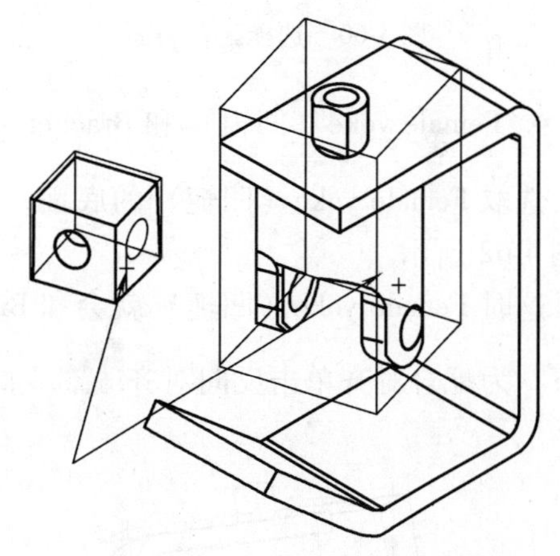
图4-57　选择配合表面

3. Spider（十字叉）和 Female yoke（凹轭）配合

选择 Female yoke（凹轭）的销孔内侧面，然后选取一个看得见的 Spider（十字叉）销孔同心配合，如图4-59 所示。

在 Spider（十字叉）上选取包含在上一个配合步骤中所使用的孔的平面，然后选取 Female yoke（凹轭）的内侧面重合配合，如图4-60 所示，配合后如图4-61 所示。

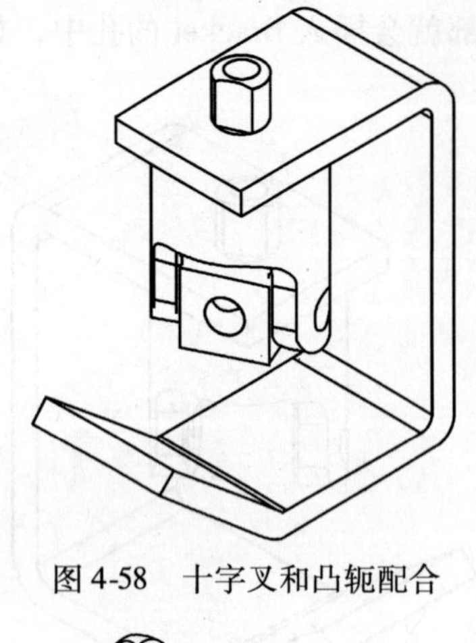

图 4-58　十字叉和凸轭配合

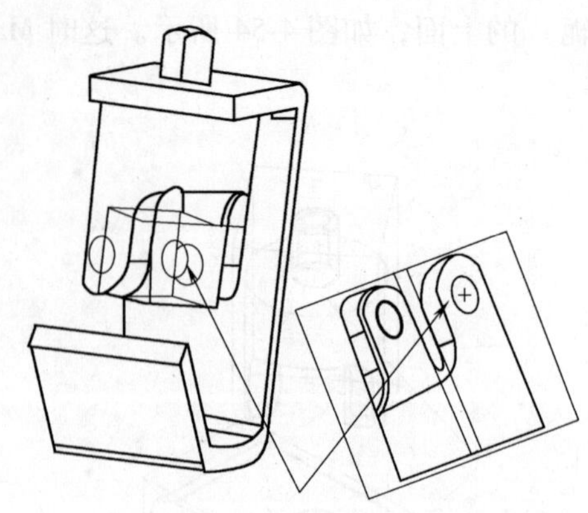

图 4-59　选择配合表面

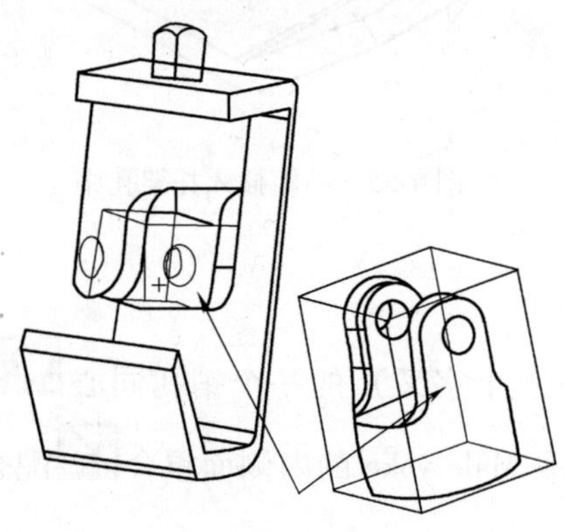

图 4-60　选择配合表面

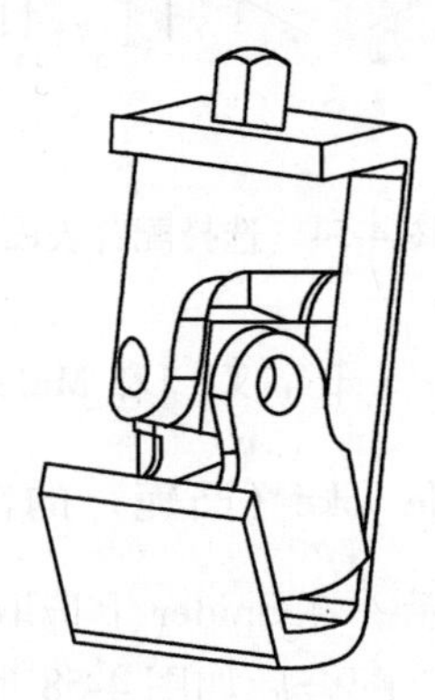

图 4-61　配合效果

4. Female yoke（凹轭）和 Bracket（托架）的底部配合

选取 Female yoke（凹轭）的底面，然后选取 bracket（托架）的斜面上表面平行，如图 4-62 所示。

这时 Female yoke（凹轭）就会和 Bracket（托架）对正，如果凹轭上下颠倒，在标准配合下，为配合对齐单击反向对齐，如图 4-63 所示。

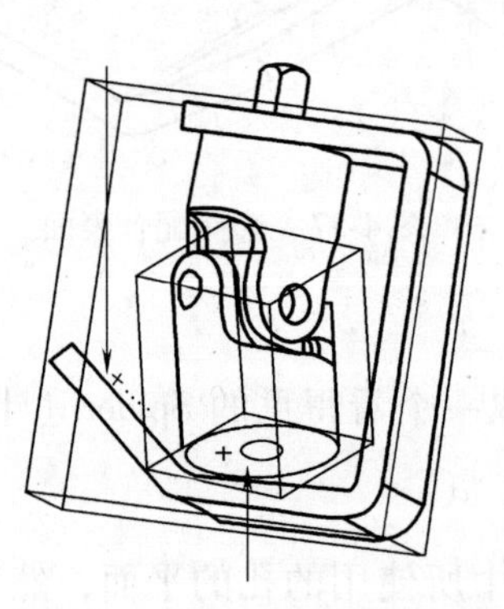

图 4-62　选择配合表面

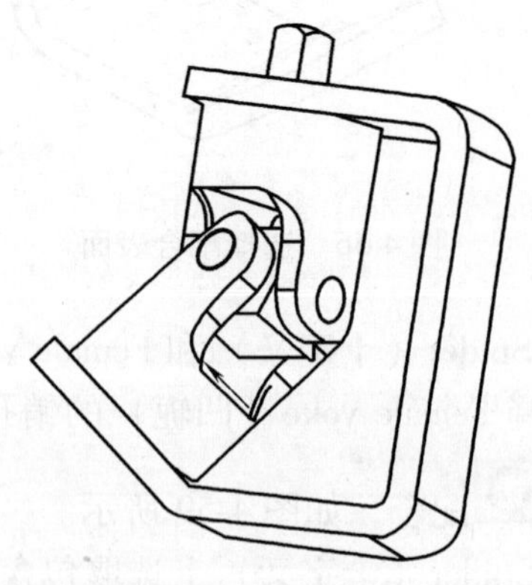

图 4-63　凹轭和托架的底部配合

5. Small pins（小销钉）与 Female yoke（凹轭）配合

选择销钉的圆柱形表面，然后选择 Female yoke（凹轭）销孔的内表面同轴心配合，如图 4-64 所示。

选取销钉的一个端面，再选取 Female yoke（凹轭）的外表面相切配合，如图 4-65 所示。

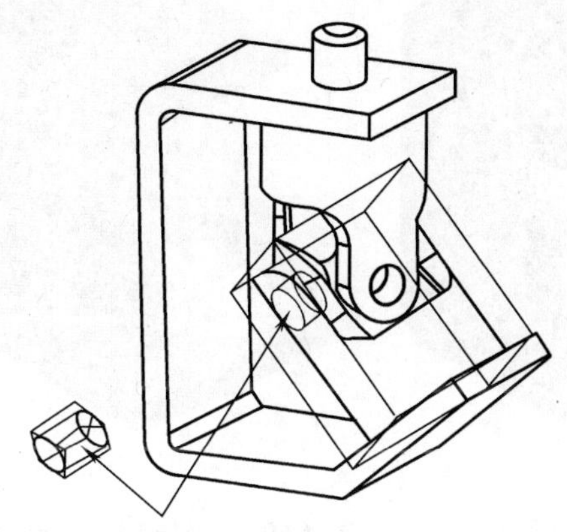

图 4-64 选择配合表面

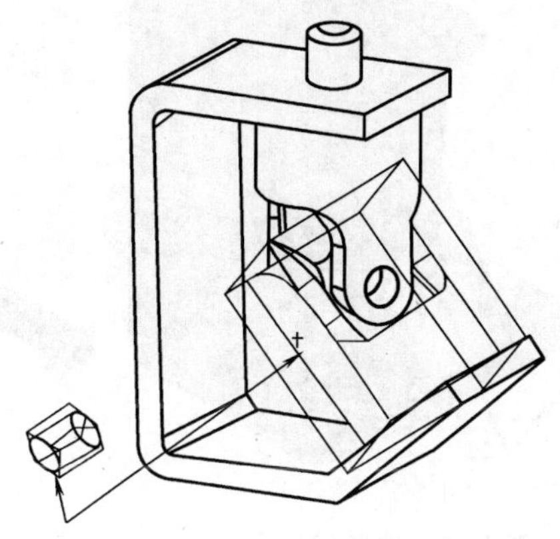

图 4-65 小销钉与凹轭配合

6. 小销钉复制件与 Female yoke（凹轭）配合

在销钉的圆柱形表面和 Female yoke（凹轭）销孔的内表面之间添加重合配合；在销钉的端面和 Female yoke（凹轭）的外表面之间添加相切配合，如图 4-66 所示。

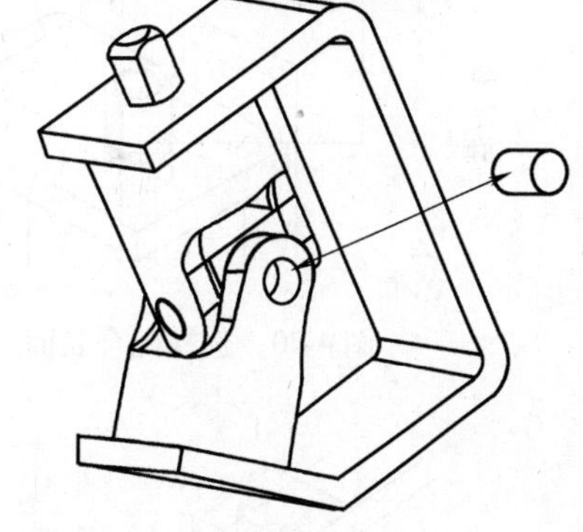

图 4-66 小销钉复制件与凹轭配合

三、使用 SmartMates 自动配合

对于某些配合，可以使用 SmartMates 来自动生成配合关系。在将新零部件拖入装配体时，可以推断现有零部件的几何特征。

1. 大销钉与装配体配合

当指针位于销孔处时，指针形状会变为。这种指针表示如果销钉置于此位置则会进行同轴心配合。销钉预览会捕捉到适当位置，如图 4-67 所示，选择了同心配合；选择销钉的一个端面及 Male yoke（凸轭）的外表面相切配合，如图 4-68 所示，配合后效果如图 4-69 所示。

2. Handle（把手）与装配体配合

选取 Crankshaft（曲柄轴）的外表面和 Male yoke（凸轭）凸台的圆柱形表面（不要选取凸台上的平面）同心配合，如图 4-70 所示。选取 Male yoke（凸轭）凸台的平面，然后选取 Crankshaft（曲柄轴）内的平面平行配合，如图 4-71 所示。选择 Crankshaft（曲柄轴）的底面以及 Bracket（托架）的顶面，添加重合配合如图 4-72 所示，装配完成后如图 4-73 所示。

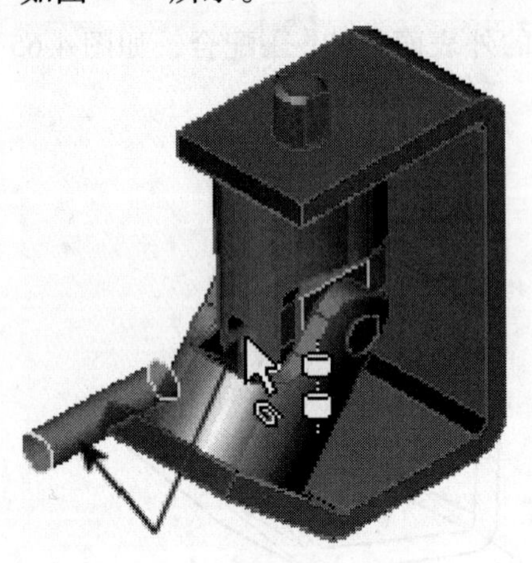

图 4-67　选择配合表面

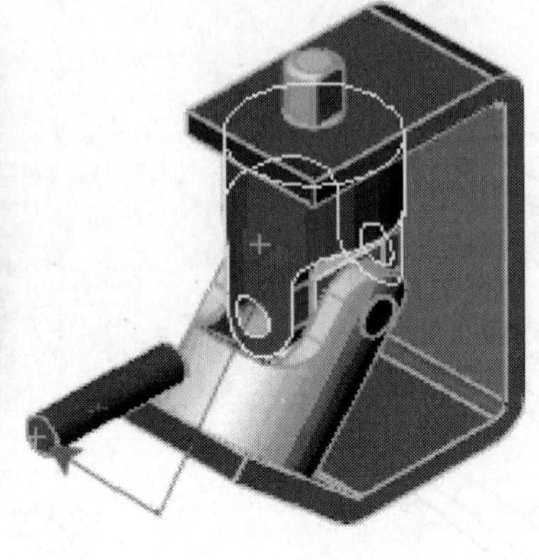

图 4-68　选择配合表面

图 4-69　大销钉与装配体配合

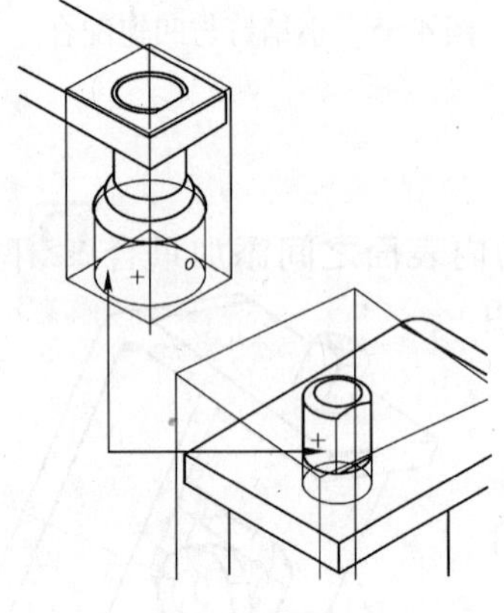

图 4-70　选择配合表面

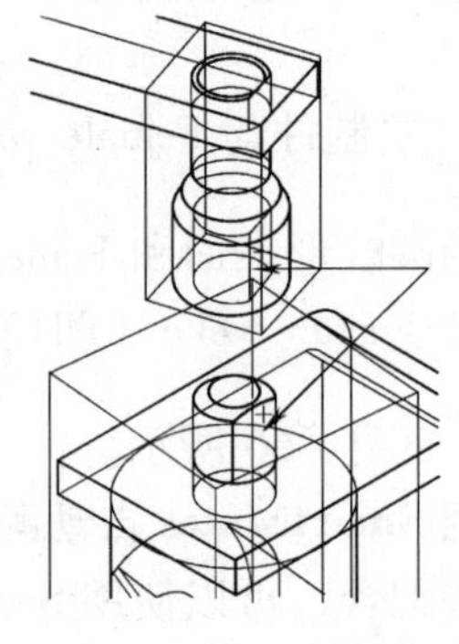

图 4-71　选择配合表面

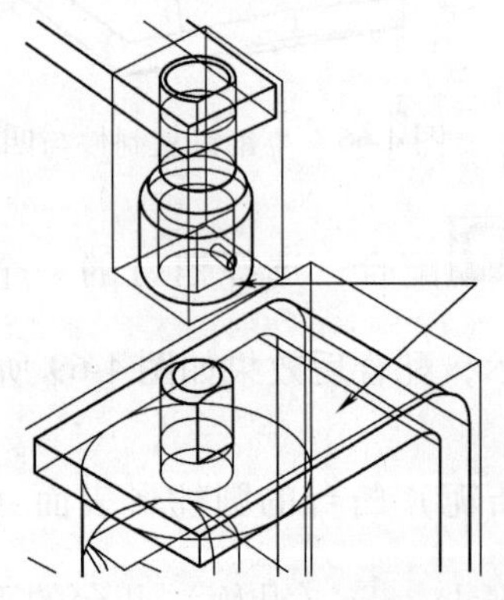

图 4-72　选择配合表面

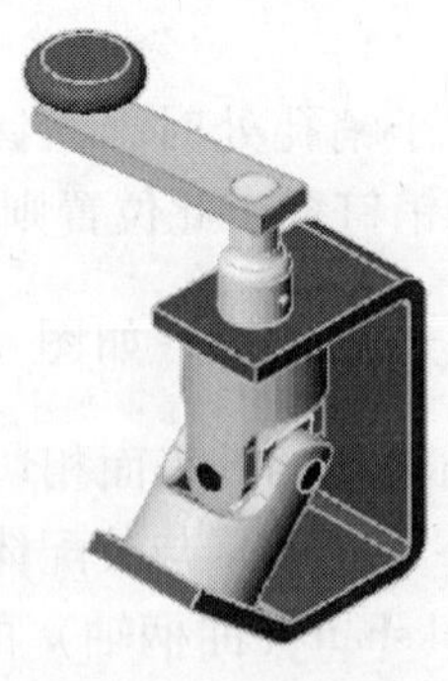

图 4-73　装配完成

四、测试配合

对配合的情况进行检查。

1. 在 FeatureManager 设计树中单击装配体（并非 Crank-assy 子装配体）的配合上的⊞以观察各项配合

如果已添加或删除了配合，或以不同的顺序选择了配合零部件，则装配体中的配合名称可能与所示有所不同。

每个配合均由类型及一个编号标识，并显示其有关的零部件名称，如图 4-74 所示。

2. 将指针移到在 FeatureManager 设计树中列举的配合上

将指针在每个配合上稍作停留时，图形区域中的相应零部件均被高亮显示，如图 4-74 所示。

可重新命名配合，其方法与重新命名零件的特征相同。

3. 模拟运动

可以通过工具栏中的“模拟”选择曲柄子装配体零部件之一上的面，如选择曲柄旋钮的顶部为“旋转马达”，如图 4-75 所示，并在图形区域中按照运动或旋转方向拖动指针。

配合
Concentric1 (bracket<1>,yoke_male<1>)
Coincident1 (bracket<1>,yoke_male<1>)
Concentric2 (yoke_male<1>,spider<1>)
Coincident2 (yoke_male<1>,spider<1>)
Concentric3 (spider<1>,yoke_female<1>)
Coincident3 (spider<1>,yoke_female<1>)
Parallel1 (bracket<1>,yoke_female<1>)
Concentric5 (yoke_female<1>,u-joint_pin2<1>)
Tangent1 (yoke_female<1>,u-joint_pin2<1>)
Concentric6 (yoke_female<1>,u-joint_pin2<2>)
Tangent2 (yoke_female<1>,u-joint_pin2<2>)
Concentric7 (yoke_male<1>,u-joint_pin1<2>)
Tangent3 (yoke_male<1>,u-joint_pin1<2>)
Concentric8 (yoke_male<1>,crank-assy<1>)
Parallel2 (yoke_male<1>,crank-assy<1>)
Coincident5 (bracket<1>,crank-assy<1>)

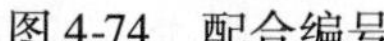

图 4-74　配合编号

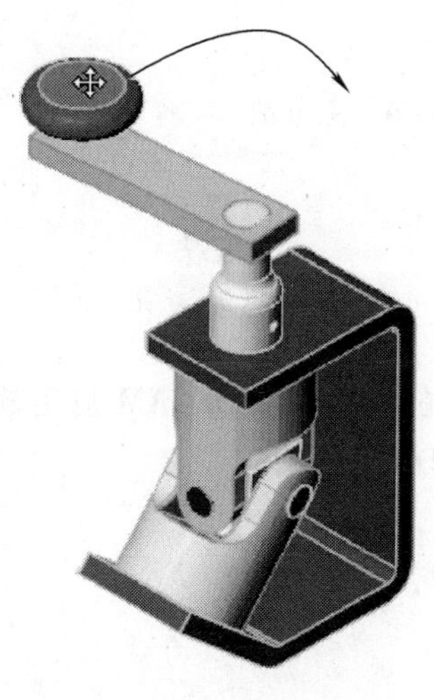

图 4-75　曲柄旋钮的运动方向

通过“计算模拟”后，“重播模拟”的效果中如果曲柄会转动且带动 Male 及 Female yoke 跟着旋转，并且所有的配合关系均会保持，说明该配合设计合适、正确。

五、装配体的爆炸视图

装配体的爆炸视图由一个或多个爆炸步骤组成。

1）选择装配体工具栏上的爆炸视图，三重轴即会出现在零部件上，如图 4-76 所示。

2）选择爆炸步骤，并拖动三重轴上的红、蓝、绿色控标，移动相关零件到合适位置或拖动爆炸的零部件上的蓝色控标以编辑爆炸距离。

3）可以编辑爆炸步骤，或根据需要添加新的步骤；也可通过 ConfigurationManager 树来访问爆炸视图，爆炸结束如图 4-77 所示。

4）若要解除整个装配体的爆炸，请用右键单击 ConfigurationManager 树顶部的装配体名称，然后选择解除爆炸，如图 4-78 所示装配体。

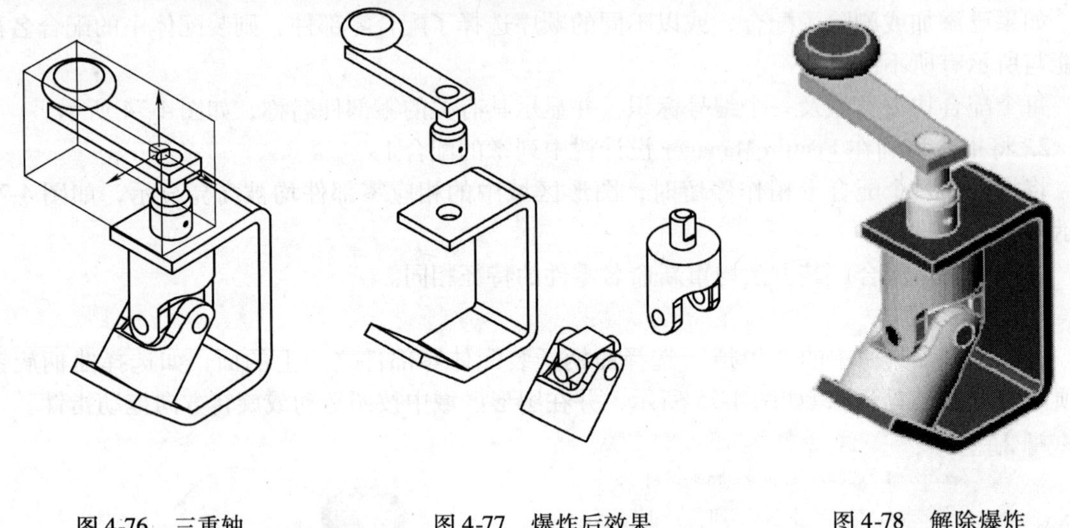

图 4-76　三重轴　　图 4-77　爆炸后效果　　图 4-78　解除爆炸

思　考　题

选择任一机械 CAD/CAM 应用软件，采用最佳方案进行零件造型设计和装配设计，题例参考《CAD 练习题集》。

第五章　计算机辅助工程分析技术（CAE）

CAD 技术的一个重要特征是提供了对新产品模型进行分析、综合与评价的数值求解方法。当把设计对象描述为计算机内部模型后，研究如何使产品达到要求的性能，进行新产品技术指标的优化设计、性能预测和结构分析仿真的数值求解方法称为 CAE（Computer Aided Experiment 计算机辅助工程分析），这种方法已成为 CAD/CAE/CAPP/CAM 集成中不可缺少的工程计算分析技术。

第一节　CAD 模型的基本分析处理方法

CAD 模型是现实世界客观事物的计算机内部描述。在产品设计过程中，通常需要建立概念模型、数学模型、几何模型和物理模型。在设计初始阶段，设计者先根据设计要求、目标和约束条件进行构思，形成一个初步方案，这是对设计对象的高度概括性表示，称为概念模型。数学模型是用数学符号语言描述客观事物的一种模型，反映客观事物主要因素之间的内在联系。以几何形状方式表示出来的客观事物称为几何模型，例如前面介绍的线框模型、表面模型和实体模型。物理模型则是对设计对象以相似方式的真实再现。

CAD 模型的分析处理可分为两大类：解析法和数值法。解析法是以理论力学、材料力学、弹性力学等学科理论结合现代数学的分析方法而建立起来的一种数学方法，适用分析简单的板壳、轴梁、框架等构件；对于较复杂的工程问题求解，多用各种数值解方法，称之为数值法。目前，各种常用解析计算方法，如：微分方程求解、数值积分、曲线曲面拟合、矩阵运算和程序已规范化和程序化，构成 CAD 常用数学方法库，供设计者使用。

工程设计图表数据处理

机械新产品的设计都需从有关的工程手册或设计规范中查找各种系数或数据。使用人工查找转变成 CAD 自动进程中的高效处理，需要解决各种参数表和统一数据在计算机内的存储和自动检索问题。在 CAD 技术中，其处理方法有两种：一是把数表、线图编制成应用程序并对其进行查表或计算；二是将数表及统一数据（经离散化）按数据库存储规定进行文件结构化处理。

1. 数表程序化处理

工程数表有两类，一类是记载设计中所需的各种常数（即简单数表），数表中各个数据间彼此独立，无明确的函数关系；另一类是函数表列表，数表中函数值与自变量间存在一定的函数关系，可表示为 $y_i = f(x_i), i = 1, 2, \cdots, n$。式中的 x_i 与 y_i 对应组成为列表函数。理论上讲，简单数表和列表函数均是结构化的数据，一维数表、二维数表或多维数表分别与计算机语言中的数组对应，通过程序对数组赋值和调用来实现数据的获取。列表函数表也可用数组赋值的方法编入程序，但由于列表函数表中函数值与自变量间存在函数关系，因此，当所检索的自变量值不是数表列出的节点值时，不能像简单数表取整的方法进行取值，而必须用插值计算的方法求出其相应值。

数表的函数插值计算：所谓函数插值就是设法构成某个简单函数 $y=g(x)$ 作为列表函数 $f(x)$ 的近似表达式，代替原来的数表。最常用的近似函数类型是代数多项式，对于给定的列表函数，共有 N 对节点，构造一个次数为（$n-1$）次的代数多项

$$g(x)=a_0+a_1x+a_2x^2+\cdots+a_nx^{n-1} \tag{5-1}$$

满足插值条件 $g(x_i)=y_i(i=1,2,\cdots,n)$。上式称为 $f(x)$ 在 N 个不相同节点 x_i 的拉格朗日 $N-1$ 次插值式，或简称为 $N-1$ 次插值。上式插值问题的几何意义是：通过给定的几个节点 (x_1,y_1)，(x_2,y_2)，…，(x_n,y_n)，作一条（$n-1$）次曲线 $g(x)$，近似地表示 $y=f(x)$。这样插值后的函数值应用 $g(x)$ 的值来代替，因此插值的实质问题是如何建造一个既简单又有足够精度的函数 $g(x)$。

1）线性的插值。条件是给定 x，求其函数值 y，由图 5-1a 所示，步骤如下：

①选取两个相邻自变量 x_i 与 x_i+1，满足条件 $x_i<x<x_i+1$。

②过（x_i，y_i）及（x_{i+1}，y_{i+1}）两点连直线，$g(x)$代替$f(x)$。

$$y=\frac{y_{i+1}-y_i}{x_{i+1}-x_i}(x-x_i)+y_i \tag{5-2}$$

整理可得

$$y=\frac{(x-x_{i+1})}{(x_i-x_{i+1})}+\frac{(x-x_i)}{(x_i-x_i)}y_{i+1} \tag{5-3}$$

线性插值存在一定误差，但当表格中自变量值间隔较小、插值精度又不要求很高时，可满足使用要求。

2）抛物线插值。如图 5-1b 所示，在 $f(x)$ 上取三点，过三点作抛物线 $g(x)$，以替代 $f(x)$，可获得比线性插值精度高的结果。如已知插入值为 x，则插值函数为

$$y=\frac{(x-x_i)(x-x_{x-1})}{(x_{x-1}-x_i)(x_{x-1}-x_{i+1})}y_{i-1}+\frac{(x-x_{i-1})(x-x_{i+1})}{(x_i-x_{i-1})(x_i-x_{i+1})}+\frac{(x-x_{i-1})(x-x_i)}{(x_{i+1}-x_{i-1})(x_{i+1}-x_i)}y_{i+1} \tag{5-4}$$

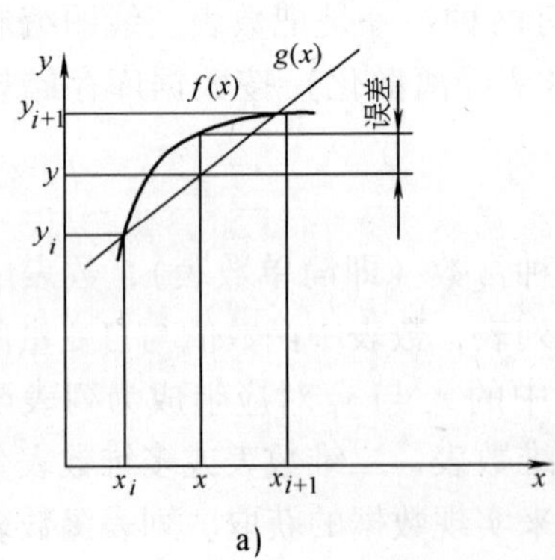

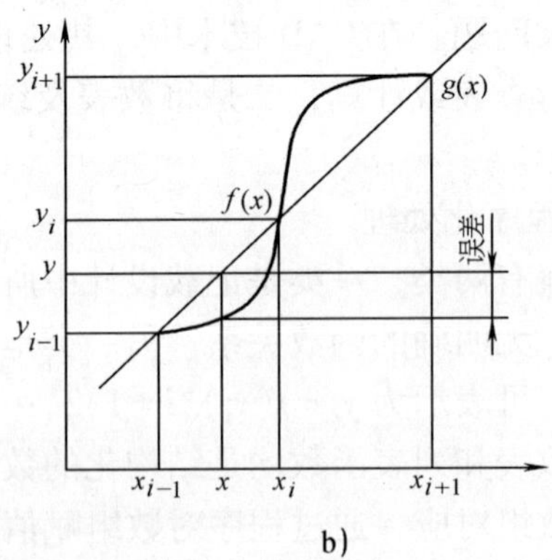

图 5-1 线性插值与抛物线插值

a）线性插值 b）抛物线插值

3）$n-1$ 次多项式插值。依照上述方法，过 n 作（$n-1$）次曲线 $g(x)$ 替代原函数 $f(x)$，则 n 个节点的（$n-1$）次插值函数为

$$y = \sum_{j=1}^{n} \left(\prod_{\substack{i=1 \\ i \neq j}}^{n} \frac{x - x_i}{x_j - x_i} \right) y_i \tag{5-5}$$

当 $n=1$ 时，即为线性插值；当 $n=2$ 时，即为抛物线插值。

4）二元函数插值。上述三种插值方法适用于一元列表函数，同样可对二元列表函数进行插值，所不同的是要多次选用一元插值方法。二元列表函数的插值，从几何意义上讲是在三维空间内选定八个点，通过这些点构造一个曲面 $g(x, y)$，用它表示在这区间内原有的函数 $f(x, y)$，从而得插值后的函数值为 $z_k = g(x_k, y_k)$。插值函数 $g(x, y)$ 有几种不同构造方法：直线—直线插值；直线—抛物线插值；抛物线—抛物线插值，具体步骤读者可参阅有关文献。

2. 数表的公式化处理

数表程序化的处理，虽然可解决数表在 CAD 操作中的存储和检索，但当数表庞大时，存储数据要占用很大的内存，导致程序无法运行，效率低，因此，数表程序化处理仅适用于数据量较小、计算程序使用数表个数不多的情况。对于较大型的计算程序，常用很多的数表，数据量大，数表的处理需采用其他方法，数表公式化处理是一种较好的方法。

所谓数表公式化处理是运用计算方法中的曲线拟合（逼近）的方法，构造函数 $g=f(x)$ 来近似地表达数表的函数关系。它只要求拟合曲线从整体上反映出数据变化的一般趋势，而不要求拟合曲线通过全部数据点，避免了前面介绍的插值曲线必须严格通过各节点，插值误差较大的缺点。最小二乘法是曲线拟合最常用的函数逼近法。

最小二乘法拟合的基本思想。对于一批数据点（x_i，y_i）（$t=1, 2, \cdots, m$），设用拟合公式 $y=f(x)$ 来逼近，因此每一结点处的偏差为

$$e_i = f(x_i) - y_i \qquad i = 1, 2, \cdots, m \tag{5-6}$$

e_i 的值有正有负。最小二乘法原理就是使所有数据点误差的绝对值平方之和最小，即

$$\sum_{i=1}^{m} e_i^2 = \sum_{i=1}^{m} (f(x_i) - y_i)^2 \tag{5-7}$$

拟合公式的类型通常选取初等函数，如对数函数、指数函数、代数多项式等。可先把数据画在方格纸上，根据曲线形态来确定函数类型。关于最小二乘法曲线拟合的方法和具体步骤不作赘述。

3. 数表程序处理实例

在 CAD 系统中，对数据之间有函数关系的可以直接编入程序中，运算时由程序计算出函数值。对于数据之间没有函数关系的，应根据不同特点进行处理。下面用齿轮标准模数选取实例说明数表输入、检索处理的有关问题，通常是按强度要求计算渐开线齿轮的模数，据此计算值从标准模数中选取适当的标准模数值，模数系列值见表 5-1。

表 5-1　齿轮模系列表

数组 Z（1）	1	2	3	4	6	8	10	11	12	14
模数 m	1.25	1.5	1.75	2	2.5	2.75	3.5	4	4.5	5.5
数组 Z（2）	14	15	16	17	18	19	20	24	…	
模数 m	6	7	8	9	10	12	14	18	…	

这个表格可用一维数组输入。可以将选取标准模数值 m 的过程编一个子程序供调用，其程序框图如图 5-2a 所示。

由分析得知，模数标准系列有如下规律：

当 $1<m<3$ 时，模数 m 以差值 0.25 递增；

当 $3<m<6$ 时，模数 m 以差值 0.5 递增；

当 $6<m<10$ 时，模数 m 以差值 1 递增。

…

因此，不必输入模数标准系列。若模数使用范围不得超过 10，用计算公式选取标准模数值的子程序框图如图 5-2b 所示。其中，m 为选取值。

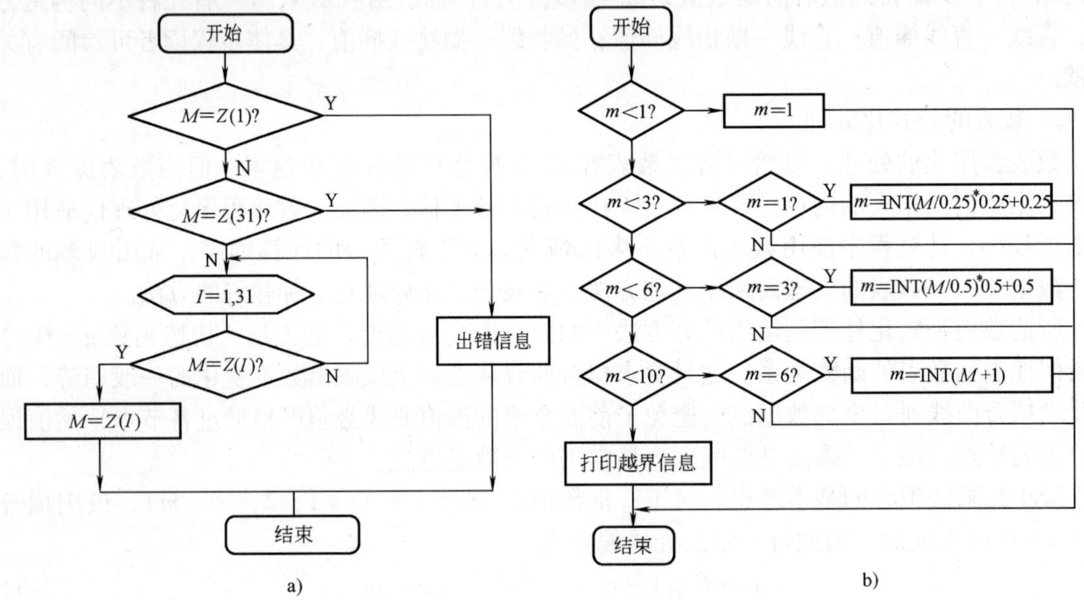

图 5-2 标准模数值子程序框图

a）查找标准模数框图 b）选取标准模数框图

第二节 有限元分析方法

有限元法在各个工程领域得到了广泛的应用，有限元法程序包亦成为 CAD 常用计算方法库中不可缺少的内容，并与优化设计形成了集成系统。应用这些计算分析方法，设计人员可高效、合理地寻找最佳设计方案。

一、有限元法的基本原理和分析方法

有限元法（Finite Element Method，简称 FEM）是一种数值离散化方法，根据变分原理求其数值解，因此适合于求解结构形状及边界条件比较复杂、材料特性不均匀等力学问题，能够解决几乎所有工程领域中各种边值问题（平衡或定常问题、特片值问题、动态或非定常问题），如：弹性力学、弹塑性问题疲劳与断裂分析、动力响应分析、流体力学、传热、电磁场等问题。

有限元法的基本思想是：在对整体结构进行结构分析和受力分析的基础上，对结构加以

简化，利用离散化方法把简化后的边界结构看成是由许多有限大小、彼此只在有限个节点处相连接的有限单元的组合体，然后，从单元分析入手，先建立每个单元的刚度方程，再用计算机对平衡方程组求解，便可得到问题的数值近似解。用有限元法进行结构分析的步骤是：结构和受力分析—离散化处理—单元分析—整体分析—引入边界条件求解。

有限元分析方法分为三类：

（1）位移法　取节点位移为基本未知量的求解方法。利用位移表示的平衡方程及边界条件先求解位移未知量，然后根据几何方程与物理方程求解应变和应力。

（2）力法　取节点力为基本未知量的求解方法。

（3）混合法　一部分节点位移、一部分节点力作为基本未知量的求解方法。

其中位移法易于实现计算机自动化计算。

二、有限元分析的前置处理

有限元分析的前置处理即建立有限分析模型的过程，是有限元分析的关键环节。前置处理的功能主要包括：离散化网格模型的自动生成、网格的修改、拼接和节点编号的优化、载荷及材料数据的建立、边界条件的定义（零位移、已知位移、接触、摩擦等约束条件的处理）、模型数据检查与编辑修改、模型的图形显示等。在对机械结构进行有限元分析时，还要对所分析的结构进行简化，正确分析其受力情况，并对约束条件进行有效的处理，以便建立一个合理、正确的有限元计算模型。

1. 结构的分析与简化

建立计算力学模型的第一步是作结构分析和受力分析，合理地确定单元类型，对大型复杂结构，往往要选用多种单元进行组合模拟。在结构分析时，简化是必需的，尤其对基础更是如此，但不能因简化而失真，导致计算误差增大。例如：对图 5-3a 所示的结构进行有限元划分时，附着肋板可用梁单元模拟，其余部分则按板单元处理。为计算简便，也可以直接将此结构简化为平板来考虑，如图 5-3b 所示。需注意的是简化过程并不是简单地去掉这些加强肋板。正确的简化方法是采用等刚度原则进行等效处理，使原结构与简化后的结构能在相同的受力状态和边界条件下，各节点产生相同的位移，即两者具有相同的刚度。

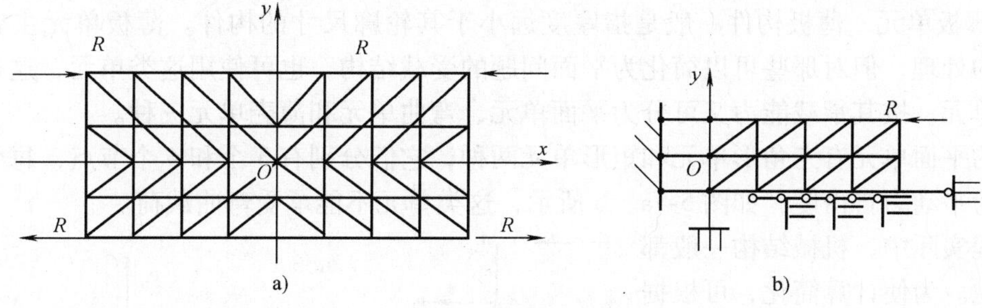

图 5-3　对称性的利用

2. 有限元分析中单元划分

由于实际机械结构常常很复杂，即使对结构进行了简化后，仍难用单一的单元来描述。因此，在对机械结构进行有限元分析时，必须选用合适的单元并进行合理的搭配，以便使所建立的计算力学模型能在工程意义上尽量接近实际结构，提高计算精度。目前常见的有限元程序（如 COSMOS，ANSYS，SAP 等）都备有丰富的单元库供计算者使用。

（1）杆状单元　一般把截面尺寸远小于其轴向尺寸的构件称为杆状构件。杆状构件则通常用杆状单元来描述，杆状单元属于一维单元。根据结构形式和受力情况，杆状单元模拟杆状构件时，一般还应分为杆单元和平面梁单元。

1）杆单元有 2 个节点，每个节点仅有 1 个轴向自由度，如图 5-4a 所示，因而它只能承受轴向拉压载荷。常见的铰接桁架，通常就使用这种单元来处理；另外，这种单元还可用于模拟弹性边界约束的边界元。

2）平面梁单元也只有 2 个节点，每个节点在图示平面内具有 3 个自由度，即横向自由度、轴向自由度和转动自由度，如图 5-4b 所示。该单元可以承受弯矩切向力和轴向力。如机床的主轴、导轨可用这种单元模拟。

3）空间梁单元实际是平面梁单元向空间的推广，因而单元的每个节点具有 6 个自由度，如图 5-4c 所示。当梁截面的高度大于 1/5 长度时，一般要考虑切应变对挠度的影响，通常的方法是对梁单元的刚度矩阵进行修正，修正过程由程序自动完成，如使用程序只要输入有效抗剪切面积即可。

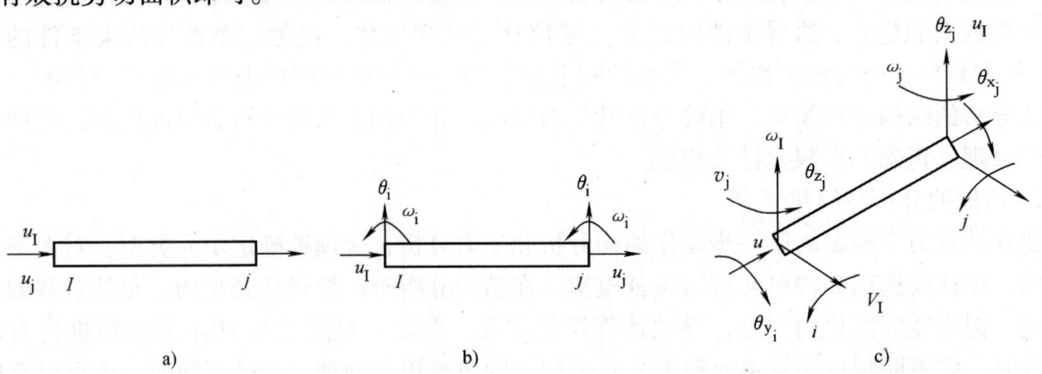

图 5-4　杆状单元

a）杆单元　b）平面梁单元　c）空间梁单元

（2）薄板单元　薄板构件一般是指厚度远小于其轮廓尺寸的构件。薄板单元主要用于薄板构件的处理，但对那些可以简化为平面问题的受载结构，也可使用这类单元，这类单元属于二维单元。按其承载能力又可分为平面单元、弯曲单元和薄壳单元三种。

常用的平面单元有三角形单元和矩形单元两种，它们分别有 3 个和 4 个节点，每个节点有 2 个面为平动力自由度，如图 5-5a、b 所示，这类单元不能承受弯曲载荷。

在工程实际中，机械结构一般都是空间问题。为使计算简化，可根据机械结构的特点及受力状态，在保证计算精度的前提下，将某些特定的受力构件简化为平面问题处理。在弹性力学中，根据结构和受力特点，平面问题可分为平面应力问题和平面应变问题，这两类问题均可使用平面单元求解。

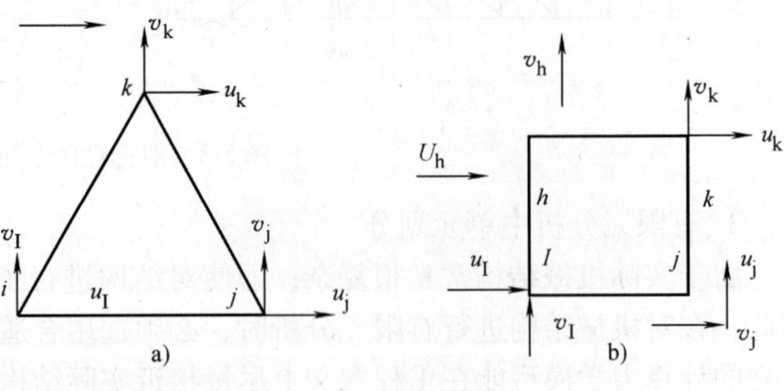

图 5-5　平面单元

当构件的厚度尺寸很小，呈平板形状时，其所受载荷均与厚度方向垂直，并沿着此方向均匀分布，在板的前后面上无外力作用，这种情况就属于平面应力问题如图 5-6a 所示。例如，直齿圆柱齿轮在传动时的受力状态，在正常情况下，沿齿厚方向载荷是均匀分布的，且垂直于厚度方向，因而轮齿的应力分析可按平面应力问题求解。

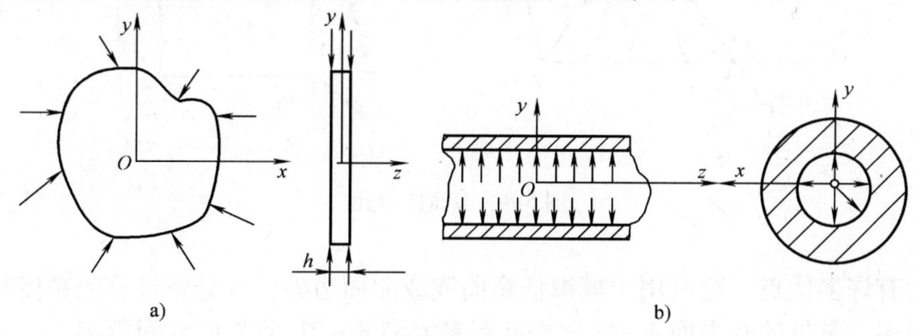

图 5-6　平面应力、应变情况

平面应变问题是指构件具有纵向尺寸远大于横向尺寸且与纵向垂直的各截面均相同的条件，这种情况下的构件受垂直于纵轴且不沿长度变化的力，如图 5-6b 所示的受内压的圆筒就是平面应变问题。薄板弯曲单元主要承受横向载荷和绕两个水平轴的弯矩，也有三角形和矩形两种单元形式，分别具有 3 个和 4 个节点，每个节点都有 1 个横向自由度和 2 个转动自由度，如图 5-7 所示。

所谓薄板壳单元，实际上是平面单元和薄板弯曲单元的组合，它的每个节点既可承受水平面内的作用力，又可承受横向载荷和绕水平轴的弯矩。显然，采用薄板单元来模拟式中的板壳结构，不仅考虑了板在水平面内的承载能力，而且考虑了板的折弯能力，这在理论上是比较接近实际情况的。

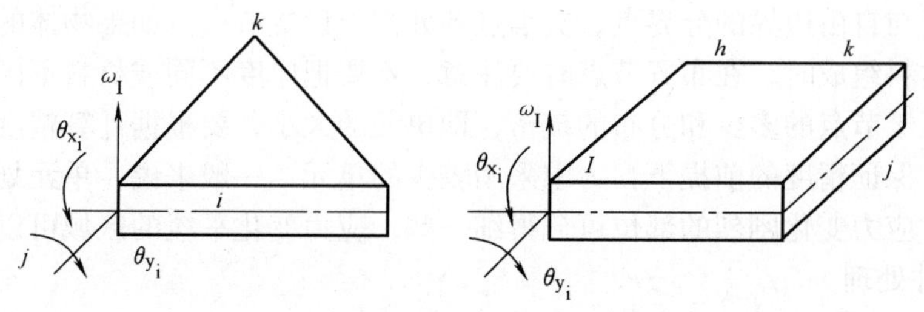

图 5-7　薄板弯曲单元

（3）多面体单元　多面体单元是平面单元向空间的推广。如图 5-8 所示的多面体单元属于三维单元（四面体单元和长方体单元），分别有 4 个和 8 个节点，每个节点有 3 个沿坐标轴方向的自由度。多面体单元可用于对实心三维结构的有限元分析，如轴承座、支承件及动力机械的地基等。目前使用的大型有限元分析程序中，多面体单元一般都被 8 ~ 21 个节点空间等参元所取代。

在有限元法中，单元内任意一点的位移是用节点位移进行插值来求解的，其位移插值函数一般称为形函数。如果单元内任一点的坐标值也用同一形函数按节点坐标进行插值来描述，那么这种单元就称为等参元。

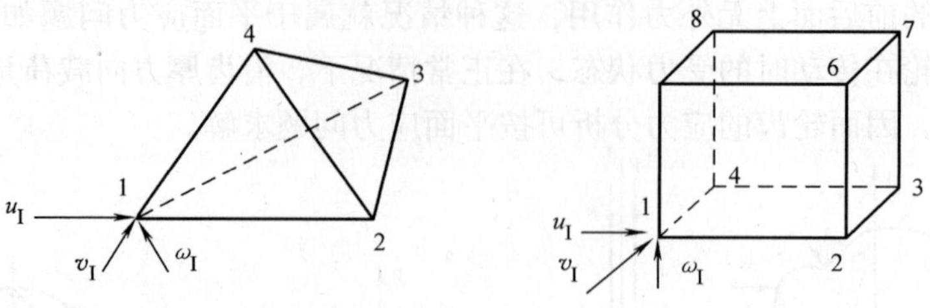

图 5-8　多面体单元

等参元有许多优点，它可用于模拟任意曲线或曲面边界，其分析计算的精度较高。等参元的类型很多，常见的有平面 4 ~ 8 个节点等参元和 8 ~ 21 个节点空间等参元，如图 5-9 所示。目前，一般的有限元程序中都配有此类单元供计算人员选用。

3. 单元划分与节点编号

单元划分时应充分利用结构的对称性，以确定是以整个结构还是取部分结构作为计算模型来分析求解。例如图 5-3a 所示的受纯弯曲的梁，它对 X，Y 对称，而载荷对轴对称，对轴承反对称。可见，应力和变形也将具有同样的对称特性，所以只取其梁来计算就可以了，如图 5-3b 所示。删去部分结构的影响可以这样考虑：处于轴对称面内各节点的方向位移为零，处于轴反对称面上各节点的方向位移也为零。这样，在图 5-3b 中相应节点处可安置限制方向位移的约束，图中 O 点方向的约束是为了消除刚体位移而设置的。

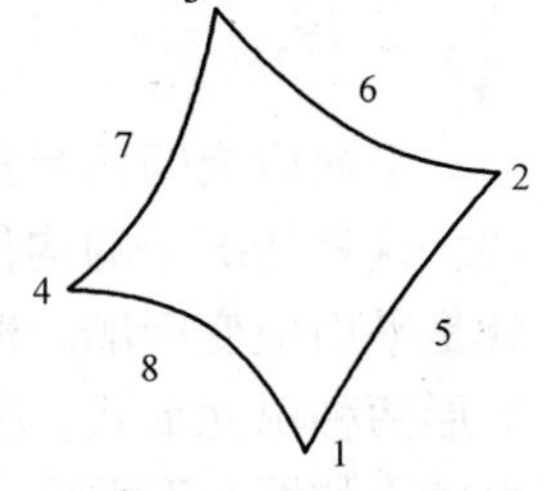

图 5-9　等参元

节点的布置与单元的划分是互相联系的。通常在集中载荷的作用点、分布载荷强度的突变点、分布载荷与自由边界的分界点、支承点等处都应设置节点。如果物体的尺寸有突变或者物体由不同材料组成时，在布置节点时要注意，不要把厚度不同或材料不同的区域划在同一个单元里。至于节点的多少和分布的疏密，即单元的大小，要根据计算精度和计算机容量等综合考虑。在保证精度的前提下，力求采用较少的单元，一般来说，单元划分越细，精度越高。通常，对应力变化剧烈的部位可分得细一些，应力变化平缓的区域可以分得粗一些。

4. 边界条件处理

整体结构的刚度矩阵是一个奇异矩阵，因而，组合单元的刚度方程、建立整体结构的平衡方程后，并不能直接进行求解，必须考虑结构的边界约束条件，消除结构的刚体位移，使整体刚度矩阵成为正定矩阵，这时才能利用总体平衡方程组求得未知的节点位移。如图 5-3b 中，O 点处利用对称性设置 Y 方向的位移约束就是为了消除刚体位移。一般情况下，结构的边界上往往有一定的位移约束条件，已排除了刚体运动的可能性；否则，应适当指定某些节点的位移值，以避免出现刚体运动。

5. 基于特征的自适应网格划分技术

有限元软件在几何建模完成以后便进行自动化网格划分，但没有考虑到边界条件和载荷分布情况对离散化过程的影响。自适应网格划分技术，通过吸取专家分析经验，将边界条件与载荷状况作用于网格划分过程，对关键区域的网格进行局部细化，实现动态离散化过程，使有限元模型自适应不同问题的求解策略。

自适应网格划分过程程序的分析，如图 5-10 所示。根据边界条件与载荷分布情况，从几何模型中识别具有不规则形状的几何特征，确定应力集中点面。同时，对约束条件与载荷情况进行一些简化，将复杂结构分解为较为简单的子结构，近似求解在理想状况下子结构上关键点/面的应力/应变值。对计算结果进行排序，形成不同关键区域的网格划分优先级序列，从而使网格划分技术对产品模型和工程约束条件具有适应能力。

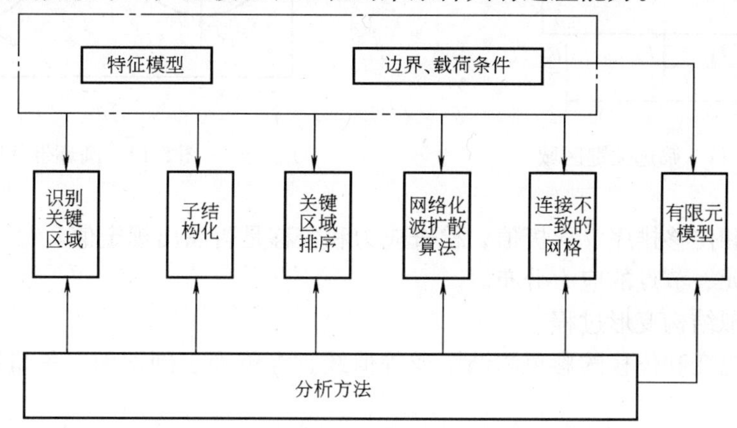

图 5-10　基于特征的自适应网格划分

（1）确定关键特征/区域　当用户输入构件的几何特征、边界条件以及载荷信息后，关键区域识别过程被激活。开始识别会产生显著应力变化梯度，具有不规则几何形状（如：槽、孔、裂纹以及受载支撑边界）的特征，将它们列入候选的关键区域。随即将边界条件与载荷信息作用于候选的关键区域，进行定性的受力分析，筛选出真正的力学意义上的关键区域。如图 5-11 所示，当 $L \leqslant D$ 时，F_a 不会对 A 点产生应力集中，候选的关键点 A 被排除；当 $L > D$ 时，F_a 就会对 A 点产生应力集中现象，A 点视为真正的关键点。

（2）子结构化　全面识别真正的关键区域后，激活子结构化过程，对边界条件进行简化，将较为复杂的结构分解为可以近似进行力学分析的相对简单的子结构。

（3）按优先级对关键区域进行排序　根据关键区域的应力/应变大小赋予关键区域以不同的网格离散优先级，优先级越大表明该区域的离散网格应该更细化。因此，关键区域的不同优先级便决定了与其对应的网格化密度与单元类型的差异。正是由于网格划分的不均匀性，应对应力较为特殊或敏感的区域进行详细分析或校核，使有限元计算效率与计算精度等级同步提高。

（4）关键区域网格细化　关键区域周围的网格尺寸采用波传播（WavePropagation）算法来确定。将关键点作为波的中心，波扩散形成圆环带状区域，如图 5-12 所示，波纹次序与网格细化程度有关。

（5）连接不一致的网格　对结构复杂件中的装配件单独进行网格化，不同组件分别使用不同的单元和网格划分技术，对处于不同级件的公共边界上相邻的单元之间位移进行协调，变形时使两相邻单元既不重叠，又不分离，保证位移求解模式的收敛性，实现不同单元类型和不同材料类型的构件被动态组合连接在一起进行整体求解。

三、有限元分析的后置处理

有限元分析的后置处理主要对分析结果进行综合归纳，并进行可视化处理。从分析数据中提炼出设计者最关心的结果，检验和校核产品设计的合理性。其内容主要包括：

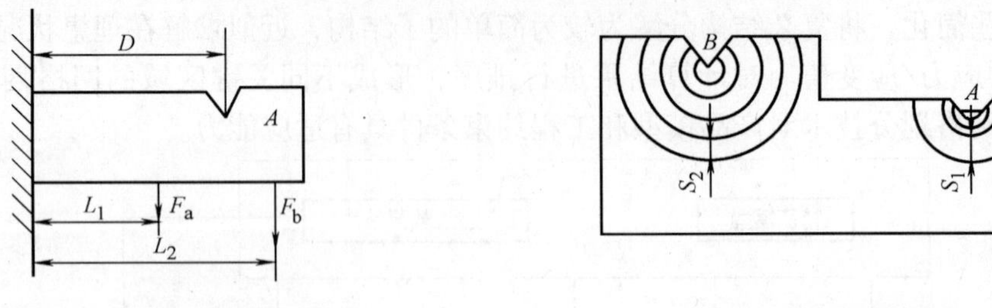

图 5-11　筛选关键区域　　　　图 5-12　圆环带状区域

1）对应力和位移排序、求极值，检查应力和位移是否超出规定值。

2）显示单元、节点的应力分布。

3）动画模拟结构变形过程。

4）应力、应变和位移的彩色浓淡图或等值线、等位面、剖切面、矢量图显示，绘制应力应变曲线等。

通过对大量分析数据所蕴含的工程含义实行判断推理，评价新产品工作性能与合理性，提出新产品设计方面的改进建议，使定量信息升华为深层次的定性信息。利用专家经验知识及时将分析的评价、改进意见映射为设计过程所能接受和处理的定量知识：①改变形状；②补充与完善形状；③改进结构件的支撑条件（如：增加/消除/重定位位移约束）；④改变外力；⑤改变材料；⑥调整约束极限，实现新产品的优化设计。

第三节　优化设计方法

优化设计（Optimal Design）是随 CAD 技术的应用而迅速发展起来的一门现代设计学科。它已成为企业在进行新产品设计时，追求具有良好性能、满足生产工艺性要求、使用可靠安全、经济性能好等指标的有效方法。

一、机械设计优化问题

本节选用机械新产品二级圆柱齿轮减速器（如图 5-13 所示）设计实例来说明优化原理和方法。

设计是根据给定的传动功率、输出轴转速 n、总传动比及使用寿命原始数据，参照规范或经验类比预先选择参数，再按强度、刚度以及其他要求进行必要的计算，确定或验算设计参数。如果计算中发现某些参数不满足条件，再作适当修改，直到满意为止。如按此方法设计，则每个设计者会设计出不尽相同的减速器。虽然这些减速器一般均可使用，但使用性能优劣不同。为获得一个较优的方案，可把它描述为一个优化设计问题，即希望此二级圆柱齿轮减速器在传递一定功率、转速和满足使用寿命要求下体积最小。减速器齿轮体积和为

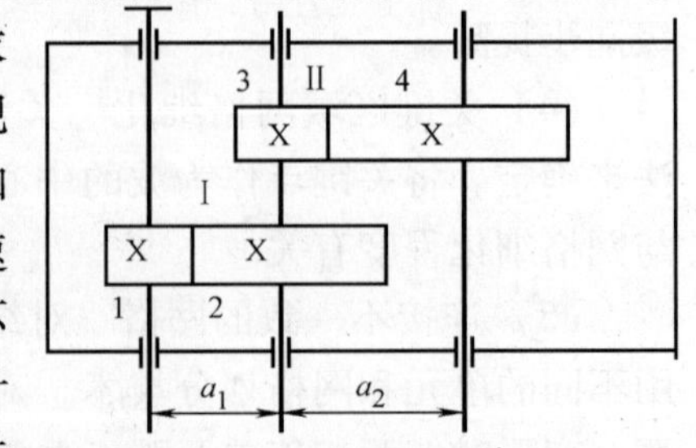

图 5-13　圆柱齿轮减速器

$$V=\frac{\pi}{4}[b_1(d_1^2+d_2^2)+b_2(d_3^2+d_4^2)]=\frac{\pi}{4}\left[\frac{m_{n1}^2z_1^2(1+i_1^2)b_1}{\cos^2\beta_1}+\frac{m_{n2}^2z_3^2(1+i_1^2)b_2}{\cos^2\beta_2}\right] \tag{5-8}$$

设计的目标是使 V 最小。上式称为数学模型，其中除两级传动比间有一定关系，即 $i_1i_2=i$，其余参数是相互独立的。在减速器优化设计中，需要恰当选择参数 m_{n1}、m_{n2}、z_1、z_3、β_1、β_2、b_1、b_2 和 i_1，使 V 最小，这些参数称为设计变量。除选择上述各参数，对齿轮本身的各尺寸参数还应限制，如齿轮齿面接触和齿根弯曲疲劳强度的限制是

$$d\geqslant 750\sqrt[3]{\frac{TK_AK_Bi_1\Delta}{\varphi_d Z^2\sigma_{Hlimb}}} \tag{5-9}$$

$$m_n\geqslant 12\sqrt[3]{\frac{TK_AK_Bi_1\Delta}{\varphi_d z^2\sigma_{Flimb}}} \tag{5-10}$$

式中，T 为作用在啮合副小齿轮上的转矩（N·m）；z 是啮合副小齿轮齿数；σ_{Hlimb} 为试验齿轮的齿面接触疲劳极限压力，按一对齿轮中的较小者计算（MPa）；σ_{Flimb} 为齿根弯曲疲劳极限应力，按两轮中 Y_F/σ_{Flimb} 之较大者计算（MPa）；Y_F 为齿形系数；K_A、K_B 为工作状况系数和载荷分布系数；φ_d 为齿宽系数（$\varphi_d=b/d$）；$\Delta=u\pm1/u$（u 为齿数比）为避免结构在运动中发生干涉，还应满足

$$a_2 0.5d_{a2}\geqslant s \tag{5-11}$$

其中，s 为齿轮 2 的齿顶圆到低速轴轴心线的最小许可距离；d_{a2} 为齿轮 2 的齿顶圆直径。另外，考虑结构尺寸合理性及一般工艺条件等因数，对某些尺寸参数还应给出一定的范围，如法面模数

$$2\leqslant m_n\leqslant 10 \tag{5-12}$$

为避免切制齿轮时发生根切，齿数

$$17\leqslant z\leqslant 50 \tag{5-13}$$

对第一级齿轮传动要求

$$i\leqslant 5\quad 8^\circ\leqslant\beta\leqslant 15^\circ \tag{5-14}$$

以上是对齿轮设计中所加的各种限制，实质是对设计的一种约束。因此，对二级齿轮减速器优化问题可叙述为：求一组设计变量 m_{n1}、m_{n2}、z_1、z_2、β_1、β_2、b_1、b_2 和 i_1 在满足诸不等式的约束下使两对齿轮的体积 V 最小。由上面的例子可以看出，机械优化设计问题应包含以下三方面内容：

1）优化所需求解的一组参数均可看做是变化的量，称为设计变量。

2）设计所要达到的指标（性能指标，经济指标等）是设计变量的函数，称为目标函数。

3）设计变量的选择必须满足的条件，称为设计约束。

优化设计工作包括以下两部分内容：①根据实际工程问题，把设计问题的物理模型转变为数学模型。在建模时，应选择设计变量，给出约束条件，列出目标函数。目标函数是设计问题要求的最优指标与设计变量之间的一种函数关系；②选用适当的数值计算方法，对数学模型求解。

因此，机械优化设计就是对机械新产品的性态、几何尺寸关系或其他因素的约束条件，建立目标函数并得到最优解的一种新的设计方法。

二、优化设计的分类

按优化设计涉及的对象，可将优化设计分为方案的优化设计和参数的优化设计。方案的优化设计主要是利用人工智能和专家系统原理对产品的布局方案进行优化选择，这是一种创造性的设计过程，有时称为智能优化设计；由于无法用数学方程准确描述设计对象，智能优化设计的难度很大，但它的效果却比参数优化设计显著得多。关于方案的优化设计，将在“概念设计”一节中加以介绍，这一节只介绍参数优化设计。参数优化设计是利用优化方法确定具体的设计参数，由于可以建立设计目标和设计参数之间的数学模型，就可以采用数学规划方法寻求最佳设计参数的组合。

根据抽象得到的数学模型的不同，需要应用不同的数学规划方法去求解，在这个意义上，又可以将优化设计分为：线性规划问题、非线性规划问题、动态规划问题、整数规划问题等。根据是否有设计约束，又可将优化问题划分为约束最佳化问题和无约束最佳化问题。在这里，重点介绍最常用的约束非线性最佳化问题。

三、优化设计的数学模型

1. 设计变量

设计变量是设计时待定的参数，是可变化的量。对于不同的设计问题这些参数也不相同，但归纳起来有两种变量类型；一类是几何参数，如零件的几何尺寸、构件的运动尺寸等；另一类是物理参数，如物体的力、力矩、材料的性质参数等。在这些参数中有些可根据设计要求预先给定，称为设计常量；有些需在设计中优选。需优选的参数（即设计变量）越多，则设计的自由度越大，越易达到优化目标，但求解的难度也越大，通常把对设计效果影响较大的独立参数作为设计变量。

设计变量的数目称为优化设计的维数。只有一个设计变量的优化问题称为一维优化，具有 n 个设计变量的优化问题，称为 n 维优化。设计变量可用矩阵来表示，如几个设计变量（x_1，x_2，…，x_n），可用矩阵表示为

$$X=\begin{Bmatrix} x_1 \\ x_2 \\ \vdots \\ x_n \end{Bmatrix}=[x_1,x_2,\cdots,x_n]^{\mathrm{T}} \tag{5-15}$$

X_i 是第 i 个变量，因此一组设计变量对应着一个以坐标原点为起点的矢量，矢量端点坐标值是这一组设计变量，矢量端点称为设计点，用符号 X 表示，它代表一个设计方案。

设计变量有连续与离散之分。如变量取任何连续值均有意义，它是连续变量；如变量只能取间断跳跃式值才有意义，它是离散变量。在机械设计中，多数设计变量是连续变量，但也有设计变量是离散变量，如齿轮齿数，模数等。对离散变量，一般先假定变量是连续的，当求得最优化值后，再按规范或标准去调整。

2. 目标函数

目标函数是通过设计变量来表示的设计所追求的某种性能指标的数学表达式。优化设计实质就是通过改变设计变量、比较目标函数的大小来衡量方案的优劣，由于目标函数值可直接用来评价优化方案的好坏，所以又称它为评价函数，记作

$$F(x)=F(x_1,x_2,\cdots,x_n) \tag{5-16}$$

在工程设计中，优化目标函数可用两种形式表示，即目标函数的极小化和目标函数的极

大化。由于求目标函数 $F(x)$ 的极大化等于求 $F(x)$ 极小化，为了求解算法和程序的统一，把优化设计问题统一描述为求目标函数的极小化问题，即：$F(x)\to\min$。如果在建立目标函数时所追求的目标较多，取其最主要的一个作为目标函数，其余的列为约束条件，称为单目标函数，而某些设计要求同时兼顾多个设计准则，就构成多目标函数的最优化问题。在多目标函数优化设计中，很难求得一个使各分目标函数同时达到最优的最优解。虽然目标函数越多，设计综合效果越好，但求解时也越复杂，原则上应控制目标函数的数目。关于多目标优化问题的求解方法，是优化设计的专门课题，一般采用一个目标函数表示若干所追求目标的加权和，把多目标问题转化单目标问题来求解。加权因子反映了各项评价指标的重要程度。

3. 约束条件

约束条件是对设计变量的取值范围给予某些限制的数学关系式。

（1）边界约束　用来限制设计变量的取值范围或规定某组变量间的相对关系，如构件长度 l_i（$i=1$，2，…，n）应满足给定的最大、最小尺寸 $l_{\max}$、$l_{\min}$，即

$$\left.\begin{aligned} g_1(x) &= l_{\lim} - l_i \leqslant 0 \\ g_2(x) &= l_i - l_{\max} \leqslant 0 \end{aligned}\right\} \tag{5-17}$$

（2）性能约束　是对机械优化设计中结构的某种性能或设计要求导出的一种约束条件，如为保证机构曲柄存在，零件工作压力的计算式应小于或等于许用应力

$$g_3(x) = \sigma_n - [\sigma] \leqslant 0 \tag{5-18}$$

由上可知，约束条件可用数学中的等式或不等式表示，其形式为

$$h_v(x) = 0 \qquad (v = 1,2,3,\cdots,p) \tag{5-19}$$

$$g_n(x) < 0 \qquad (n = 1,2,3,\cdots,m) \tag{5-20}$$

每个等式约束相当于设计空间的一条曲线（曲面），设计点必须为该曲线（曲面）上的一点。不等式约束条件，其极限情况 $g_n(x)=0$ 所表示的称为设计的可行域，凡在可行域内的一切设计点称为可行点或内点，一个可行点对应一个允许设计方案；另一部分不满足约束条件，即 $g_n(x)<0$，称为设计的非可行域，该域中的点称为非可行点或外点，一个外点表示一个不可行设计方案。约束边界面上的点称为边界点，是允许的极限设计方案。

4. 数学模型

数学模型是研究对象的数学表达式。在选取设计变量、列出目标函数、给定约束条件后便可构造优化设计的数学模型。无优化问题数学模型是 $F(x)\to\min$，约束优化问题的数学模型表达式为

$$\left.\begin{aligned} &\min f(x) \quad x \in R^n \\ &h_v = 0 \quad v = 1,2,\cdots,p \\ &g_u(x) \leqslant 0 \quad u = 1,2,\cdots,m \end{aligned}\right\} \tag{5-21}$$

利用优化方法对数学模型进行求解，得一组设计变量 $X^* = [x_1{}^*, x_2{}^*, \cdots, x_n{}^*]$ 使目标函数达最小为最优点，表示一个优化的设计方案，相应的目标函数值 $F=F(x)$ 为优化值。

四、优化算法的基本思想和常用的优化设计方法

优化算法各种各样，但大多数方法都是采用数值计算法，其基本思想是搜索、迭代和逼近。就是说，在求解时，从某一初始点 X 出发，利用函数在某一局部区域的性质和信息，确定下一步迭代的搜索方向和步长，去寻找新的迭代点 X。然后，用 x^1 取代 X，对于极小化

问题，x^1 点的目标函数值应比 X 点的值为小。这样一步步地重复迭代，逐步改进目标函数值，直到最终逼近极值点。图 5-14a 表示了一个无约束极值问题 $F(X)$ 的迭代和逼近过程。

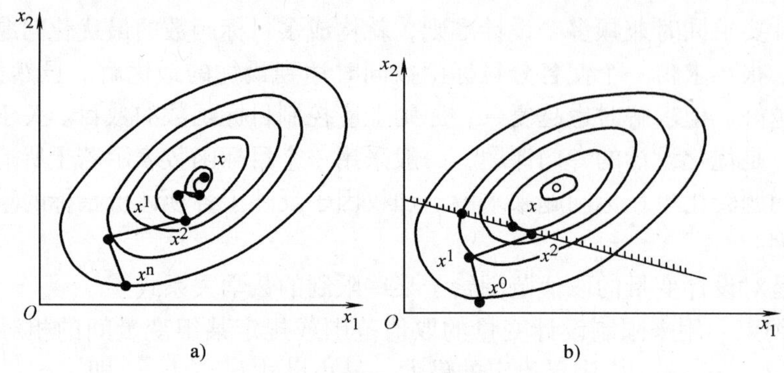

图 5-14　优化迭代和逼近过程

a）无约束条件　b）约束条件

这样一个逐步寻优的过程跟“盲人登山”很相似。求极大值相当于登山顶，求极小值相当于下山谷。以盲人登山为例，盲人登山有两个特点：一是每走一步都要认真研究这个新点周围的信息，以确定下一步的方向和步长，然后到达下一个点；二是每走一步都比前一步高。正是由这两个特点，盲人总是可以到达山顶，优化算法也应保证这种步步登高的性质。对于盲人登山而言，他只能登上某一个山峰，如果有好几个山峰存在，他无法确定所登上的山峰是不是最高峰。同样，对于目标函数是多“峰”情况，要采用一定的方法求得全局最优解，而不仅仅是局部最优解，这就要研究函数在可行域内的性质，但寻求全局最优解是个十分困难的问题。在寻优过程中，最重要的是确定每一步的搜索方向和迭代步长，而各种优化算法的主要区别也在于此。对于约束极值问题，其数值解法的基本思想仍然是搜索、迭代和逼近，不同的是需要考虑约束条件的存在，如图 5-14b 所示。如果增加一个约束条件 $g(X)$，就好像盲人登山过程中遇到一堵墙，所能达到的最高点必须在墙内，攀登的路线也会随之改变。

盲人登山，主要目标是登上山顶，同时也希望越快越好。优化算法也有类似的两个标准，即收敛性和收敛速度，这是衡量算法优劣的两个重要指标。

优化设计研究的目的不仅要找到最优解，而且要提高数值求解的速度。为此，人们针对实际工程问题研究了各种各样的优化实际方法，这些方法的实质是求目标函数的极值问题，它采用一种数值近似求解方法（即数值迭代法），对同一迭代法进行反复的数值计算，以达到最优的目的。

机械优化中，绝大多数是约束优化问题，一些约束优化问题可转化为无约束优化问题。某些优化设计方法，可借助于无约束方法的策略思想来构造，而无约束方法又是优化设计中的基本方法，所以，常用的优化方法按无约束优化方法和有约束化方法列表如图 5-15 所示。

上述方法基本原理及算法步骤不少书籍均有介绍，这里不再赘述，下面就一些常用方法的算法特点及范围作一比较。

1）0.618 法（黄金分割法）。算法步骤比较简单，勿需求导。对连续和非连续函数均能获得较好的效果，但效率低。适用于低维优化问题中的一维搜索，或用于函数不可导或求导有困难的情况，实际应用范围较广。

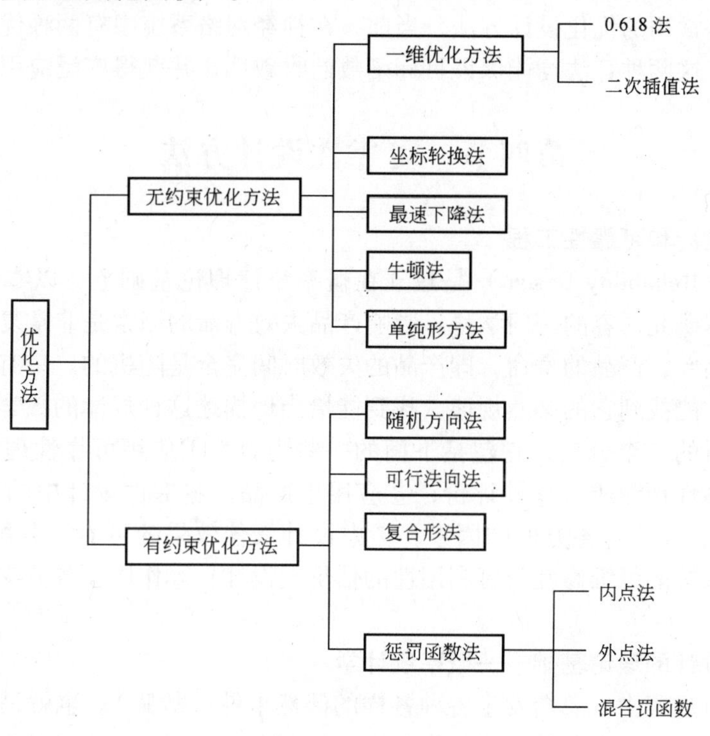

图 5-15　优化方法分类

2）坐标轮换法。只需计算函数值，无需求函数根，方法易懂，程序设计简单，但迭代过程较长，收敛速度较慢，且问题的维数越多，求解效率越低。适用于维数小于 10，目标函数无导数存在，或虽存在但不易求得的小型无约束优化问题。

3）最速下降法。效率高于坐标轮换法，尤其是最初几步函数值下降很快，但越进入最优点领域，收敛速度越慢。迭代计算简单，占内存储单元少，对初始点选择要求低，适用目标函数存在一阶偏导的情况。故用于求解精度较低的问题，常与其他方法混用。

4）共轭梯度法。此法是对最速下降法在收敛速度的重大改进，其收敛速度比最速下降法速度大为提高，此法只需计算函数的一阶导数，程序编制简单，收敛速度快，适用于维数较高（50 维以上）且易于求一阶偏导数的目标函数。

5）Powell 法。它是一种直接方法，无需求导，只需计算函数值，具有二次收敛性，可靠性好，占存储空间少。适用于中小型无约束优化问题，是一种求无约束最优化问题较为有效的方法。

6）复合形法。此法不必计算目标函数的导数，也不用一维搜索，计算量少，程序简单，易于掌握，适用性强，但有时会产生不收敛于最优点的缺陷。不适用于变量的个数较多和有等式约束的问题。

7）惩罚函数法。这是一种将约束问题转换成无约束问题，然后采用无约束优化设计方法求最优解的间接优化方法，它是解约束问题转换成无约束优化问题的最实用方法。能解不等式约束、等式约束或两者兼有的约束优化设计问题，构思逻辑简单，程序易编，使用方便，并且惩罚函数能保证收敛到原函数最优解上。

上面介绍的是常用的优化设计方法，当前，在神经网络系统中有两种优化方法，即遗传算法和退火算法。这两种算法均能保证目标函数的收敛性，并获得广泛应用。

第四节　可靠性设计方法

一、可靠性设计和可靠性工程

可靠性设计（Reliability Design）是建立在概率统计理论基础上，以零件、产品或系统的失效规律为基本研究内容的一门学科。影响产品失效寿命的因素是非常复杂的，有的甚至是不可捉摸的，因此，产品的寿命，即产品的失效时间完全是随机的。只有依靠长期的、大量的统计与实验才能找到它的必然规律，找到能恰当地描述这种规律的数学模型。可靠性工程作为可靠性学科的一个分支，它包括下面的一些内容：①应用可靠性理论预测与评价产品；②零件的可靠性预测或可靠性评价；③应用于产品、零部件设计中的可靠性设计（或称概率工程设计）；④综合各方面的因素，考虑设计最佳效果的可靠性分配和可靠性优化；⑤考虑维修因素系统的可维修性与可利用性的估价与设计；⑥作以上各分支基础的可靠性实验及其数据处理。

二、可靠性设计的理论基础——概率统计学

在产品的运行过程中，总会发生各种各样的偶然事件（故障）。也就是说，人们不知道这些事件是不是会发生，发生的可能性有多大，何时会发生，在什么条件下发生。这种偶然事件的内在规律很难找到，甚至是很难捉摸的。但是，偶然事件也不是完全没规律可循，如果从统计学的角度去观察，偶然事件也存在着某种必然规律。概率论就是一门研究偶然事件中必然规律的学科，这种规律一般反映在随机变量与随机变量发生的可能性（概率）之间的关系上。用来描述这种关系的数学模型很多，如正态模型、指数模型、布尔模型等，其中最典型的是正态模型

$$f(t)=\frac{1}{2.506628\sigma}\mathrm{e}^{\left[-\frac{1}{2}\left(\frac{t-u}{\sigma}\right)^2\right]} \tag{5-22}$$

式中，t 为随机变量；u 为平均值；σ 为标准差。

上述数学模型称为随机变量 t 的概率密度函数，它表示变量 t 发生概率的密集程度的变化规律。随机变量 t 在某点以前发生的概率可按下式计算

$$F(t)=\int_{-\infty}^{t}f(t)\,\mathrm{d}t \tag{5-23}$$

$F(t)$称为随机变量 t 的分布函数或称积分分布函数。对于时间型随机变量而言，它反映了故障发生可能的大小，它的值是在［0，1］之间的某个数。其值越小，表示故障发生的可能性就越小。

三、与可靠性设计有关的几个基本概念

（1）互补定理　如果某产品出现故障的概率为 $F(t)$，正常运行的概率（可靠度）为 $R(t)$，则有

$$F(t)+R(t)=1 \tag{5-24}$$

上式说明，产品或者处于正常运行状态，或者处于故障状态，两者必居其一，故其概率和为 $F(t)+R(t)$。

因此，在设计时，应尽量减小 $F(t)$。采用冗余设计(或提高安全系数)是减小 $F(t)$ 的办法之一，但并不总是有效的。冗余设计相等于将系统的薄弱环节设计成多环节并联系统，只要有一个环节不发生故障，系统就可正常运行。但冗余部分往往是“备而不用”，会造成结构庞大或浪费。

(2) 加法定理　产品在运行过程中，可能出现各种各样的故障。如果 A 故障出现的概率为 $P(A)$，B 故障出现的概率为 $P(B)$，这时产品出现故障的概率为多大？如果 A 事件发生时，B 事件一定不发生，反之亦然，则称 A 和 B 为互斥事件。对于互斥事件，产品出现故障的概率可用加法定理来计算

$$P(A \cup B)=P(A)+P(B) \tag{5-25}$$

从上式可以看出，当产品的故障源越多时，产品的故障率也就越高（相等于是个串联系统，只要其中一个环节发生故障，系统就不能正常运行，所以，应重点提高薄弱环节的可靠性)。因此，在设计时，应尽量减少故障源。减少故障源的办法之一是尽可能减少系统中的零件数量，降低设备的复杂程度（根据公理性设计中的信息公理，系统的信息含量应最小)。

当 A、B 两事件不互斥时，产品发生故障的概率为

$$P(A \cup B)=P(A)+P(B)-P(A \cdot B) \tag{5-26}$$

(3) 乘法定理　产品在运行过程中，可以同时发生几个故障，这种情况出现的概率有多大？当 A 事件的发生不会影响 B 事件的发生时，则称 A、B 两事件为相互独立的事件。相互独立事件同时发生的概率为

$$P(A \cdot B)=P(A) \cdot P(B)=P(A \cap B) \tag{5-27}$$

上式说明，故障同时发生的可能性总是比单独发生的可能性小。当 A、B 两事件不互为独立时，称 A 与 B 为相关事件。在这种情况下，两种事件同时发生的概率为

$$P(A \cap B)=P(A)+P(B|A) \tag{5-28}$$

式中，$P(B|A)$ 是在 A 事件发生的条件下，B 事件发生的概率，称为 B 事件的条件概率。条件概率可用下式计算

$$P(B|A)=P(A \cap B)/P(A) \tag{5-29}$$

(4) 数学期望　数学期望是随机变量取值的平均数，它是建立在长期、大量统计基础上的平均数，只用几个数值得出的平均数不叫数学期望。数学期望可用下式计算

$$\mu=E(t)=\int_{-\infty}^{+\infty} t f(t) \mathrm{d} t \tag{5-30}$$

(5) 置信度　对产品进行可靠性评价时，通常是对它进行抽样，然后对样品进行寿命试验，再以所得结果来估计母体的失效概率。这样得到的结果总会与母体的真实情况有一定差异，度量这种差异大小的指标叫置信度。在概念上，可靠度是对产品本身而言的，而置信度则是对试验而言的。

四、可靠性指标——可靠度和可靠度函数

可靠度的定义是：“零件（系统）在规定的工作条件下，在规定的工作时间内，能正常工作的概率”。由此定义可以看出，可靠度共有五个要素：

(1) 对象　对象包括系统、机器、部件等。在这里，系统和零件是个相对概念，如果研究包括某台机器在内的一个大系统，则这台机器可视为零件。

(2) 规定的工作条件　工作条件包括对象所处的环境条件和维护条件，即对象预期的运行条件。产品的工作条件不同，是无法比较它们的可靠度的。因此，同一产品工作条件不同，设计依据也不同。一切都按照最恶劣条件进行设计，肯定是浪费的、高成本的，因而也是一个不成功的设计。

(3) 规定的工作时间　时间一般指对象的工作期限，可以用各种方式来表示。如滚动轴承的工作时间用小时数表示，车的工作时间用千米数来表示，齿轮的寿命采用应力循环次数等。应明确的是，可靠设计并不仅仅研究如何延长产品的寿命，因为有时这是不必要的。对于某些产品，往往只要求它在一定的工作时间内达到规定的可靠度就行了，用高成本去追求更长的寿命会造成更大的浪费，所以，在可靠性设计中，人们往往更追求“总体寿命的均衡”，即到达规定的工作时间，所有零件的寿命均告结束。

(4) 正常工作　所谓正常工作，是指产品能达到人们对它要求的运行效能，否则，产品就失效了。在这里，失效标准是个值得研究的课题，有时很难确定。而没有失效标准，产品的可靠性就无法度量。有时，产品虽然能工作，但却不一定能达到要求的运行效能；而有时，虽然对象的某个零件出现故障，产品仍可正常工作，能达到要求的运行效能。

(5) 概率　就是可能性，它表现为［0，1］区间的某个数值。根据互补定理，系统从开始起动运行至不出现失效的概率，即可靠度为

$$R(t)=1-F(t) \tag{5-31}$$

如果概率密度函数为$f(t)$，则它的可靠度函数为

$$R(t) = 1 - \int_0^t f(t)\,\mathrm{d}t = \int_0^\infty f(t)\,\mathrm{d}t \tag{5-32}$$

例如：如果失效时间随机变量可用指数分布来描述时，则其失效概率密度函数为

$$f(t)=\lambda \mathrm{e}^{-\lambda t} t>0 \ , \ \lambda>0 \tag{5-33}$$

其可靠度函数为

$$R(t) = \int_0^\infty \lambda e^{\lambda t}\mathrm{d}t = \mathrm{e}^{\lambda t} \tag{5-34}$$

(6) 期望寿命　期望寿命即平均无故障工作时间，可由下式计算

$$E(t)\int_0^\infty tf(t)\,\mathrm{d}t = \int_0^\infty R(t)\,\mathrm{d}t \tag{5-35}$$

平均无故障工作时间是个很重要的指标，因为它是个比较直观的尺度。对于某些长寿命产品，如电视机、冰箱、汽车等都用这一指标来规定其可靠性。平均无故障工作t时间有两种表达形式：一种称为 MTTP（Mean Time To Failure），它表示故障前运行时间的平均值；另一种称为 MTBF（Mean Time Between Failure），它表示故障间隔的平均时间。

(7) 故障率和故障率函数　某一产品，已经安全运行了某段时间间隔［0，t］，而在下一段时间间隔［t，t_1］内，产品的失效概率称为故障率。换句话说，故障率表示故障即将发生的速率。故障率用故障率函数来计算

$$h(t)=f(t)/R(t) \tag{5-36}$$

故障率有三种形式：初期故障型（减少型）、随机故障型（常数型）和集中耗损故障型（增加型），如图 5-16 所示。

减少型常发生在产品投入运行初期，为了消除初期失效，在产品交付用户前，应在较为苛刻的条件下试行一段时间，以便发现故障并将其去除。

常数型失效形式随机发生，一般存在于比较复杂的系统中。

增加型是在产品运行一段时间后，故障发生的概率突然开始增加，预测这一时间意义非常重大。

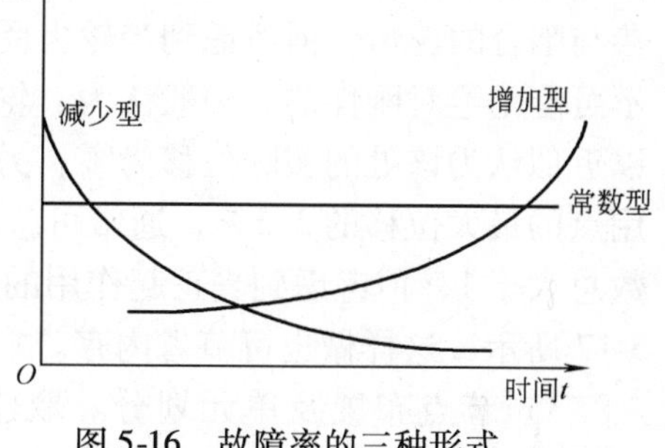

图 5-16　故障率的三种形式

所谓的苛刻性设计就是在满足产品的功能、成本等要求的前提下，一切使产品可靠地运行的设计过程。它包括：确定产品的可靠度、平均无故障工作时间（期望寿命），确定它的故障率，以及在上述指标已确定的前提下选择系统的结构、零件的尺寸、材料和其他技术要求等。

第五节　工程分析技术在机械工程中的应用

随着 CAD/CAPP/CAM 技术迅速普及应用，工程分析技术在各领域被广泛应用，在机械工程中的应用最为广泛。

一、典型机械零件的工程分析

1. 齿轮弯曲应力的有限元分析

齿轮传动中，在载荷的作用下轮齿可能发生弯曲折断，因此要进行齿根弯曲强度计算。目前通用的齿轮弯曲强度计算公式都是基于材料力学观点提出的简化公式，即将齿轮的受力视为悬臂梁，认为齿轮心部的刚度很大，并采用 30°切线法或抛物线法来确定齿根的危险截面位置，求取齿形系数，计算出齿根的名义应力；同时，考虑动载系数和应力集中系数等，建立齿轮实际弯曲强度的计算公式。显然，这种计算方法是相当粗糙的，因为材料力学中的悬臂梁是指截面尺寸相对于梁的长度小得多的情况，而实际上齿高相对于轮齿截面却很短，齿轮心部也未必绝对刚性。尤其是随着非标准齿轮的应用日趋广泛，传统的齿轮弯曲强度计算方法越来越显得不足。

齿轮弯曲强度的有限元计算与传统的计算方法相比，具有一系列优点。它可根据齿轮的实际齿廓载荷作用情况直接对轮齿的应力进行计算，即只需给定刀具的尺寸、齿轮几何参数、载荷作用点，而不必作齿的危险截面的假定和齿形系数、应力集中系数的计算。并且，有限元法不仅可算出齿根截面上各点以及齿根过渡圆角处各个点的应力值，还可求出齿轮受载后的变形情况。国内外大量的计算和实验证明：用有限元法计算弯曲应力具有很高的精确度，解题迅速、可靠。

（1）建立有限元计算模型

1）确定问题性质。为进行齿根应力分析，必须根据分析对象的形状和受力特点建立正确的计算模型，对于斜齿圆柱齿轮、圆锥齿轮和蜗轮，因受力多为空间力系难于简化，一般应作为三维问题来求解；而对于直齿圆柱齿轮，由于直齿轮厚度方向的尺寸较径向方向的尺寸小得多，作用力又平行于轮齿的端面，沿厚度方向不变，故可近似按二维的平面应力问题来处理。

2）确定求解区域。由于分析的目的是求出齿轮啮合传动过程中齿根部位的弯曲应力，因此分析计算时并不需要对整个齿轮进行计算，而可根据圣文南原理将求解区域缩小到直接参与啮合的轮齿。但考虑到当轮齿受力时与轮齿相连的齿轮部分也会发生变形，因为齿轮心不可能是绝对刚性的。一般认为，轮心在离齿根的距离达 1.5 倍模数处基本不再受影响，可以近似认为该处的实际位移为零；另外，两轮齿侧中间处的位移一般很小，不会超过载荷作用点的最大位移的 3.5%，通常可忽略不计，认为该处位移为零。虽然实际上参与啮合的齿数总大于 1，但考虑到真正起作用的是单齿，通常只取一个轮齿作为分析对象，其取法如图 5-17 所示，这样做也可节省内存。

3）节点布置及单元划分。取轮齿的对称线为 y 轴，原点 O 取在边界的中点。采用三节点三角形单元，把求解域划分为如图 5-17 所示单元和节点，左、右对称。考虑到轮齿应力在齿根过渡圆角和靠近齿面处变化较大，单元可划分得密一些，如图 5-17 所示。

4）载荷及边界条件处理。作用在齿轮上的载荷是沿齿轮宽度方向的分布载荷，计算时可假定载荷沿齿宽均匀分布。由于平面应力计算模型只取单位厚度，即计算载荷为单位厚度上的齿面法向载荷。载荷作用点的位置可分单齿啮合和双齿啮合来考虑，通常只考虑单齿啮合，其载荷作用点取单齿啮合的最高点。齿轮的边界约束条件按 x，y 两个方向固定以消除刚性位移，边界尺寸大小也可通过试凑法来确定，如图 5-17 所示。

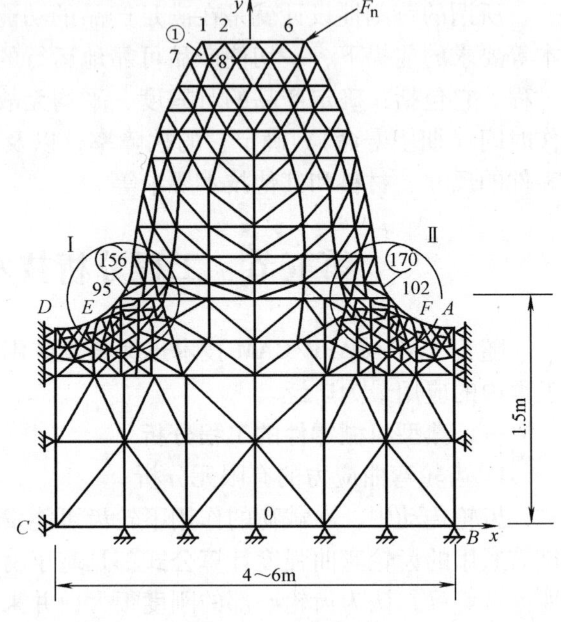

图 5-17　齿轮模型

（2）有限元求解及结果分析　如图 5-18 所示为某尺寸直齿轮的齿面应力分布图和齿根危险剖面上的拉压应力 σ_y 及主应力分布图。计算结果表明，齿根两侧圆角过渡曲线处应力最大，这与用传统的 30°切线法确定的齿根危险截面基本一致。

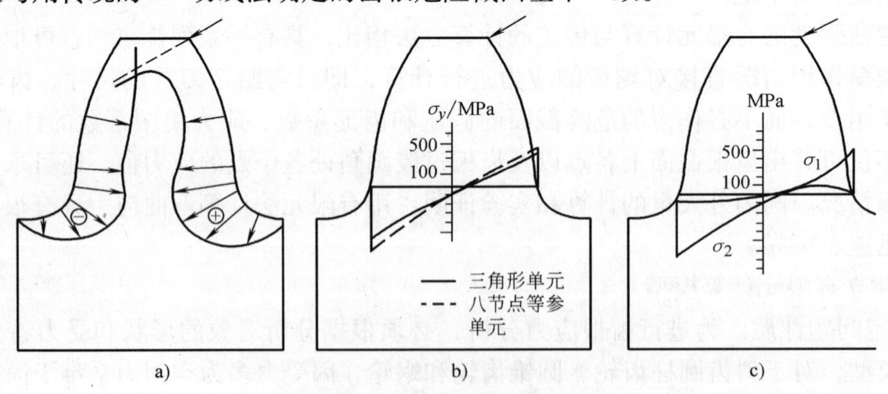

图 5-18　齿轮的应力分布

a）齿面应力分布图　b）齿根危险剖面拉压应力分布图　c）齿根危险剖面主应力分布图

2. 受扭转轴的应力分析

传动轴是汽车和船舶传递转矩的重要零件，通常传动轴的两端加工成花键，中间为光轴，光轴与花键间为过渡圆弧轴段以减小应力集中。由于传动轴的转速和载荷一般偏大，在实际运行中，常出现过渡圆弧轴段断裂的现象，这可能是花键齿上的载荷分配不均和过渡圆弧处应力集中所致。为了弄清传动轴在不同载荷分布、不同过渡圆弧大小情况下的应力分布，可通过有限元法采用“先整体后局部”的方式对其进行计算。即对传动轴的整体应力计算采用相对稀疏网格，而对应力集中敏感的区域（如过渡圆弧段）采用比较密的网格。

图 5-19a 为某潜艇发动机中的扭力轴的整体有限元计算模型，由于扭力轴主要承受扭转载荷，根据轴的结构对称性，只取了扭力轴的一半，网格也划分得粗一些，共划分了 2784 个 8 节点三维块单元，2910 个节点，以便快速地对多种载荷、多种结构参数条件下整体结构应力分布和变形特点进行分析和比较。而对过渡圆弧轴段，采用了比较密的网格划分，共划分了 4236 个 8 节点三维块单元 4890 个节点，以便精确地分析应力变化比较剧烈的部位的应力分布情况，如图 5-19b 所示。

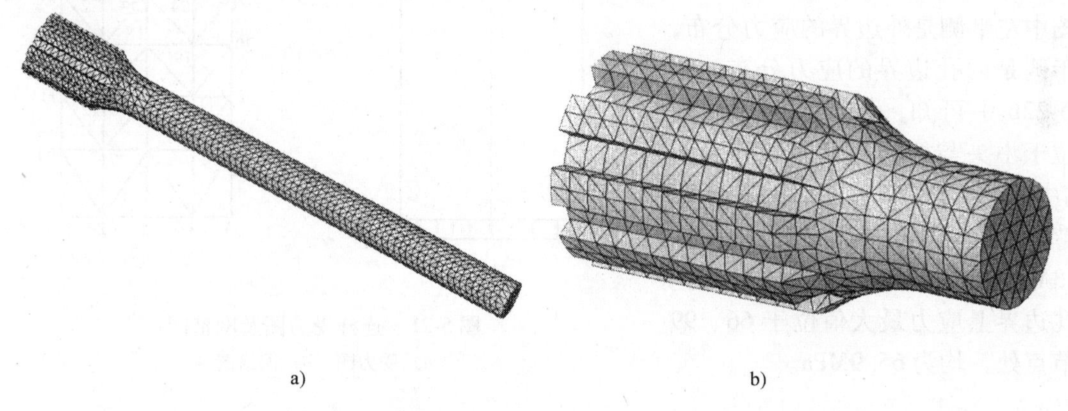

a)　　　　b)

图 5-19　轴的整体和局部有限元模型

a）整体有限元模型　b）局部有限元模型

作载荷和边界条件的处理时，须将花键上承受的扭矩等效地作为分布载荷，分别施加在每一键齿的侧面；边界条件则根据对称性施加在轴的中部对称面的整个横截面上，并作固定边界条件处理。

如图 5-20 所示，为某尺寸参数扭力轴在极限载荷作用下，进行整体和局部有限元分析后，按第三强度理论计算的过渡轴段的等效应力 σ_{r3} 分布。计算结果表明：最大应力发生在过渡圆弧与光轴的连接处。

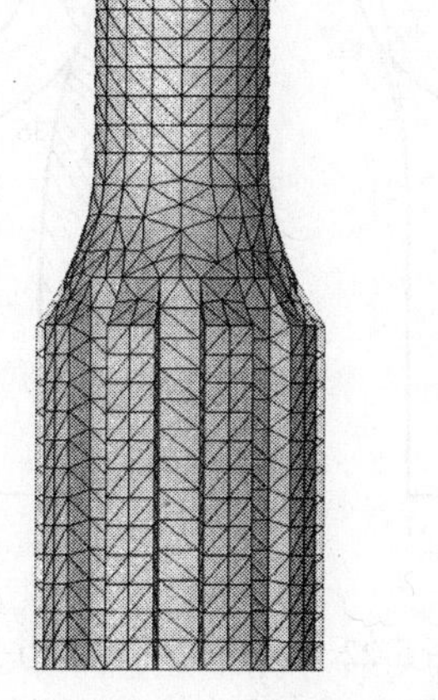

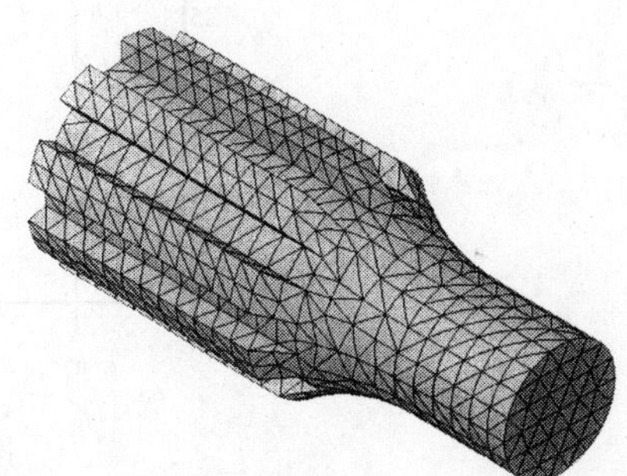

图 5-20　最大应力分析结果

3. 发动机连杆的应力分析

连杆是内燃机的重要运动零件，承受由活塞传来的气体压力、活塞组和连杆自身运动的惯性力等。由于连杆结构对称于其摆动的中间平面，连杆厚度方向的尺寸和长度方向的尺寸相比小得多，且作用于连杆上的载荷沿厚度方向近似均匀分布，因此连杆的受力分析可按平面应力问题来处理。

在整个工作过程中，连杆有两种计算工况，即最大受拉载荷工况和最大受压载荷工况。考虑到连杆小头是连杆强度的薄弱之处，这里仅给出连杆小头在最大受拉载荷作用时的计算分析。图 5-21 所示为连杆小头的受力图和网格图，假设最大拉力在小头内侧表面 120°内按余弦规律分布，因只计算中心小头，在不计小头重量的情况下，这个最大拉力应与杆长截面上的均布拉力平衡。

图 5-22 所示为某尺寸连杆受最大拉力 $P=14180\text{N}$ 时，连杆小头内、外边界的变形和应力分布。应力图中左半侧是外边界的应力分布，右半侧是内孔边界的应力分布。从图 5-22b 中可知，外边界应力最大值位于小头与杆身过渡区的节点上（图中 36 号节点）和顶部正中的 88 号节点处，其应力值分别为 68.3MPa 和 57MPa，均为拉应力。内孔边界上应力最大值位于 66、99 号节点处，均为 65.9MPa。

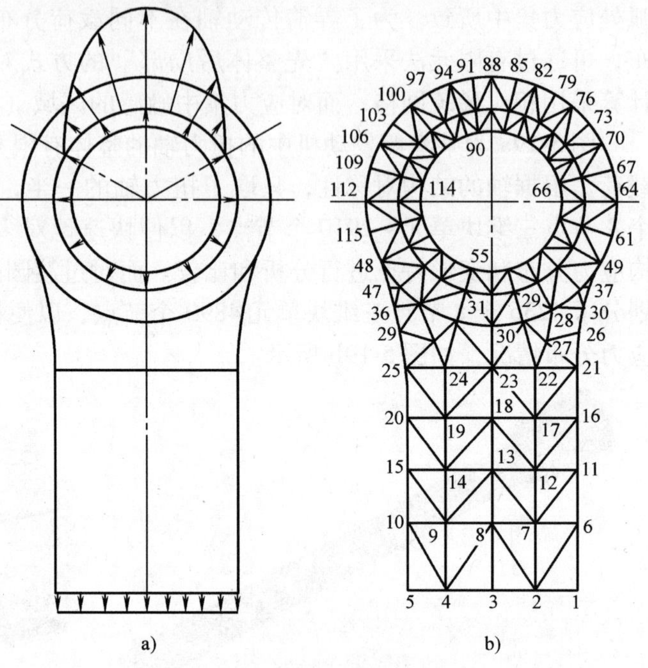

图 5-21 连杆受力图及网格图

a）受力图 b）网格图

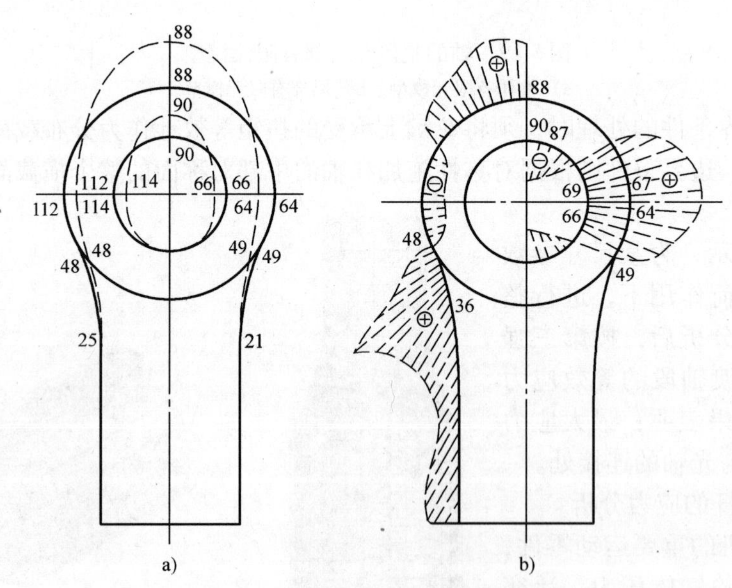

图 5-22 连杆变形和应力分布图

a）变形图 b）应力分布图

4. 螺母与螺栓间的受力分析

若不计螺旋升角的影响，螺母与螺栓联接可认为是一个典型的轴对称问题。为了计算螺母与螺栓间的受力和变形，其有限元计算模型可简化为图5-23a所示。

模型中采用的是三角形截面轴对称单元，在螺牙处网格划分较密，其余部分网格划分较疏。螺母与被联接件接触处通过铰支约束其轴向位移，在螺栓的轴心线上通过铰支来约束其径向位移，作用于螺栓上的外载荷可设想用螺栓一个轴向位移来模拟。对于相接触的两螺牙间的边界条件，假定沿螺牙斜面方向，两螺牙可相互滑动，而垂直于螺牙斜面方向的位移相等。

经过有限元计算，求得各螺牙的轴向载荷分配情况，如图5-23b所示。图中实线为有限元分析计算结果，虚线为理论计算结果，显然，两者是非常明显的。

二、常用工程分析软件的介绍

目前，除前面提到的专用CAE软件外，常用软件主要有：ANSYS、I-DEAS Master Series、Cosmos以及一些CAD/CAM软件中的工程分析CAE模块如：Pro/Engineer等。

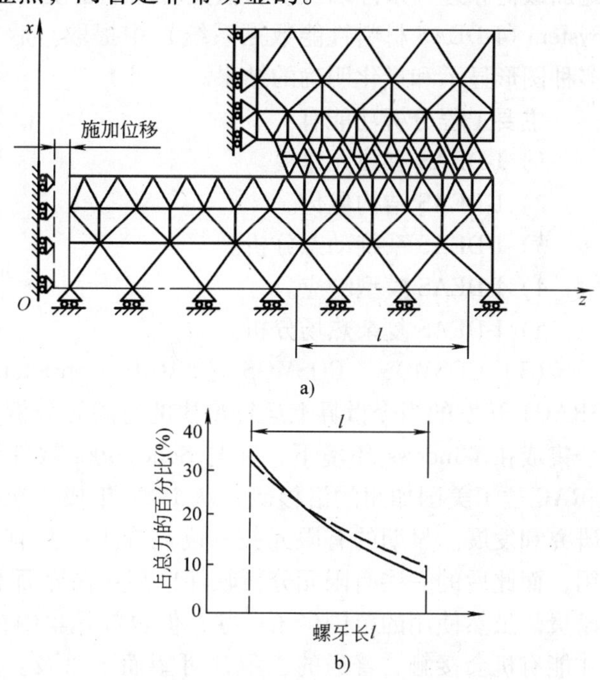

图5-23　螺母与螺栓的受力分析

a）计算模型　b）螺牙的轴向载荷分配

（1）ANSYS　ANSYS公司是世界上最大的有限元分析软件公司之一，总部位于Canonsburg，PA-USA（匹兹堡南部），该软件是融结构、流体、电场、磁场、声场分析于一体的大型通用有限元分析软件。它能与多数CAD软件接口，实现数据的共享和交换，如Pro/Engineer、NASTRAN、Alogor、I-DEAS、AutoCAD等，是现代产品设计中的高级CAD工具之一。软件主要包括三个部分：前处理模块，分析计算模块和后处理模块。前处理模块提供了一个强大的实体建模及网格划分工具，用户可以方便地构造有限元模型；分析计算模块包括结构分析（可进行线性分析、非线性分析和高度非线性分析）、流体动力学分析、电磁场分析、声场分析、压电分析以及多物理场的耦合分析，可模拟多种物理介质的相互作用，具有灵敏度分析及优化分析能力；后处理模块可将计算结果以彩色等值线显示、梯度显示、矢量显示、粒子流迹显示、立体切片显示、透明及半透明显示（可看到结构内部）等图形方式显示出来，也可将计算结果以图表、曲线形式显示或输出。软件提供了100种以上的单元类型，用来模拟工程中的各种结构和材料。该软件有多种不同版本，可以运行在从个人机到大型机的多种计算机设备上，如PC、SGI、HP、SUN、DEC、IBM、CRAY等。

主要工程分析功能有：

1）结构分析。

2）热分析。

3）电磁分析。

4）流体分析（CFD）。

5）耦合场分析—多物理场。

（2）I-DEAS Master　Series　I-DEAS 是美国 SDRC（Structure Dynamics Research Corporation）公司的产品辅助设计与辅助制造软件，它是一个高度集成化的 CAD/CAE/CAM 系统，除了具备一般的设计功能以外，它的 CAE 能力突出，具备强大的有限元分析前处理和实用的机构仿真能力。近年来推出的 Master 系列产品在变量几何设计技术方面有新的突破。

此软件具有 I-DEAS Finite Element Modeling（FEM）有限元模型建立功能。它可以在有限元模型建立过程观察分析结果。FEM 直接应用所构造的几何模型并含有网格自动生成、施加载荷和边界条件以及模型检查等基本建模功能。材料性能数据可从 I-DEAS Material Data System（I-DEAS 材料性能数据系统）中提取。后处理功能有解释分析结果的能力，并提供多种图形显示和量化明确的结果。

主要工程分析功能有：

1）I-DEAS 有限元建模。

2）I-DEAS 结构优化。

3）I-DEAS 系统动态分析。

4）I-DEAS 模型响应。

5）I-DEAS 复杂热场分析。

（3）COSMOS　COSMOS 是 SRAC（Structural Research & Analysis Corporation，简称 SRAC）开发的当今世界上运行最快的有限元分析算法——快速有限元算法（FFE），它是完全集成在 Windows 环境下，并与 Solidworks 软件无缝集成的一套强大的有限元分析软件。SRAC 位于美国加州的洛杉矶，从 1982 年成立至今，SRAC 一直至力于有限元 CAE 技术的研究和发展。早期的有限元技术高高在上，只有一些国家的部门如宇航、军事部门可以使用，而此后的一些有限元分析软件也都存在界面不友好、难学、难用的缺点，且要求的设备昂贵。虽然使用的范围广了一些，但也都是集中在大学和一些研究机构，只有少数专业人员才能有机会接触，普通的工程师可望而不可及。然而，自 COSMOS 出现后，有限元分析的大门终于向普通工程师敞开了，把高高在上的有限元技术平民化，它易学、易用、简洁直观，能够在普通的 PC 机上运行，不需要专业的有限元经验。普通的工程师可以进行工程分析，迅速得到分析结果，从而最大限度地缩短设计周期，降低测试成本，提高产品质量，加大利润空间。

该公司研究的快速有限元算法，能对用 Solidworks 设计的零件实体进行应力与变形、热效、振动频率、电磁性能、流体、动力等多项工程分析，并能进行优化设计和非线性分析，缩短设计所需的时间，提高设计质量和降低设计成本，是目前广为流行的计算机辅助工程分析（CAE）软件。

其主要功能模块有：

1）COSMOS/Works 有限元。

2）COSMOS/Motion 运动分析。

3）COSMOS/Floworks 流体分析。

4）COSMOS /Floworks——流体动力学和热传导分析软件。

主要工程分析功能有：

1) COSMOS /M-GEOSTAR 有限元前后处理。

2) COSMOS /M-STAR 应力和位移分析。

3) COSMOS /M-DSTAR 失稳和频率分析。

4) COSMOS /M-ASTAR 动态响应分析。

5) COSMOS /M-NSTAR 非线性分析。

6) COSMOS /M-OPTSTAR 设计优化。

7) COSMOS /M-FSTAR 疲劳分析。

8) COSMOS /M-HSTAR 热传导分析。

9) COSMOS /M-ESTAR 电磁分析。

10) COSMOS /M-HFS 高频分析。

11) COSMOS /M-FFE 快速有限元技术。

(4) Pro/Engineer

该软件应用 PRO/Mesh 有限元分析模型功能使薄壁和实体对象都能够自动建模、划分网格；数据可以输出到应力分析和热力分析的多种程序中；薄壁对象可以在它的中间平面划分网格以方便高精度的分析。

其优点有：

1) 自动地从模型生成网格。

2) 通过指定的全局或局部可允许的最小和最大单元尺寸交互地修改网格。

3) 快速评价在不同环境和条件下的不同模型的设置。

4) 快速网格建模并为评价产品质量及性能取得数据。

5) 为各种分析程序处理输出各种格式的网格数据。

三、机械零件工程分析在 COSMOS 中的实现

SolidWorks 还有许多黄金伙伴，能为工程师提供多种分析手段，如：可用快速有限元算法对应力及变形、频率、热效、动力、疲劳、电磁等多个项目进行工程分析的 COSMOS；可进行机构运动分析的 Mechanical Dynamics；可进行液体及热能分析的 Floworks 等。使 Solidworks 在进行工程分析之前完成三维造型设计，目前它已成为计算机辅助工程分析的强有力的工具之一。

下面通过挂钩零件和控制臂零件在 COSMOS 中的分析实例来阐述 CAD/CAM 技术在工程分析设计系统中的具体应用，主要分析以下几个方面：

1) 设计分析的基本步骤。

2) 评估设计的安全性、可靠性。

3) 分析、定义材料属性。

4) 结构优化设计。

1. 挂钩零件的可靠性分析

挂钩由合金钢制造，在孔处固定并装载有 1500lbf 的力，如图 5-24 所示。

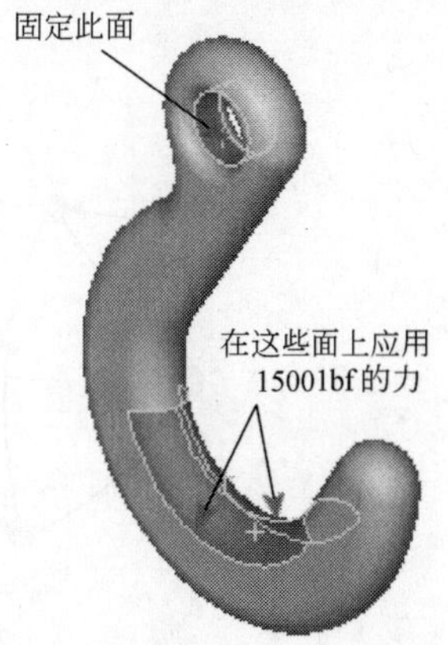

图 5-24 挂钩零件的受力示意图

1) 将单位系统设为英制 (IPS)，并在应力图解中为最大和最小值显示注解。

2）指派材料。COSMOSX 将合金钢指定给该零件。

3）应用约束。输入零件如何被约束的信息。单击孔的面，为约束键入名称：FixedHole，如图 5-25 所示，制约符号出现在所选的面上。

4）应用载荷。在图形区域中选择图例所示的两个面，应用 3000lbf 的向下力；键入约束名称：DownwardForce，如图 5-26 所示。

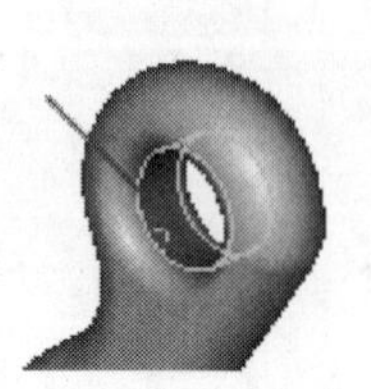

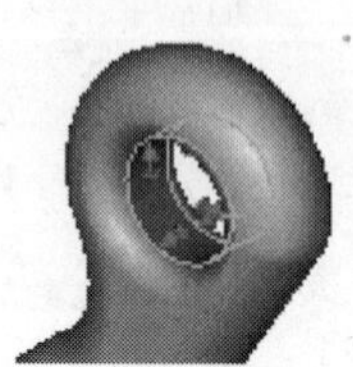

图 5-25　应用约束示意图

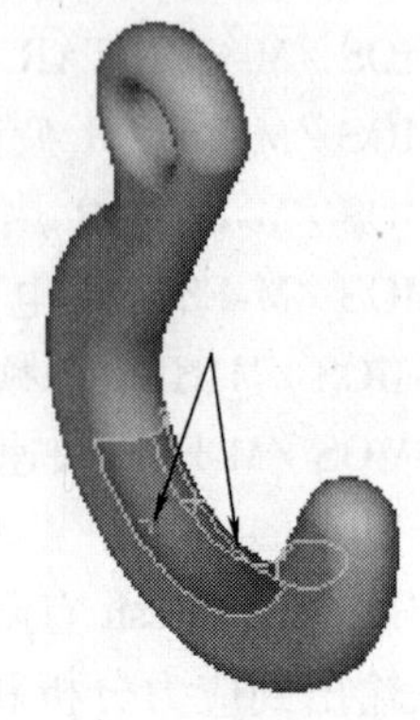

图 5-26　应用载荷示意图

5）分析模型。网格化过程（The Meshing Process）——在准备模型进行分析过程中，COSMOS 将模型划分成许多小四面体，称为要素。典型的四面体（要素）如图 5-27 所示。

深色的点代表要素的节，要素可有直的或弯曲的边线，每个节有三个未知数，即三个统一方向的平移。将零件划分成小块（要素）的过程称为网格化。一般而言，要素越小结果越精确，但所需计算机资源和时间也更多。

COSMOS 建议为网格化使用统一要素大小和公差。大小只是平均值，实际要素大小根据几何体的位置不同而不同。推荐初始运行时，使用网格化的默认设定。若想有更精准的解，使用最小的要素大小。

挂钩零件模型网格处理的效果如图 5-28 所示。

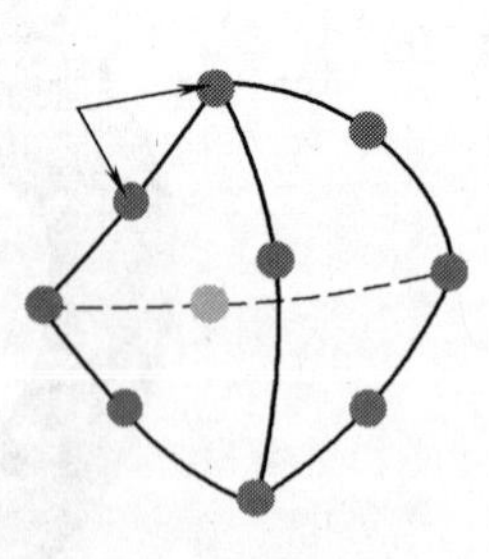

图 5-27　四面体

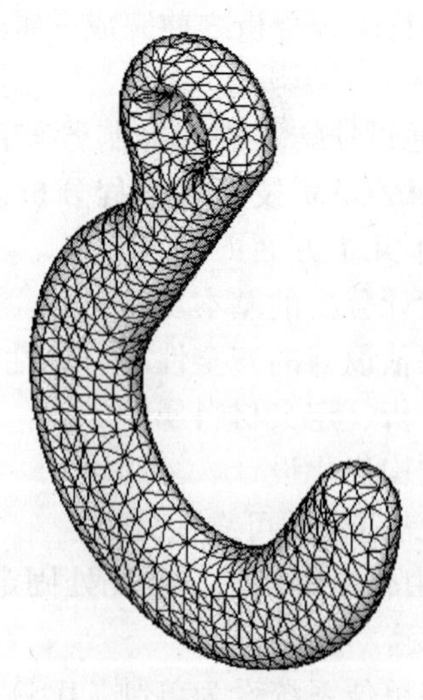

图 5-28　挂钩零件的网格划分

6）可靠性分析结果。安全系数（FOS）是材料的屈服强度与实际应力的对比值。在Solidworks中的有限元分析工具COSMOS中，使用最大等量应力标准来计算安全系数分布。当等量应力（von Mises应力）达到材料的屈服强度时，材料开始屈服，COSMOS中对某一点安全系数的计算是用屈服强度除以该点的等量应力。

安全系数值的解释：

①当某一位置安全系数小于1.0，表示该位置的材料已屈服，设计不安全。

②当某一位置安全系数等于1.0，表示该位置的材料刚开始屈服。

③当某一位置安全系数大于1.0，表示该位置的材料尚未屈服。

④如果应用与当前载荷乘以所产生的安全系数相等的载荷，某位置的材料将开始屈服。

当前模型分析结果：最低安全系数大致为7.61，这意味着模型在指定的载荷和约束下不发生失效。

可计算最大力如下：

①每个面所应用的力=1500lbf。

②估计的最低安全系数=7.61。

一般而言，如果应用相当于当前载荷乘以所计算的最低安全系数的新载荷，零件的关键区域将开始屈服。

所以得出结论：在此例中，如果给两个面的每个面应用大约为1500×7.61lbf=11415lbf的力，零件的关键区域将开始屈服。

7）生成对等的应力图解。此步骤显示零件中对等的（或von Mises）应力图解，如图5-29所示。

注意，图解上将默认显示最大和最小von Mises应力的注解，还要注意有一屈服力标记出现在图解图例的底部。

8）生成合力位移图解，如图5-30所示。

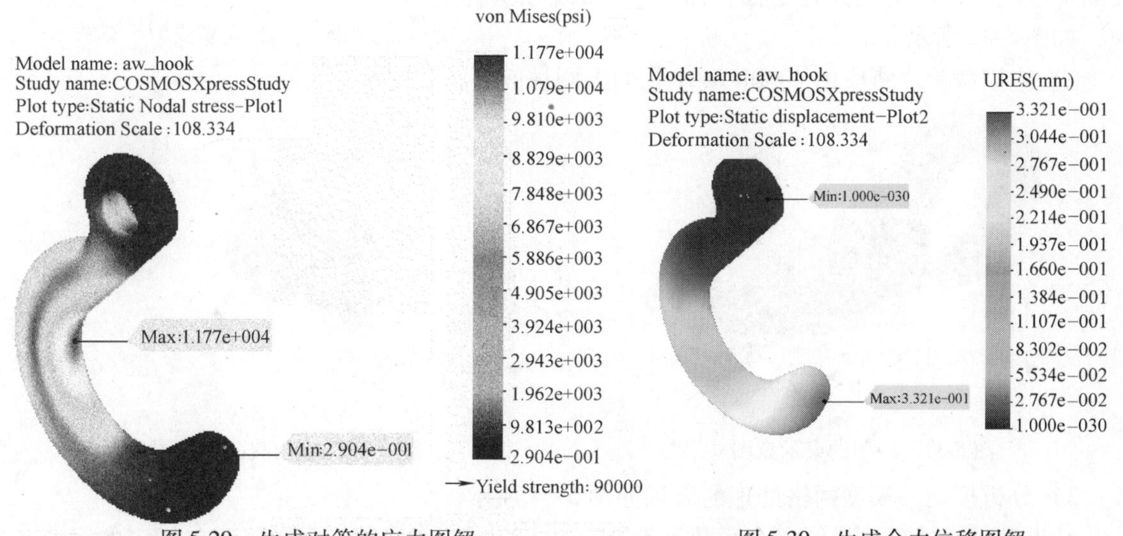

图5-29　生成对等的应力图解　　　　图5-30　生成合力位移图解

与相应的应力图解方法相同，可动作演示位移的效果并保存生成合力位移图解动画。

9）生成 HTML 报告。COSMOS 可在所设定的分析选项中指定的文件夹内保存 HTML 报告。

HTML 报告得出结论：在此例中，当给两个面的每个面力为 1500lbf 时，最低安全系数大致为 7.61，模型在指定的载荷和约束下不发生失败。

如果给两个面的每个面应用大约为 1500 ×7.61lbf = 11415lbf 的力，零件的关键区域将开始屈服。

2. 控制臂的材料定义和优化设计

（1）使用分析来保存材料　将具有表 5-2 物理属性的材料添加到 Solidworks 材料库中，并指定给零件。

表 5-2　物理属性的材料表

属　性	值（单位）
EX（弹性模量）	$1.2\times10^{11}\,N/m^2$
NUXY（泊松比）	0.3
SIGYLD（屈服强度）	$5\times10^{8}\,N/m^2$
DENS（质量密度）	$7500kg/m^3$

选择公制（MKS）单位系统作为默认设置。

若要将材料添加到新的材料数据库并将其指定给零件，应打开标准工具栏上的“编辑材料”，在材质编辑器 PropertyManager 对话框中“材料”选择合金钢，“生成/编辑材质”将合金钢即用作新材料的基础，选择 <新材料数据库>，将上述物理属性数值键入并保存。

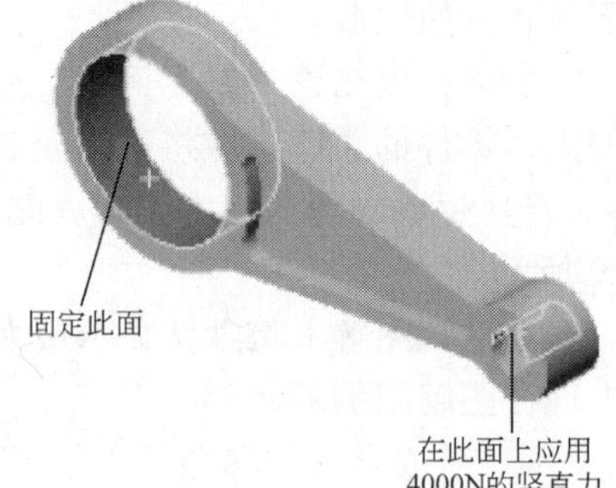

图 5-31　控制臂受力示意图

（2）安全性分析　控制臂在较大孔处固定，承受的力在较小孔处，如图 5-31 所示。

1）应用约束。在约束名称框中键入 FixedLargeHole，在图形区域中，单击较大孔的面，面 <1> 出现在选择框中，如图 5-32 所示。

2）应用载荷。将应用 4000N 到小孔的上圆柱面上，如图 5-33 所示。

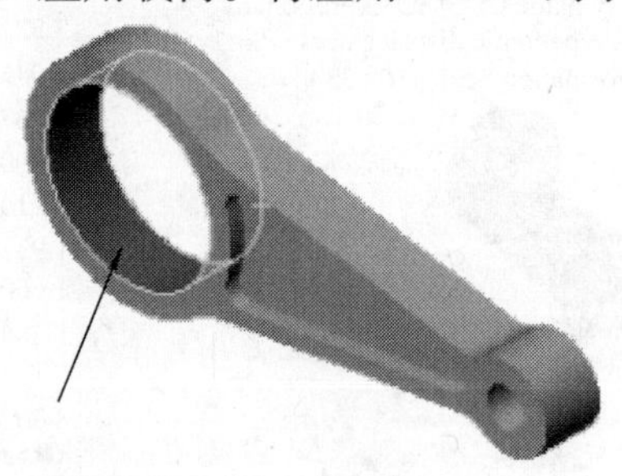

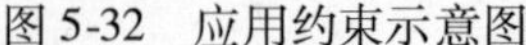

图 5-32　应用约束示意图

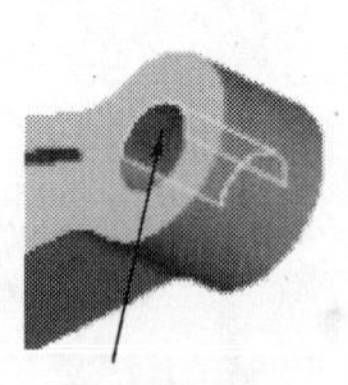

图 5-33　应用载荷示意图

3）分析模型。模型网格处理的效果如图 5-34 所示。

结果显示：模型的最低安全系数为 6.26。这意味着 COSMOS 运行模型在指定的载荷和约束下不会发生失败。

但如果安全系数设计一个较高的数值8，据此来评估模型中各个区域的安全性，则在显示样例中（如图5-35所示），蓝色区域的安全系数大于8，结构区域很安全；红色区域的安全系数小于8，设计区域可靠性差。

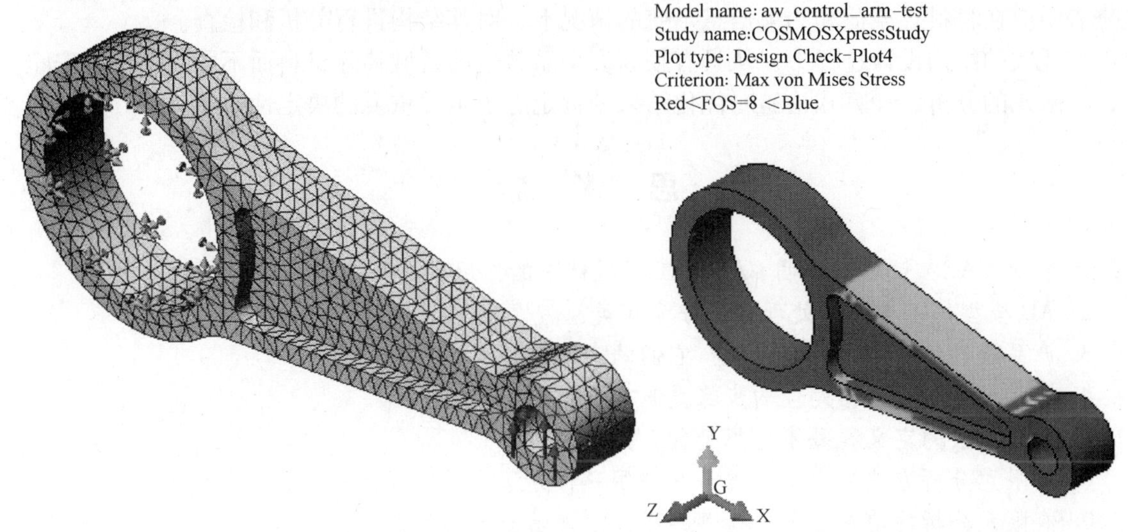

图5-34　控制臂模型网格处理

图5-35　安全系数评估模型中各个区域的安全性

这个试验说明：安全系数分布的检查表明对于该零件结构从优化的角度出发，可从具有较高安全系数值的区域移除材料而不影响零件的安全性。下面用试验来验证这一点。

（3）从零件中移除材料，进行优化设计

1）利用SolidWorks中的编辑特征（切除-拉伸特征）对零件作一个处理，将控制臂结构改变如图5-36所示。

2）分析结构改变后的零件。应用约束和载荷、材料属性定义同前，分析模型网格处理的效果如图5-37所示。

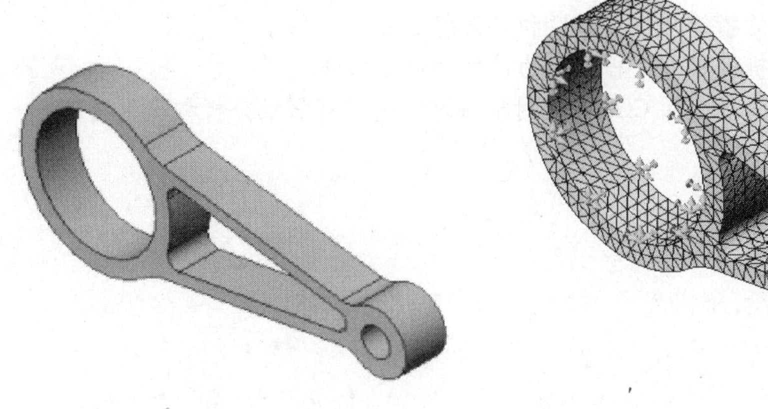

图5-36　控制臂结构设计修改

图5-37　控制臂结构修改后模型网格处理

结果显示：模型的最低安全系数为1.34。这意味着 COSMOS 运行模型在指定的载荷和约束下不会发生失效。

这个试验说明：在对零件结构优化的过程中，主要是从综合方面考虑。安全系数分布的检查表明应在材料、载荷和约束信息不变的情况下，对其结构进行分析和检查。

在此次的结构设计过程中，从具有较高安全系数值的区域移除材料而不影响零件的安全性，有限元的分析、计算和检验对优化结果的肯定起了至关重要的决定性作用。

思 考 题

1. 何为 CAE？试举例说明 CAE 在工程机械中的作用。
2. AD 模型的基本分析处理方法分为几类？
3. 产品设计过程的模型有几种？它们的定义是什么？
4. 工程设计图表数据处理的步骤是怎样进行的？
5. 有限元法的定义和基本思想是什么？
6. 有限元分析方法分为哪几类？其中哪一种方法易于实现计算机自动化计算？
7. 有限元分析的前置处理包括哪些环节？其功能有哪些？
8. 有限元分析单元划分中有哪些单元，它们各自的特点是什么？节点编号的原则是什么？
9. 边界条件处理的条件是什么？
10. 基于特征的自适应网格划分技术是什么？
11. 有限元分析的后置处理包括哪些环节？
12. 优化设计的定义、原理通常包含哪些内容？
13. 优化设计分为哪几类？如何定义？
14. 优化设计的基本思想和常用的优化设计方法是什么？
15. 可靠性设计的定义和基础理论是什么？
16. 如何理解与可靠性设计有关的几个基本概念。
17. 了解可靠性设计的指标——可靠度和可靠度函数。
18. 了解并掌握典型机械零件工程分析的过程和重要部分。
19. 实验：利用工程分析软件 COSMOS 对机械零件进行可靠性分析和优化设计。

第六章　机械 CAM 技术概述

计算机辅助制造（CAM）技术对于提高我国制造业技术水平具有重要意义。21 世纪初，我国制造业发展的战略目标是：实施和完成对整个制造企业进行面向“人”资源的计算机集成化、自动化和操作优化，促进企业从粗放型向集约型的转变，提高制造业的快速设计、快速检测、快速响应和快速重组的能力，适应世界市场的激烈竞争。在有效地将计算机数字控制系统（CNC）、机器人以及自动化程度较低的设备集成起来的基础上，逐步建立起以人为中心、以计算机为核心工具、以信息技术和网络为基础，具有柔性化、智能化、集成化、敏捷化、知识化、创新化、绿色化的制造自动化系统。

第一节　机械制造系统与 CAM 的介绍

一、机械制造系统的概念与组成

人们对于机械制造领域所涉及的各种问题，例如：机械制造中所用的机床、工具和制造过程等，仅限于分别地、单个地加以研究，因此，在很长的时期内，尽管在机械制造领域中许多研究和开发工作取得了显著的成绩，然而在大幅度地提高小批量生产的生产率方面，并未发生重大的突破。直到 20 世纪 60 年代的后期，人们才逐渐认识到只有把机械制造的各个组成部分看成一个有机的整体，以控制论和系统工程学为工具，用系统的观点进行分析和研究，才能对机械制造过程实行最有效的控制，并大幅度地提高加工质量和加工效率。基于这种认识，人们进行了许多研究和实践，于是出现了机械制造系统的概念。

机械制造系统既然被看成是一个系统，就必然有输入和输出，如图 6-1 所示。所谓机械制造系统的输入，就是一定的材料或毛坯，而输出则为加工后的零件、部件或产品等。从某种意义上讲，制造系统又是生产系统的组成部分或子系统。

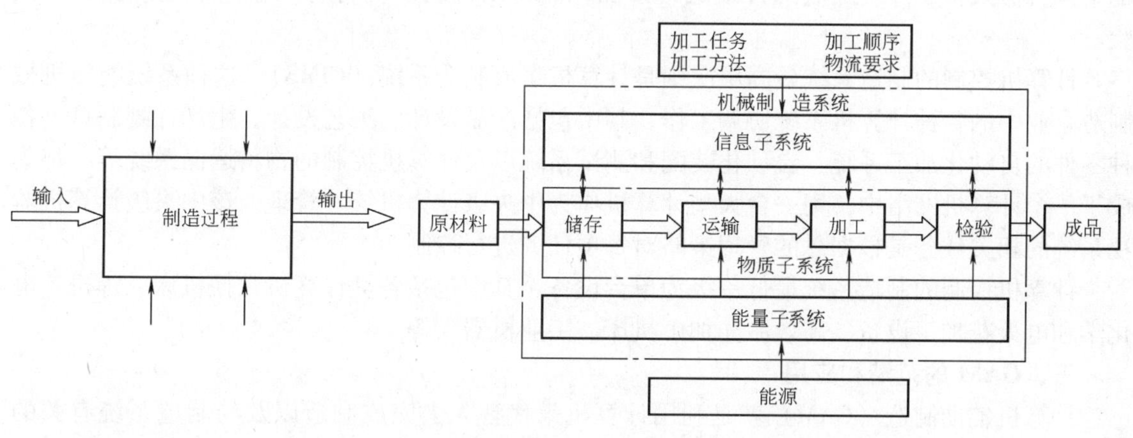

图 6-1　制造系统的基本概念

图 6-2　机械制造系统图

机械制造系统的各组成部分及其相互间的关系如图6-2所示。一般可将机械制造系统划分为物质子系统、信息子系统和能量子系统三个组成部分。在这三大组成部分中，分别存在物质流、信息流和能量流三种流动载体。

在物质子系统中，把毛坯、刀具、夹具、量具及其他辅助物料作为原材料输入，经过存储、运输、加工、检验等环节最后以成品输出。这个流程是物质的流动，故称之为物质流。而负责物料存储、运输、加工、检验的各元件可总称为物质系统。

在信息子系统中，加工任务、加工顺序、加工方法及物质流所要确定的作业计划、调度和管理指令属于信息范畴，称之为信息流。而负责这些信息存储、处理和交换的有关软硬件资源可称为信息系统。

在能量子系统中，制造过程中的能量转换、消耗及其流程称之为能量流。而负责能量传递、转换的有关元件称为能量系统。

在常规制造系统中，物质子系统和能量子系统是较普遍地存在的，而信息子系统则往往缺乏。如由一台普通车床构成的制造系统就只存在物质系统和能量系统，加工信息的输入与传递是由人工完成的。但在现代制造系统中，则较普遍地利用了信息系统，如数控机床中的CNC（计算机数字控制系统）就是典型的信息系统，它能通过其内部的计算机进行零件加工信息的存放，并发送加工指令，控制加工过程。

二、计算机控制的制造系统

在计算机控制的制造系统中，常常将计算机辅助设计与计算机辅助制造的连接称为计算机辅助设计与制造（CAD/CAM）系统，这种系统则成为集成制造或一体化制造系统(IMS)。如柔性制造系统中使用一体化制造系统去集成零件的设计和制造信息，则构成柔性制造系统的高级形式。

如果若干台数控机床和一台工业机器人协同工作，这样构成的加工系统能加工一组或几组结构形状和工艺特征相似的零件，该系统就能取代数控系统而构成柔性制造单元(FMC)。

若用一台协调计算机、一个物料运储系统将若干柔性制造单元或工作站（如加工中心）连接起来进行自动化生产，则这个计算机控制的制造系统就称为柔性制造系统（FMS）。

柔性制造系统加工后的零件沿规定的路线用一个传输系统送至各装配站，在自动化的装配中，机器人将零件装配成部件或最终产品，而自动检测系统将对产品进行性能测试和检验。

计算机控制的制造系统最高层次则是计算机集成制造系统（CIMS），这种系统能使机械制造企业中的各种计算机系统协调工作，其中包括产品设计、工艺设计、生产计划制订、各种零件的自动化加工系统、自动化装配和测试系统以及计算机控制的物料运储系统等，都集成于一个计算机网络中，用一台大型计算机作为中央级计算机统一管理。该中央级计算机监视系统的相关任务是根据总的管理策略对每项任务进行控制。

计算机控制的制造系统最低一级为单台设备，其中包括各类计算机数控机床、焊机、电化学和电火花加工设备、高效激光加工机床、工业机器人等。

三、CAM的范畴和应用

计算机辅助制造（CAM）就是利用计算机来代替人去完成制造以及与制造系统有关的工作，通常认为，CAM可定义为能通过直接或间接地与工厂资源接口的计算机来完成制造系统的计划、操作工序控制和管理工作的计算机系统。因此，CAM 的应用可以概括为 CAM 的直接应用和 CAM 的间接应用两大类。

1. CAM 的直接应用

CAM 的直接应用即计算机直接与制造过程连接以对它进行监视和控制，这类应用可分为计算机过程监视系统和计算机过程控制系统两种。

（1）计算机过程监视系统　在这个系统中，计算机通过一个与制造系统的直接接口来监视系统的制造过程及其辅助装备工作情况，并采集过程中的数据。但计算机并不直接对制造系统中的各工序实行控制，这些控制工作，将由系统的操作者根据计算机给出的信息去手工完成，如加工尺寸的计算机数字显示系统就属于这一类。

（2）计算机过程控制系统　该系统不仅对制造系统进行监视，而且还对制造系统的制造过程及其辅助装备实行控制，如数控机床上的计算机数字控制（CNC）就属于这一类。

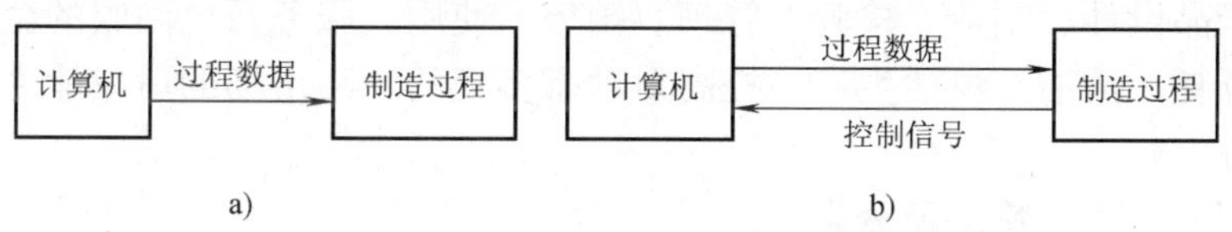

图 6-3　计算机监视和计算机控制的区别

计算机过程监视系统和过程控制系统的区别如图 6-3 所示。前者在计算机与制造过程之间的数据只能从计算机单向流到制造过程，如图 6-3a 所示，而后者的计算机接口允许数据在计算机与制造过程间双向流动，如图 6-3b 所示。

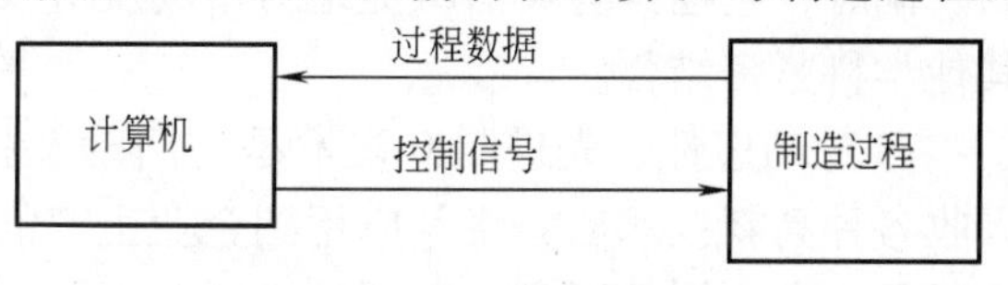

图 6-4　CAM 的间接应用

2. CAM 的间接应用

在 CAM 的间接应用中，计算机并不直接与制造过程连接，只是用计算机对制造过程进行支持。此时，计算机是“离线”的，它只是用来提供生产计划、作业调度计划、发出指令及有关信息，以便使生产资源的管理更有效。CAM 的间接应用如图 6-4 所示。

第二节　先进制造技术

一、先进制造技术的定义

1. 先进制造技术的时代背景

当今世界，各国制造业面临复杂多变的外部环境：科学技术突飞猛进，供求关系变化频繁，产品革新日新月异，各国经济与国际市场纵横交错，竞争对手林立，等等。因此，各国经济界和企业界都在寻求对策，以获得全球范围内竞争优势。传统的制造技术已变得越来越不适应当今快速变化的环境，先进的制造技术，尤其是计算机技术和信息技术在制造业中的广泛应用，使人们已摆脱传统观念的束缚，跨入制造业的新纪元。

先进制造技术 AMT（Advanced　Manufacturing Technology）就是在这种大环境下，一些发达国家根据本国制造业的挑战与机遇，对制造业存在的问题进行了深刻研究，为了加强并巩固其制造业的竞争能力和促进国民经济增长而提出来适应现代先进科技时代的一种新资源。从利用先进技术的角度来看，以计算机为中心的新一代信息技术的发展，使制造业技术达到了一个新的高度。“先进制造技术”这个发展的趋势一经提出，立即获得欧洲各国、亚洲乃至全世界的新兴工业化国家的响应。

2. 先进制造技术在我国的发展

我国制造技术经改革开放二十多年的发展已形成较完整的体系，为国民经济发展所需各类机械产品的制造提高了基本的工艺技术，并取得了重要成就。然而，与国外工业发达国家相比，仍存在着阶段性的差距。近几年受国外制造技术发展的影响获得了重新认识，我国对先进制造技术的发展给予了高度重视。

3. 先进制造技术的定义

先进制造技术是在不断优化的过程中形成的，它是一个相对的、动态的概念。先进制造技术是制造业不断吸收机械、电子、信息、能源及现代化系统管理等方面优秀的成果，并将其综合应用于产品设计、制造、检验、管理、销售、使用、服务乃至回收的全过程，以实现优质、高效、低耗、清洁、灵活生产，提高对动态多变的产品市场的适应能力和竞争能力的制造技术的总称。

二、先进制造技术的特点及分类

1. 先进制造技术的特点

作为先进制造技术，它的先进性、广泛性、实用性、系统性和集成性特点是非常显著的，同时，它还具有灵活敏捷地对市场反应及实时响应技术经济效益的要求，并且与管理和其他学科紧密结合。

（1）动态性　先进制造技术是一门动态技术，它不可能自始至终一成不变，在不断地吸收各种高新技术后，将其应用到企业生产的所有领域，完成优质、高效、低耗、环保的制造过程。在不同的国家、不同的地区和不同的时期，先进制造技术有着其不同的特点、目标和内容等。

（2）广泛性　先进制造技术不是单独存在于制造过程的某一环节，而是将其综合运用到制造的全过程中，它覆盖了产品设计、生产设备、加工制造、销售使用、维修服务甚至回收再生产的整个过程。

（3）集成性　由于专业、学科间的不断渗透、交叉、融合，界限逐渐淡化甚至消失，先进制造技术是以发展集机械、电子、信息、材料和管理技术为一体的新兴交叉学科，趋于系统化、集成化，因此有人又称其为“制造工程”。

（4）实用性　先进制造技术的发展是针对某一具体的制造目标的需求，而发展起来的先进、适用技术，有明确的需求向导，如汽车制造技术、电子工程技术等。先进制造技术不是以追求技术的高新为目的，而是注重产生最好的实践效果，以提高企业竞争力、促进国家经济增长和综合实力为目标。

（5）系统性　先进制造技术是可借助微电子、信息技术等先进科技驾驭生产过程的物质流、能量流和信息流的系统工程，它具有整体的系统性。

（6）先进性　制造工艺是制造技术的基础，因此，先进制造技术的核心和基础是优质、高效、低耗、少无污染的、经过优化的先进工艺，它从传统工艺发展起来，并与新技术实现了局部或系统集成。

正因为先进制造技术有着与管理的紧密结合的特性，能够对市场变化作出敏捷的反应，同时追求最佳技术经济效益，才使得先进制造技术十分重视生产过程组织管理体制的合理化和最佳化，成为技术与管理、自然科学与社会科学紧密结合的产物。

2. 先进制造技术的体系结构

从先进制造技术的内涵和构成来看，其体系结构可分为三大部分：①主体技术部分；②支撑技术部分；③技术管理环境。

这三大部分相互联系、相互促进，组成一个完整的体系，每个部分均不可缺少，否则就很难发挥预期的整体功能。先进制造技术的体系结构如图 6-5 所示。

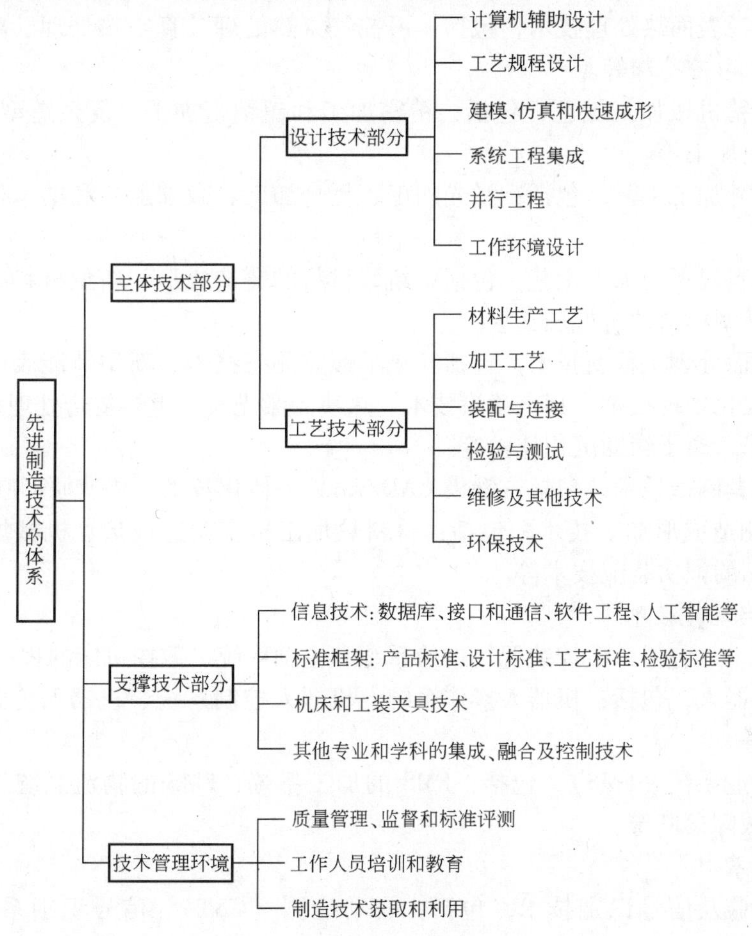

图 6-5　先进制造技术的体系结构

3. 先进制造技术的分类

当今科技时代，各国掌握的制造技术越来越系统化，对先进制造技术的研究与应用可分为以下四大领域，它横跨多个学科和专业，并组成一个有机整体。

（1）先进设计技术　包括：计算机辅助设计技术（CAD）、性能确保优良设计基础技术、创建竞争优势技术、保证寿命周期设计、可持续性发展产品设计、设计实验技术等。具体内容第二章第二节已介绍。

（2）先进制造工艺技术

1）精密铸造成形工艺，包括：外热冲天炉保护成套技术、钢液精密轧锻技术、近代化学固化砂铸造工艺、高效金属型铸造工艺与设备、铸造成形工艺模拟和工艺辅助设计等。

2）精密高效塑性成形工艺，包括：热锻生产线成套技术、冷温成形成套工艺、精密冲裁工艺、超速和等温成形工艺、锻造成形模拟和工艺辅助设计等。

3）优质高效焊接及切割技术，包括：新型焊接电源及控制技术、激光焊接技术、优质高效低稀释率堆焊技术、精密焊接技术、焊接机器人、现代切割技术、焊接过程的模拟仿真与专家系统等。

4）优质低耗表面热处理技术，包括：可控气氛热处理、真空热处理、离子热处理、激光表面合金化、可控冷却等。

5）高效高精机械加工工艺，包括：精密加工和超精密加工、复杂造型曲面数控加工、游离磨料的高效加工等。

6）现代特种加工工艺，包括：激光加工、复合加工、微细加工和纳米技术、水力加工等。

7）新型材料成形与加工工艺，包括：新型材料的铸造成形、新型材料的焊接、新型材料的热处理、新型材料的机械加工等。

8）优质表面处理工程新技术，包括：化学镀非晶态技术、新型节能表面涂装技术、铝及铝合金表面强化处理技术、超声喷涂技术、热喷涂激光表面重熔复合处理技术、等离子化学气相沉积技术、离子辅助沉积技术等。

9）快速模具制造技术，包括：锻模 CAD/CAM 一体化技术、快速原形制造技术等。

10）拟实制造成形加工技术，包括：材料热加工拟实制造成形、机械加工的拟实制造技术、机械产品的拟实装配技术等。

（3）制造自动化技术

1）数控技术，包括：数控装置、进给系统和主轴系统、数控机床的程序编制等。

2）工业机器人，包括：机器人操作系统、机器人控制系统、机器人传感器、机器人生产线总体控制等。

3）柔性制造系统（FMS），包括：FMS 的加工系统、FMS 的物流系统、FMS 的调度与控制、FMS 的故障诊断等。

4）传感技术。

5）自动检验及信号识别技术，包括：自动检测（CAT）、信号识别系统、数据获取、数据处理、特征提取、识别等。

6）过程设备工况监测与控制，包括：过程监视控制系统、在线反馈质量系统控制等。

（4）系统综合管理技术

1）先进制造生产模式，包括：精益生产、计算机集成系统（CIMS）、敏捷制造、分散网络化制造系统、智能制造等。

2）集成管理技术，包括：并行工程、基于工程的成本管理（ABC）、企业资源计划（ERP）及智能资源计划（IRP）、现代质量保障体系、现代管理信息系统、生产率工程、制造资源的快速有效集成等。

3）生产组织方法，包括：虚拟制造（VM）及虚拟公司的理论和组织、企业组织结构的变革、以人为本的团队建设、企业重组工程等。

4. 先进制造技术的构成

在发展水平不同的国家和不同的发展阶段，先进制造技术有不同的技术内涵和构成，对我国而言，它主要是由基础技术、新型单元技术和集成技术等多层次技术构成的制造技术。

（1）基础技术　基础技术是优质、高效、低耗、少无污染的基础制造技术，至今仍是生产中大量采用并且经济适用的技术，如铸造、锻压、焊接、热处理、表面处理、机械加工等这些基础工艺。目前，先进制造技术的基础技术主要有：精密下料、精密成形、精密加工、精密测量、毛坯强韧化、少无氧化热处理、气体保护焊及埋弧焊、功能性防护涂层等。

（2）新型单元技术　新型单元技术是在市场需求及新兴产业的带动下，由制造技术与电子、信息、新材料、新能源、环境科学、系统工程、现代管理等高新技术结合而形成的新的制造技术。如：制造业自动化单元技术、极限加工技术、现代设计基础与方法、清洁生产技术、新材料成形技术、激光与高密度能源加工技术及工艺模拟技术等。

（3）集成技术　先进制造集成技术是应用信息、计算机和系统管理技术对基础技术和新型单元技术两个层次的技术局部或系统集成而形成的。如：柔性制造系统（FMS）、计算机集成系统（CIMS）等。

基础技术、新型单元技术和集成技术都是先进制造技术的组成部分，每一个部分都不能看成是先进制造技术的全部。

三、先进制造工艺技术

1. 先进制造工艺技术概述

将各种原材料、半成品加工转变为产品的方法和过程称为生产过程。而在产品的生产过程中，改变生产对象的形状、尺寸、相对位置和性质等使其成为产品或半产品的过程称为工艺过程。从成形与成形学的角度出发，机械制造工艺是成形工艺，即在成形学指导下，研究与开发产品制造的技术、方法和程序，依据现代成形学的观点可把成形方式分为以下四类：

（1）去除材料成形　把一部分材料运用分离的方式有序地从基体中分离出去的成形方法，例如车、铣、刨、磨及电火花加工、激光切割、打孔等加工方法均属于去除材料成形。去除材料成形最先实现了数字化控制，是目前的主要制造成形方式。

（2）压力约束成形　利用材料的可成形性及塑性等，在特定边界约束或压力约束下成形的方法，如：铸造、锻造和粉末冶金等均属压力约束成形。压力约束成形多用于毛坯成形和特种材料成形等。

（3）堆积合并成形　把材料（气、液、固相）有序地合并与连接堆积起来的成形方法。快速原型制造（RPM）技术与堆积成形的最大特点是不受成形零件复杂程度的限制，其过程是在计算机控制下完成的，如焊接就属于堆积成形。

（4）仿生生物成形　自然生物系统中生物个体发育成形均属于生物成形，目前除自然生物系统之外还没有此种成形方式，随着活性材料、仿生学、生物化学、生命科学的发展，人们利用材料的活性成形的方法人为成形称为仿生生物成形。

我国现行的行业标准“JB/T5992—1992 机械制造工艺方法分类与代码”中将工艺方法按大类、中类、小类和细分类四个层次划分，每层至少留出一个空位，以备安排以后出现的新工艺。例如：在大类（代码）中有铸造（0）、压力加工（1）、焊接（2）、切削加工（3）、特种加工（4）、热处理（5）、覆盖层（6）、装配与包装（7）及其他（8）等九大类。

随着机械工业的发展和科学技术的进步，机械制造工艺的内涵和形式变化以及发展速度越来越快，常规工艺不断优化并得到普及，原来十分严格的工艺界限和分工趋于淡化，诸如下料和加工、毛坯制造和零件加工、粗加工和精加工、冷加工和热加工、成形与改性等。新型的加工方法在不断出现和发展，主要的新型加工方法类型有：难加工材料加工、精密加工和超精密加工、超高速加工、微细加工、特种加工及高密度加工、快速原型制造技术、新型材料加工、大件及超大件加工、表面功能性覆层技术及复合加工等加工方法。

先进制造工艺技术是机械制造不断变化和发展后所形成的制造工艺技术，是先进制造技术的核心和基础，包括优化后的常规工艺以及不断出现和发展的新型加工方法。其主要技术体系由先进制造加工技术、成形加工工程技术等构成。一个国家的制造工艺技术水平的高低在很大程度上决定其制造业的技术水平，特别是对于我国这样一个必须拥有独立完整的现代工业体系的大国来说尤其如此。

2. 先进制造工艺技术发展趋势

在21世纪，随着社会经济和科学技术的不断发展，新材料、新能源、新设计、新产品将会不断涌现，人们对物质产品的需求更具多样化，因而对机械制造工艺技术提出了更多、更高的要求。从总体发展趋势看，优质、高效、低耗、灵捷、洁净是机械制造业永恒的追求目标，也是先进制造技术的发展目标。

在成形技术方面，铸件生产正向轻量化、精确化、强韧化、复合化及无环境污染方向发展，精确铸造成形工艺使制造过程的总体向“净成形”的目标迈进，加强精确铸造成形技术基础理论研究，特别是新一代生产铝合金逐渐为代表的精确铸造成形技术及其基础理论研究，同时也开展了新材料及特殊材料的铸造成形新工艺的基础理论研究。塑性成形正与计算机相结合成为一个大的生产系统，能够有效地进行全系统设计的计算机辅助工程分析（CAE）系统将走向实用化，实现对成形工艺变量的定量分析与控制。激光焊、电子束焊等高密度焊接方法得到较大发展，柔性化、智能化、自动化的焊接生产系统将逐渐取代大量的手工操作，新材料及特殊环境和极限状态下的连接方法得到很大发展。

快速原型制造技术（RPM）将日趋成熟，现有工艺将朝着精密化、高密度、低成本方向及快速工模具制造和直接金属零件快速制造方向发展。快速原型制造（RPM）技术将在迅速发展的并行工程、虚拟制造及微型机械等领域发挥重大作用。计算机模拟仿真、并行工程及虚拟制造技术的相继出现也为成形制造技术注入新活力，其基础理论的研究成为重要的前沿研究课题。

在21世纪，先进制造加工技术的热点和发展趋势大致是：特种材料加工及特种加工技术、先进精密超精密加工技术、超高速切削及超高速磨削技术、微型机械加工技术、新一代制造装备技术及虚拟制造技术等。拥有先进的制造工艺技术是保证和增强国际市场竞争力的基本条件之一，我们必须十分重视先进制造工艺技术的研究，全面提高制造工艺技术水平，只有这样才能实现先进制造技术的作用及目标。

四、制造自动化技术

1. 制造自动化技术概述

制造自动化技术是先进制造技术中的重要组成部分，是人类在长期的生产活动中不断追求的主要目标，也是当今制造工程领域中涉及面广、研究十分活跃的技术。

制造自动化的概念是一个动态发展过程，在过去较长的一段时间里，人们将制造自动化概念狭窄地理解为用机器代替人的体力劳动或脑力劳动。随着制造技术、电子技术、控制技术、计算机技术、信息技术、管理技术的发展，制造自动化已具有更加宽广和深刻的内涵。制造自动化是在制造过程的所有环节采用自动化技术，实现全过程的自动化。其任务就是研究对制造过程的规化、管理、组织、控制与协调优化等的自动化，以使产品制造过程实现高效、优质、低耗、及时和洁净的目标。制造自动化的内涵包括以下几个方面：

1）在形式方面，制造自动化即为代替人的体力劳动、代替或辅助人的脑力劳动及制造系统中人、机器及整个系统的协调、管理、控制和优化三个方面的含义。

2）在功能方面，制造自动化的功能目标是多方面的，该体系可用 TQCSE 功能目标模型描述。T 表示时间（Time），是指采用自动化技术，缩短产品制造周期，提高生产率；Q 表示质量（Quality），是指采用自动化技术，提高和保证产品质量；C 表示成本（Cost）是指采用自动化技术有效地降低成本，提高经济效益；S 表示服务（Service），是指利用自动化技术更好地做好市场服务工作，也能通过替代来减轻制造人员的体力和脑力劳动；E 表示环境友善性（Environment），是指制造自动化应该有利于充分利用资源，减少废物和环境污染，有利于实现绿色制造及可持续发展制造战略。在 TQCSE 模型中，它们是相互关联的，并构成了一个制造自动化功能目标的有机体系。

3）在范围方面，制造自动化不仅仅涉及到具体生产制造过程，而且涉及到产品生命周期所有过程。产品研究与开发过程自动化技术包括：CAD/CAPP/CAM 一体化技术、并行工程技术、虚拟现实和制造技术及快速原型制造技术等。生产过程和设备自动化技术主要有：数控技术、工业机器人、柔性制造技术、智能制造技术、自动化制造系统中的检测与监控技术等。

制造自动化代表着先进技术水平，促使制造业逐渐由劳动密集型产业转变为技术密集型和知识密集型产业，是制造业发展的重要表现和标志，也是 21 世纪先进制造技术中的活跃环节。制造自动化的发展将以其柔性化、集成化、敏捷化、智能化、全球化的特征来满足市场快速变化的要求。采用制造自动化技术将逐渐改善劳动条件，提高劳动生产率，提高产品质量，降低制造成本，提高经济效益，有利于产品更新，提高劳动者素质，带动相关技术发展，缩短生产周期，提高企业在市场的竞争力。

2. 制造自动化技术的发展趋势

制造自动化技术发展趋势主要是实现以人为中心，以计算机为重要工具，具有柔性化、智能化、集成化、敏捷化、网络化、虚拟化、全球化、制造绿色化、快速响应和快速重组的制造自动化系统。

（1）柔性化　包括机床柔性、工艺柔性、运行柔性、扩展柔性、劳动力的柔性及知识供应链。

（2）重构能力　能实现快速重组重构，增强对新产品的开发和响应能力，是产品生产过程的快速实现、创新管理和应变管理能力。

（3）快速化的集成制造工艺　如：快速原型制造技术（RPM）就是快速化的 CAD/CAM 的集成工艺。敏捷化是制造活动发展的必然趋势。

（4）制造的网络化　特别基于 Internet 的制造已成为重要发展趋势，包括：制造环境内部网络化，实现制造过程的集成；制造环境与整个制造企业的网络化，实现制造环境与企业中工程设计、信息管理系统等个子系统集成；企业与企业间的网络化，实现企业的资源共享、组合、优化利用；通过网络，实现异地制造。

(5) 制造虚拟化　基于数字化虚拟技术，主要包括虚拟现实（VR）、虚拟制造（VM）、虚拟企业（VE）和虚拟制造技术（VMT）。制造虚拟技术主要是以制造技术与计算机技术支持的系统建模和仿真为基础，将制造工艺、计算机图形学及并行工程等融为一体，由多学科知识组成的技术。虚拟制造是实现敏捷制造的重要关键技术。

(6) 制造智能化　智能化是制造系统在柔性化和集成化的基础之上进行的进一步发展和延伸，智能制造技术的宗旨是通过人机交换来取代人类专家的脑力劳动，以实现制造过程优化。

(7) 制造全球化　智能制造系统的发展和实施，促进了制造业全球化。随着“网络全球化”等名词的出现，全球化制造研究得到了迅速发展。市场的国际化、产品销售的全球网络正在形成，全球制造体系结构将会在不久的将来形成。

(8) 制造绿色化　绿色制造（Green Manufacturing）是指有效利用资源和最低限度产生废物。绿色制造是综合制造模式，其目标是产品从设计、制造到使用全过程中对环境影响最小，资源效率高。绿色制造主要涉及到资源的优化利用、清洁生产和废弃物最少化及综合利用，是全球发展战略的要求和体现。

五、系统综合管理技术概述

随着不断发展的制造业对现代企业管理技术的迫切需要和现代企业管理技术相应的发展，近些年来，制造企业经营管理的新概念、新模式不断涌现和形成，现代管理技术已成为一项综合性的系统技术，它在信息集成、功能集成、过程集成和资源集成的基础上，最大限度地发挥已有技术、设备、资源和人员的作用，最大限度地提高企业经济效益和竞争力。

在现代制造系统管理技术中，管理信息系统是体现其自动化程度的重要技术，它能进行信息收集、传输、加工、保存、维护和使用；能辅助管理国民经济部门或企业的各项运行情况及活动，从全局出发辅助决策，并帮助其实现规划目标；能利用过去的数据预测未来，同时，它又是一门综合管理科学、系统理论、计算机科学的系统性边缘学科。

综合管理自动化技术是指一系列以计算机为基础的贯穿于企业生产全过程的各种分散的自动化系统的有机集成，它除了包括生产过程中的各种自动化技术以外，还包括它们之间的信息集成与系统优化等技术，其中信息集成与系统优化技术支持制造企业的人、技术和管理的集成以及信息流、物流与价值流的有机集成，它是在网络化敏捷制造环境中实现企业内和全球化企业间全局集成的功能技术与基础设施。这些技术包括：计算机集成制造系统（CIMS）、企业资源计划（ERP）、智能资源计划（IRP）和虚拟制造（VM）等。

(1) 计算机集成制造系统 CIMS（Computer Integrated Manufacturing System）　CIMS 是将传统的制造技术与现代信息技术、管理技术、自动化技术、系统工程技术等有机结合，借助计算机使企业产品的生命周期（市场需求分析→产品意义→研究开发→设计→制造→支持，包括质量、销售、采购、发送、服务以及产品最后报废、环境处理等）各阶段活动中有关的人、组织、经费管理和技术等要素及信息流、物流和价值流有机集成并优化运行，CIMS 的计算机化、信息化、智能化和集成优化是随着计算机技术、信息技术、人工智能技术、系统工程技术、自动化技术及制造技术的发展而逐步形成的，目前，CIMS“四化”的发展趋势表现在网络化、数字化、虚拟化、以人为核心的智能化和重视企业间的集成优化等方面。

对于 CIMS 可以从以下两个观点来认识：

1）系统的观点。企业生产的各个环节，即从市场分析、产品设计、加工制造、经营管理到售后服务的全部生产活动是一个不可分割的整体。

2）信息化的观点。整个生产过程实质上是一个数据的采集、传递和加工处理的过程，最终形成的产品可以看做是数据的物质表现。

CIMS 技术是基于传统制造技术、信息技术、管理技术、自动化技术、系统工程技术的一门综合性技术。具体地讲，它综合并发展了企业生产各环节有关的技术，即包括：总体技术，如 CIMS 集成模式、体系结构、标准化技术、系统的建模与仿真等；支撑技术，如网络、数据库、CASE、集成框架、企业级产品数据管理、计算机支持协同技术、人机接口等；设计自动化技术，如计算机辅助设计（CAD）、计算机辅助工程分析（CAE）、计算机辅助工艺规程设计（CAPP）、计算机辅助制造（CAM）、面向“X”的设计（DFX）等；加工制造自动化技术，如计算机直接数控和分布式数控（DNC）、计算机数控（CNC）、工业机器人、柔性制造单元（FMC）、柔性制造系统（FMS）、拟实加工、绿色加工制造等；管理与决策信息系统技术，如计算机集成制造（CIM）、制造资源需求计划（MRPI-III）、精益生产（LP）、并行生产（CE）、智能制造系统（IMS）、经营程序再造（BPR）、企业资源计划（ERP）等。

（2）企业资源计划 ERP（Enterprise Resource Planning）以及智能资源计划 IRP（Intelligent Resource Planning） 在过去十几年里，以生产计划库存管理为主线的闭环控制系统——MRPII 系统的管理思想和管理方法，在工业界得到了广泛的应用，并且对提高企业的现代化管理水平产生了深远的影响。但是，随着市场竞争的日趋激烈，企业集团作为现代单体企业与社会化大生产的结合，这种管理思想和方法已经不能满足解决市场经济矛盾发展的需要。作为现代企业管理制度和组织机构的高级形式，其特点是：规模大型化、产业金融一体化、经济多角化、成员多元化、布局分散化、结构层次化、文化多元化、组织机构柔性化、市场国际化。因此，在当前的形势下，研究基于集团化管理的新系统功能发展和体系，具有十分重要的意义。

企业资源计划（ERP）是在 MRPII 的基础上扩展了管理范围，给出了新的结构，把用户要求和企业内部的制造活动以及供应商的制造资源结合在一起，体现了完全按用户需求制造的思想。ERP 的基本思想是将制造业企业的制造流程看做是一个紧密连接的供应链，其中包括供应商、制造企业、分销网络和客户等。并且将企业内部划分成几个相互协同作业的支持子系统，如财务、市场营销、生产制造、质量控制、服务维护、工程技术等。

智能资源计划（IRP）是一种具有智能及优化功能的管理思想模式，它打破了“面向事务处理”的管理模式，可使管理人员按照设定的目标寻求最佳方案。在整个经营管理过程中，把制造过程从订货、产品设计、生产、生产管理、市场营销管理直到售后服务以柔性方式集成起来并迅速执行。对于市场的多样性和快速变化，作出正确决策，确定市场上最需要什么产品，什么是最正确的方式、最恰当的时间、最好的场所，如何用最好的设备、最好的资源、最合适的人员来进行生产，然后，以最畅通的方式将产品推向市场，尽快完成资本循环。

（3）虚拟制造（VM）（Virtual Manufacturing） 虚拟制造是一种新的制造技术，它以信息技术、仿真技术、虚拟显示技术为支持，在产品设计或制造系统的物理实现之前，就能使人体会或感受到未来产品的性能或者制造系统的状态，从而可以作出前瞻性的决策与优化实施方案。

虚拟制造是一个集成的、综合的可运行的制造环境，可用它来改善各个层次的决策和控制。这里的“综合”指的是有真实的、又有仿真的对象、活动和过程，是一种混合的状态。“环境”是指提供的各种分析工具、设备以及组织方法，并以协同工作的方式，支持用户构造特定用途的制造仿真。“运行”指的是利用上述环境进行构造和操作特定的制造仿真。“改善”指的是增加其精度和可靠性。“层次”指的是从产品概念设计到回收利用的各个阶段、从车间级到执行位置的各个等级、从物质的转换到信息的传递等各个方面。“决策”和“控制”指的是进行改变而掌握其影响，预测效果的真实性。

虚拟制造技术的应用将从根本上改变现行的制造模式，对未来制造业的发展产生深远的影响，它的重大作用主要表现为：

1）运用软件对制造系统中的五大要素（人、组织管理、物流、信息流、能量流）进行全面仿真，使之达到了前所未有的高度集成，为先进制造技术的进一步发展提供了更广阔的空间，同时也推动了相关技术的不断发展和进步。

2）可加深人们对生产过程和制造系统的认识和理解，有利于对其进行理论升华，更好地指导实际生产，即对生产过程、制造系统整体进行优化配置，推动生产力的发展。

3）在虚拟制造与现实制造的相互影响和作用中，可以全面改进企业的组织管理工作，而且对正确作出决策有不可估量的作用。

4）虚拟制造技术的应用将加快企业人才的培养速度。虚拟制造与其他制造概念有许多相似之处，大体来看，主要包括虚拟制造技术 VMT（Virtual Manufacturing Technology）和虚拟企业 VE（Virtual Enterprise）两个部分。因此，虚拟制造体系结构主要有三大部分组成：虚拟制造技术（VMT）、虚拟企业（VE）和系统集成。

①虚拟制造技术（VMT）。VMT 是由许多学科知识形成的综合系统技术，它是以计算机支持的仿真技术为前提，对设计、制造等生产过程进行统一建模。在产品设计阶段，适时地、并行地模拟出产品未来制造全过程及其对产品设计的影响，预测产品性能、产品制造技术、产品的可制造性、产品的可装配性，从而更有效、更经济地、柔性灵活地组织生产，使工厂和车间的设计与布局更合理、更有效，以达到产品的开发周期和成本的最小化、产品设计质量的最优化、生产率的最高化。因此，虚拟制造技术可以通俗而形象地理解为：在计算机上模拟产品的制造和装配过程。借助于建模和仿真技术，在产品设计时，就可以把产品的制造过程、工艺设计、作业计划、生产调度、库存管理以及成本核算和零部件采购等生产活动在计算机屏幕上显示出来，以便全面确定产品设计和生产的合理性。虚拟制造技术是一种软件技术，它填补了 CAD/CAM 技术与生产过程和企业管理之间的技术鸿沟，把企业的生产和管理活动在产品投入生产之前就在计算机屏幕上加以显示和评价，使设计员和工程师能够预见可能发生的问题和后果。AM 被称为 21 世纪发达国家制造业的发展战略，而其关键技术之一就是虚拟制造技术。

②虚拟企业（VE）。虚拟企业也称为虚拟公司，是虚拟制造环境下的一种企业生产模式和组织模式，它具有企业的合作伙伴关系，这些企业由快速响应市场机遇的快速配套、多重关系的网络形式所组成。它把不同地区的合作伙伴的现有资源，利用网络通信技术，迅速组合成为一种跨企业、跨地区的统一实体，利用其具有特色的、先进的局部优势，以最快的速

度赢得市场上出现的机遇，并进行经营。

③系统集成。系统集成是综合建模和仿真及虚拟企业中产生的信息，并以数据、知识和模型的形式，通过建立交互通信的网络体系，支持分布式的、不同计算机平台和开放式的虚拟制造环境。其目标是为合作伙伴企业的活动提供一个紧密集成的结构和工具，并使虚拟企业共享合作伙伴企业的技术、资源和利益，以达到最大的敏捷性。通过国际互联网交换合作伙伴之间的信息，这是虚拟企业成功的关键问题。

六、先进制造技术的发展趋势

1. 先进制造技术的发展

在21世纪中，制造业发展的重要特性是向全球化、网络化、虚拟化方向发展，未来先进制造技术发展的总趋势是向精密化、柔性化、智能化、集成化、全球化方向发展。

（1）企业生产方式面临重大变革　随着需求的个性化及制造的全球化、信息化，改变了制造业的传统观念和生产组织方式。

精益生产、敏捷制造、智能制造、虚拟制造等新的生产方式不断出现 。其特点是：①以技术为中心，以人为转变；②以金字塔式的多层生产管理结构向扁平的网络结构转变；③从传统的顺序工作方式向并行工作方式转变；④从按功能划分部门的固定组织形式向动态的、自主管理的小组工作形式转变；⑤快速响应市场的竞争策略是制胜的法宝。

（2）绿色制造将成为21世纪制造业的重要特征　日趋严格的环境与资源的束缚，使绿色制造越来越重要。中国的资源、环境问题尤为突出，制造业不仅要解决生产过程的污染和资源浪费问题，更重要的是要为社会提供在全寿命周期没有污染、节约资源的产品。主要技术是：

1）绿色设计技术。在产品设计阶段就考虑其生命在其全过程的无污染、资源低耗和回收问题。

2）清洁生产技术。

3）拆卸回收技术。

4）生态工厂的循环制造技术。

（3）设计技术不断现代化　产品设计是制造业的灵魂。现代设计技术的主要发展趋势是：

1）设计方法和手段的现代化。它突出反映在数值仿真或虚拟现实技术的发展以及现代产品建模理论的发展上。

2）新的设计思想和方法不断出现。如并行设计，面向“X”的设计DFX（Design For X），健壮设计（Robust Design），优化设计（Optimal Design），反求工程技术（Reverse Engineering）等。

3）由简单的、具体的、细节的设计转向复杂的主体设计和决策，要通盘考虑包括设计、制造、检测、销售、维修、报废等阶段的产品的整个生命周期。

4）由简单考虑技术因素转向综合考虑技术、经济和社会因素。设计不是单纯追求某项性能指标的先进和高低，而是要注意考虑市场、价格、安全、美学、资源、环境等方面的影响。

（4）成形制造技术向精密成形或净成形的方向发展　展望21世纪，成形制造技术正从制造工件的毛坯、从接近零件形状（Near Net Shape Process）向直接制成工件即精密成形或净成形（Net Shape Process）的方向发展。主要技术有：

1）精密铸造技术。

2）精密塑性成形技术。

3）精密连接技术。

（5）加工制造技术向着超精密、超高速以及发展新一代制造装备的方向发展

1）超精密加工技术。目前世界上已达到的加工精度为0.025μm，表面粗糙度 R_a 为0.045μm，标志着已进入纳米加工时代。超精密切削加工技术，其切削厚度由目前的红外波段正朝着可见光波段甚至更短波段趋进；超精密加工设备向多功能模块方向发展；超精密加工材料由金属扩大到非金属。

2）超高速切削。目前超高速切削，铝合金切削速度已超过1600m/min；铸铁为1500m/min；耐热镍合金达300m/min；钛合金达200m/min。超高速切削的发展已转移到一些难加工材料的切削加工上。

3）新一代制造装备发展。市场竞争和新产品、新技术、新材料的发展推动着新型加工设备的研究与开发，其中典型的例子是“并联珩架式结构数控机床”（或俗称“六腿”机床）的发展。它突破了传统机床结构方案，采用通过六个轴长短的变化以实现刀具相对于工件加工位置的变化。

（6）新型加工方法以及复合工艺不断发展

1）激光、电子束、离子束、分子束等离子体、微波、超声波、电液、电磁、高压水束流等新能源或能源载体的引入，形成了多种崭新的特种加工及高密度能束切割、焊接、熔炼、锻压、热处理、表面保护等加工工艺。其中以多种形式的激光加工发展最为迅速。

2）超硬材料、高分子材料、工程陶瓷、非晶微晶合金、功能材料等新型材料的应用，扩展了加工对象，导致了某些崭新加工技术的产生，如：超塑成形、等温锻造、注射成型；超硬材料的高能束加工；加工陶瓷材料的热等静压、粉浆浇注、注射成型；高分子材料、复合材料的水束流切割；沉积TiN、TiC、CNB、人造金刚石等超硬薄膜的CVD、PVD、PCVD等。

（7）应用快速原型制造技术的快速制造技术得到了快速发展和应用　快速原型制造技术是一项具有广泛应用前景、能给制造业带来革命性变化的高新技术。快速制造技术包括：

1）基于三维曲面设计的快速设计技术。

2）快速三坐标测量技术。

3）快速原型制造技术。

4）快速零件制造技术。

5）并行工程。

（8）虚拟技术将广泛应用　虚拟制造技术是以计算机支持的仿真技术为前提，对设计、加工、装配等过程统一建模，形成虚拟的环境、虚拟的过程、虚拟的产品，其主要包括：

1）虚拟设计。

2）虚拟制造。

3）虚拟研究开发中心。将异地、各具优势的研究开发力量，通过网络和视频系统联系起来，进行异地开发、网上讨论。

4）虚拟企业。为了快速响应某一市场需求，通过信息高速公路，使产品制造得到一个

由不同公司临时组建的没有围墙、超越空间约束、靠计算机网络联系、统一指挥的合作实体。

(9) 工艺模拟技术得到迅速发展　先进制造技术的一个重要发展趋势是工艺设计由经验判断走向定量分析，加工工艺由技艺经验发展为工程科学。

加工过程的数值模拟与物理模拟是一个重要发展方向，采用这种科学的模拟技术并与少量的实验验证相结合，以代替原有的通过大量重复实验得到的加工技术方法，不仅可节省大量的人力、物力，而且还可以通过数值模拟来解决尚无法在实验室进行直接研究的复杂问题。

2. 先进制造技术的技术前沿

制造业为迎接2020年的重大挑战，经美国国家科学研究委员会工程技术委员会制造与工程设计院“制造业挑战委员会”专题研讨和调研、预测，优选出10项具备较大技术潜力的技术领域，这些技术领域是为迎接2020年重大挑战必须解决和发展的关键技术与支撑技术。

(1) 可重组制造系统　开发能够满足用户对产品质量、性能等广泛需求的集成工艺系统，包括硬件、软件、子工艺、子系统等。该系统适应性强，易重组，支持可重组制造系统的研究主要有以下五个方面：①制造工艺与工装；②基础理论；③新的制造系统；④建模与仿真；⑤控制和通信。

(2) 无浪费工艺　使生产浪费最小、能量消耗最低的制造工艺是未来的一项关键技术。通过不生产废弃物的工艺（如用自由成形制造来代替切削加工）、产生的废弃物可在后续的制造中作为原料加以重新利用的工艺、能使能耗最低的工艺（如以室温下的粘接代替高温固化的工艺），来保护资源、降低成本，并且能降低能量生产中产生的环境影响。

为了满足无浪费生产需要从废弃物的减少、利用和产品设计、分析的两个重要领域进行研究。

(3) 新的材料工艺　新材料和零件的工艺创新的目标是开发出具有超常物理性能的新材料（如具有高强度、高耐磨性、良好电磁性等）。随着产品向微型化发展，对于亚微米级的微型化生产而言，需要具有能够对其在分子级上进行控制其性能的材料。特别是对于亚微米级大小的元件，需要研究原子和分子物理化学性能的设计方法。

支持具有超常性能新型工艺材料工艺的开发研究可在创新的工艺过程、设计和分析方法、理论基础三大领域展开。

(4) 生物制造技术　生物制造技术研究将基于生物制造过程的精度和柔性的理解及能否找到某种办法来克服其本身的固有缺陷（如工艺过程慢和对可用材料的限制等）。这一技术的突破有可能会使创新的新产品和制造工艺产生革命性的进展。

(5) 企业建模和仿真　对制造业的所有活动进行建模和仿真，模拟企业的所有活动，使企业能根据多变的环境作出决策。描述整个产品生命的集成子模型构成的制造业的详细模型，可以用于制造业各层次的实时控制（各层次是指从制造单元和工厂现场到整个全球分布的企业）。模型和仿真应包括各种各样的人与人之间、人与机器之间的相互作用的描述。

支撑建模和仿真能力开发的研究主要在通信与信息技术、建模工具两大领域进行。

(6) 信息技术　将信息转化为知识以便作出有效决策的技术是一项优先发展技术。集成信息技术将分别进行专门决策所需的信息，从分散的资源中将信息合成、过滤多余的信息以及提供有用信息，以便能方便而迅速地应用。信息系统结构包含于传送、过滤、融入数据和信息的语义学、协议、算法等，以便供人们在决策时利用。

(7) 满足多层次用户需求的产品及工艺设计方法　能够满足用户广泛需求的产品及工艺设计方法将成为制造的优先发展技术。一般来说，模块化设计方法能用来满足快速变化的客户需求，这种方法能够适应可变比例的、参数化定义的系列产品和工艺，也能适应单个的、用户定制的产品以及大批量生产的产品。设计工具也应该能使企业将产品的数字描述(Digital Product Description) 直接转移到生产工艺和工具的开发上。设计方法还必须考虑到产品和工艺的重组、产品和生产工艺的并行设计、生命周期成本优化、模块化装配、优化的生产工艺、产品的柔性以及社会和环境目标。

(8) 智能协作系统软件　面向协作工程的智能系统可以是全世界范围内具有不同的技术专长、用不同的语言交流、且有着不同的文化背景的人们能够通过自动化的工艺和机械进行联系和协作。协作系统包括能适应不同使用者的技术专长、语言和文化的人—机接口，还包括那些能够解决问题和有助于组织机构相互交流的算术和方法学。

这些新型工具必须完全适应包括会议、企业协作和过程控制等在内的远程交互作用(Remote Interaction)。长期研究的目的包括：成组通信协议的开发、专用于制造业的网络通信协议（如电子数据的标准和协议)、在线分布是企业中控制生产的方法和标准以及分享企业和工艺知识的方法。在协作软件方面的研究应包括给予能够代表人的行为和特征的人类交往动态的交互接口。其目的是为那些具有不同技能、语言、文化、组织状况和术语规范的人们进行合作提供一个虚拟空间。

思 考 题

1. 机械制造系统的概念是什么？对其各组成部分及其相互间关系进行描述。
2. CAM 的定义与范畴是什么？
3. 什么是 CAM 技术的直接应用和间接应用？
4. 对先进制造技术应用与发展的环境背景进行分析。
5. 先进制造技术的定义是什么？
6. 机械制造成形工艺有哪四类？
7. 制造自动化的发展趋势是什么？
8. 管理综合自动化包括哪些内容？
9. 先进制造技术的发展趋势是什么？

第七章　计算机辅助工艺过程设计技术（CAPP）

第一节　计算机辅助工艺过程设计概述

一、CAPP 技术在我国发展的背景

全球制造业正向亚太及中国迅速转移，中国正成为世界制造业的重要基地。随着中国产业结构的调整和中国加入 WTO，中国经济的市场化程度正在全面提高。卖方市场变为买方市场以及个性化需求的不断增长，导致中国制造业的生产模式正发生着巨大的变化：大规模定制，多品种小批量生产，按订单生产等模式已成为制造业的主流；产品生命周期缩短，更新换代加速，是每一个生产厂家必须面对的现实。这是中国制造业面临的新挑战，企业必须不断地保持市场创新、产品创新才能始终立于不败之地。

1. 制造业企业的工艺流程

工艺规划和设计是企业生产制造的重要环节，在整个产品设计制造周期中占有相当大的比例，并且耗费很多人力物力。在激烈的市场竞争环境下，企业迫切需要建立工艺快速反应能力，提高企业的工艺标准化水平和工艺管理水平，缩短工艺技术准备周期。

企业工艺规划和设计处于产品设计和制造的接口处，需要分析和处理大量信息：既要考虑设计图样上有关零件结构形状、尺寸公差、材料、热处理要求等方面的信息，又要了解制造中有关加工方法、加工设备、生产条件、加工顺序、工时定额等方面的信息。

对于工艺编制过程，设计人员每设计一张图样，工艺人员都需要识图，再选择加工方法，排出加工工序过程，选择各工序的加工余量、参数、刀具、工艺装备，绘制必要的工序简图，编制工艺卡片，计算工时定额，材料定额……。而对一个产品来说，工艺人员还需要制订工艺方案，根据各零件的工艺卡片编制一系列工艺文件，因此造成工艺人员的工作量大，重复劳动多。

2. 目前企业工艺设计工作中存在的主要问题

传统的工艺设计都是由手工进行的，存在很多缺点：

（1）工艺工作过分依赖人的经验　传统的工艺设计是由工艺人员手工进行设计的，工艺文件的合理性、可操作性以及编制时间的长短主要取决于工艺人员的经验和熟练程度。因此，传统的工艺设计要求工艺人员具有丰富的生产经验，但现实的情况却常常是人员流失，青黄不接。

（2）工作量大，效率低下　工艺设计需要生成大量的工艺文件，这些工艺文件多以表格、卡片的形式存在。手工进行工艺规程设计一般要经过以下步骤：由工艺人员按零件设计工艺过程；填写工艺卡片、绘制工序草图等；校对；审核；描图；晒图；装订成册。另外，工艺人员还要进行大量的汇总工作，如：工装汇总、设备汇总等。这些工作的工作量很大，需要花费很长时间。

（3）工艺工作与已实现的 CAD 设计工作无法接口　随着“甩图板工程”的实施，设计

实现 CAD 化后，设计产生的图形及数据信息仍以图纸和报表等硬形式进入工艺设计阶段，传统工艺设计方式无法直接利用这些图形和数据，还必须绘制和补充大量图形和数据信息，设计中争取来的有限时间资源，在传统工艺及管理中消耗殆尽。同时由于市场多变以及设计工作的提速，工艺工作更显得捉襟见肘，忙于应付。

（4）难以保证数据的准确性　工艺设计需要处理大量的图形信息、数据信息，并通过工艺设计产生大量的工艺文件和工艺数据；传统的设计方式需要手工处理图形及数据信息，由于数据繁多且很分散，因此处理起来很繁琐、易出错。

二、CAPP 基本概念

计算机辅助工艺过程设计是建立计算机集成制造系统 CIMS（Computer Integrated Manufacturing System）的关键性中间环节。如何处理 CAD 及 CAM 的相关信息，并自上而下、从前到后有机地使 CAD 和 CAM 的信息连接起来，实现 CAD/CAM 一体化的设计是工艺规程的设计。

工艺规程设计处于产品设计和加工制造的接口处，必须分析和处理大量信息，既要考虑设计图样上有关零件结构形状、尺寸公差、材料及批量等方面的信息，又要了解加工制造中有关加工方法、加工设备、生产条件、加工成本及工时定额，甚至传统加工习惯等方面的信息。由于各种信息之间的关系错综复杂，设计工艺规程时必须全面而周密地对这些信息加以分析和处理。工艺规程设计主要是在分析和处理大量信息的基础上进行选择（加工方法、机床、刀具、加工顺序等）、计算（加工余量、工序尺寸、公差、切削参数、工时定额等）、绘图（工序图），以及编制工艺文件等。

随着电子计算机技术的发展及其在机械制造业中的广泛应用，计算机能有效地管理大量的数据，进行快速、准确的计算，进行各种形式的比较和选择，能自动绘图和编制表格文件等。这些功能是工艺规程设计所必需的，于是出现了计算机辅助工艺规程设计（Computer Aided Process Planning）简称 CAPP 这样一种新技术。CAPP 不仅能实现工艺设计自动化，还能把生产实践中行之有效的若干工艺设计原则及方法转换成工艺设计决策模型，并建立科学的决策逻辑，从而编制出最优的制造方案。

信息化企业工艺规划需要分析和处理大量的信息，随着 CIMS 的深入研究与推广应用，人们已认识到 CAPP 是 CIMS 的主要技术基础之一，在 CIMS 环境下，CAPP 与其他系统的信息流如图 7-1 所示。

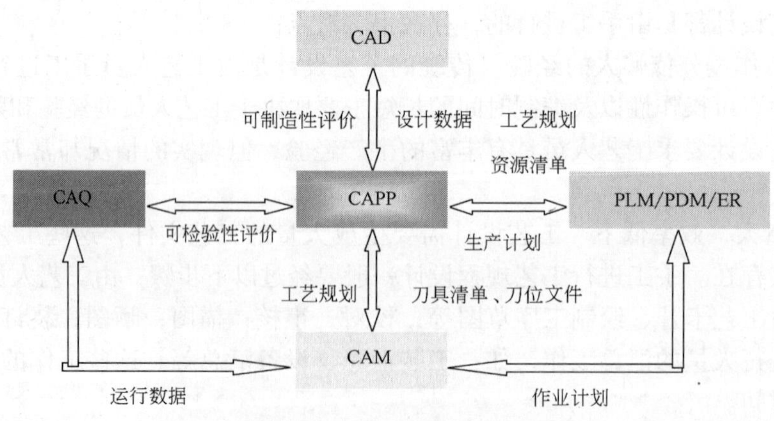

图 7-1　CAPP 系统的信息流

1）CAPP 接受来自于 CAD 系统的产品零部件几何信息、材料信息、粗糙度精度等工艺信息等，并为满足并行协同设计的要求，向 CAD 系统反馈产品结构的工艺性评价信息等。

2）CAPP 向 CAM 提供零件加工所需的设备、工装、刀具、切削参数和切削过程（包括刀具轨迹、刀位及数控指令等），同时接收 CAM 反馈的工艺修改提示。

3）CAPP 向 PDM（Product Data Management 产品数据管理）、PLM（Product Lifecycle Management 产品生命周期管理）和 ERP（Enterprise Resource Plan 企业资源规划）等生产管理系统提供工艺规程、设备、工装、工时、材料定额等信息，同时接受 PLM 等发出的技术准备计划、原材料库存、刀具量具状况和设备变更情况。

4）CAPP 向 CAQ（Computer Aided Quality 计算机辅助质量检验）提供工序、设备、工装、检测等工艺数据，以生成质量控制计划和质量检测规程，同时接受 CAQ 反馈的控制数据，用以修改工艺规程。

三、CAPP 系统的功能和技术类型

1. CAPP 系统的功能

从国内外已发表的 CAPP 系统可以看出它们主要具有以下功能：①检索标准工艺文件；②选择加工方法；③安排加工路线；④选择机床、刀具、夹具等；⑤选择切削用量；⑥计算切削参数、加工时间和加工费用等；⑦确定工序尺寸和公差及选择毛坯等；⑧绘制工序图；⑨给出刀具轨迹，自动进行 NC 编程；⑩进行加工过程的模拟。其中，有些功能是所有的 CAPP 系统都具备的，而有些功能则仅是部分系统所具备的。另外，现在只有少数 CAPP 系统能与 CAD、CAM 系统相连接。

2. CAPP 的技术类型

（1）交互型 CAPP 系统　按照不同类型零件的加工工艺要求，工艺人员根据计算机提示，进行人机交互操作，并在系统的引导下回答工艺设计中的问题，对工艺过程进行决策及输入相应内容，形成所需的工艺规程，这种 CAPP 系统对人的依赖性很大。

（2）派生型 CAPP 系统　这是根据成组技术的原理将零件划分为相似零件组，按零件组编制出标准工艺规程，并以文件的形式储存在计算机中。当要为新零件设计工艺规程时，输入该零件的成组技术代码，由计算机判别零件属于哪一个零件组，检索出该零件组的标准工艺规程，再根据零件的结构形状特点、尺寸公差进行编辑修改，以获得适合于该零件的工艺规程。通常调用标准工艺文件，确定加工顺序，计算切削参数、加工时间或加工成本都是由计算机自动进行的，又称为变异型和修订型 CAPP 系统。

（3）创成型 CAPP 系统　这是不以原有的工艺规程为基础，而在计算机软件系统中收集了大量工艺数据和加工知识，并在此基础上建立了一系列的决策逻辑，形成了工艺数据库和加工知识库。当输入新零件的有关信息后，系统可以模仿工艺人员，应用各种工艺决策逻辑规则，在没有人工干预的条件下，自动地生成零件的工艺规程。

（4）综合型 CAPP 系统　目前用派生法原理生成工艺规程的方法已经比较成熟，应用十分广泛，现有的大部分 CAPP 系统都属于这种类型。创成法原理目前尚不完善，还没有一个纯粹的创成法 CAPP 系统出现。现在号称创成法系统的只是在部分功能上应用了创成原理，所以只能称为半创成式系统。

（5）智能型 CAPP 系统　近年来，国内外不少企业正在应用人工智能专家系统的原理，来研制智能型 CAPP 系统。智能型 CAPP 系统是将人工智能技术应用在 CAPP 系统中而形成

的 CAPP 专家系统，以推理加知识为特征。知识库由零件设计信息和表示工艺决策的规则集组成，而推理机制是根据当前的事实，通过激活知识库的规则集，得到工艺设计结果，CAPP 专家系统中所有的特征在智能型 CAPP 系统中都会得到体现。

四、采用 CAPP 的意义

工艺规程制定是制造业生产过程技术准备工作的重要内容，其任务是根据企业的生产条件、设备资源状况、技术水平等客观环境条件，把产品的设计技术要求经济合理地转化为制造工艺和生产管理信息，因而是一个涉及信息量极大，要求制定者有丰富经验的多变量决策过程。

长期以来，传统的工艺规程设计方法一直是由工艺人员根据多年从事工厂生产活动而积累起来的经验以手工方式进行的，这包括查阅资料和手册，进行工艺计算，绘制工序图，填写工艺卡片和表格文件等工作。其中，光是花费在书写工艺文件上的时间就占 30%，而工艺规程的设计质量完全取决于工艺人员的技术水平和经验。

经验是一种宝贵的知识，但经验需要较长时期的积累，而且由于每个工艺人员的经验有限，习惯不同，技术水平也不一样，因而用手工制的工艺规程缺乏一致性，不可能得到最佳的制造方案。对同样的零件，不同的工艺人员设计会得出多种不同的工艺方案。国外有人做过试验，将一个最简单的零件交给四个具有不同经历的工艺人员设计，结果提出了如图 7-2 所示的四种不同加工方案，这些方案都反映了每一个工艺人员的经验，第一位是精密零件加工车间的工长，第二位是技校教师，第三位是重型机器零件加工车间的技术员，第四位是普通加工车间的技术员。

1	2	3	4	零件简图
加工第一端面	A.钻ϕ20孔 B.钻ϕ38孔	加工外圆表面 ϕ50	A.钻ϕ30孔 B.精加工ϕ40孔	40±0.05 ϕ40±0.1 ϕ50±0.05
A.钻ϕ10孔 B.钻ϕ38孔 C.镗ϕ40孔	加工 第一端面	一次钻出 ϕ40内孔	加工外圆 表面ϕ50	
加工外圆表面 ϕ50	切断	加工第一端面	加工第一端面	
切断	加工第二端面	切断	切断	
加工第二端面	加工外圆表面 ϕ50	加工第二端面	加工第二端面	
	精镗ϕ40内孔			

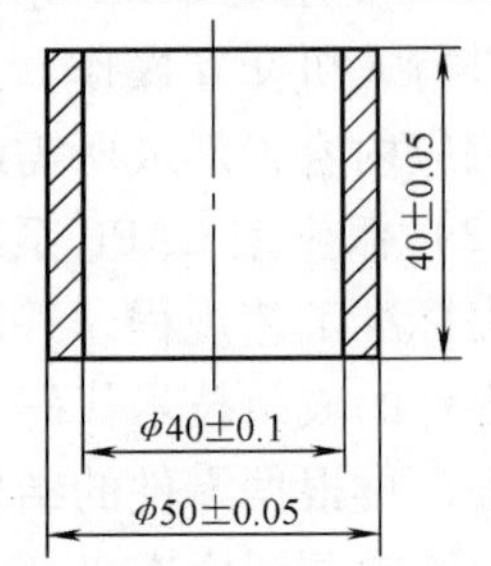

图 7-2　同一种零件的四种加工方案

很明显，依靠个人经验，用手工设计的工艺规程不可能反映出最先进的加工方法和实现工艺规程的标准化、最优化。

目前，工艺规程设计还存在着大量的重复劳动，当工厂生产一个产品时，每个零件都要设计一个工艺规程，当产品更换时，原有的工艺规程便不得使用，必须重新设计一套新产品的工艺规程，即使新产品中的某些零件与过去生产的零件相似或相同，也必须重新设计。其主要原因是工艺资料管理不善，工艺人员不能充分利用过去设计的工艺规程。

根据成组技术原理，各种机械产品的零件都在一定程度上具有相似性，因而它们的工艺规程也具有一定的相似性，所以并不是一个零件必然对应有一个工艺规程。例如：有一个机床厂原来用377个工艺规程制造425种齿轮零件，应用成组技术对齿轮和工艺规程进行仔细分析后，发现可以只用71种标准工艺规程就可生产出425种齿轮。还有一家制造泵的工厂，要在110个星期内投产制造2100种零件，是否需要设计2100个工艺规程呢？后经统计发现，虽然投入生产的不同零件数不断增加，但很多零件有相似性，实际上最后可归纳为1200个工艺规程。

从上述两个例子可见，生产的零件品种数与工艺规程数并不存在一一对应的关系。目前工艺规程设计中存在的重复性和多样性，不仅本身是一种浪费，而且还影响到工装设备的制造和使用，并直接影响产品的投产速度、交货日期、成本核算和企业的竞争能力等。因此，传统的工艺规程设计方法已不适应当前产品品种多样化、更新换代日益频繁的生产形势，现今在机械制造领域中，由于新工艺新技术的飞速发展，社会需求趋向于多样化，产品更新周期日益缩短，多品种小批量生产的企业大量增加。据统计，机械产品中生产批量为10～100件的零件均占零件总数的70%，中小批量生产的企业占企业总数的95.5%，因而机械制造企业中的工艺设计部门的任务正在成倍地增长，而设计部门和制造部门都普遍采用了高度自动化技术，如CAD、CAM、CNC、FMS等，只有工艺设计工作仍然处于手工操作、凭经验办事和效率低下的状态，再加上熟练的工艺人员正日益短缺，工艺设计已成为机械制造系统中的薄弱环节，以致不能适应当今生产发展和经济改革的需要。为此，必须寻找新的工艺规程设计方法，用以代替原来的手工操作，使之得以提高工艺设计的工作效率，缩短生产准备周期，减少工艺设计的费用等等。

通过如图7-3所示再作一个分析。

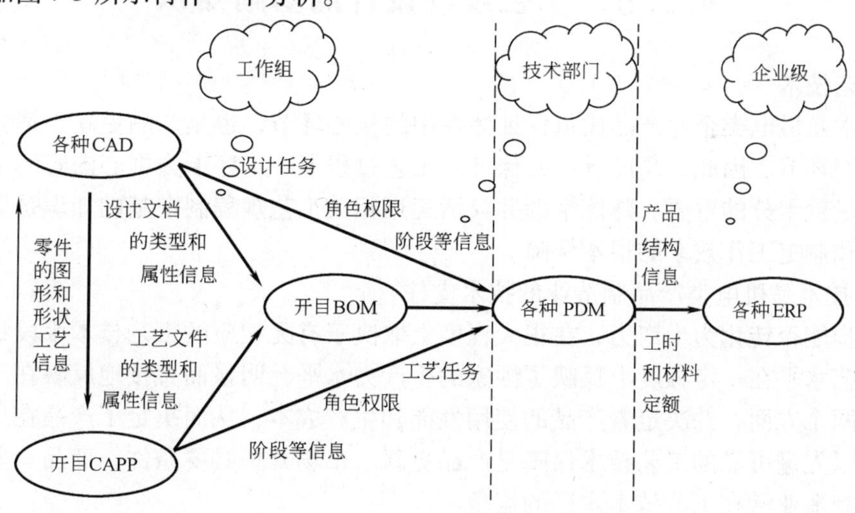

图7-3 信息集成解决方案示意图

(1) CAD (Computer Aided Design) 计算机辅助设计。

(2) CAPP (Computer Aided Process Planning) 计算机辅助工艺规程制定。

(3) BOM (Bill of Material) 产品和工艺信息汇总。

(4) PDM (Product Data Management) 产品数据管理。

(5) ERP (Enterprise Resource Plan) 企业资源规划。

如图 7-3 所示表明，CIMS（或者说 CAD/CAM 一体化）软件产品线能为机电产品制造企业的数字化管理、信息流的集成、处理、分配并达到信息资源共享提供了各种层次需求的解决方案。提供产品功能设计信息的 CAD 和提供制造工艺设计的 CAPP 为软件产品线的基础，其提供信息的正、误、真、伪和完整程度，就显得十分关键。企业在产品制造的过程中，除满足设计功能要求外，还要同时满足高效、经济等社会需求，可供选择的可行工艺方案很多，所以由 CAPP 信息源输出的工艺信息质量更为重要。只有同时满足产品功能设计要求和零件最佳工艺设计要求，正确而符合实际的工艺技术信息，才是最大限度地体现整个信息集成系统价值的关键所在。

在当前多品种、小批量起主导作用的市场经济条件下，沿用的手工制定方式必然会被计算机辅助制定方式所取代，体现出 CAPP 的重要意义：

1）工艺人员免于从事大量重复、繁重的手工操作，进而转向新产品、新工艺等创新性工作。

2）缩短工艺文件制定周期，降低成本，提高产品在市场的竞争力。

3）利于继承、积累工艺设计经验，提高企业成熟工艺方法的稳定继承性，尤其对弥补有经验工艺技术人员日益短缺的趋势有特殊意义。

4）利于工艺文件的标准化、规范化，并为企业的信息化管理打下基础。

5）为实现计算机集成制造系统（CIMS）积累经验和提供技术基础。

第二节　工艺规程设计的基础知识

一、工艺技术

工艺技术是机电类企业产品质量保证体系中的核心环节，也是产品更新、消化引进新产品成败的关键环节。因此，高度重视并保证以工艺过程卡、工序卡为中心内容的工艺规程制定工作的质量就十分的重要。熟练掌握并灵活运用相关工艺规程制定基础知识是提高工艺卡片制定质量和制定工作效率的根本保障。

1. 工艺技术是机电类产品制造业的技术支柱

科技进步能否转化为生产力，在很大程度上取决于有无相应的工艺技术手段将其物化为产品。故工艺水平在一定程度上反映了国家的生产力水平，明显而直接地反映在产品质量和劳动生产率两个方面，并决定着产品的使用性能和生产成本，从而决定了产品在市场上的竞争能力。所以先进可靠的工艺技术保障是产品更新、市场开拓必要条件，商品竞争、市场竞争的核心是制造业潜在工艺技术水平的竞争。

由于我国工艺水平落后，设备陈旧，致使机械工业的平均劳动生产率远远落后于发达国家，机电产品的质量问题中，工艺因素占一半以上。与之形成鲜明对照的发达国家则是不断改进和采用先进工艺技术，已达 60% 比重，工艺对生产率提高的贡献也占 60% 以上。工艺技术始终是企业提高生产率、增强产品市场竞争力的首要因素，故有“产品制造，工艺为本”的说法，这既是实践经验的总结，也是对工艺技术在产品生产中地位的恰当评价。

2. 工艺过程和工艺规程

工艺过程是生产过程中最最核心的内容，它是指用各种加工工艺方法直接改变材料、毛坯的尺寸、形状及表面状态，使之成为成品或半成品的过程。

无论是加工工艺过程或是装配工艺过程，都是由一系列工序组成。所谓工序，是指在某一设备上或某个工作地点，由一个工人或一组工人连续地对一个或同时几个工件所连续完成的一个完整加工或装配工艺过程。凡工作地（设备）、工人、工件、连续性四要素之一发生变更就会构成新的工序。由于工序的技术要求和设备的复杂性，一个工序可划分为几个工位或多个工步。

工位即工件安装在机床上所占据的位置，或工件在机床的一个位置上所进行的加工工作。它是安装的一个组成部分，一次安装中至少有一个工位，若采用回转夹具、分度夹具等，则一次安装可以有多个工位。

加工表面（装配时则指连接表面）和加工（装配）工具以及工作参数（规范）不变的情况下，所连续完成的那部分工序称为一个工步，例如：在转塔自动车床上加工一个零件，可以由1~6个工步完成。但是若并未直接改变工件形状、尺寸和表面粗糙度，但又是完成整个工序所必须由人或设备连续完成的那部分工序，称之为辅助工步。诸如换刀、安装、运输、检测等均视为辅助工步。基本工步则相反，它会导致工件形状、尺寸、表面粗糙度或者结构配置的相对改变。

工艺过程应满足的基本要求是：完全符合图样和技术条件的要求；生产准备周期最短；劳动生产率高；人力、物力、财力利用率高；材料、动力、资金消耗少；成本低；对环境无有害影响；保证安全生产；能适应产品的不断改进和更新等。

工艺规程则是指工程技术人员遵循工艺学的基本原理和方法，结合生产纲领、生产类型和生产条件，而制定某产品或零部件工艺过程的有关技术文件。包括：工件（产品）加工（装配）的顺序、所采用的设备、工具、夹具、量具、辅具以及加工（装配）计划时间等内容都给予明文规定的技术文件。工艺规程制定要考虑产品结构、生产规模、设备条件、技术要求、工人素质等诸多因素。可行方案往往不是唯一的，常需综合评估、权衡利弊，才能获得一个较好的实施方案。

生产中用以说明工艺规程的工艺文件有工艺过程卡片和工序卡片。

工艺过程卡片是指导零件加工（装配）的综合性卡片，说明零件（单元）的整个加工（装配）工艺过程是如何进行的，它又称为工艺路线卡，是生产技术准备的重要依据。因为它明确地规定了每个零件（单元）在整个制造（装配）过程中的工艺路线，列出产品的名称、型号、零件（单元）的名称与图号、各工序的序号、名称、所经历的时间、主要工艺装备和工时定额等。对于批量较大的产品的工艺过程卡，还要求说明每道工序及工步所加工的表面、切削用量、要求达到的尺寸和公差等内容。

工序卡片则是在工艺过程卡的基础上，为每道工序所编制的工艺文件，内容更为详尽，用于指导工人具体操作。内容包括：该工序加工简图、每个工步的加工内容、工艺参数、工艺装备、操作的划分、操作方法和要求、注意事项等。

3. 机械加工精度与表面质量

机械零件的加工质量对产品的性能、寿命、效率、可靠性及生产成本等均有十分重要的影响，所以保证工件的加工精度和表面质量是工艺技术人员的首要任务。

加工精度是指工件经机械加工后，其几何参数的实际值与理想（设计）值的符合程度。两者之差称为加工误差，加工误差越小，加工精度越高。

工件几何参数可以分别由尺寸精度、形状精度和表面相互位置精度三方面来衡量。三者之间虽有区别，但应当保持合理相互关系，一般是同一部位的几何形状和相互位置精度必须在尺寸精度允许的范围内，即后者要求应高于前者。如轴颈直径的尺寸公差必须高于其圆度误差；两表面间的平行度需要靠表面本身一定的平面度要求才能保证等。在制订工艺规程之前，务必使原始零件图样的精度要求合理才行。通常，在机械加工精度要求方面，应遵循以下原则：

1）形状误差约占相应尺寸公差的30%～50%。

2）位置误差约占有关尺寸公差的65%～85%。

一旦不符或难以达到图样要求时，就应主动向设计部门反馈，协商更正。

工件尺寸精度可用试切法、调整法、定刀具尺寸法或自动控制方法来达到；形状精度可选用成形刀具法、轨迹法或展成法来获得；表面相互位置精度则主要由机床精度、夹具精度和工件安装精度来保证。总之，影响加工精度的因素多而复杂，凡加工过程中，由机床、夹具、刀具和工件构成的工艺系统可能产生的种种误差，都是造成零件加工误差的根源，统称为机械加工原始误差，如图7-4所示。

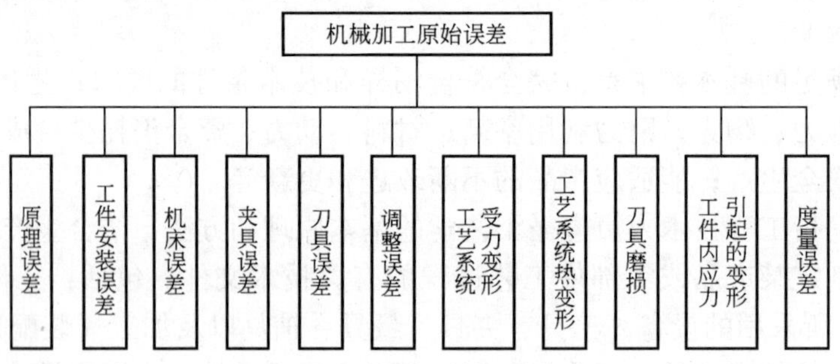

图7-4　机械加工原始误差

有效地防止加工误差或控制这些误差在允许范围之内，取决于工艺规程设计人员的素质、经验和工艺规程制定方案的水平高低。

零件加工的表面质量对其使用性能、工作可靠性与寿命均有很大影响，它是衡量工艺质量的又一重要指标。主要通过以表面粗糙度与精度为代表的几何质量指标，以表层材料的塑性、硬化、残余应力等物理力学性能变化两个方面予以评价。

4. 工件定位原理

在影响工件加工质量的诸多因素中，一般情况下，影响最大、最容易产生的莫过于工件安装误差了。安装涉及合理的定位和妥善的夹紧两个方面，定位是指确定工件在机床或夹具中占有正确位置的过程，而夹紧则是指工件定位后将其固定，使其在加工过程中保持定位位置不变的措施。

（1）六点定位原理　任何未加限制的工件均存在6个自由度，即沿 X、Y、Z 三个坐标轴的轴向移动和绕轴的转动。欲按实际需要确定工件在加工中的空间位置，就必须限制其应予以控制的自由度。如果对6个自由度全部设置相应的定位制约支撑点，就称为完全定位状态；若存在对加工质量无影响的自由度，则可以不加限制，定位制约支撑点小于6，称之为不完全定位状态。究竟采用何种定位状态，应从工件加工终结形状、加工精度要求、加工中受力状态、夹紧方式等因素考虑决定，但务必防止出现欠定位或过定位错误。

欠定位就是该限制的自由度没有限制。过定位就是在限制某个自由度上重复使用定位元件，或定位支承点总数超过6点。只有在特殊情况下，如刚性差的薄壁件或细长轴加工，经分析加设辅助支承对加工质量无不良影响时，才允许采用过定位。忽视欠定位和过定位现象，就会直接破坏加工产品的质量、产生废品。因此，工件无论是采用夹具、卡具或直接在工作台上安装，都要切实关注到是否符合六点定位原理，有没有欠定位或过定位现象，这是工艺规程制定中应遵循的重要原则。

（2）基准重合原则　基准是用来确定零件或部件上几何要素间几何关系所依据的那些点、线、面。可按其作用不同划分为设计基准和工艺基准两类。

工艺基准是指在加工和装配工艺过程中所采用的基准，包括：定位基准、工序基准、测量基准、装配基准4种。设计基准系指零件设计图上所标注尺寸的起点，它可以是实际存在的，也可以是（如中心线等）设想存在的。

为了保证工件加工质量，基准重合是工艺规程制定中应遵循的又一基本原则。当然上述4种工艺基准与设计基准均重合一致为最佳，但往往难于做到。为有利于直接保证达到加工精度，应尽量使工序基准与设计基准重合。工序基础与定位基准重合，也利于加工误差减至最小，务必精心斟酌确定。

（3）夹紧基本要求　在选择工件定位方案时，必须同时考虑夹紧能否合理、方便、可靠地实现，它对确保工件加工精度、表面质量，提高生产效率，减轻劳动强度有很大影响。夹紧方案必须满足以下基本要求：

1）夹紧力方向应有利而不会破坏工件定位。

2）夹紧力大小要适当，既应防止加工中的松动或振动现象，又要注意工件夹紧后的变形和受压表面的损伤在允许范围之内。

3）手动夹紧机构要有良好的自锁性能。

4）夹紧机构应紧凑简单、动作灵活、操作省力、安全、方便。

二、加工工艺规程的制定

1. 工艺规程设计的任务

工艺规程设计是企业工艺部门的一项经常性技术工作，是生产技术准备工作的第一步，也是连接产品设计与产品制造的桥梁。以文件形式确定下来的工艺规程是进行工装制造和零件加工的主要依据，它对组织生产，保证产品质量，提高效率，降低成本，缩短生产周期及改善劳动条件等都有着直接的影响，因此是生产中的关键性工作。

工艺规程设计的主要任务是为被加工零件选择合理的加工方法和加工顺序，能按要求生产出合格的成品零件，工艺规程设计的主要内容有：①选择加工方法及采用的机床、刀具、夹具和其他工装设备等；②安排合理的加工顺序；③选择基准，确定加工余量和毛坯，计算工序尺寸和公差；④选用合理的切削用量；⑤计算时间定额和加工成本；⑥编制包含上述所有资料的工艺文件。其中核心内容是选择加工方法和合理安排加工顺序。

2. 制订工艺规程的原始依据及其内容

（1）在着手制订工艺规程前尽可能获得以下资料

1）产品零件图是制订工艺规程的必备对象。

2）产品装配图。从中掌握该零件在产品中的地位和作用。

3）产品生产纲领和生产类型。它是在生产计划期内确定加工工时和产品计划进度的依据。零件年生产纲领 N 可由产品的年生产纲领 Q（台/年）、零件图上该零件数量 n（件/台）、备品率（$a\%$）和废品率（$b\%$）按下式计算出来。

$$N = Qn(1 + a\%)(1 + b\%)$$

生产类型是指根据生产纲领要求和生产车间的实际情况，确定一次投入或产出同一产品或零件的数量，俗称为生产批量。鉴于单件、小批、中批、大批、大量生产具有各自不同的工艺特点和相应合理的制造加工方法，所以零件生产纲领和生产批量规模的确认，是制订合理工艺规程的必要依据。

4）承担加工该批零件的工厂或车间的装备及其负荷情况等生产条件应力求清楚。

（2）工艺规程制定工作应包括以下内容

1）零件图的工艺分析。应从工艺师的角度对零件的形状特征、结构工艺性、尺寸公差标准、技术要求等诸方面进行工艺分析，必要时提出修改意见，主动与设计者协商，力求做到尽量合理。

2）选择合适的毛坯材料及质量要求。确定各种型材、棒材、板材的规格、牌号、数量等，若属铸件应指明毛坯制造方法和质量要求。

3）拟定工艺路线。合理的零件加工工艺路线是确保工艺规程制订和工艺过程卡编制质量的决定性因素。涉及定位基准的选择、加工方法的确定、加工阶段的划分和工序的安排等重要内容。

4）选择机床及工艺装备。

5）确定各工序加工余量、工序尺寸及公差。

6）确定切削用量及计算工时定额。

7）编辑工艺文件。当采用计算机辅助编辑时，编辑工艺文件往往与上述内容同步进行。但建议工艺路线应初步选定，以便减少两卡编辑过程的反复。

（3）定位基准选择原则

1）粗基准一般只允许使用一次，且应选择与加工面间相对位置精度要求高、加工余量小且均匀、表面质量好的面作为粗基准。

2）尽量采用设计基准和工序基准作定位精基准，以满足基准重合原则。还应尽量选用同一组定位基准加工各个表面，以符合基准统一原则。

3）当零件上两个表面相互位置精度要求很高时，可以利用它们本身作为相互定位基准。

4）在精加工或光整加工中，若要求加工面的余量很小而均匀，可以用加工面自己作为定位标准，夹紧后移去定位元件，再进行加工。

（4）加工方法的选定　对一定精度等级要求的加工表面，加工方法和过程是非唯一的可作多方案选择比较的。各种加工方法能达到的经济加工精度等级也是不同的，见表 7-1。不同加工方法的生产率和加工成本显然也不同，必须根据零件的加工技术要求、结构形状、材料质量、生产类型以及生产的设备条件、负荷状况等因素，在保证加工质量的前提下，应同时满足生产率和经济性要求为原则而进行斟定。

（5）加工阶段的划分　是否需要按粗加工、半精加工、精加工、甚至光整加工分阶段有序完成，主要根据零件加工精度和表面质量需求以及合理使用加工设备两个因素考虑。如光整加工阶段只是少数表面粗糙度要求很高的零件才需要，并不能纠正形位公差。一般零件只需粗、精两阶段加工即可。

表 7-1 不同加工方法的精度等级

加工方法	达到的精度等级 IT	加工方法	达到的精度等级 IT	加工方法	达到的精度等级 IT	加工方法	达到的精度等级 IT
研 磨	3~5	车 削	7~11	金刚石镗	5~7	压铸	11~14
珩 磨	4~7	镗 削	7~11	刚性镗铰	6~8	粉末冶金成型	6~8
圆 磨	5~8	铣 削	8~11	拉销	5~8	铸造	17~18
平 磨	5~8	刨、插	10~11	铰削	6~10	锻造	16~17
金刚石车磨	5~7	钻 孔	10~13	金刚石铰	5~7	滚压挤压	10~11

加工阶段的划分往往需要与加工方法的选择同步合并进行。以常见的孔加工为例，表 7-2 给出了各种加工方法能达到的经济精度和表面粗糙度，一般均需多阶段加工才能满足要求。

注：加工有色金属时，表面粗糙度 R_a 取低值。

大体可归纳为四种方式：

1）钻—粗拉—精拉　特点是生产效率高，加工质量稳定。若毛坯上有铸孔，则钻孔改为粗镗。

2）钻—扩—铰—手铰　适用于 $\phi<500$mm 的中、小孔加工。

3）钻或粗镗—粗磨—半精磨—浮动镗、金刚镗　主要适用于箱体零件的孔系加工及有色金属材料的小孔加工。对于小孔，特别是有色金属材料，其最终工序多采用金刚镗。

4）粗镗—粗磨—半精磨—精磨—研磨、珩磨　这种加工方法主要用于淬硬零件或精度、表面粗糙度要求较高的加工件。

表 7-2 孔加工中各种加工方法的精度及表面粗糙度

加工方法	加工情况	经济精度（IT）	表面粗糙度 R_a/μm
钻	ϕ15 以下 ϕ15 以上	11~13 10~12	5~80 20~80
扩	粗扩 一次扩孔（铸孔或冲孔） 精扩	12~13 11~13 9~11	5~20 10~40 1.25~10
铰	半精铰 精铰 手铰	8~9 6~7 5	1.25~10 0.32~5 0.08~1.25
拉	粗拉 一次拉孔（铸孔或冲孔） 精拉	9~11 10~11 7~9	1.25~5 0.32~2.5 0.16~0.63
推	半精推 精推	6~8 6	0.32~1.25 0.08~0.32
镗	粗镗 半精镗 精镗（浮动镗） 金刚镗	12~13 10~11 7~9 5~7	5~25 2.5~10 0.63~5 0.16~1.25
内磨	粗磨 半精磨 精磨 精密磨（精修正砂轮）	9~11 9~10 7~8 6~7	1.25~10 0.32~1.25 0.08~0.63 0.04~0.16
珩	粗珩 精珩	5~6 5	0.16~1.25 0.04~0.32

（续）

加工方法	加工情况	经济精度（IT）	表面粗糙度 R_a/μm
研磨	粗研 精研 精密研	5～6 5 5	0.16～0.63 0.04～0.32 0.008～0.08
挤	滚珠、滚柱扩孔器，挤压头	6～8	0.01～1.25

（6）工序的安排　工序的安排包括工序数的确定和其先后顺序的安排两个方面。工序数决定于采用集中还是分散安排原则。生产批量大时，两种方式均可采用；生产批量小时，多采用具备相对优势的工序集中方式，也符合现代生产发展方向，但需要有高级专用设备和工艺装备的支持。

加工顺序应遵循先基准面后其他面、先主要面后次要面、先主要面后主要孔三原则确定。

第三节　CAPP 技术的发展概况及系统的工作原理

一、CAPP 的发展概况

在机械制造领域内，工艺设计自动化是发展最迟的部分。早在 1952 年美国麻省理工学院 MIT 就已研制成功 NC 机床。在 1963 年又发表了 CAD 的研究成果，而且 NC 技术、CAD 技术很快就应用到了生产实践中，自动化、柔性化的程度也越来越高。而工艺设计由于涉及的因素非常广泛，随机性大，很难用简单的数学模型进行理论分析，所以工艺设计长期处于手工操作和凭经验办事，以致效率很低的状态。

世界上最早进行工艺设计自动化研究的国家是挪威。他们从 1968 年开始研制，到 1969 年，正式发表了 Auto Pros 系统。这是世界上第一个 CAPP 系统，它是根据成组技术原理，利用零件的相似性去检索和修改标准工艺来制订相应零件的工艺规程，系统流程图如图 7-4 所示。该系统采用成组技术代码 TEKLA 描述零件的信息，这种代码由 12 位数字组成，每位数字包含 16 项特征信息，构成 12×16 的矩阵。零件信息打在三张穿孔数据卡片上，第一张卡片记有零件的 TEKLA 代码和零件的形状尺寸，第二张卡片记有零件的材料、硬度、加工余量、表面粗糙度及形状精度等，第三张卡片记录零件的批量。

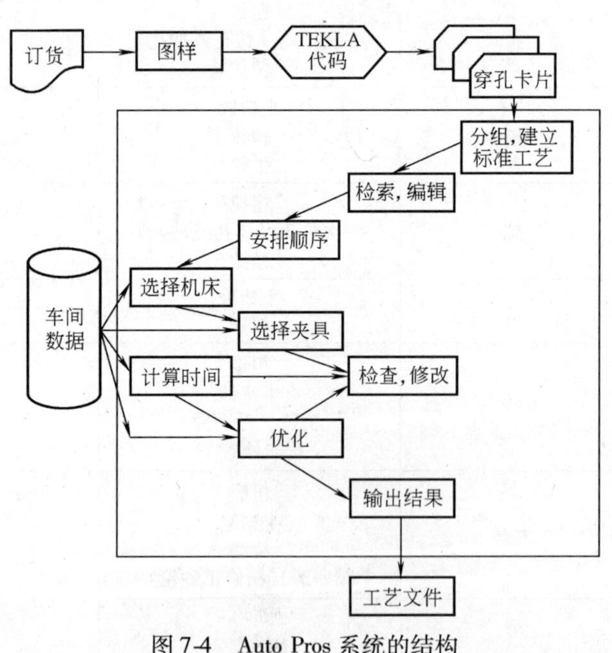

图 7-4　Auto Pros 系统的结构

Auto Pros 系统的构成和运行过程如图 7-4 所示，由车间数据文件和 9 个功能子程序组成。

车间数据文件有机床、夹具、毛坯、切削数据及加工成本等文件组成。各子程序的功能如下：①将零件分成 10 个零件组，每一个零件组建立一个标准工艺文件，当输入零件代码后，就能检索出相应的标准工艺文件；②对标准工艺文件根据零件具体形状尺寸进行编辑修改，可进行增、删工序或重新安排工序；③安排加工先后顺序；④选择机床，预先要制订每种工序可能使用的机床一览表，并按加工费用高低排列次序，以供选用；⑤确定机床夹具，从车间数据文件中检索夹具表，选择合适的夹具；⑥对确定的加工方案进行检查，如不合适，可重新安排加工顺序；⑦计算加工时间、安装时间、换刀时间，最后算出单件加工时间和总的生产时间；⑧进行工艺过程优化，优化的依据是成本最低和单件加工时间最短，并要考虑各机床之间作业的平衡；⑨输出设计好的工艺文件。

Auto Pros 系统的出现，引起世界各国的普遍重视。接着，美国的 CAM-I 公司也研制出了 CAPP 系统，这是一种可在微型机上运行的结构简单的小型系统。它的工作原理也是基于将零件按成组技术分类系统进行编码，形成零件族，再建立零件族的标准工艺，并通过对标准工艺文件的检索和编辑产生零件的工艺规程，该系统的流程框图如图 7-5 所示。

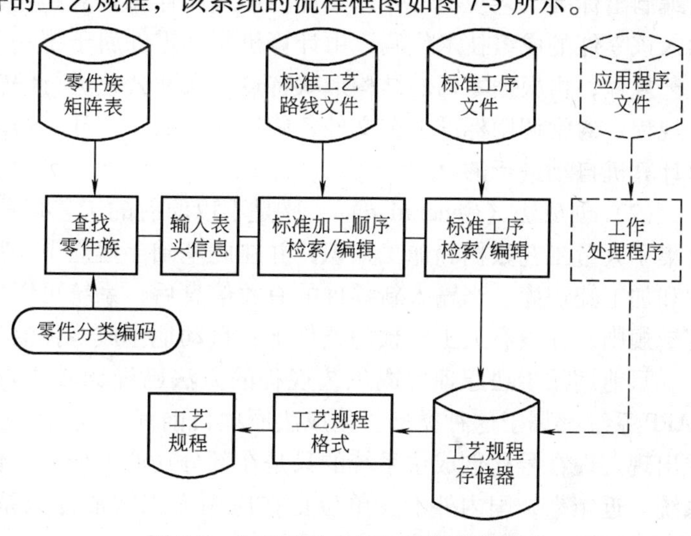

图 7-5　CAM-I 的 CAPP 系统流程框图

系统的操作过程是首先将零件代码输入计算机，系统对零件族矩阵文件进行检索，如果某一矩阵文件中包含该零件，则开始进行工艺规程设计。先输入表头信息，如零件名称、图号、材料、热处理要求及其批量等；表头信息输入完毕，系统调入该零件族的标准工艺路线文件，编辑零件的加工顺序，然后再按照加工顺序逐一从标准工序文件中调出相应的工序，经过编辑和修改后就能得到较为完善的工艺规程，并储存在工艺文件库中，以便在需要时按所需格式打印输出。

CAPP 从 20 世纪 60 年代末开始研制，到目前仅有 20 年的历史，但已研制出很多 CAPP 系统，而且有不少系统已投入到生产实践，当时世界各国的 CAPP 系统主要用于回转体零件，其次为棱柱形零件和板块类零件，其他非回转体零件应用较少，而且多应用于单件小批量生产类型。因为单件小批量生产受用户要求的影响较大，制造任务和管理工作经常要变化，工艺规程设计要花费较大的力量，所以使用 CAPP 技术的愿望比较迫切。CAPP 软件系统中最常用的编程语言为 FORTRAN 语言。

从 20 世纪 80 年代初期起，我国一些高等院校和企业在推广和应用成组技术的基础上，也开始研究和开发计算机辅助工艺规程设计系统，最早进行这项研究工作的是上海同济大学，他们在 1982 年研制成功了 TOJICAP 系统，并通过了国家教委组织的鉴定，于 1985 年在国际 CIRP 会议上正式发表。随后北京理工大学也研制出适用于车辆中回转体零件的 BITC-APP 系统；北京航空航天大学提出了 BHCAP 系统；还有一些高等院校和企业合作研制的 CAPP 系统也相继获得成功。据初步统计，在国内各种学术会议和刊物上正式发表的 CAPP 系统已有 300 多个，有的系统已正式在企业中使用。

二、CAPP 系统介绍

1. CAPP 系统的功能

从国内外已发表的 CAPP 系统可以看出它们主要具有以下功能：①检索标准工艺文件；②选择加工方法；③安排加工路线；④选择机床、刀具、夹具等；⑤选择切削用量；⑥计算切削参数、加工时间和加工费用等；⑦确定工序尺寸和公差及选择毛坯等；⑧绘制工序图；⑨给出刀具轨迹，自动进行 NC 编程；⑩进行加工过程的模拟。其中有些功能是所有的 CAPP 系统都具备的，而有些功能则仅是部分系统所具备的。另外，现在只有少数 CAPP 系统能与 CAD、CAM 系统相连接。

2. CAPP 系统的工作原理

CAPP 系统有两种工作原理：派生法和创成法。

（1）派生法（Variant）　这是根据成组技术的原理将零件划分为相似零件组，按零件组编制出标准工艺规程，并以文件的形式储存在计算机中。当要为新零件设计工艺规程时，输入该零件的成组技术代码，由计算机判别零件属于哪一个零件组，检索出该零件组的标准工艺规程，再根据零件的结构形状特点、尺寸公差进行编辑修改，以获得适合于该零件的工艺规程。通常调用标准工艺文件，确定加工顺序，计算切削参数、加工时间或加工成本都是由计算机自动进行的。

（2）创成法（Generative）　这是不以原有的工艺规程为基础，而在计算机软件系统中收集了大量工艺数据和加工知识，并在此基础上建立了一系列的决策逻辑，形成了工艺数据库和加工知识库。当输入新零件的有关信息后，系统可以模仿工艺人员，应用各种工艺决策逻辑规则，在没有人工干预的条件下，自动地生成零件的工艺规程。

目前用派生法原理生成工艺规程的方法已经比较成熟，应用十分广泛，现有的大部分 CAPP 系统都属于这种类型。创成法原理目前尚不完善，还没有一个纯粹的创成法 CAPP 系统出现。现在号称创成法系统的只是在部分功能上应用了创成原理，所以只能称为半创成式系统。近年来，国内外不少单位正在应用人工智能专家系统的原理，来研制完全创成式的 CAPP 系统。

三、派生法 CAPP 系统

1. 派生法 CAPP 系统的工作原理

传统的工艺规程设计是通过人的智能来完成的。工艺人员在长期的生产活动中积累了很多的经验，在他们的头脑中已形成了一个加工能力数据库。在进行工艺规程设计时，首先要分析和了解零件图上的技术要求，然后根据自己的经验，选择加工方法，安排加工顺序，选择所用的机床、刀具及其他工装设备等，再运用自己的计算、绘图、编制工艺文件的技术能力，进而完成工艺规程的设计。

由于经验需要较长时期的积累，又不能让所有的人共事，如果让工龄较短的青年工艺人员利用计算机进行工艺设计，实现工艺设计自动化，则必须要解决两个主要问题：首先要实现零件图样信息代码化，即让计算机能够了解零件的技术要求；其次就是要把工艺人员的经验和技能系统化、理论化、代码化，即把工艺人员的加工能力知识库有规律地储存起来，需要时可用代码随时调用，让大家共享知识库。

派生法 CAPP 系统利用成组技术来解决这两个问题。所谓成组技术是一门生产技术科学，即利用事物相似性把相似问题归类成组，来寻求解决这一类问题相对统一的最优方案，从而节约时间和精力以取得所期望的经济效益。

成组技术可以应用于不同领域。对于零件设计来说，由于许多零件具有类似的形状，可将它们归并为设计族，设计一个新的零件可以通过修改一个现有同族典型类型而形成。这个零件称之为主样件。一般可从零件族中选择一个结构复杂的零件为基础，把没有包括同族其他零件的功能要素逐个叠加上去，即形成该族的假想零件，为主样件。

对于加工来说，形状相似的零件也有可能要求类似的加工过程，由此，可以组建一个加工单元来制造同族零件，对每一个加工单元只考虑类似零件，就能使生产计划、加工工艺和控制变得容易些。所以，成组技术在工艺设计中的核心问题就是充分利用零件上的几何形状及加工工艺相似组织生产，以获得最大的经济效益。

派生法 CAPP 系统将零件图样按成组技术中的分类编码系统进行编码，用数字代码表示零件图样的信息。根据成组技术中相似性原理，如果零件的结构形状相似，则它们的工艺规程也有相似性。对于每一个相似零件组，可以采用一个公共的制造方法来生产。这种公共的制造方法是以标准工艺的形式出现的，以集中专家、工艺人员的集体智慧和经验及生产实践的总结制订出来的，然后储存在计算机中。当为一个新零件设计工艺规程时，可从计算机中检索标准工艺文件，然后经过一定的编辑和修改就可得到该零件的工艺规程。所以派生法也称为变异法、经验法、样件法或检索法。

2. 派生法 CAPP 系统的研制过程

(1) 零件编码　首先对已有的零件进行编码，其目的是将零件图上的信息代码化，把零件的属性用流行的数字代码来表示，以使计算机容易识别。可以根据具体情况选用通用的分类系统，如 JCBM、Opitz、JLBM、KK 系统等，也可选用适合于本部门产品特点的专用分类系统。

编码方法有手工编码和计算机辅助编码两种方法。手工编码是编码人员根据分类系统的编码法则，对照零件图用手工方式逐一编出各码位的代码。手工编码效率低，劳动强度大，而且容易出错，不同的编码人员编出的代码往往不一致。现在大部分都采用计算机辅助编码，它是以人机对话方式选行的，即由计算机软件提出各种问题，由编码人员逐个回答这些问题，把零件的信息逐次输入给计算机，计算机软件进行逻辑判断后，便自动编出零件的代码，并在终端显示器上显示或打印输出。利用计算机编码时效率高，出错率低，因而能减轻编码人员的劳动强度，能够避免手工编码时由于编码人员对编码系统的理解错误或判断错而造成的编码错误。

计算机编码程序应根据零件分类系统的结构和内容进行设计，有严密的逻辑性，所提问题要尽可能的少，要求人的回答尽量简单。计算机提问时有单因素提问和多因素提问两种方式，单因素提问时，编码人员回答“是”或“否”，多因素提问时，编码人员作选择性回答。现在研制的计算机辅助编码系统都采用中文人机对话系统，使用十分方便。

(2) 零件分组　零件组的划分是建立在零件特征相似性的基础上，分组时首先要确定相似性准则，即分组的依据。

分组方法一般常用的有视检法、生产流程分析法和编码分组法。其中编码分组法是应用较为广泛的一种方法，编码分组法又可分为特征数据法和特征矩阵法。

特征数据法是从零件代码中选择几位特征性强并对划分零件组影响较大的码位作为零件分组的主要依据，而忽略那些影响不大的码位。特征矩阵法是根据对零件特征信息的统计分析结果，并考虑到车间加工水平、工装设备条件、设备负荷、管理水平等条件，对每位代码划定一个范围，作为分组的依据，每个特征矩阵对应着一个码域，即一个零件组。

为了较好地确定分组依据，建立特征矩阵，首先对所有零件的代码，按数值大小的顺序重新排列，然后对零件的结构特征信息分布情况进行统计分析，在此基础上制订出分组的标准，即确定若干个特征矩阵，对零件进行分组。这些排序、统计分析、分组的工作都可以用计算机来完成。

1）零件代码的排序程序。零件编码完成以后，为了便于管理，使得以后检索方便，并为零件分组创造条件，需要对零件代码按从小到大的顺序重新排列。此项工作若用手工进行，既费时，又易出错，现在只用一个简短的程序就可以迅速准确地完成排序工作。

排序程序的设计原理是把零件的代码读入数组，利用循环比按语句比较两个代码 M(I) 与 M(I+1) 的大小，若 M(I) 小，则保持位置不变；若 M(I) 大，则与 M(I+1) 交换位置。这样通过一次循环比较，可找出最小的代码，排在第一位；然后再进行第二次循环比较，找出第二个最小的代码，排在第二位；再重复进行比较直到所有代码的大小按次序排定，然后打印出从小到大重新排列的代码顺序表。

考虑到零件加工后装配的方便，每一个零件的代码必须与其图号排在一起，图号表示零件在产品中的位置和属于那一个部件。另外在设计程序时把零件代码按字符串变量来处理，因为字符串对代码的位数无限制，如图 7-6 所示为排序程序流程框图。

2）零件结构特征统计分析程序。通过对零件结构特征的统计分析，可以了解产品零件的各种结构和形状信息的分布情况，还可为制订零件分组的方案和建立特征矩阵提供定量的依据。

设计这个程序的关键在于分解零件的代码，分解代码的目的是了解零件代码每一位的数值，并把出现次数累计记入相应的数组中。分解零件代码的方法有几种，一种方总是利用 BASIC 语言库存函数中的取整函数 INT(X) 来求得，例如零件的 JCBM 代码 A(I) = 130213411，如要求第一位代码之值，可按下式求得

$$
\begin{aligned}
&\mathrm{INT}(A(I)/10^{8})\\
&=\mathrm{INT}(1.30213411)\\
&=1
\end{aligned}
$$

如要求第二位代码之值，则用下式求得

$$
\begin{aligned}
&\mathrm{INT}(A(I)/10^{7}-10\times\mathrm{INT}(A(I)/10^{8}))\\
&=\mathrm{INT}(13.0213411)-10\times\mathrm{INT}(1.30213411)\\
&=13-10\times1\\
&=13-10\\
&=3
\end{aligned}
$$

用相同方法可求得其他各位代码之值。

当采用字符串变量来表示零件代码时，可采用字符串表达式 MID＄（X＄，K，1）求各位代码之值，其中 X＄表示代码，K 表示从第几位开始，1 表示取 1 位。

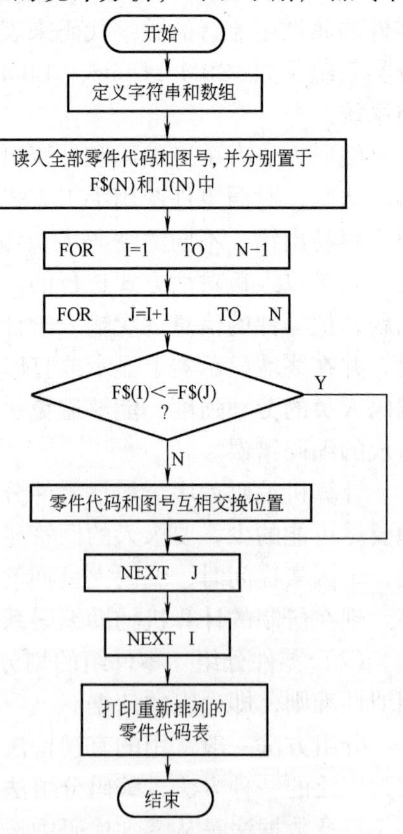

图 7-6 排序程序流程框图

求出各位代码的数值后，要进行累计，并求出所占百分数。如图 7-7 所示为根据字符串表达式 MID $所设计的程序流程框图。

3）分组程序。采用特征矩阵法对零件进行分组的原理是依据于每一个零件的代码均可用矩阵来表示。

分组时，将零件代码与特征矩阵进行比较，如果与零件代码各个位的数值相对应的矩阵位置上都是 1，则认为该零件与此矩阵相匹配，该零件就分入这个组；如果与零件代码相对应的矩阵位置上有一位不是 1，而是 0，则认为该零件与此矩阵不匹配，该零件就不能分入这个组。分组的方法是先用一个矩阵与所有零件相比较，把与此矩阵相匹配的零件划分为第一个零件组，同时打印出此特征矩阵和属于该组的零件图号和代码。再用第二个矩阵与剩下的零件相比较，划分出第二个零件组，重复这个过程，直到所有特征矩阵对零件筛选完毕，最后把与所有矩阵都不匹配的零件单独编成一组，也打印出它们的图号和零件代码，如图 7-8 所示为分组程序的流程框图。

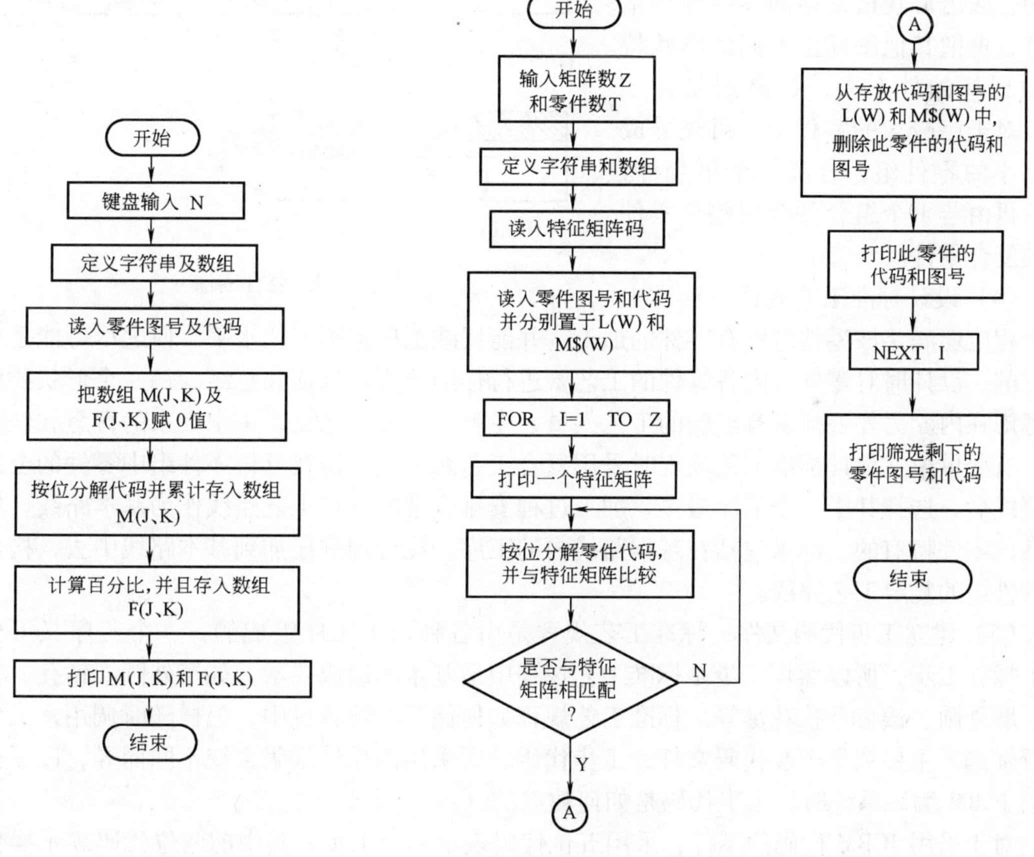

图 7-7 零件代码统计分析程序流程框图

图 7-8 分组程序的流程框图

用这种方法形成的零件组及其标准工艺文件，在为每个零件制订工艺规程时，只要对标准工艺文件作少量修改。这种方法仅对少数机床和少量零件的计算比较方便，但若零件数量多，工件加工流程长，其使用就会受到限制。随着计算机技术发展，这种困扰正逐步得到解决，现在使用这种方法来分组的已逐渐增多，研究此类的分析方法也很多。

（3）设计零件组的复合零件　复合零件又称主样件，它包含一组零件的全部形状要素，有一定的尺寸范围，可以是实际存在的，也可以是假想的。以它作为样板零件，设计适用于全组的通用工艺规程，如图 7-9 所示即为复合零件。

在设计复合零件前要检查各零件组的情况，每个零件组只需要一个复合零件。对于简单的零件组，零件品种不超过 100 为宜，形状复杂的零件组可包含 20 种左右的零件，这样设计出的复合零件不会过于复杂或过于简单。设计复合零件时，对于零件品种数不多的零件组，应先分析全部零件图，取出形状最复杂的零件作为基础件，再把其他图样上不同的形状特征加到基础件上去，就得到复合零件。对于比较大的零件组，可先分成几个小的零件组，合成一个组合件，然后再由若干个组合件合成整个零件组的复合零件。

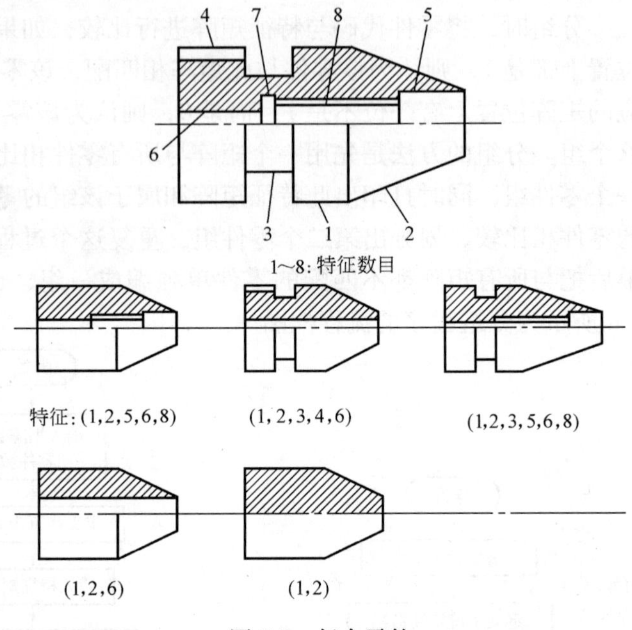

图 7-9　复合零件

（4）设计标准工艺规程　标准工艺规程应能满足该零件组所有零件的加工，并能反映工厂实际工艺水平，使之尽可能是合理可行的。设计时对零件组内各零件的工艺要进行仔细分析、概括和总结，每一个形状要素都应考虑在内。另外要征求有经验的工艺人员、专家和工人的意见，集中大家的智慧和经验。

有些单位在设计标准工艺规程时采用复合工艺路线法，即在分析零件组中零件的全部工艺路线后，选择其中一个工序最多、加工过程安排合理的零件工艺路线作为基本路线，然后把其他零件特有的、尚未包括在基本路线内的工序，按合理顺序加到基本路线中去，构成代表零件组的复合工艺路线。

（5）建立工步代码文件　标准工艺规程是由各种加工工序组成的，一个工序又可分为多个操作工步，所以操作工步是标准工艺规程中最基本的组成要素。如车外圆、钻孔、铣平面、磨外圆、滚齿及拉花键等。标准工艺规程如何储存在计算机中，怎样随时调用，又怎样进行筛选，主要依靠工步代码文件，工步代码随所采用的零件编码系统不同而异，以下介绍采用 JCBM 编码系统时，工步代码是如何建立的。

对于采用 JCBM 代码的零件，采用五位代码表示一个工步，其中前两位代码表示操作工步名称。其含义规定如下：

01 粗车外圆　02 粗车端面　03 切槽　04 钻孔　05 钻辅助孔　06 镗孔
07 车外螺纹　08 粗车锥面　09 铣平面　10 倒角　11 精车外圆　12 精车端面
13 精车锥面　14 精镗内孔　15 加工内螺纹　16 磨外圆　17 磨端面
18 磨锥面　19 磨平面　20 磨内孔　21 滚齿　22 插齿　23 拉花键
24 拉键槽　25 磨齿　26 钳工倒角　27 钳工去毛刺　28 检验　29 渗碳

淬火　　30 磁力探伤，等等

第三位代码表示零件 JCBM 代码中需要这一要素的码位，第四、第五位代码分别代表了需要这一操作工步的码位上最小数字和最大数字。例如代码为 09412 的工步，其含义是前两位 09，表示铣平面，第三位 4，代表零件 JCBM 的第四位，后面两位代码用来表示零件的第四位代码的范围如果是 1 与 2，则此零件应铣平面。再如 01216 工步代码，表示粗车外圆，零件第二位代码如是 1 至 6，则都要粗车外圆。工步代码 21544 表示滚齿，只有零件第五位代码是 4 时才应滚齿。

标准工艺文件用操作工步代码来表示，使得标准工艺文件的存储和调用十分方便，也为筛选标准工艺规程提供了方便。当计算机检索到某一工步时，只要根据工步代码第三位的数值，查看零件这一码位的数值是否在工步代码的第四位和第五位数值范围内，如果在这一范围内，则保留这一工步，否则将删除这一工步。

（6）建立切削数据文件　由于产品零件的品种较多，有些零件的形状又比较复杂，涉及的加工要素很多，采用的加工方法也很多，而所有的加工方法都必须要有切削数据（进给量、背吃刀量、切削速度），为此必须建立大量的切削数据文件，并预先储存在软盘中，以供随时调用。

数据文件根据储存方式不同，可以分为：①循序存取文件，即数据按顺序存取或从软盘上按顺序连续读出数据；②随机存取文件，即把文件分成若干个记录，从零号开始编号，把它们存放到磁盘中一个指定区域，每个记录都有相应存放的位置，只要告诉计算机文件名和记录号，就可随意存取某一个记录。

顺序存取方式比较简便，不必关心哪个记录存放什么内容，从头开始，一个一个按顺序存放；随机存取方式，虽然存时比较麻烦，要编记录号，但以后调用和修改时比较方便，而且速度快。

（7）设计各种功能子程序　由于 CAPP 系统中要应用各种计算方式，为此须预先将各种计算公式和求解方法编成各种功能子程序，如切削参数的计算，加工余量和工序尺寸公差的计算，切削时间和加工费用的计算，工艺尺寸链的求解，切削用量的优化和工艺方案的优化等。在系统运行过程中，如需要应用某种计算方法，就可随时调用。

（8）CAPP 系统总程序设计　上述各项准备工作完成以后，用一个总的程序把所有子程序连接起来，每一个单元功能可以采用模块结构形式，可以单独调试和修改，再把各个功能模块组合起来，就构成 CAPP 系统的总程序。

CAPP 系统的建立是一个劳动量很大的工作过程，特别是要建立庞大的工艺数据库，要花费很多的人力和时间。开始时，可以建立各种数据文件，以后再逐步积累完善。

3. 派生法 CAPP 系统举例

JGCAPP 系统是派生法系统，适用于坦克中回转体零件的工艺规程设计，采用 JCBM 和 BLBM 编码系统，用 BASIC 语言在 APPLE-II 微型机和 IBM PC 微型机上运行。其功能是确定加工工序、工步和加工顺序，选择机床、刀具和切削用量，计算切削参数和加工时间等。系统结构按模块化原理设计，共有五个模块：初始化模块、工艺规程生成模块、人机对话模块、切削用量计算模块和编辑修改模块等，系统的流程框图如图 7-10 所示。系统具有四种类型的数据文件：特征矩阵文件、标准工艺文件、切削数据文件和操作工步代码文件等。

当主系统开始运行后，首先进入初始化模块，清理计算机内存，开辟字符串空间，定义数组和变量，打开特征矩阵文件，调入内存；然后计算机询问所需编制工艺规程零件的JCBM代码，用键盘输入后，计算机根据JCBM代码，寻找与之相匹配的特征矩阵，并判断是否找到，如果没有找到，就转入人机对话模块；如果找到，则根据特征矩阵号，打开相应的标准工艺文件，调人内存。这时计算机要求继续输入工艺规程的表头信息，如零件名称、图号、材料、毛坯尺寸等，并询问零件各部分尺寸及精度和表面粗糙度要求，都一一回答后，计算机将自动根据零件代码、各部分尺寸和加工信息，对标准工艺文件进行筛选、编辑，确定加工该零件所要的工序、工步和加工顺序，选择机床、刀具，并调用切削数据计算模块，选用和计算切削参数与加工时间等，然后在屏幕上显示出所编制的工艺规程。显示完毕后，询问是否需要修改，如果回答不要，则按照显示原样打印输出工艺规程；如果要修改，则转入修改编辑模块，它可以很方便地进行工序或工步的删除、插入和互相换位等修改工作。修改完成后，在屏幕上将显示修改后的内容，询问是否还要修改，如回答不，则打印出修改后的工艺规程；如果回答是，则还可继续修改。打印输出工艺规程后，计算机又询问是否继续设计，如果回答是，则程序又转回到开始状态，重复上述过程；如果回答不，则系统停止运行。

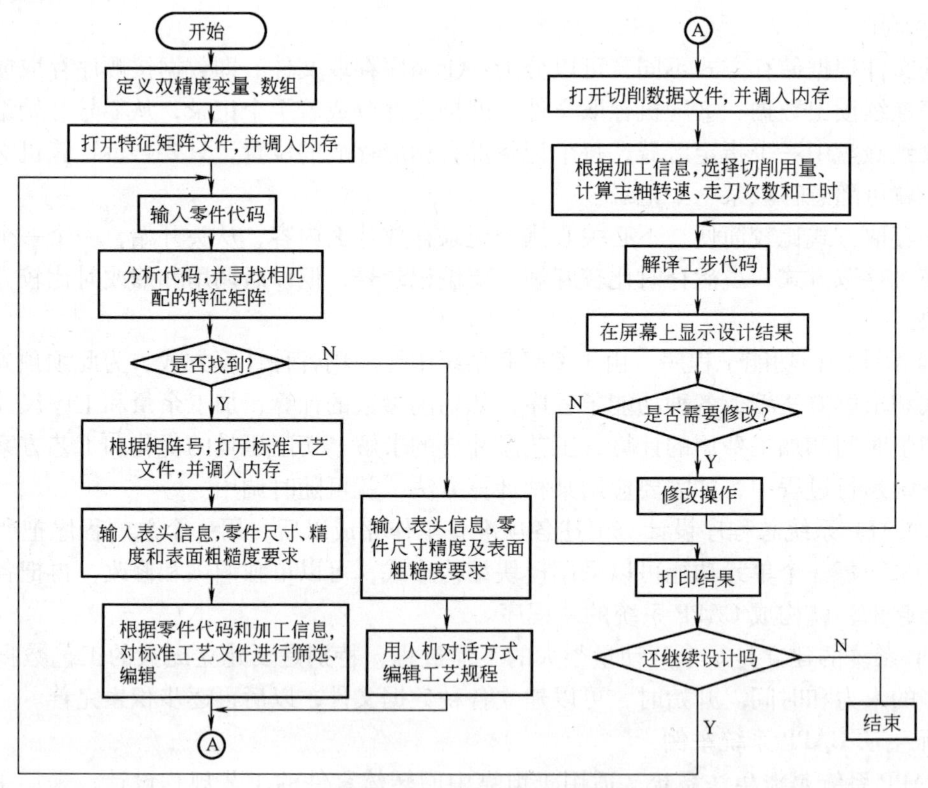

图7-10　JGCAPP系统流程框图

当系统对某一零件不能自动进行工艺规程设计时，则转入人机对话模块，即用人机对话方式对比零件进行工艺规程设计。该过程同样也是先输入工艺规程的表头信息，再输入零件各部位的加工尺寸、精度和表面粗糙度要求，然后通过人机对话方式确定各个加工工序、工步的内容、所选用的机床、刀具，再转入计算模块，计算切削参数和加工时间，以下的过程与自动生成工艺规程的过程相同。

四、创成法 CAPP 系统

1. 创成法 CAPP 系统的工作原理

创成法系统不以对标准工艺规程的检索和修改为基础，而是由计算机软件系统，根据加工能力知识库和工艺数据库中加工工艺信息和各种工艺决策逻辑，自动设计出零件的工艺规程，有关零件的信息可直接从 CAD 系统中获得。

这种方法在原理比较理想，就是让计算机模仿工艺人员的逻辑思维能力，自动进行各种决策，选择零件的加工方法，安排工艺路线、选择机床、刀具、夹具，计算切削参数和加工时间、加工成本，对工艺过程进行优化等。人的任务仅在于监督计算机的工作，并在计算机决策过程中作一些简单问题的处理，对中间结果进行判断和评估等。

创成法 CAPP 系统能很容易地设计出新零件的工艺规程，有很大的柔性，还可与 CAD 系统及自动化的加工系统相连接，实现 CAD/CAM 的一体化。

要实现完全创成法的 CAPP 系统，必须解决三个关键问题：①零件的信息必须要用计算机能接受的形式完全准确地描述；②收集大量的工艺决策逻辑和工艺规程设计逻辑，并以计算机能识别的方式储存；③工艺规程的设计逻辑和零件信息的描述必须收集在统一的加工数据库中。要做到这三点，目前在技术上还有一定困难。这是因为：①零件图样上的各种信息要完全准确地描述还存在困难，特别是对复杂零件三维模型的建立也还没有完全解决；②工艺知识是一种经验型知识，如何建立完善的工艺决策模型，使计算机能够识别、处理还有待进一步解决；③工艺过程的优化理论还不完善，对此尚无严格的理论和数学模型。

要实现完全的创成法 CAPP 系统目前还有困难，即当今创成法 CAPP 系统还不具有精确的定义，而是通融为一个不大完整的概念，即只要带有工艺决策逻辑的系统就常被称为是创成法 CAPP 系统。

由于目前还不能完全实现创成法 CAPP 系统，所以将派生法和创成法互相结合，综合采用这两种方法的优点，例如可储存一些经过生产实践考验的零件加工方法，同时又具有一定的工艺决策逻辑，考虑一部分加工表面理论上必然的加工顺序，然后把它们综合起来，形成一个工艺规程。这种系统就称为半创成系统，也称为综合法 CAPP 系统。现在世界各国研制出的、号称创成法 CAPP 系统，实际上都属于这种类型，它们只具有有限的创成功能。

虽然在理论上，创成法 CAPP 系统是一个完整的系统，它的软件中包含有一切决策逻辑，系统具有工艺规程设计所需要的所有信息，但这种系统需要做大量的准备工作，要广泛收集生产实践中的工艺知识，建立庞大的工艺数据库，而且由于产品品种的多样化，各种产品的加工过程有很大的不同，每个生产环境都有它特殊的生产条件，工艺决策逻辑也都不一样。所以现有的创成法 CAPP 系统都是针对某一产品或某一企业的生产情况而专门设计的。有人认为，建立真正的创成法 CAPP 系统，不仅投资多，时间长，并且设计任何零件的工艺规程都要从零开始，这就限制了工作效率的提高，从这个角度看，半创成式的 CAPP 系统可能更为实用，因而具有更广泛的发展前途。

由于目前对创成法 CAPP 系统的研究还不够完善，再加上工艺规程设计的复杂性，设计创成法 CAPP 系统还没有一个统一的、标准化的方法，这里仅对设计创成法 CAPP 系统中的几个主要问题作简单介绍。

2. 零件信息描述

零件信息描述是设计创成法 CAPP 系统首先要解决的问题。所谓零件信息描述就是要把零件的几何形状和技术要求转化为计算机能够识别的代码信息，零件信息描述得准确和完整对 CAPP 系统的质量和可靠性具有决定性的作用，对 CAPP 系统的设计方法也有直接的影响。目前国内外创成法 CAPP 系统中采用的零件描述方法主要有下列几种。

（1）成组编码法　此法采用复杂形式的编码系统，对零件结构形状、尺寸精度要求、材料、工艺方法、机床设备等都进行编码，码位数在 30 位以上，加工方法根据零件代码用决策树方法来选择。

（2）型面描述法　这种描述方法把零件视为由若干种基本型面按一定规则组合而成，而每一种型面都可用一组特征参数给予描述，型面种类、特征参数及型面之间的关系均可用代码表示。每一种型面也都对应着一组加工方法，可根据其精度和表面质量要求来确定。首先确定达到型面技术要求的最终加工方法，有了最终加工方法后再确定其前面的准备加工方法。型面又可以分为三类。

1）基本型面。指圆柱面、圆锥面及平面等。

2）复合型面。指螺纹、花键、构槽、滚花及齿形面等。

3）型面域。是把零件上那些功能、结构、工艺特点和精度要求类似的型面合并为同一类别，以便更准确地描述零件的结构，便于将零件信息输入计算机。例如退刀槽、箱体凸缘、台阶面及均布的螺钉孔等。

（3）体素描述法　体素是零件上可分解的最基本的三维几何体，如圆柱体、圆锥体、六面体、圆环体及球体等。体素描述法把零件看成是由若干种基本几何体按一定位置关系组合而成，因此可根据产品零件的结构形状特征，设计出一组体素模型，它们以图形文件的形式储存，还可设计出一组以基本体素按一定位置关系组成的零件标准图形。

当向计算机输入零件特征信息时，首先检索标准零件图形文件，寻找可供使用的标准零件图形。如：把标准图形调入内存，并继续输入标准图形中各体素的具体尺寸信息，最后在屏幕上显示输入的实际零件图形。如不符合，还可进行修改。当检索不到可供利用的标准图形时，可直接从体素模型中调用所需的体素，按零件实际尺寸信息和相互位置关系生成零件图形，并将它们储存在图形文件中。

进行工艺设计时，也以体素作为基本单元，每一种体素都对应着一组加工方法，可根据加工精度、表面质量和零件材料选用加工方法，最后根据加工顺序优先级判别法和各体素之间的相互位置关系，调整加工顺序，以获得完整的零件加工顺序。

（4）从 CAD 系统的数据库中直接获得零件信息　这一方法是利用中间接口或其他的传输手段，将零件的设计信息直接从 CAD 系统的数据库中采集，用于对零件进行工艺规程设计，采用这种方法可省去工艺设计之前对零件信息的二次描述，并可获得较完整的零件描述信息，实现 CAD/CAPP/CAM 的一体化，这是当今制造系统的发展方向。

3. 创成法 CAPP 系统中的逆向编程原理

在创成法 CAPP 系统中，工艺规程设计有两种方法，一种方法是从零件毛坯开始进行分析，选择一定的加工方法和顺序，直到能加工出符合最终目标要求的零件形状，这称为正向编程；另一种方法是从零件最终的几何形状和技术条件开始分析，反向选择合适的加工工序，直到零件恢复成无需加工的毛坯，这种方法称为逆向编程。

传统上工艺人员都采用正向编程方法，从毛坯开始进行工艺设计。而正向编程的起始点是毛坯表面，其前提条件是不很明确的，这样零件在加工过程中的状态也是不明确的。若根据不明确的前提进行工艺规程的自动设计，则其包含的设计自由度就较多，这会导致工艺规程的自动设计走弯路。

在逆向编程系统中，以零件的最终状态作为前提，这样出发点就很明确。一个零件的工艺规程设计是从图样上规定的几何形状和技术条件开始考虑，然后填补金属材料，逐步降低公差和粗糙度要求。可以看出，金属填补过程要优于金属切除过程。用这种方法进行编程，很容易满足最终目标的要求，而且其加工过程的中间状态也容易确定，即从已知要求出发选择预加工方法的要求比较容易满足，这样就容易保证零件的加工质量。另外，逆向编程还使便于确定零件在加工过程中的工序尺寸和公差及工序图的自动绘制等。所以逆向编程原理在已开发的创成法 CAPP 系统中得到了较多的应用。

4. 创成法 CAPP 系统中的工序设计

创成法 CAPP 系统不以标准工艺规程为基础，而是从零开始由软件系统根据零件信息直接生成一个新的工艺规程。所以当系统选择了零件各个表面的加工方法并安排了加工顺序后，还必须进行详细的工序设计，特别是对于在 NC 机床或加工中心机床上加工的零件来说更为重要。

工序设计的主要内容是机床和刀、夹、量具的选择，工步顺序的安排、工序尺寸和公差的计算、切削用量的确定、工时定额和加工成本的计算、工序图的生成和绘制、工序卡的编辑和输出等工作。其中很多任务与工艺规程设计是一样的，需要采用各种逻辑决策、数学计算、计算机绘图和文件编辑等手段来完成。

(1) 工序内容的确定和工步顺序的安排　在安排零件的工艺路线时，一般都分层次、分阶段地考虑各个工序的加工顺序。例如划分粗、细、精、超精等不同加工阶段，整个加工过程应符合先加工基准、后加工一般的原则，在具体安排时常把主要表面的加工工序作为基本工艺路路线，把一般表面和辅助表面的加工工序按合理的顺序安排到基本路线中去，有些还要作适当的合并，所以工序内容一般在工艺路线确定后也即确定。

在工序设计中，主要根据零件形状特征选择加工基准、确定装夹方式及安装次数，并安排各个表面的加工顺序等。上述工作都可按照工艺规程设计那样用各种逻辑决策和数学计算等方法来解决，但必须按不同的零件形状和不同的工序分别设计。

对于粗加工工序，应尽可能采用较大的背吃刀量，力求以最少的行程次数加工工件。对外表面应从直径大的台阶面开始加工，对内表面应从直径小的台阶孔开始加工，以保证工件的刚性；对于细、精加工工序，应特别注意零件轴向尺寸的标注方式，首先考虑工件端面的加工顺序，然后再根据零件表面与端面的邻接关系确定细、精加工工序的表面加工顺序。

有些工厂的工艺标准化工作做得比较好，可以把企业长期生产的零件或相似零件组的一些加工方法，经过优化，设计成标准工序模块储存起来，在设计工艺规程时，只要工艺路线确定以后，就可检索和调用标准工序模块，无须再详细进行工序设计，我国已有一些企业开发的创成法 CAPP 系统采用这种方式。

(2) 工序尺寸和公差的计算　零件在加工过程中，各工序的加工尺寸和公差是根据反向编程原理进行计算的。以零件图上的最终技术要求为前提，首先确定最终工序的尺寸及公差，然后再按选定的加工余量推算出前道工序的尺寸，其公差则按该工序加工方法可达到的经济精度来确定。这样按加工顺序相反的方向，逐步计算出所有工序的尺寸和公差。

当工序设计中遇到定位基准与设计基准不重合时，则应进行尺寸换算，对于位置尺寸关系比较复杂的零件，这种换算比较复杂，必须采用工艺尺寸链求解的方法来解决。现在CAPP系统中已有多种计算机辅助求解工艺尺寸链的方法，例如工序尺寸图解法、尺寸跟踪法及尺寸树法等。这些部分已作为一种通用的功能子程序，需要时可以随时调用。

（3）工序图的自动绘制　工序图的自动绘制是创成法CAPP系统中的重要研究课题。由于图形语言直观、简洁，适合企业使用，特别是目前我国大多数企业中还使用附有工序图的工序卡片。所以CAPP系统若能自动绘制出工序图，则可大为提高它的实用价值。

工序图的绘制与零件图的绘制是不同的。一般零件图的绘制是用某种绘图语言，对零件形状进行描述，再由计算机把这种语言翻译成绘图指令，进行图形绘制。而工序图的绘制则有所不同，一个零件的加工过程包含有许多的工序，从毛坯到成品其形状是不断变化的，若对每个工序图都进行人工描述再绘制，就不能实现工序图的自动绘制。所以绘制工序图必须从CAPP系统本身获得每个工序的图形信息，自动绘制出工序图，并能把工序尺寸、公差及各种技术要求标注在工序图上。

零件由毛坯状态向最终状态的演变过程中，需经过一个个不同的加工状态，逐步去掉自身多余的材料而最终完成演变。这些不同的加工状态反映在图形上就是各加工工序的工序图。所以从逻辑上看，零件图与工序图的关系如同是树根与树枝的关系，即工序图是由零件图延伸和派生出来的。

为了使CAPP系统能自动生成和绘制工序图，必须对CAPP系统的零件信息描述和输入方法提出更高的要求。首先，对零件信息的描述必须完整，对零件的几何形状和技术要求信息必须详细输入；其次，零件信息输入时，除了必需的数据和符号以外，还必须完整地输入零件的图形信息，并在计算机内生成零件图形，储存在图形文件中，因为没有图形信息，也就不可能生成工序图；另外，为了适应零件从毛坯到成品其形状不断变化的特点，应为图形的数据结构设计一个动态链表。这个动态链表能记录工件在每个加工工序中的形状、尺寸、公差和其他技术要求。当要绘制某一工序图时，只要把动态链表中某一工序的记录内容输入绘图子程序，就可自动绘制出需要的工序图，并能把该工序的工序尺寸、公差及其他技术要求标注在工序图上。

工序图的自动绘制是CAPP研究领域中难度较大的课题。其主要原因与零件信息描述的完整性有关，也与零件的设计模型及将设计模型如何自动转换成生产模型有关。目前，工序图的自动绘制，仅对规则的回转体零件可以实现，对于复杂形状的箱体零件的工序图自动绘制还有待进一步研究开发。

5. CAPP系统的柔性化

当前国内外开发的CAPP系统都是针对某一具体生产环境专门设计的，因此并不具有通用性，所以还远没有实现软件的商品化。但开发专用CAPP系统的工作量较大，软件编制时间长，开发费用高，这种情况对广大企业迫切希望采用CAPP技术的愿望是很不适应的。当然，工艺设计主要依赖于生产环境和人的经验，工厂不同、产品不同、人员不同，则工艺各异。因此，要开发一个通用的CAPP系统，不经修改和调整就能在不同企业中使用，几乎是不可能的。为此应尽量提高CAPP系统的柔性化程度，使用户经过不十分复杂的标准化的二次开发即可实际应用，以使得花费很多人力、时间开发的CAPP系统具有商品价值。所谓柔性化是指CAPP软件经过一定程度的修改或调整后能用于不同零件对象和不同生产环境。这种修改和调整越容易，则柔性化程度就越难。要实现 CAPP 系统的柔性化，大体可从四个方面努力。

（1）零件信息描述的统一化和标准化　对于采用成组代码描述零件时，应尽可能采用统一的或标准化的分类编码系统；对于采用型面或体素描述零件时，应尽可能把型面和体素统一和标准化。

（2）工艺决策逻辑的统一化和代码化　各种型面或体素的加工对技术类似的企业，则工艺方法也基本相似，因而工艺决策逻辑可用统一的格式编写。对于各具体工厂，只须根据实际情况，修改有关的决策条件（数据），而不致引起程序的大变动。

（3）软件设计的模块化　CAPP 系统软件应按功能模块结构设计，将具有不同功能的各个部分设计成可相对独立存在的程序模块，然后按一定的结构将各模块连接起来，形成完整的应用程序。需要修改或移植时，就可在不影响整个系统完整性的前提下，通过修改、更换、或增加新的功能模块就可适应新的环境。

（4）采用统一的工艺数据库　如机床、刀具、夹具及切削参数、余量和工序尺寸计算，在一定范围内可以采用统一的工艺数据库。

提高 CAPP 系统的柔性，缩短软件移植的周期，促进软件的商品化，虽然目前仅是一种设想，还有待于实践的证实，但这无疑是 CAPP 技术研究中的一项重要课题。

6. 创成法 CAPP 系统的实例

（1）BITCAPP 系统　BITCAPP 系统是由北京理工大学机械工程系研制的适用于坦克回转体零件的半创成式系统。用 FORTRAN77 语言写成，可在 IBM-PC 微型机及其各类兼容机上运行。系统的流程图如图 7-11 所示。它由六个模块组成：信息输入模块、图形修改模块、工艺规程生成模块、工序尺寸和加工参数计算模块、工序图生成模块及工艺文件和工序图输出模块。

1）零件信息的描述。BITCAPP 系统采用体素法描述零件信息，该系统设计了一系列的体素模型和体素按一定位置关系组成的标准零件图形。当向计算机输入零件信息时，可以通过检索标准图形或直接调用体素模型生成零件图形，并将它们储存在图形文件中。

2）工艺过程的设计。在进行工艺设计时，仍以体素作为基本单元考虑，每一种体素都对应着一组加工方法。零件的体素不同，则加工方法各异，同一种体素由于其尺寸精度或表面粗糙度不同，其加工方法也不同。该系统把所有体素可能采用的加工方法归纳成一个工艺方法集，把每一种体素可能采用的加工方法归纳成加工方法子集。对每一加工方法子集，都设计了一组工艺决策逻辑，采用决策表和决策树混合使用的方式建立工艺决策逻辑。

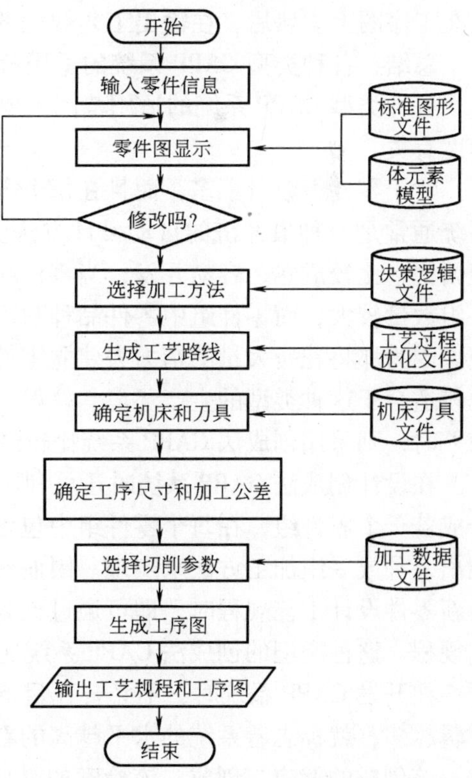

图 7-11　BITCAPP 系统流程图

在工艺过程设计中，采用了反向编程原理。首先根据零件某一体素的最终设计要求，确定该体素所应采用的最终加工方法，然后再确定该加工方法的前序加工方法，依此类推，直至恢复成毛坯状态。在确定工艺路线的过程中，根据工艺设计原则，把本系统中所定义的体素按形态条件和相对位置区分出零件的外形和内形；然后判别各体素的径向尺寸变化趋势，区分零件外形和内形中的升序段和降序段，以确定各体素加工时的轴向定位基准；最后根据加工方法的优先等级和次序，并利用 IF-THEN 逻辑判断语句，合理安排出零件的工艺路线。

3）工序尺寸和加工参数的确定。零件在加工过程中，各工序的加工尺寸和公差是根据反向编程原理进行计算的。以零件的最终状态为前提，然后按加工顺序相反的方向填补金属材料，逐步降低公差和粗糙度要求，直到恢复毛坯原始状态。某一工序的尺寸值可由其下一工序尺寸加上加工余量值而确定。其公差值可根据本工序加工方法可达到的经济精度而确定，各工序尺寸及公差值计算出以后，储存于数据文件中，以供生成工序图时随时调用。各工序的加工参数是根据零件材料、加工精度及粗糙度要求，并考虑刀具寿命、生产率等因素，按数学模型计算出理论切削参数，然后再与所选用机床具有的实际切削参数进行比较，最后确定出所采用的切削参数。

4）工序图的生成。BITCAPP 系统采用体素法描述零件信息。当向计算机输入零件信息时，即以体素为单位根据零件实际尺寸和相互位置关系来生成零件图形，并储存在图形文件中，而工序图是由零件图派生出来的。所以某一工序的工序图可根据该工序加工的具体内容，从零件图形中抽取部分体素，赋予它们在该工序中所具有的尺寸和公差，并按照相互位置关系组合而成。工序图生成后，可以从数据文件中调用该工序的加工尺寸和公差数值，标注在工序图上。然后，在输出工艺规程的同时，输出相应的工序图。

总结：各种类型 CAPP 系统的适用范围。

各种类型 CAPP 系统的适用范围主要与零件组的数量、零件组中零件的品种数及其相似程度有关。

对于零件组数量不多，而且在每个零件组中有许多相似零件的情况来说，派生法 CAPP 系统通常是一种最经济的自动设计方法。虽然派生法 CAPP 系统不易适应生产环境的变化，但因为它比较成熟，容易开发，当零件相似性比较强时，这种系统是非常有效的。但如果零件组数量较大，而零件组中零件品种数不是很多，且相似性较差时，就不适合采用派生法系统。因为那将花费大量的精力去建立零件组，编写零件组的标准工艺规程，而创成法系统就比较适合于这种类型的生产环境。一般来说，当产品经常变化，零件组数量较大，而相似性较差时，则采用创成法 CAPP 系统比较经济。

在设计创成法 CAPP 系统时还可利用成组技术中的相似性原理，即把零件按相似性特征分成若干个零件组，在每个零件组中包含有一定数量的形状特征，而对于每一个形状特征都能出一种或一组加工方法来实现。因而对每一个零件组都可预先储存着一套加工方法集。在为新零件设计工艺规程时，即可通过检索与新零件上的形状特征相对应的加工方法来产生工艺规程。这种类型的创成法 CAPP 系统比一般的创成方法更为简便，容易建立。

在开发 CAPP 系统时，不必要盲目追求“创成”。那种认为 CAPP 系统中创成法的决策逻辑越多，就标志着系统的水平越高的看法是不正确的。而是应该从实际需要与使用效果出发，该创成的就应当创成，该检索的就应该检索。一个 CAPP 系统只要符合企业生产实际，使用方便，容易掌握和操作，就是一个较好的系统。

第四节　CAPP 技术在机械工程中的应用

工艺规程制订是工艺技术常规工作中工作量最大、重复性劳动最频繁的工作。计算机应用技术的迅速发展为机电制造业的技术进步提供了有力的支持。随着 CAD/CAPP/CAM 技术的迅速普及应用，计算机辅助工艺过程设计技术在机械工程中的应用最为广泛，已成为有助于摆脱繁重手工劳动、快速制订工艺文件的有效工具。

一、基于我国工艺设计平台的 CAPP 软件介绍

基于我国各企业生产习惯和工艺文件格式各异，CAPP 软件要做到满足灵活多样的个性化服务需要还有一定差距。近几年我国在 863/CIMS（Computer Integrated Manufacturing System 计算机集成制造系统）主题目标产品中立项，有多家国内软件公司在获国家科委资助后，开发并研制、生产了多个计算机辅助工艺规程制订软件，这些 CAPP 软件已独立落户各地企业，承担起为工艺规程制订人员助一臂之力的重任，帮助工程技术人员甩掉笔、尺、图板等工具，避免大量的从事翻手册、填表格、绘工序图等繁重重复性耗时工作，快速地完成工艺文件的制订，是工艺技术人员的好帮手，并广为学校培养现代化人才服务，取得了社会较大反响，深得广大拥有者赞许，充分地得到了国家和社会的肯定。

在不断听取反馈意见，满足市场和个性化需求理念的推动之下，这些国产 CAPP 软件平台不断推陈出新逐渐成长起来。

1. 开目 CAPP 软件介绍

开目 CAPP 实现企业产品工艺设计的数字化，是制造业信息化解决方案的重要组成部分，是实现企业产品从设计到制造的桥梁。它创建的企业产品工艺数据和信息，可以提交给 PDM 统一存储和管理，和 CAD 的设计信息等一起构成完整的企业产品数据信息，并为企业后续的成本分析、生产计划安排等提供工时定额、材料定额、工艺路线等基础信息。开目 CAPP 可以灵活、方便、高效的和各种 PDM 系统、CAD 系统和 ERP 系统良好的集成，从而消除信息孤岛，实现企业信息化的持续、稳定发展，保证用户在信息化投资上的延续性和有效性。

（1）软件特征及组成模块　开目 CAPP 软件是在充分收集不同行业各种工艺规程制订的特征、综合归纳而开发并不断完善中的软件。模仿工程技术人员在工艺规程制订中的习惯和顺序，采用交互式与派生式结合的方法，即工艺规程既可按需独立制订，也可通过检索典型工艺文件快速派生，迅速而方便地获得全部必要工艺文件，具有掌握容易，通用性强的突出优点。数据资源库中备有大量丰富、实用、符合国家标准的资源以备引用，还能全面支持尺寸偏差、粗糙度、形位公差以及加工、焊接等各种国家规范的填写。

为了方便、快捷地得到文、图、表一体的工艺文件，开目 CAPP 还拥有开目 CAD 的基本绘图功能和丰富的图库内容。不仅能迅速提取零件外部轮廓以方便绘制工序加工图，也可独立用工、卡、夹、量具设计绘图。

软件具备极为灵活的编辑功能。编辑界面中提供多种操作方式：主操作菜单、形象的工具条按钮、鼠标右键菜单，可以满足不同的操作习惯。工艺内容的编辑可以通过数据库查询填写或直接利用键盘输入。提供多种复制方法，可以支持 Windows 的复制、粘贴、剪切等快捷方式。

开目 CAPP（普及版）软件由工艺规程编制模块、图形绘制模块、工艺资源管理器模块、公式管理器模块等组成。

工艺规程编制模块：主要用于生成工艺过程卡和工序卡以及技术文档（如工艺装备设计任务书的填写）。

图形绘制模块：主要用于工序简图的绘制或作独立设计绘图工具用。

工艺资源管理器模块：负责工艺资源的管理和有效利用。工艺资源管理器中包含大量丰富、实用、符合国际的工艺数据资源库，如材料牌号、材料规格、机床设备、标准刀具、标准工艺术语等，用户还可以自己定义、扩充。开目 CAPP 可以利用由工艺资源管理器创建的各种工艺资源。

公式管理器模块：主要用于建立和管理工艺设计中用到的计算公式。公式管理器中提供材料定额计算公式库，用户可自行扩充专用公式，系统可自动筛选公式，并将计算的结果自动填入到工艺文件内。

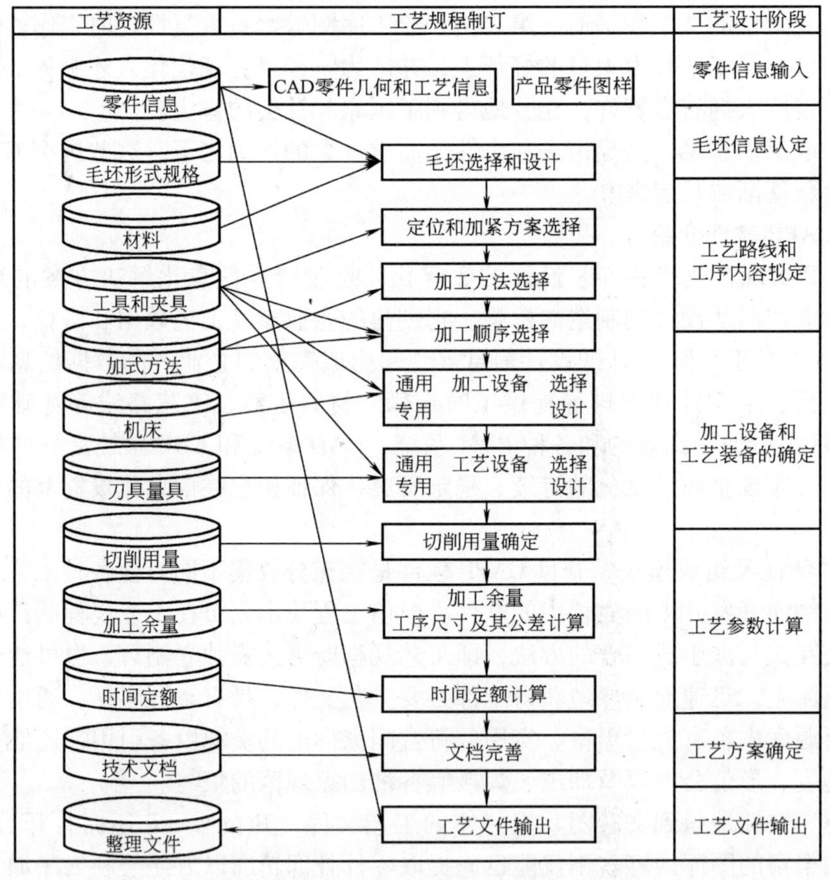

图 7-12　计算机辅助工艺规程制订的步骤

故在工艺资源管理器和公式管理器模块提供的丰富工艺资源支持下，在图形绘制模块提供的快捷获取工序图功能的配合下，开目 CAPP 软件完全能胜任计算机辅助工艺规程制订的全过程，顺利地完成零件信息输入、毛坯信息认定、工艺路线和工序内容拟定、加工设备和工艺装备的确定、工艺参数计算、工艺方案确定直至工艺文件输出等各个阶段工作。如图7-12所示大体上给出了工艺规程的制订步骤及工艺资源调用关系。

CAPP软件的运行依据是需制订工艺规程零件的制造特征信息。最理想的获取方式是直接从CAD系统中提取，在尚不具备条件时，可以由产品零件图借助交互的方式输入必要信息。

在此，向CAPP软件使用者提供两点忠告：

1）制订工艺规程的出发点——零件图务必合理、正确无误，包括结构工艺性、材料选择、尺寸标准、技术要求等等，均应从工艺设计的角度加以审视、分析。一旦有所发现，必须向设计人员反馈意见，直至协商确认零件图合理无误后，才能进入CAPP界面进行工艺规程制订操作。因为多种工艺设计方案均能满足零件功能需求，而往往在零件功能设计中，对兼顾制造工艺要求不够。

2）KM CAPP软件目前在技术层面上尚未达到具备自动纠错、辨别、评价等功能，因此使用者务必在工艺规程制订中，认真思索、精心比较、慎重决策，力求提供出正确无误的全套工艺文件和信息。

（2）软件工作流程　开目CAPP的工作流程如图7-13所示。

2. CAXA工艺软件的介绍

CAXA工艺软件是国内具有自主版权的工艺管理软件，采用目前流行的“知识重用和知识再用”的主流思想，最大程度地发挥企业已有工艺知识、工艺经验以及CAD图形数据的再利用。能提供完备的工艺规程模板、表格样式等工具，满足企业工艺标准化的要求；支持国家、行业和企业标准化工艺知识，用户也可根据需要定义自己的工艺知识，并方便的应用到工艺设计过程中去；同时将个人知识、企业知识灵活应用与结合，满足不同专业、不同特点的用户需要。

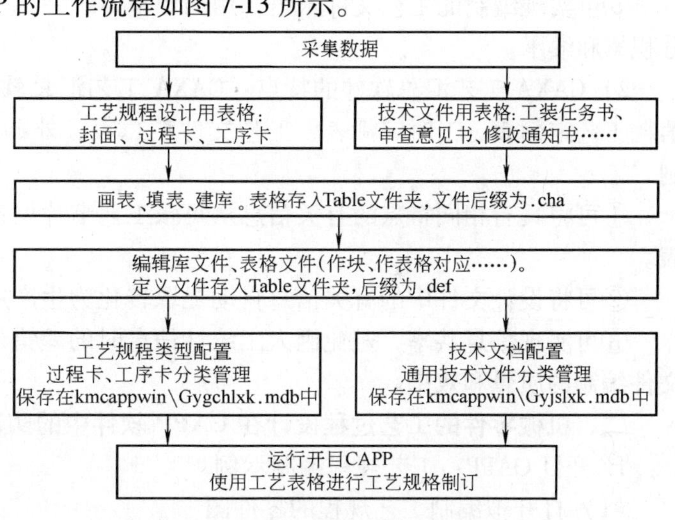

图7-13　开目CAPP的工作流程图

（1）CAXA软件工艺解决方案　在企业实际工作中，工艺设计的重复度非常高，绝大多数零件的工艺可以通过分类，制定出各类零件的典型工艺，供工艺编制时借鉴参考。而真正需要进行全面的工艺分析、采用全新工艺的并不多见。

CAXA工艺解决方案基于“知识重用和知识再用”的思想，将功能集中在如何利用企业已有知识，快速大量的处理各种工艺信息，如：对工艺文件进行分类、整理，方便工艺人员查询，在典型工艺的基础上派生出零件工艺；建立各种工艺参数、技术手册、企业实际生产过程中积累的经验数据库，便于查询和帮助决策；方便地生成和处理各种工艺文件以便于文件的电子化管理，在同一个操作环境下处理图形、表格、文字等信息。

CAXA工艺解决方案在设计时就考虑企业未来信息集成的需要，留有充分的可扩展的设计和数据接口；在系统中建立了完整的工艺信息描述和存储机制，使得系统建立的工艺数据模型不仅可以生成各种用户定制的美观规范的工艺表格，而且还可以将工艺信息提取、汇总，形成各种管理用的工艺表格和 BOM 信息（各种明细汇总表），这些信息既可以用图表形式，又可以用数据库形式来表现，这样就可以实现与其后的各种 ERP/MIS 等软件的集成，如：成本核算系统、车间作业系统、生产计划系统、材料供销系统等。

（2）CAXA 工艺软件具有以下特点

1）CAXA 工艺图表软件的特点：CAXA 工艺图表软件主要用于编制各种工艺卡片（工艺过程卡、工序卡、装配工艺过程卡、检验卡等）、工艺文件。

①具有产品型号、图号、材料、材料规格等公共信息自动重复调用填写功能，不必反复重复填写这类信息，减少输入时间和错误，提高工艺文件编制效率。

②具有开放式机加工数据库（工艺文件用语、机床型号、刀具等），可任意扩充工艺术语、机床信息、刀具信息等，这是 CAXA 软件有别于其他软件的一个显著优点。

③可将 AutoCAD、CAXA 电子图板等设计文件、图形自动缩放转化为工序图，并可在 CAXA 工艺图表软件上进行图形修改、编辑，以获得所需的工序图。

④工艺文件中的图表和图形融为一体，可存一个文件名，文件修改、查询都很方便。

⑤可实现编制的工艺文件术语，用词规范、统一，工艺人员的工艺设计经验能够得到充分积累和继承。

2）CAXA 工艺汇总软件的特点：CAXA 工艺汇总软件主要用于各种工艺汇总表（材料消耗工艺定额表、工时定额表、工艺文件汇总表、外购件明细表、借用件明细表等）的编制。

①可将具有相同特点的有关信息从每张工艺卡片里自动提取出来汇总，并形成各种汇总表。

②可将设计文件中的有关信息自动提取转化为生产用的工艺文件汇总表。

③可实现信息共享，避免因人工统计信息时的差错，减少工艺人员劳动强度，提高工艺文件编制的质量和效率。

二、机械零件的工艺过程设计在 CAPP 软件中的实现

1. 开目 CAPP：工艺规程编制示例

（1）打开拟编制工艺规程的零件图

1）打开操作：点图标，在出现的对话框中按文件路径、文件类型、文件名选择文件，并打开文件；例：在 d：\ kmsoft \ kmcappwin \ gxk 目录下双击“花键轴 . Kmg”文件。

2）选择设计内容：在对话框中选择（工艺规程设计）后确认，封面及过程卡被调出。

3）所选零件的有关信息已自动进入封面和过程卡表头区，如零件图号、零件名称……，可通过工具条上的按钮、在封面和过程卡间切换。

4）显示图样：需编制工艺的零件图放在工序卡“0”页面，点图标切换至工序卡“0”页面，如图 7-14 所示。

（2）填写封面　选择封面相应栏目横线上部区域，填写相应内容，图 7-15 所示为本例封面输出式样。

（3）编制过程卡

1）填写表头区：将光标放在表头区需填写的框格内，单击左键，左边工艺资源库窗口会出现对应的库内容，双击所需项即可填入过程卡；无对应库时可自行输入内容。零件毛重可调用公式计算得到。

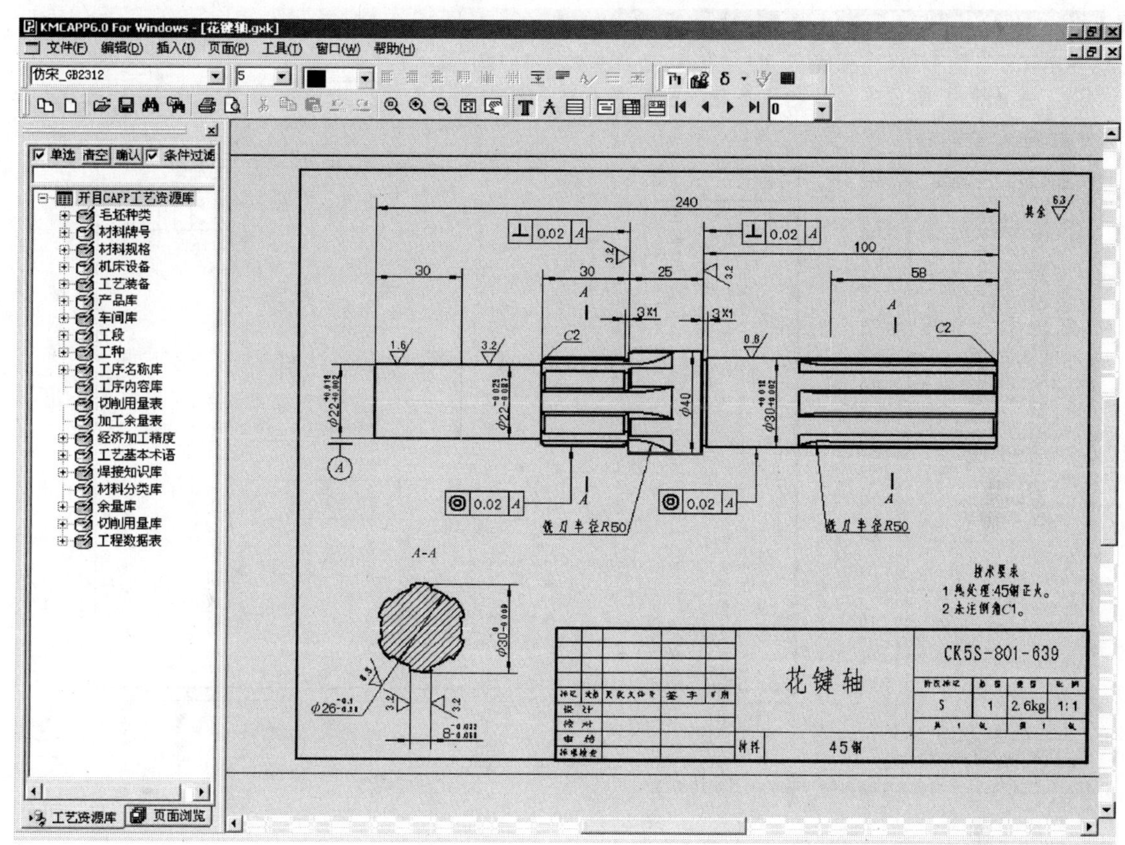

图 7-14　工序卡“0”页面显示界面

填写毛坯外形尺寸栏中“ϕ”等符号时，可用特殊字符库查询填写。点 δ 右边的小箭头，在弹出的特殊字符选择框中选择。

2）编辑表中区：可完成手工填写、库查询、复制粘贴工序、插入/删除行、查找/替换等工序操作。

点图标，进入表中区。在某列表头处双击，可收缩/展开此列。在第 1 列表头最前面的空白区双击，可以展开所有收缩的列内容。

①手工填写：双击工序号格，自动生成工序号，然后顺序向右填写，方法同表头区的编辑。

②工艺资源库查询填写：双击所选的库内容，可自动填写。

粗糙度、形位公差等可用特殊工程符号库查询填写。点图标，在对话框中可选取粗糙度、形位基准、形位公差、型钢符号等特殊符号。

填写公差时，按 Tab 键可以切换尺寸上、下偏差的填写。

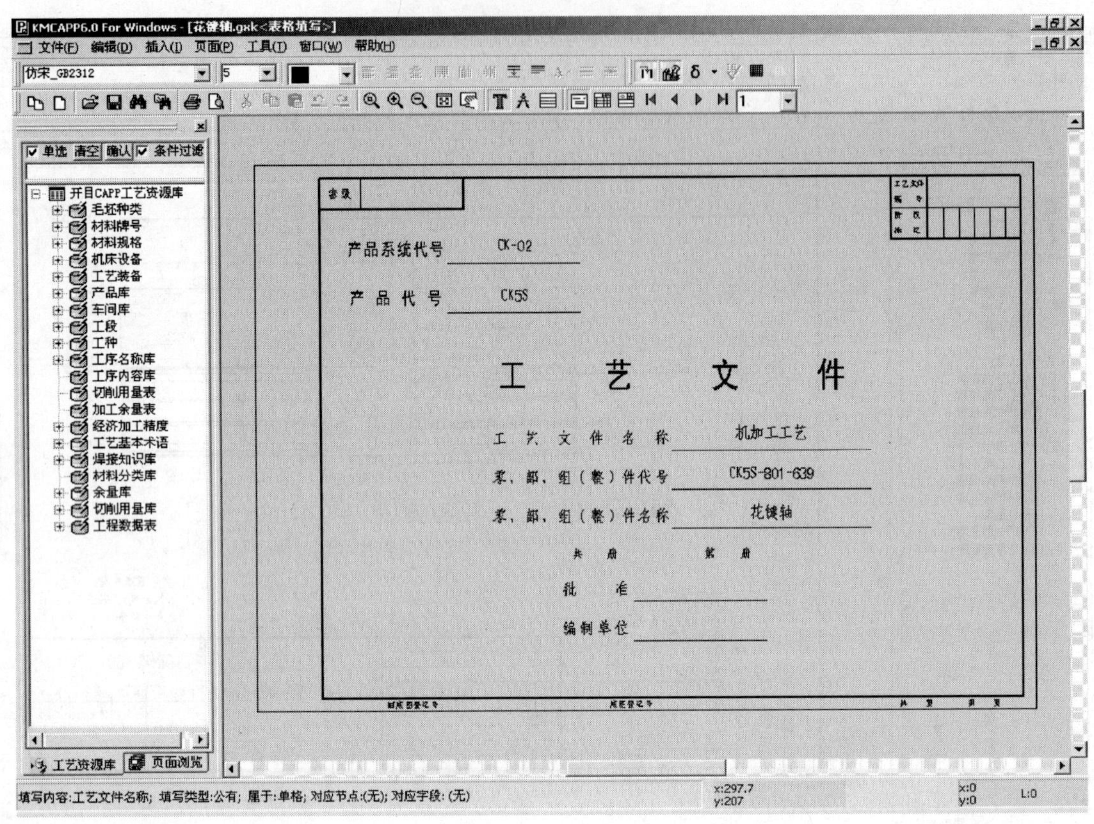

图 7-15 封面输出式样

如图 7-16 所示为本例花键轴的由 10 道工序完成加工的机械加工工艺过程卡式样。

③申请工序卡：将光标放在需申请工序卡的行内任意列中，选择“工序操作”→“申请工序卡”，即为该道工序申请到一张工序卡。该行的首格变红。工序名称中包含有“检”字时，则自动申请的工序卡为检验卡。

（4）编制工序卡 将光标放在已申请工序卡的行内任意列中，点图标，切换至工序卡。

1）当无零件图而需绘制工序图时，只能借助图形绘制模块直接绘制。

点图标进入绘图界面，可用画、尺、组、剖四类工具绘制工序草图，再从“图库”→“夹具符号库”调取夹具符号。请阅第 4 章内容。

2）当工序卡“0”页面存有零件图，则可直接从零件图中提取轮廓和加工面。

切换至工序卡“0”页面，选择“组”中外轮廓，作选框将轴全部选中，将光标放在基准点处（轴端中心线处），按 G 键，切换到第 1 张工序卡。

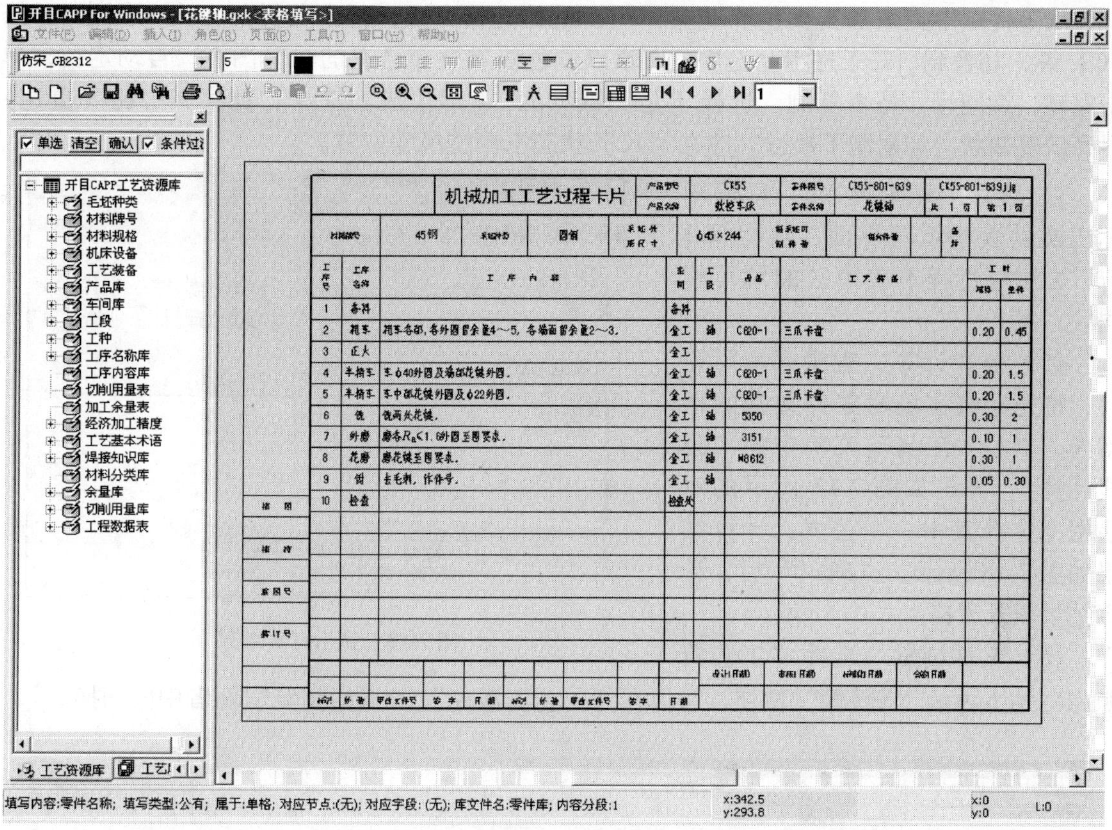

机械加工工艺过程卡片	产品型号	CK55	零件图号	CK55-801-639	CK55-801-639jjg
	产品名称	数控车床	零件名称	花键轴	共 1 页 第 1 页

材料牌号	45钢	毛坯种类	圆钢	毛坯外形尺寸	φ45×244	每毛坯可制件数		每台件数		备注	

工序号	工序名称	工序内容	车间	工段	设备	工艺装备	工时 准终	工时 单件
1	备料		备料					
2	粗车	粗车各部，各外圆留余量4～5，各端面留余量2～3.	金工	轴	C620-1	三爪卡盘	0.20	0.45
3	正火		金工					
4	半精车	车φ40外圆及端部花键外圆.	金工	轴	C620-1	三爪卡盘	0.20	1.5
5	半精车	车中部花键外圆及φ22外圆.	金工	轴	C620-1	三爪卡盘	0.20	1.5
6	铣	铣两处花键.	金工	轴	5350		0.30	2
7	外磨	磨各R_a≤1.6外圆至图要求.	金工	轴	3151		0.10	1
8	花磨	磨花键至图要求.	金工	轴	M8612		0.30	1
9	钳	去毛刺，作件号.	金工	轴			0.05	0.30
10	检查		检查处					

描图 描校 底图号 装订号

设计(日期) 审核(日期) 标准化(日期) 会签(日期)

标记 处数 更改文件号 签字 日期 标记 处数 更改文件号 签字 日期

图 7-16 过程卡输出式样

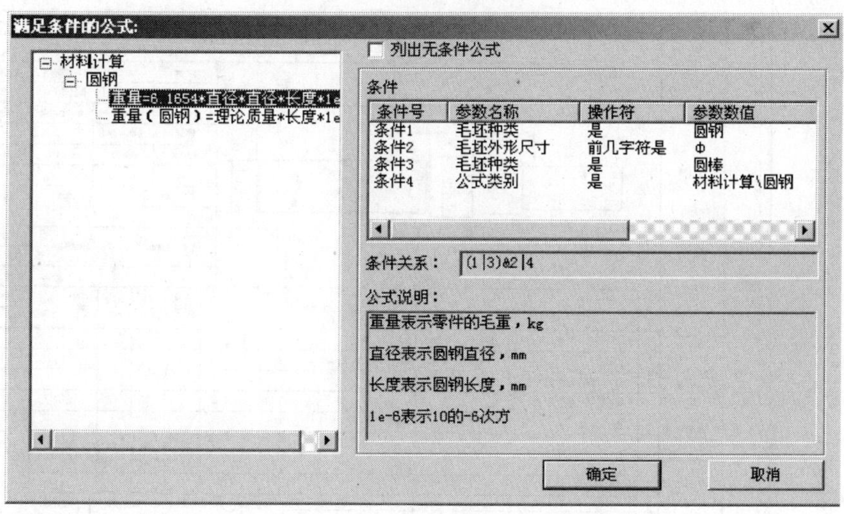

图 7-17 显示满足条件的公式

按 Alt + <或>将黄色图缩（放）到所需大小，再用转动键【D】键、【F】键旋转方向，用鼠标移动到工序卡中合适位置，单击左键，轮廓图生成。

再按 G 键切换到第 2、3……张工序卡，将光标上的黄色轮廓图放在工序卡的草图区中，方法同上。最后选择右键菜单中的（重选），光标上的黄色图消失。

从零件图中提取加工面的步骤为：用合适的选择方式，选中所需加工面（图素），按【G】键，切换到所需工序卡，选中的图素以黄色线重叠在已有的轮廓图上，自动定位，单击左键，询问尺寸是否复制，选择“是”或“否”，即生成。选择右键菜单中的（重选）界面恢复原状。如复制了尺寸，应在“尺”状态下调整尺寸位置。

3）填写工序卡内容。点 T 图标切换到表格填写界面，填写第 1 行，方法与过程卡表中区的填写相同。

（5）公式计算　表头区填写完后，将光标放在填写零件重量的框格内，单击“工具”菜单中的“公式计算”，弹出如图 7-17 所示的对话框，选择其中一个公式，计算结果如图 7-18 所示，“确定”后，计算结果填入表格。

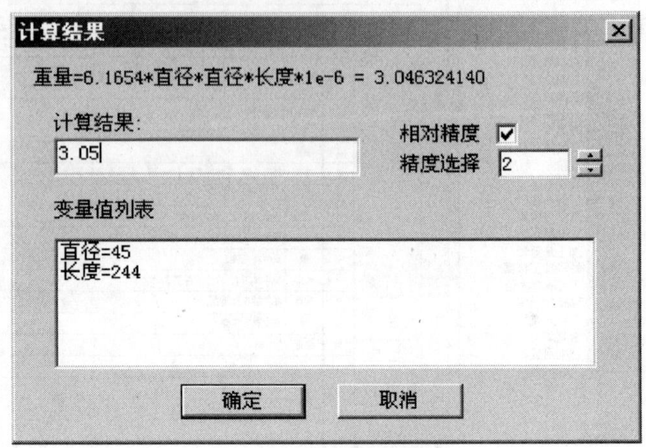

图 7-18　显示计算结果

（6）文件浏览　选择“工艺资源库”左下方的“◀ ▶”按钮，可以在“工艺资源库”、“页面浏览”两者中间切换。

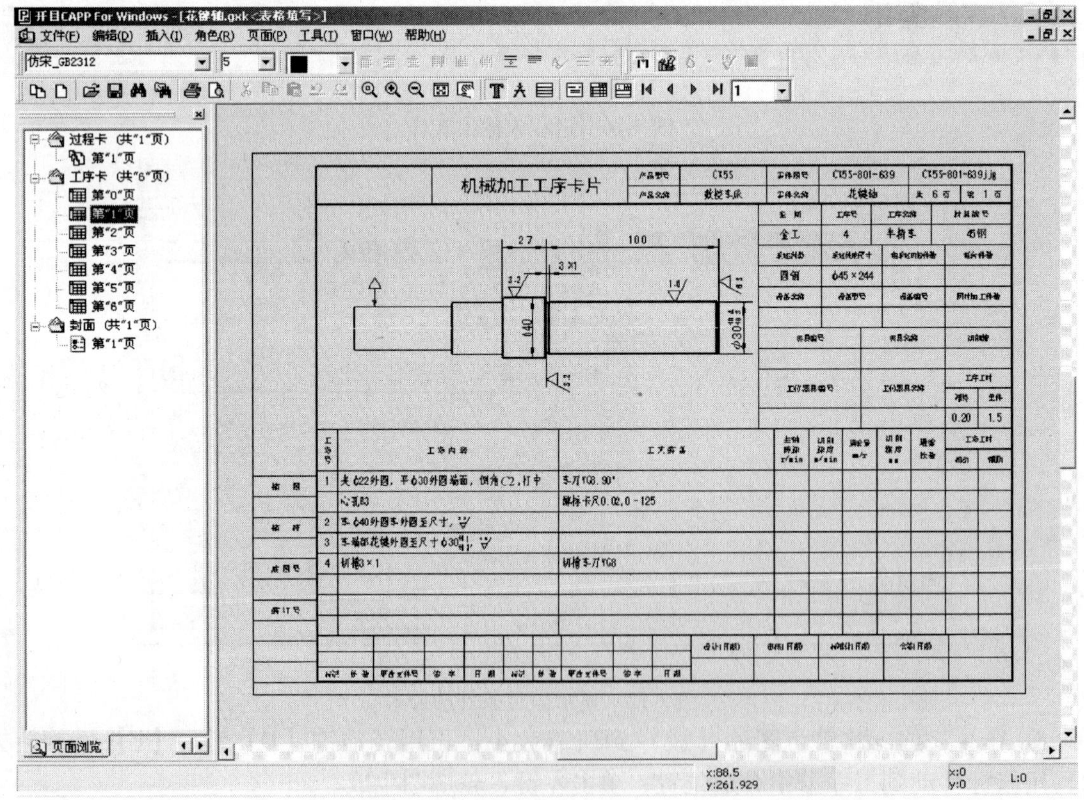

图 7-19　浏览工序卡第 1 页界面

“页面浏览”属性页，通过树型结构管理工艺规程的页面，工艺文件中的每个页面对应树上的1个节点，可方便的切换到某一指定页面浏览、检查。如图7-19所示为本例被调出浏览的第1页窗口显示。

由本例花键轴零件已编制好的工艺过程卡得知，包括检验工序在内共有10道工序，除1、2、3、9备料、粗车、热处理、钳工工序省略外，4、5半精车工序，6铣工序，7外圆磨工序，8花键磨工序，以及10检验工序均编制有工序卡，如图7-19所示左侧窗口共计6页。如图7-20～图7-25所示为检查合格后，打印输出的花键轴零件工序卡技术文件。

（7）文件储存　可储存为开目CAPP文件和典型工艺。

1）储存为开目CAPP文件：存盘后缀名为．gxk。点图标，在对话框中确定路径、文件名、保存类型后点“保存”按钮即可。

用户可以指定默认的存盘文件名方式，如将“零件图号”指定为默认文件名，则存盘时文件名为：CK5S-801-639. gxk。

2）储存为典型工艺：可以将零件按形状或功能分类，创建自己的零件分类规则，如将零件分为盘类、箱体类等，每类都可建一个典型工艺。新建工艺规程文件时，可按分类规则检索到相对应的典型工艺，适当修改后即可成为新的工艺文件。

选择“工具”菜单中的“典型工艺库”→“储存典型工艺”，弹出的对话框有两张属性页：

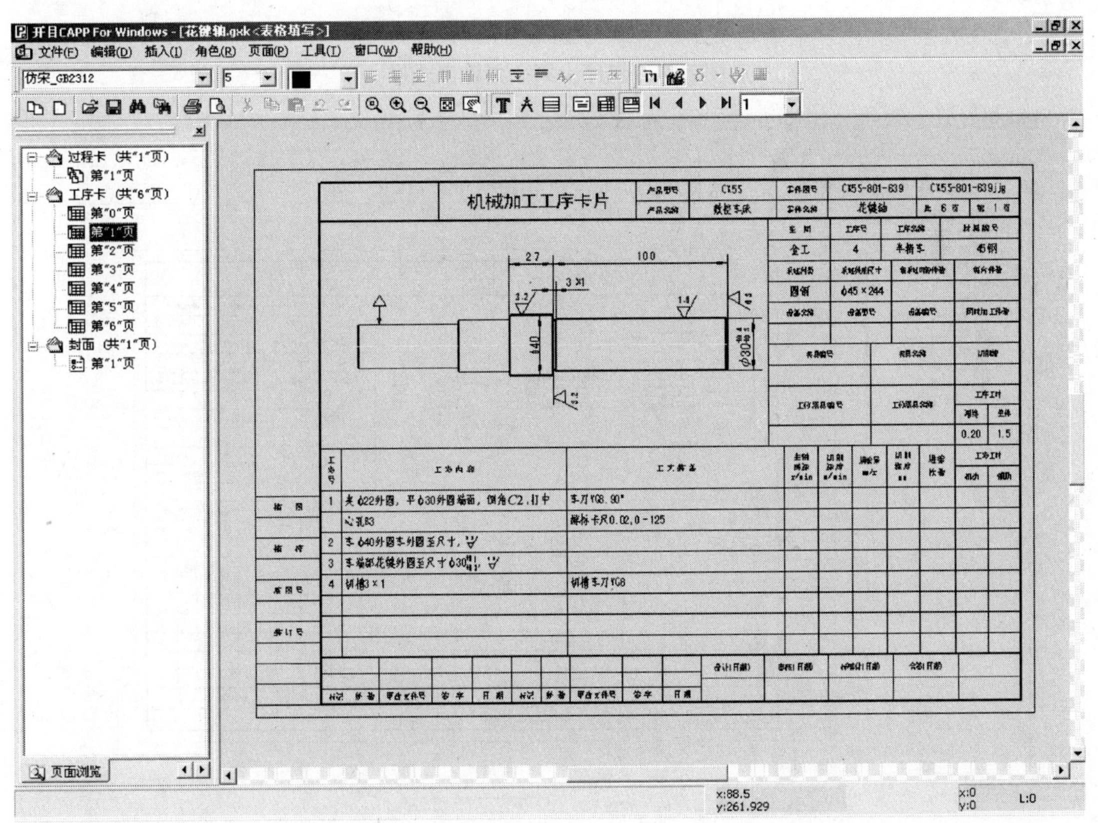

图7-20　工序卡第1页输出式样

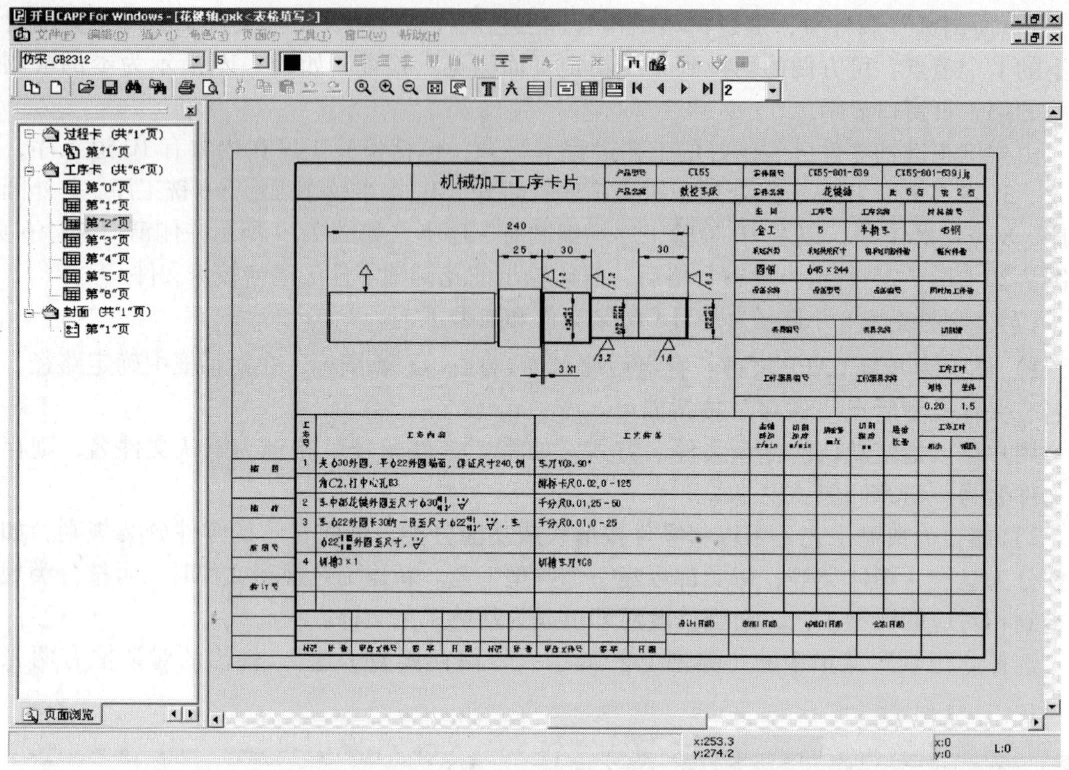

图 7-21　工序卡第 2 页输出式样

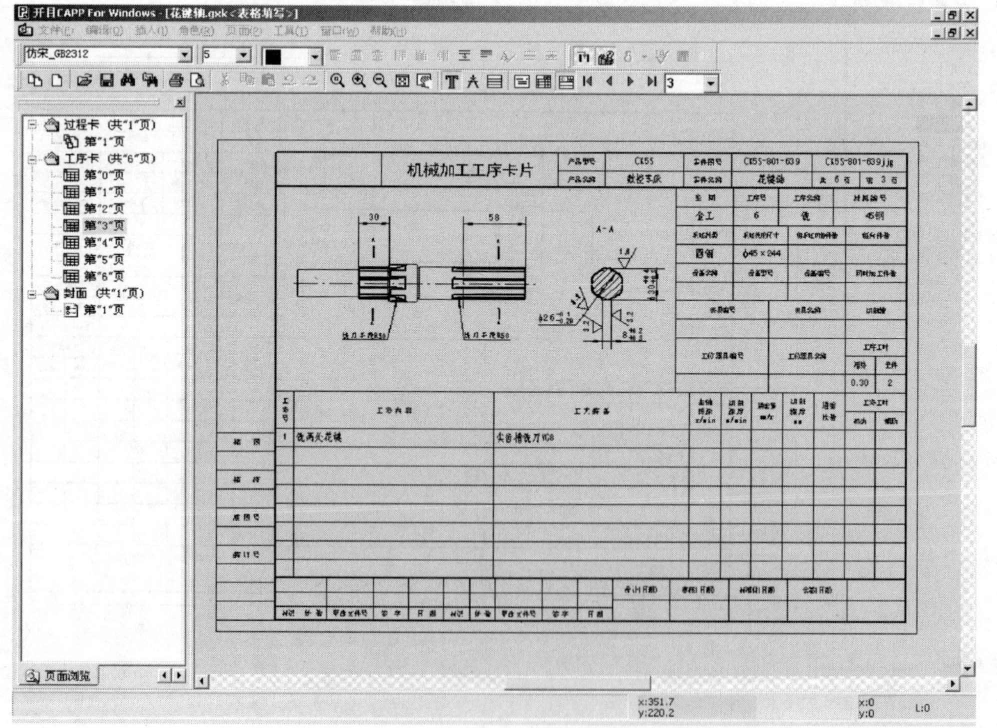

图 7-22　工序卡第 3 页输出式样

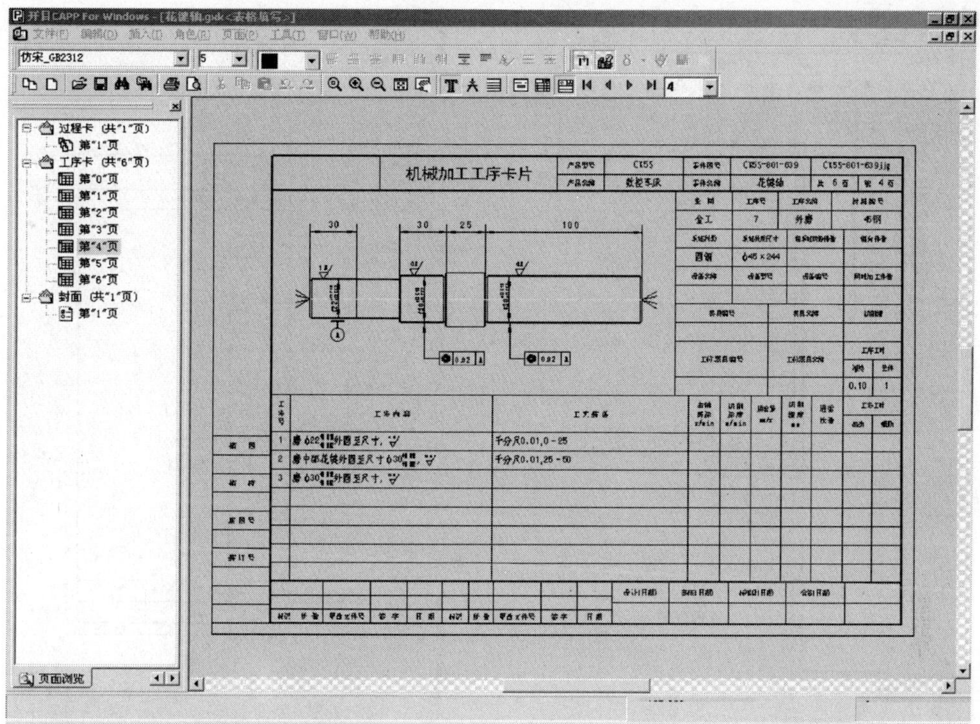

图 7-23　工序卡第 4 页输出式样

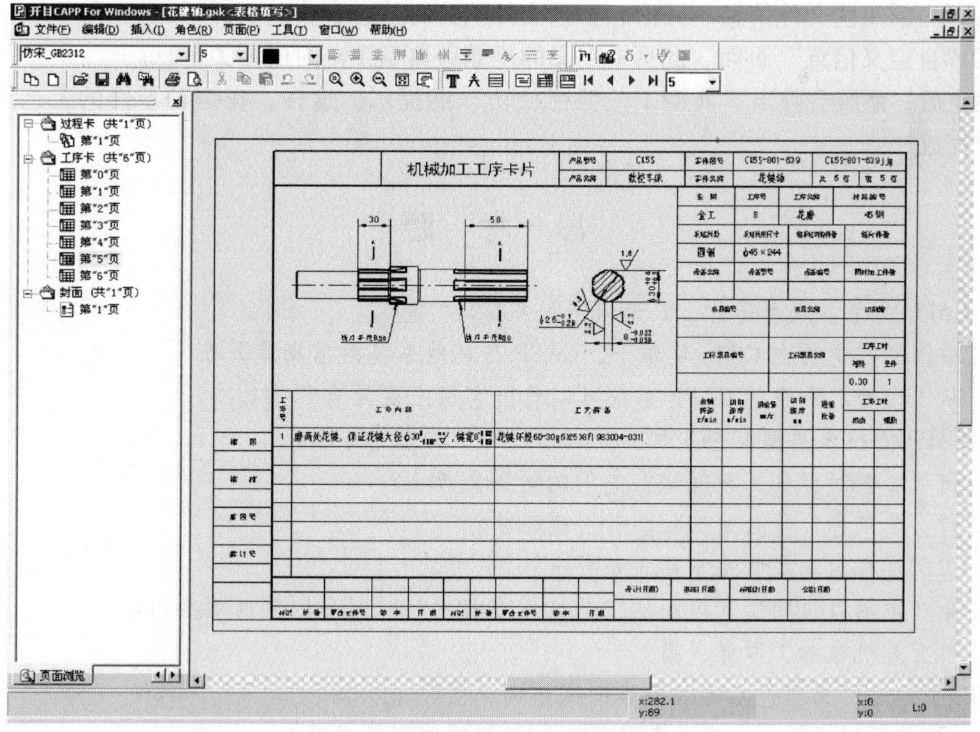

图 7-24　工序卡第 5 页输出式样

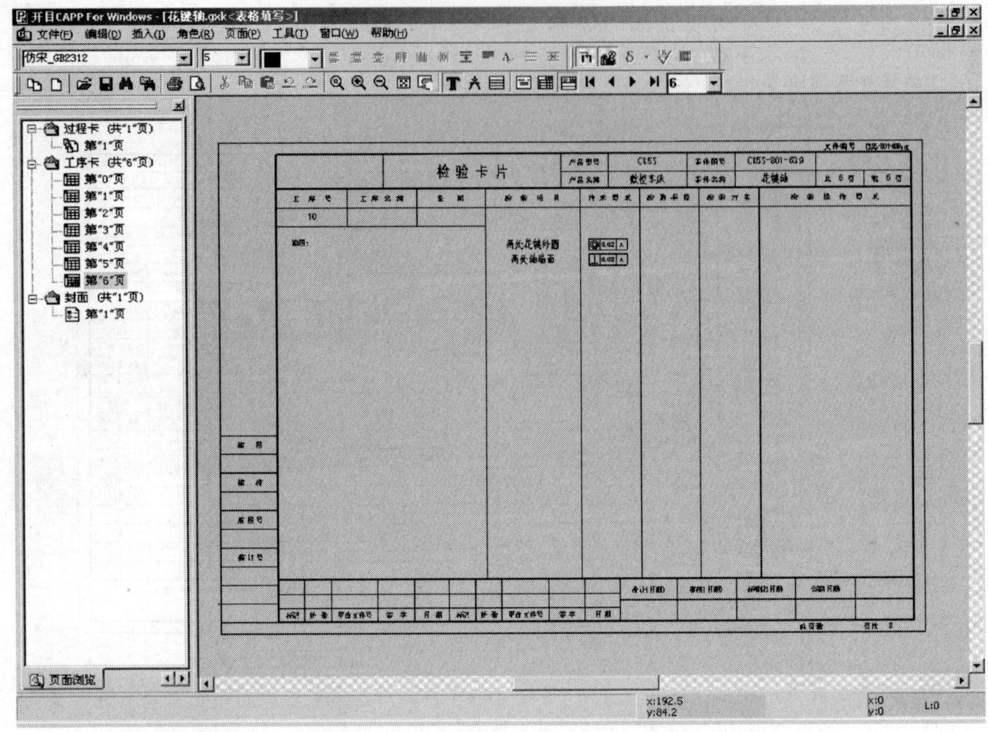

图 7-25　工序卡第 6 页输出式样

①“当前工艺文件信息”页面，工艺文件的公有信息会自动映射到此页面。

②“自定义信息”页面，此页中定义的是储存典型工艺时的相关信息。

确定后，系统会弹出“典型工艺保存成功”的提示。这样，花键轴零件的工艺规程文件设计完成。

思　考　题

1. CAPP 的基本概念是什么？谈谈采用 CAPP 的意义。
2. 举例进行说明在 CIMS 环境下，CAPP 与其他系统的信息流关系。
3. 从国内外已发表的 CAPP 系统可以看出它们主要具有哪些功能？
4. CAPP 的技术类型有哪几种？分别描述它们的基本原理。
5. 何谓工艺过程和工艺规程？它们的区别是什么？
6. 什么是工序？什么是工位？什么是工步？
7. 工艺过程应满足的基本要求是什么？
8. 生产中用以说明工艺规程的工艺文件有哪些？它们分别包括哪些内容？
9. 什么是机械加工原始误差？
10. 工件定位原理包括哪些内容？试举例说明。
11. 工艺规程设计的主要任务是什么？包括哪些主要内容？
12. 派生法和创成法系统的工作原理分别是什么？

13. 设计零件组的复合零件的特征是什么？

14. 派生法 CAPP 系统的研制过程是怎样的？试举例说明。

15. 创成法 CAPP 系统中采用的零件描述方法主要有几种？

16. 什么是创成法 CAPP 系统中的正向和逆向编程原理？

17. 创成法 CAPP 系统中的工序设计主要内容是什么？

18. 叙述说明各种类型 CAPP 系统的适用范围。

19. 熟悉国内工艺设计平台的各种 CAPP 系统，试用一种 CAPP 系统进行机械零件的工艺规程设计。

第八章　数控加工编程技术

数控加工编程技术是CAD/CAM技术中的重要组成部分。如何利用数控加工程序保证加工出符合设计要求的合格零件是机械CAM技术的关键。

第一节　数控加工编程基本概念

一、数控编程的发展

在数控机床上加工零件时，刀具相对零件的运动轨迹是由数控机床的控制系统分配给各移动轴的脉冲数控制的。从原理上讲，数控机床的控制精度等于一个脉冲当量。由于脉冲当量很小（现代数控机床为0.0001mm/脉冲，或0.001mm/脉冲），所以能自动地加工出任意复杂形状的零件，内轮廓则受刀具半径值的限制。脉冲数的分配决定于零件数控加工程序中输入的数据。数控机床的加工过程是由数控程序实现的。数控机床使用早期，加工程序是由人工编制的，编程人员按照数控机床专用的指令及程序段格式编写加工程序，效率很低，故迫切需要研究出一种能自动地生成加工程序的方法。

1952年起美国开始研制数控自动编程工具（Automatically Programmed Tools），简称为APT。1959年研制出APTⅠ并投入使用，经几年的改进与完善，在1962年发表了APTⅡ，开始推广到西欧和日本。宇航工业协会为了对APTⅡ继续改进，成立了专门组织，由伊利诺斯理工学院负责。从1969年开始改进APTⅢ，于1970年发表了APTⅣ的初步版本。进入20世纪80年代已发展到APTⅣ/SS，它具有定义和加工复杂雕塑曲面的功能。

在20世纪60年代和70年代，APT大大促进了数控技术的应用，因为它使数控加工编程工作摆脱了完全由人工按加工指令编写的低效率状况。然而，随着计算机辅助设计（CAD）技术的日趋成熟，APT编程方式的缺点也就日益明显了。因为APT的发展背景比CAD早，其设计思想是批处理的，并没有与交互式的CAD技术紧密联系在一起。用APT编制零件加工程序存在两个主要问题：一是零件几何形状要由编程员用APT的专用语言描述，设计信息不能直接传递给制造者，信息流是中断的；二是用专用语言描述零件及刀具运动轨迹靠人的抽象思维，无法直观形象地见到所定义的零件形状和刀具轨迹，因此出错率较大。对于复杂零件的多坐标加工，上述问题尤为突出。据统计，平均需4次以上试加工才能得到合格的加工程序。对于飞机的大型结构件，一个熟练的编程员往往需用一个多月时间才能完成一项零件的编程工作，一旦报废一个零件将造成数万元的经济损失，而且还将拖延研制周期。

另外，APT发展近30年，功能大而全，其语言专用词已超过400个，语法规则复杂多样，要在短期内掌握它决非易事，因而，它的用户界面不太受欢迎。虽然各国发展了不少APT的派生（子集）语言，例如EXAPT，以适应不同行业的需要，但上述问题并未彻底解决。

1964年美国研制出第一台图形显示器（以下简称图像仪或图形终端），为交互式CAD和CAM技术的有机结合——CAD/CAM的集成开辟了道路。

1965 年美国洛克希德的加里福尼亚飞机制造公司首先组织专门小组，针对图像特点进行了 CAD/CAM 成套应用软件的研制工作。1967 年初步完成了第一个 CAD/CAM 集成系统，当即投入试用，并于 1972 年正式以 CAD/CAM 为系统名称在三个工厂投入使用。

CAD/CAM 首先也是为满足制造部门的要求开发的，CAD 与 CAM 共性部分是产品的几何外形信息，因此 CAD/CAM 系统重点开发的正是计算机辅助几何设计（CAGD）和 CAM 两者的联系和结合。该系统首先采用了图像仪辅助编制数控加工程序，这一新技术称为图像编程，也就是直接根据显示屏上显示出的零件图形，通过交互方式编制加工程序，基本上解决了 APT 编程存在的问题。图像编程与 APT 编程相比较，编程时间大约缩短了 70% ~ 75%，得到合格加工程序的平均试加工次数降低到 2 次以下，其技术经济效益十分明显。进入 20 世纪 80 年代后，随着图形工作站及高档微机性能/价格比迅速改善，CAD/CAM 系统软件大量涌现，它们几乎都采用了交互式图像编程技术，其编程功能也从二维发展到三维多坐标加工中心的数控编程和复杂雕塑曲面工件的数控编程。

二、数控加工的特点

数控机床与其他机床相比，一个最重要的特点是当加工对象改变时，一般不需要对机床设备进行调整，只需改变程序，就可以自动地加工出新的零件。因此，数控机床对单件、小批量生产的自动化具有重要意义。

数控加工是指在数控机床上进行零件加工的一种工艺方法，和一般的加工方法相比仅在控制方式上有所不同。在普通机床上加工，机床的开车、停车、进给、主轴变速等操作都是由人工直接控制；在自动机床和仿形机床上加工，上述操作和切削运动都是由凸轮、靠模、挡铁等装置来控制。它们虽能加工出比较复杂的零件，有一定的灵活性和通用性，但零件加工精度受凸轮、靠模制造精度的影响，工序准备时间长。

数控加工过程是用数控装置或计算机代替人工操纵机床进行自动化加工的过程。图 8-1 所示为数控加工过程示意图，从图中可见，为了在数控机床上进行加工，首先必须根据零件图样得到一个数控程序，程序中以规定的格式描述了为达到零件图样要求的形状和尺寸、机床所必需的运动及辅助功能的代码和数据。将程序输入给机床的数控系统，经必要的信息处理之后产生相应的操作指令，控制机床运动，从而完成零件的自动化加工过程。数控加工具有以下特点：

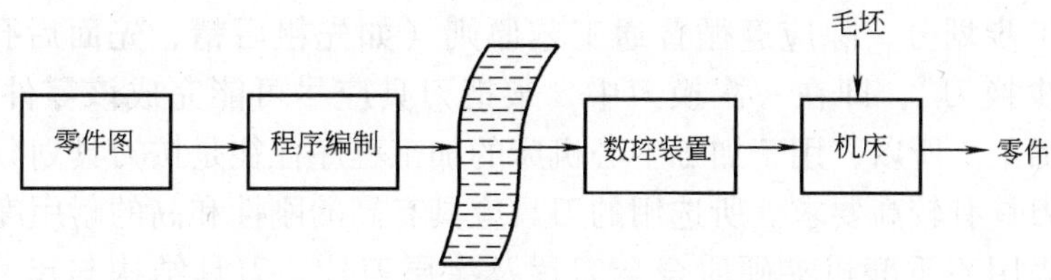

图 8-1　数控加工过程示意图

（1）加工精度高　尺寸精度一般在 0.005 ~ 0.01mm 范围内，不受零件形状复杂程度的影响。加工中消除了操作者的主观误差，提高了同批零件的一致性，使产品质量稳定。

（2）生产效率高　加工过程中省去了划线、多次装夹定位、检测等工序，有效地提高了生产率。

（3）自动化程度高　除了用手工装卸工件外，全部加工过程都由机床自动完成，减轻了劳动强度，改善了劳动条件。

(4) 生产准备时间短　可以省去许多专用工装设备的设计与制造。当产品更换时，不需要重新调整机床，只要更换一个新的控制纸带即可。特别适用于多品种、小批量生产方式，尤其是新产品的研制和开发。

(5) 数控加工使用数字信息　便于计算机控制和管理，容易连接 CAD 系统，形成 CAD/CAM 集成系统。

但是，数控机床的造价较高、技术复杂，影响加工的因素多，需要切实解决好零件编程、刀具供应、操作和维修人员培训以及备件订货等问题。特别是数控程序编制，它是数控加工的关键环节，程序编制的好坏将直接影响到数控机床的加工质量和经济效益。

三、数控编程的内容和步骤

加工程序的编制，一般要经过工艺方案分析、工序详细设计、运动轨迹的坐标值计算、编写程序单、制备控制介质以及程序校核与首件试切等主要步骤。

1. 工艺方案分析

在分析零件图样、生产批量、现有数控设备条件的基础上，首先分析并拟订工艺方案，即确认加工对象是否适合于数控加工、毛坯的选择、工序的划分以及选用合适的数控机床。通常那些形状比较复杂、中小批量（特别是重复批量）、精度一致性要求高以及在普通机床上加工需要复杂的专用夹具的零件，才是数控加工最合适的加工对象。由于数控加工程序是预先编制的，刀具相对于工件的位置已经确定，因此，对同一批量的毛坯余量和质量应有一定的要求。现代数控机床具有刚性大、精度高、工序集中、柔性自动化程度高等特点，有可能在同一台数控机床上完成多种切削方式和由粗到精的加工过程，因此，应尽可能完成一次装夹、集中工序的加工方法，以缩短工艺路线、减少加工设备、缩短生产周期、减少中间储存和运输环节，以及提高加工的位置精度。

2. 工序详细设计

数控加工程序是指在一台机床上对某些零件进行连续加工的那部分表面的加工程序，也就是在一次装夹的情况下，各工步及其进给的加工程序。因此，在工序及机床确定以后，还要进行工序的详细设计，包括工件的定位与夹紧、工步划分、刀具选择、切削用量的确定、进给分配以及工艺文件的编制等内容。

数控加工的工步划分，除应遵循普通工艺原则（如先粗后精、先面后孔、先主后次）外，还应尽量“少换刀”，即在一次换刀中，某把刀具应尽可能完成该零件上所有相同表面、相同孔径的加工。所以，用于加工中心机床的加工程序往往是按刀具划分程序块的。

数控加工对刀具有较高要求。所选用的刀具应具有高的刚性和高的耐用度，并易换、易调，为此，广泛采用不重磨机夹硬质合金刀片及涂层刀片。刀具结构与尺寸（包括刀片、刀柄、接长柄）应符合标准刀具系列，以便快速更换。数控加工的切削参数尽可能取高一些。刀具的耐用度尽可能保证加工一个零件或一个工作班的时间，至少不低于半个工作班。进给的分配，主要应考虑进给路线要短、进给次数要少，尽量避免轮廓法向切入等。零件轮廓的最终加工应尽可能一次连续完成。

在上述工序详细设计的基础上，进行工序卡的编制，有时还包括刀具卡、进给路线示意图等工艺文件。工序卡一般包括工步与进给的序号、加工部位与尺寸、刀号与补偿号、刀具形式与规格、主轴转速、进给量以及工时等内容，工序卡是编制加工程序的工艺依据。

3. 运动轨迹的坐标值计算

首先建立零件坐标系，作为各坐标尺寸的基准。然后根据零件图形的几何尺寸及已确定的粗、精加工的进给路线，计算各次运动轨迹的程序坐标值，作为数控系统的输入数据。

坐标值计算主要包括基点计算、节点计算及辅助计算三部分：

（1）基点计算　零件轮廓一般是由直线、圆弧及曲线等几何元素组成，所以要计算相临两个几何元素的交点或切点（即基点）的坐标值。相应地还要计算工序间尺寸和大余量多次进给的坐标值。对于圆形刀具（如铣刀），有时还要计算刀具中心运动轨迹的基点坐标值，以此作为编程数据。

（2）节点计算　由于数控系统一般只具备直线插补和圆弧插补功能，所以，对非圆曲线还要计算该曲线本身用直线段逼近或圆弧段逼近相邻线段的交点或切点（节点）坐标值。节点数的多少取决于逼近线段的类型、曲线的性质及允许的逼近误差。列表曲线和空间曲面的编程计算则较为复杂，要涉及一些复杂的数学处理问题和立体型面的多坐标计算问题。

（3）辅助计算　辅助计算包括刀具的引入与退出路线的坐标值计算、脉冲数的计算与圆整及坐标系的换算等。

数控机床的坐标输入数据可以用绝对值或增量值（相对值）。前者是以设定的零件坐标系为基准计算每一个运动的终点坐标，后者是以一个运动的起点为基准计算该运动的终点坐标。编程时，根据零件图样的尺寸标注、尺寸精度的要求、程序格式的规定（如圆心坐标规定用增量值）以及计算的简便等因素来选用。

4. 编写程序单

根据上述已确定的工序卡和所计算的运动轨迹坐标值，用数控机床规定的指令代码与程序格式逐段编写加工程序单，还应附上机床调整卡供操作者调整机床用。

5. 制备控制介质

将程序单上的内容记录在控制介质上，作为数控机床的输入信息。控制介质有穿孔带和磁带等。穿孔带由于是机械的固定代码孔，不易受环境（如磁场、粉尘）的影响，便于长期保存和多次重复使用，故至今仍是数控机床主要的、常用的信息载体。

6. 程序校核与试切

上述所编程序和穿孔带必须经过校核和试切，确认无误后才能进行正式加工。一般的校核方法是将程序输送给机床进行空运转画图检查。该方法只能检查运动的正确性，而不能检查出由于计算或刀具调整不当造成的误差，所以还必须进行首件试切作综合检查，若有错误，可根据问题的性质进行修改和补偿，直到满足图样要求。至此，一个加工程序的编制方告完成，才能进行批量加工。

第二节　数控加工的工艺控制

数控加工的工艺问题大致与普通机床的加工工艺相似。事先需要根据生产计划及被加工零件的要求编制工艺规程，其内容包括确定工艺方案、选择加工机床、确定零件在机床上的定位装夹方式、选定进给路径并计算出刀具路径上的各刀位点坐标值、确定切削用量、选择刀具和夹具等。图 8-2 所示为数控加工的工作流程。图中单点画线框内反映了零件的加工程序编制过程，其中包括三个主要阶段：

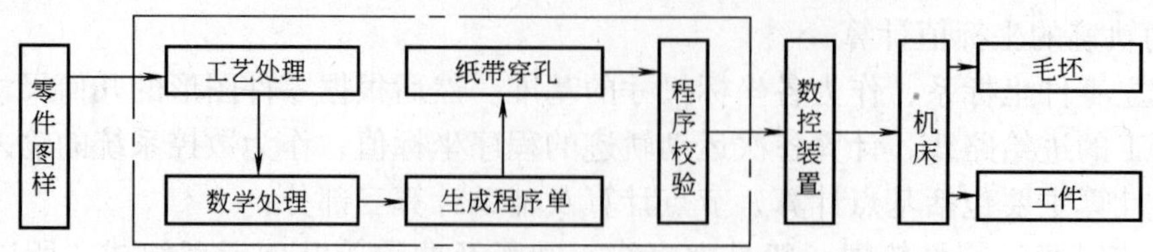

图 8-2　数控加工的工作流程

(1) 工艺处理　除了计算刀位点坐标值以外的上述各项工艺工作。

(2) 数学处理　计算刀具运动轨迹上各刀位点的坐标值，生成刀位文件。

(3) 后置处理　把刀位文件处理后生成零件的加工程序。

上述工作如果主要由人工完成，则可称为手工编程；如果用 APT 这一类语言编程，则可称为半自动编程；如果 CAD/CAM 系统中采用图像编程技术，则可称为交互式自动编程；如果是一个集成的 CAD/CAPP/CAM 系统，交互式人工干预大为减少，则可称为自动编程。

一、数控编程的工艺处理

数控加工过程是自动完成的，工艺处理的结果反映在加工程序中，下面结合数控加工特点作简要论述。

1. 确定加工方案和机床类型

加工方案是与采用机床和刀具形式有紧密联系的。加工方案的确定显然主要依据工件的加工部位几何形状和技术要求，但同时也要考虑企业与车间的数控技术配置情况，应尽量利用现有设备。

平面零件(如样板)一般用数控线切割机床加工，很多工具模(如仲裁模和压延模)往往也用数控线切割方法加工，其突出优点是模具经淬硬热处理后可切割出粗糙度甚低的工作表面。

对于轮廓形状在 *XY* 平面内连续变化，而在 *Z* 向深度非连续变化的平面类零件，通常采用两坐标联动的三坐标数控铣床(简称两轴半)加工。

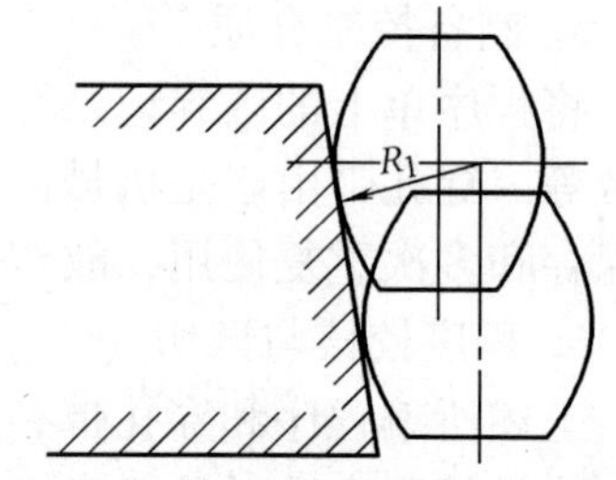

图 8-3　用鼓形铣刀加工斜角曲面

对于形状复杂的带有曲面的零件，其加工方案可能有很多种。例如轮廓有曲面且变外角的零件(在飞机制造业中是常见的典型零件)，最理想的加工方案是选用四坐标或五坐标数控铣床，采用普通立铣刀加工。此方法生产率高，而且加工质量好。也可以在三坐标或 2.5 坐标铣床上用鼓形铣刀多次行切，此时行切的行距越小，鼓形铣刀的半径 R_1 越大，则加工后残痕高度越小，如图 8-3 所示，此残痕需用手工去掉。

对于复杂的双曲度曲面零件，需采用球头铣刀加工。加工后也留有残痕，通常选用三坐标机床或五坐标机床。

对于箱体类零件，它们的主要加工要求是各种孔的钻、铰或镗，以及平面与轮廓的加工，理想的方案是采用多坐标数控加工中心。

2. 确定零件的装夹方法并选择夹具

数控加工可节省专用夹具，但为了尽量减少辅助时间，一般采用标准化组合夹具来加快零件的定位和装夹过程。对于小批量的零件，往往不采用锻、铸毛坯，而是用相当厚度的板料经预拉伸处理作为毛坯。在数控机床台面上附装有真空吸力平台，采用真空吸力的方法夹紧毛坯。此法不但适用于大型零件，也适用于小型零件。在一块厚板上可加工出很多个同类或不同类的零件，加工时在其轮廓四周留下0.2~0.5mm的Z向余料，加工完后把真空平台卸下，去掉轮廓四周飞边毛刺即可，这对于铝合金零件的加工是很方便的。采用真空平台装夹的优点是装夹速度快、工件装夹力均匀、加工部位开敞。为了保险起见，工件经真空吸力装夹后还可以附加些普遍压板压紧毛料边缘。

3. 确定对刀点和换刀点

对刀点是数控加工时刀具相对于零件运动的起始点，加工程序就从这一点开始执行，所以对刀点也可称为程序原点。选择对刀点的原则是：

1）便于加工程序中的数学处理。

2）尽量与零件设计基准点一致。

3）在机床上便于找正。

4）在加工过程中便于校验。

实际工作中，对刀点可以设定在零件的定位基准点上，如某定位孔的中心点；也可以设在零件之外，如以夹具上或毛坯空余处预加工的专门对刀用的孔中心作为对刀点，但必须与零件的定位基准有已知的准确关系。

换刀点应根据加工内容安排，为了防止换刀时刀具碰伤工件和换刀时的方便，换刀点通常设在工件的外面。换刀点可与对刀点重合。

4. 选择进给路径

进给路径是指数控加工过程中刀位点相对于被加工零件的运动轨迹。确定进给路径的原则是：

1）保证零件的加工精度和粗糙度。

2）便于数值计算，减少编程工作量。

3）尽量提高加工效率，缩短进给路径，减少空行程。

4）尽量减少加工程序段数。

根据以上原则，下面简单介绍数控加工中有关进给路径的选择问题。

轮廓铣切时，刀具应尽量沿切线方向切入工件毛坯后，加工第一个轮廓元素。外轮廓加工时，刀具应按顺时针方向运动；内轮廓加工时，刀具应按逆时外方向运动，这样的刀具路径可保证刀具以顺铣方式切削，加工后表面质量较好。轮廓铣切完后，应令刀具退离工件方可抬刀，以避免刀具在工件表面留下凹痕。

加工后零件变形是影响加工精度的重要原因之一。除应对毛坯作消除内应力的预处理外，采取合理的进给路径也是保证加工精度的重要措施。通常采用对称地切除加工余量、分几次进给加工到最后尺寸的办法，以减少加工后的变形。

在实心材料上加工腔槽时，铣刀应以摆刀方式沿深度方向切入。内腔的加工采用由里向外的环切进给路径为好，但如果腔槽周边轮廓复杂或中间有凸台（岛屿），则采用环切的进给路径计算方法复杂，而采用行切的进给路径计算方法较为简单。

对于多孔加工，如图8-4a所示。按照一般习惯，先加工内孔，后加工外孔，如图8-4b所示。显然，如改用如图8-4c所示的进给路径，可以缩短空程时间。

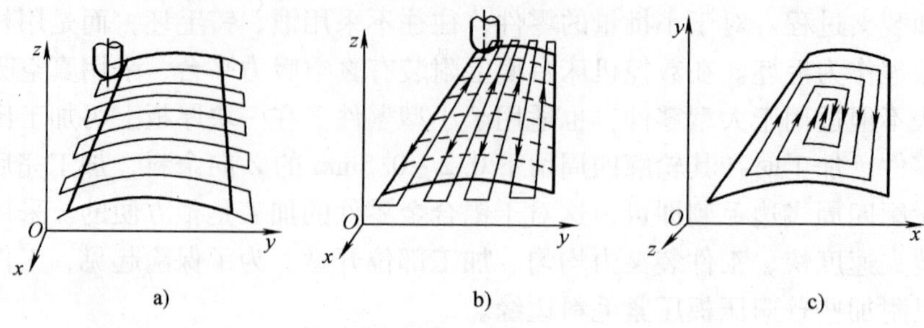

图 8-4 直纹曲面的进给路径

对于直纹曲面的加工，可能采用的进给路径有三种，如图 8-5 所示。通常采用如图 8-5b 的纵向行切法，刀具沿纵向参数线运动，刀位点计算简单，加工程序段数少，而且加工过程符合直纹面的形成规律，可以保证母线的直线度。但如果直纹面两端宽度相差较大，则球形刀加工后的残痕高度在工件大端处势必比小端处要大得多。

对于双向曲度的复杂曲面，通常也采用刀具沿曲面某一参数线的行切法加工。

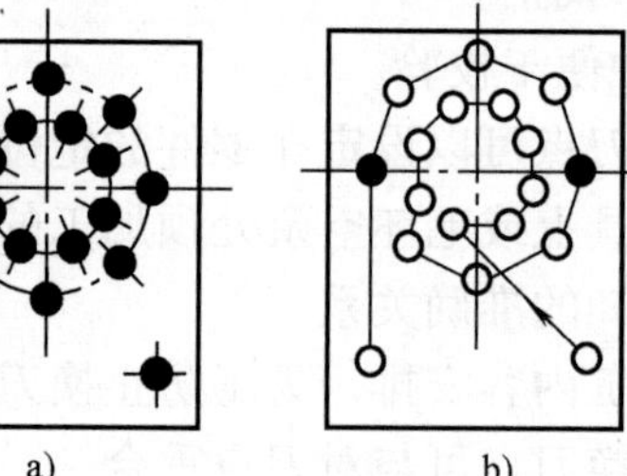

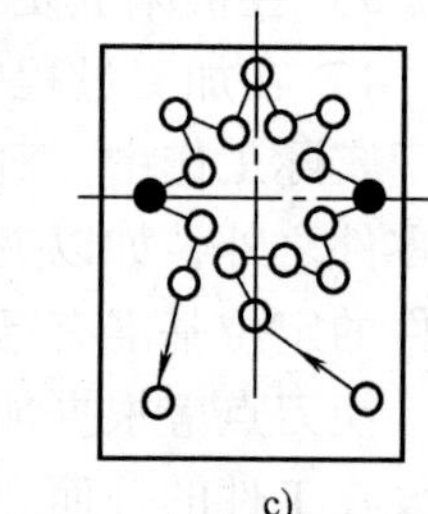

图 8-5 多孔的进给路径

5. 选择刀具

与一般机械加工相比，数控加工对于刀具提出了更高的要求，尤其对于数控加工中心，其刀具不仅要求精度高，刚度好，而且刀柄要耐磨，使用寿命要长。这就需要选用优质高速钢、硬质合金和陶瓷材料制作刀具，并且优选刀具参数。数控加工常用的刀具类型有普通立铣刀、球头铣刀、锥形铣刀、鼓形铣刀等，如图 8-6 所示。立铣刀通常用其侧刃加工零件周边轮廓；球头铣刀主要用来加工零件曲面；鼓形铣刀常用来加工斜角曲面轮廓（见图 8-3）。如图 8-6 所示刀具的点 O 表示刀位点，它通过刀具的轴线。前面提到的对刀点就是刀具的刀位点在程序开始时的起点，编程时用来计算进给路径时即以刀位点为基准点。

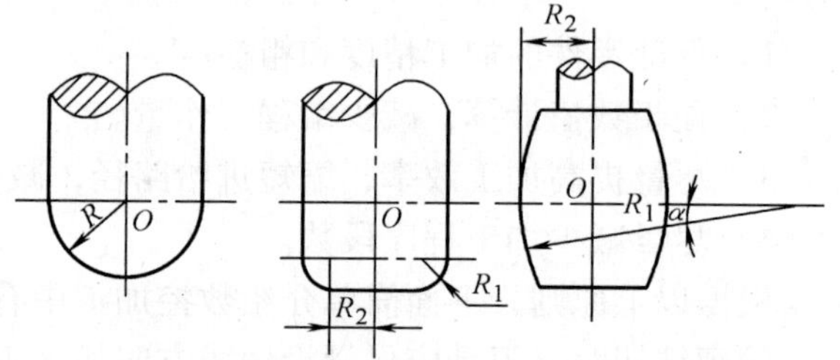

图 8-6 数控加工中常用刀具类型

6. 确定切削用量

切削用量包括背吃刀量、切削和宽度、切削速度（主轴转速）和进给速度等，它们的选用原则与一般机械加工无本质差别。

数控系统要求加工程序段中给出刀具进给速度 F（mm/min）。给出的方式有两种：直接在程序段中给出 F 值；或者在程序段中设定进给量指令代码，如 $F0$，$F1$，…。在数控机床控制面板上装有相应的旋钮，具体进给量在加工时由人工用旋钮设定，可以随时调整，有较大灵活性。有些数控系统采用另一种进给量指标，称为进给率，用 FRN 表示。

对于直线插补 $$FRN = \frac{F}{L}$$

对于圆弧插补 $$FRN = \frac{F}{R}$$

式中 F——刀具的进给速度(mm/min)；

L——程序段中起点到终点的距离(mm)；

R——程序段中插补圆弧的半径（mm)。

规定进给率，实际上相当于规定一个程序段的执行时间，即

$$T = \frac{1}{F}$$

编程中选择进给量或进给率时，需注意零件加工中的某些特殊情况。如图 8-7 所示，当刀具中心的进给速度为 v_C、零件轮廓的圆弧半径为 R、刀具半径为 r 时，加工外圆弧的切削点实际进给速度为

$$v_T = \frac{R}{R+r}v_C$$

即实际切削进给速度小于编程值。而加工内圆时

$$v_T = \frac{R}{R-r}v_C$$

当 $R \approx r$ 时，切削点的实际进给速度将非常大，可能引起损伤刀具或工件的严重后果，并对机床造成不良后果。

采用进给率编程，切削点的进给速度与编程值一致，但是刀具中心的运动速度将随刀具半径的不同而变化。如图 8-8 所示，设 $R = 1\text{mm}$，$r = 20\text{mm}$，取编程进给速度为 200mm/min，则进给率 $FRN = 200\text{min}^{-1}$。这时刀具中心的运动速度达

$$v_C = FRN(R+r) = 200(1+20)\text{mm/min} = 4200\text{mm/min}$$

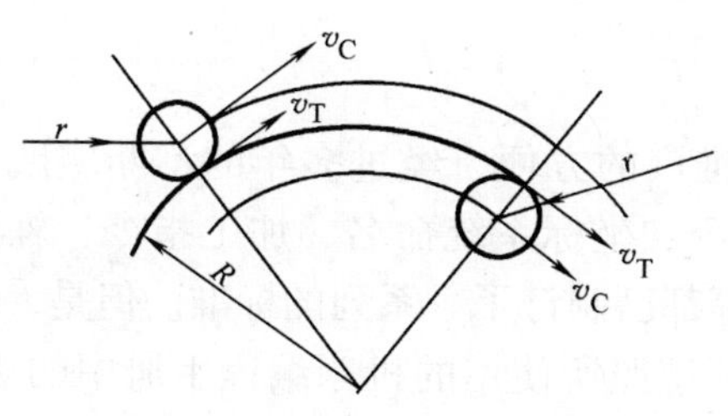

图 8-7　圆弧加工的进给速度

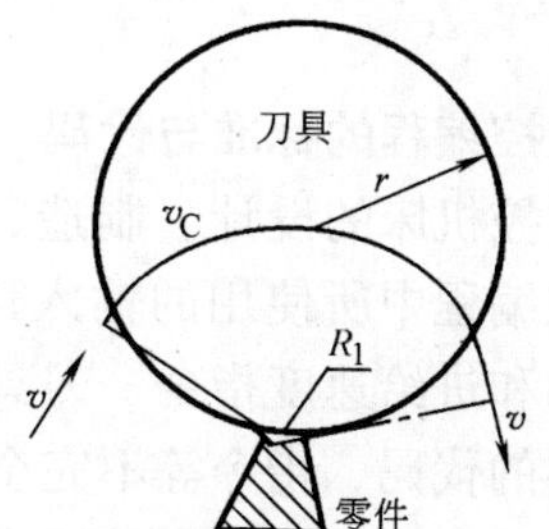

图 8-8　尖角处进给速度

如果工件的切削余量较大，这一刀具中心线速度显然过大，机床将受到冲击，对开环控制系统容易造成“丢步”，因此遇到这类情况，编程时应减小进给率。现代数控系统能自动减少进给率。当加工直线段轮廓时，由于受刀具半径偏置的影响，刀具中心轨迹的长度可能与零件轮廓长度不同，也会使实际进给速度偏离指定的进给率。

此外，在轮廓加工中，当零件有突然的拐角时，刀具容易产生“超程”，应在拐角前适当降低刀具进给速度，过拐角后再增速。

二、数控编程的数学处理

数学处理阶段的主要内容是根据零件几何形状和所确定的进给路径计算出各个刀位点的坐标数据。

对于轮廓加工，主要是计算直线和圆弧任意组合时它们之间的交点或切点坐标，数学计算方法很简单，但如果交点或切点数量很多，用人工计算效率太低，目前已都由软件来完成这种计算工作。对于曲线和曲面加工用人工计算更是困难，其计算方法参阅本书前面有关章节，这里不论述。这里只指明一点，对于曲线和曲面加工，进给路径一般都由直线段组成，即曲线和曲面是由多段直线逼近后加工出来的。过去老式数控机床需用穿孔纸带作为加工程序的输入介质，希望程序段数尽量少；现代数控机床都由计算机控制，以上矛盾已不突出，而用直线逼近法生成进给路径，软件中计算方法可统一。

数控编程中的误差控制是数学处理中的一个重要问题。编程中的误差主要由以下三部分组成。

（1）逼近误差　这是用近似方法逼近零件轮廓时所产生的误差，也称一次逼近误差。在使用样条曲线或曲面拟合时就产生这种误差。

（2）插补误差　这是用直线或圆弧逼近零件轮廓曲线或曲面所产生的误差，也称二次逼近误差。减少这种误差的最简单的办法是加密插补点，也就是增加刀位点数量，即增加程序段数量。

（3）圆整化误差　这是将零件加工程序中的刀位点坐标值换算成机床的脉冲当量时，由于四舍五入引起的误差。对于用绝对尺寸编程时，此圆整化处理引起的误差最大值是脉冲当量的一半，但对于用相对尺寸法编程时，每个程序段给出的刀位点坐标值是相对于前一刀位点的增量值，此时不能分别地对每个增量值作四舍五入处理，而必须以累计方式进行四舍五入，否则将引起圆整化误差的积累而远远超过一个脉冲当量。

第三节　数控程序的编制方法

一、数控编程的标准与代码

为了数控机床的设计、制造、维护、使用以及推广的方便，经过多年的不断实践与发展，在数控编程中所使用的输入代码、坐标位移指令、坐标系统命名、加工指令、辅助指令、主运动和进给速度指令、刀具指令及程序格式等都已制订了一系列的标准。但是，各生产厂家使用的代码、指令等不完全相同，编程时必须遵照所使用的机床编程手册中的规定。下面对数控加工中使用的有关标准及代码加以介绍。

（1）穿孔纸带及代码　穿孔纸带是早期数控机床上应用较广的输入介质，在纸带上利用穿孔的方式记录着零件加工程序的指令。国外及我国广泛使用 8 单位的穿孔纸带。穿孔纸带的编码国际上采用 ISO 或 EIA 标准。

ISO 标准代码为七位编码，而 EIA 为六位编码(不包括奇偶校验位)，因而 ISO 代码数比 EIA 多一倍。ISO 代码规律性强，数字代码第五、六列有孔；字母的第七列有孔；符号第七列或第六列均有孔，这些规律对解读纸带及数控系统的设计都带来了方便。

（2）数控机床坐标系命名　为了保证数控机床的正确运动，避免工作不一致性，简化编程和便于培训编程人员，统一规定了数控机床坐标轴的代码及其运动的正、负方向。根据

ISO 标准及我国 JB3051—1999 标准，数控机床的坐标轴命名规定如下：机床的直线运动采用笛卡尔直角坐标系，其坐标命名为 X、Y、Z，使用右手定律判定方向，如图 8-9a 所示。右手的大拇指、食指和中指互相垂直时，则拇指的方向为 X 坐标轴的正方向，食指为 Y 坐标轴的正方向，中指为 Z 坐标轴的正方向。以 X、Y、Z 坐标轴线或以与 X、Y、Z 坐标轴平行的坐标轴线为中心旋转的运动，分别称为 A、B、C。A、B、C 的正方向按右手螺旋定律确定，如图 8-9b 所示，即当右手握紧时，拇指指向 $+X$、$+Y$、$+Z$ 轴正方向时，则其余四指方向分别为 $+A$、$+B$、$+C$ 轴的旋转方向。

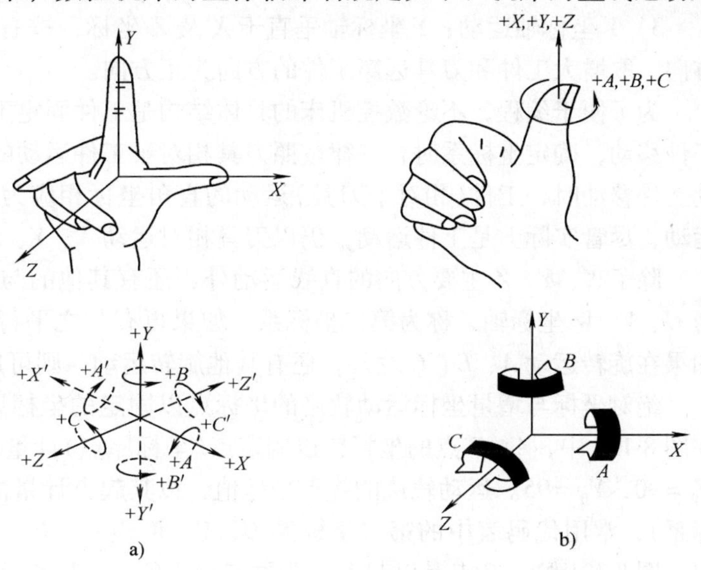

图 8-9　数控机床坐标命名示意图

a）坐标命名　b）旋转方向

1）Z 坐标轴运动：传递切削力的主轴规定为 Z 坐标轴。对于铣床、镗床和攻螺纹机床来说，转动刀具的轴称为主轴，而车床、磨床等则以转动工件的轴称为主轴。如果机床上有几个主轴时，则选其中一个与工件装夹基面垂直的轴为主轴；当机床没有主轴时，则选垂直于工件装夹面的轴为主轴(例如刨床)。如图 8-10 所示和如图 8-11 所示分别表示数控车床和多坐标数控铣床的基本坐标系。

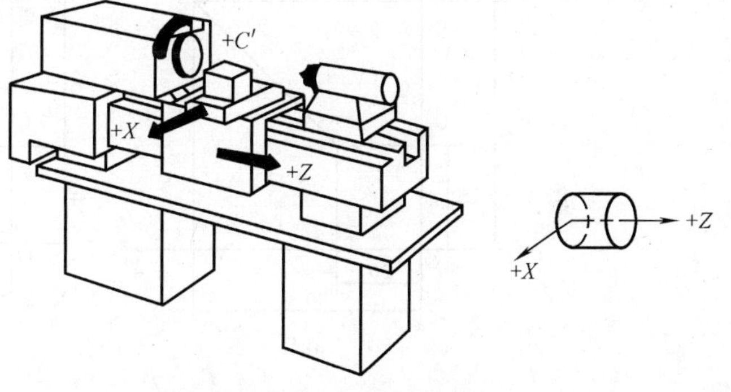

图 8-10　数控车床

2）X 坐标轴运动：X 坐标是水平的，它平行于工件的装夹面。在工件旋转的机床(如车床、磨床等)，取平行于横向滑座的方向(工件的径向)为 X 坐标，因此安装在横刀架(横进给台)上的刀具离开工件旋转轴方向为 X 正方向。对于刀具旋转的机床(例如铣床、镗床)，当 Z 轴为水平时，沿刀具主轴向工件的方向看，向右方向为 X 轴的正方向；当 Z 轴为垂直时，

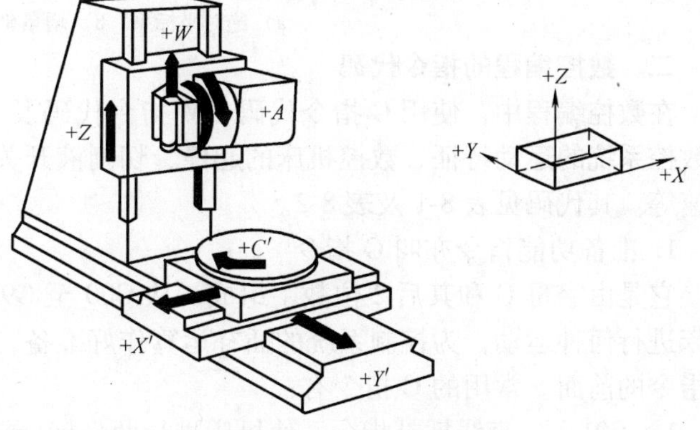

图 8-11　多坐标数控铣床

对单立柱机床，面对刀具主轴向立柱看，向右方向为 X 轴正方向。

3）Y 坐标轴运动：Y 坐标轴垂直于 X 及 Z 坐标，按右手直角笛卡尔坐标系统判定其正方向。取增大工件和刀具远离工件的方向为正方向。

为了便于编程，不论数控机床的具体结构是工件固定不动刀具移动，还是刀具固定不动工件移动，确定坐标系时，一律按照刀具相对于工件运动的情况而定。当实际上刀具固定不动工件移动时，工件(相对于刀具)运动的直角坐标相应为 X'、Y'、Z'。但由于二者是相对运动，尽管实际上是工件运动，仍以刀具相对运动 X、Y、Z 进行编程，结果是一样的。

除了 X、Y、Z 主要方向的直线运动外，还有其他的与之平行的直线运动，可分别命名为 U、V、W 坐标轴，称为第二坐标系。如果再有与之平行的直线运动可用 P、Q、R 表示。如果在旋转运动 A、B、C 之外，还有其他旋转运动，则可用 D、E、F 表示。

绝对坐标与增量坐标运动轨迹的坐标点以固定的坐标原点计量，称作绝对坐标。例如，在图 8-12a 中，A、B 点的坐标皆以固定点(坐标原点)计量，其坐标值为：$X_A=30$，$Y_A=40$，$X_B=90$，$Y_B=95$。运动轨迹的终点坐标值，以其起点计量的坐标称作增量坐标系(或相对坐标系)，常用代码表中的第二坐标系 U、V、W 表示。U、V、W 分别与 X、Y、Z 平行且同向。图 8-12b 中，B 点是以起点 A 为原点建立的 U、V 坐标系来计量的，终点 B 的增量坐标为：$U_B=60$，$V_B=55$。

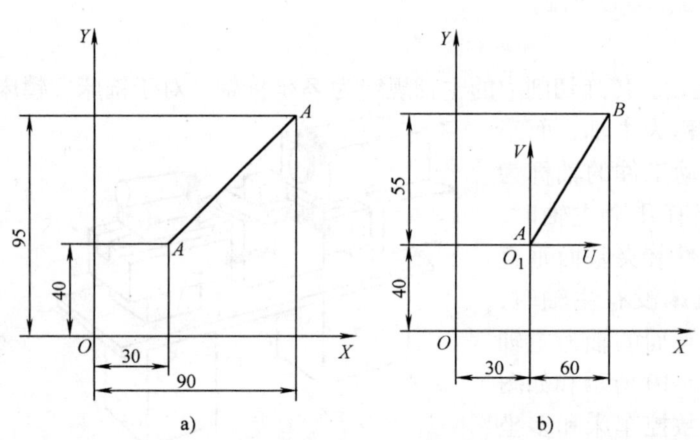

图 8-12　绝对坐标与增量坐标系

a）绝对坐标系　b）增量坐标系

二、数控编程的指令代码

在数控编程中，使用 G 指令代码、M 指令代码及 F、S、T 指令代码描述加工工艺过程和数控系统的运动特征、数控机床的起停、切削液开关等辅助功能以及给出进给速度、主轴转速等。其代码见表 8-1 及表 8-2。

1. 准备功能指令亦叫 G 指令

它是由字母 G 和其后 2 位数字组成，从 G00 至 G99，见表 8-1。该指令主要是命令数控机床进行何种运动，为控制系统的插补运算作好准备，所以一般它们都位于程序段中坐标数字指令的前面。常用的 G 指令有：

1）G01——直线插补指令。使机床进行两坐标(或三坐标)联动的运动，在各个平面内切削出任意斜率的直线。

表 8-1　准备功能 G 代码

代码（1）	功能保持到被取消或被同样字母表示的程序指令所代替（2）	功能仅在所出现的程序段内有作用（3）	功能（4）	代码（1）	功能保持到被取消或被同样字母表示的程序指令所代替（2）	功能仅在所出现的程序段内有作用（3）	功能（4）
G00	A		点定位	G50	#(d)	#	刀具偏置 0/ -
G01	A		直线插补	G51	#(d)	#	刀具偏置 +/0
G02	A		顺时针方向圆弧插补	G52	ti(d)	#	刀具偏置 -/0
G03	A		逆时针方向圆弧插补	G53	f		直线偏移，注销
G04		*	暂停	G54	f		直线偏移 *X*
G05	#	#	不指定	G55	f		直线偏移 *Y*
G06	A		抛物线插补	G56	f		直线偏移 *Z*
G07	#	#	不指定	G57	f		直线偏移 *XY*
G08		*	加速	G58	f		直线偏移 *XZ*
G09		*	减速	G59	f		直线偏移 *YZ*
G10 ~ G16	#	#	不指定	G70	h		准确定位 1（精）
G17	C		*XY* 平面选择	G71	h		准确定位 2（粗）
G18	C		*ZX* 平面选择	G72	h		快速定位（粗）
G19	C		*YZ* 平面选择	G73			攻螺纹
G20 ~ G32	#	#	不指定	G74 ~ G77	#	#	不指定
G33	a		螺纹切削，等螺距	G78	#(d)	#	刀具为负，内用
G34	a		螺纹切削，增螺距	G79	#(d)	#	刀具为正，外角
G35	a		螺纹切削，减螺距	G70 ~ G79	#	#	不指定
G37 ~ G39	#	#	永不指定	G80	e		固定循环注销
G40	d		刀具补偿/刀具偏置注销	G81 ~ G89	e		固定循环
G41	d		刀具补偿—左	G90	j		绝对尺寸
G42	d		刀具补偿—右	G91	j		增量尺寸
G43	#(d)	#	刀具偏置—正	G92		*	预置寄存
G44	#(d)	#	刀具偏置—负	G93	k		时间倒数，进给率
G45	#(d)	#	刀具偏置 +/ +	G94	k		每分钟进给
G46	#(d)	#	刀具偏置 +/ -	G95	k		主轴每转进给
G47	#(d)	#	刀具值 g -/ -	G96	I		恒线速度
G48	#(d)	#	刀具偏置 -/ +	G97	I		每分钟转数（主轴）
G49	#(d)	#	刀具偏置 0/ +	G98 ~ G99	#	#	不指定

注：1. #号：如选作特殊用途，必须在程序格式说明中说明。
2. 如在直线切削控制中没有刀具补偿，则 G43 到 G52 可指定作其他用途。
3. 在表中左栏括号中的字母(d)表示：可以被同栏中没有括号的字母 d 所注销或代替，也可被有括号的字母(d)所注销或代替。
4. G45 到 G52 的功能可用于机床上任意两个预定的坐标。
5. 控制机上没有 G53 到 G73 功能时，可以指定作其他用途。
6. * 号：程序格式说明中可省略。

2）G02、G03——圆弧插补指令。G02 为顺时针圆弧插补指令，G03 为逆时针圆弧插补指令。圆弧的顺、逆方向按图 8-13 所给出的方向进行判断。即沿圆弧所在平面（如 *YZ* 平面）的另一坐标的负方向（即 $-X$）看去，顺时针方向为 G02，逆时针方向为 G03。使用圆弧插补指令之前必须应用平面选择指令来指定圆弧插补的平面。

3）G00——快速点定位指令。刀具以点位控制方式从刀具所在点快速移动到下一个目标位置。它只是快速定位，而无运动轨迹要求。

4）G17、G18、G19——坐标平面选择指令。G17 指定零件进行 *XY* 平面上的加工，G18、G19 分别为 *YZ*、*ZX* 平面上的加工。这些指令在进行圆弧插补、刀具补偿时必须使用。

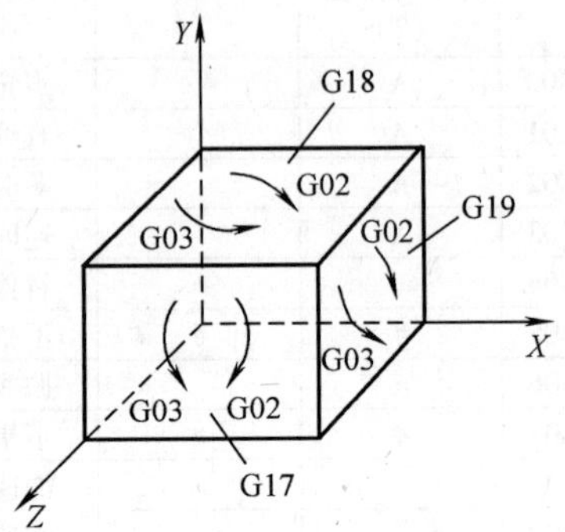

图 8-13　圆弧顺、逆圆的区分

5）G40、G41、G42——刀具半径补偿指令。数控装置大都具有刀具半径补偿功能，为编程提供了方便。当铣削零件轮廓时，不需计算刀具中心运动轨迹，而只需按零件轮廓编程。使用刀具半径补偿指令，并在控制面板上使用刀具拨码盘或键盘人工输入刀具半径，数控装置便能自动地计算出刀具中心轨迹，并按刀具中心轨迹运动。当刀具磨损或刀具重磨后，刀具半径变小，只需手工输入改变后的刀具半径，而不必修改已编好的程序或纸带。在用同一把刀具进行粗、精加工时，设精加工余量为 Δ，则粗加工的补偿量为（$r+\Delta$），而精加工的补偿量改为 r 即可。

G41 和 G42 分别为左（右）偏刀具补偿指令，即沿刀具前进方向看（假设工件不动），刀具位于零件的左（右）侧时的刀具半径补偿。

G40 为刀具半径补偿撤消指令，使用该指令后使 G41、G42 指令无效。

6）G90、G91——绝对坐标尺寸及增量坐标尺寸编程指令　G90 表示程序输入的坐标值按绝对坐标值取；G91 表示程序段的坐标值按增量坐标值取。

2. 辅助功能指令也称 M 指令

它是由字母 M 和其后的两位数字组成，从 M00 到 M99 共 100 种，见表 8-2。这些指令与数控系统的插补运算无关，主要是为了数控加工、机床操作而设定的工艺性指令及辅助功能，是数控编程必不可少的。常用的辅助功能指令如下：

1）M00——程序停止。完成该程序段的其他功能后，主轴、进给、切削液送进都停止。此时可执行某一手动操作，如工件调头、手动变速等。如果再重新按下控制面板上的循环起动按钮，则继续执行下一程序段。

2）M01——任选停止。该指令与 M00 相类似，所不同的是，必须在操作面板上预先按下“任选停止”按钮，才能使程序停止，否则 M01 将不起作用。当零件加工时间较长，或在加工过程中需要停机检查、测量关键部位以及交换班时，使用该指令很方便。

3）M02——程序结束。当全部程序结束时使用该指令，它使主轴、进给、切削液送进停止，并使机床复位。

4）M03、M04、M05——主轴顺时针旋转（正转）、主轴逆时针旋转（反转）及主轴停止指令。

5）M06——换刀指令，用于具有刀库的加工中心数控机床换刀功能。

6）M08——切削液开。

7）M09——切削液关。

8）M30——程序结束并倒带，除了具有 M02 的功能外，该指令还使纸带倒回到起始位置。

9）M98——子程序调用指令。

10）M99——子程序返回到主程序指令。

表 8-2　辅助功能 M 代码

代码（1）	功能开始时间		功能保持到被应用或被适当程序指令代替（4）	功能仅在所出现的程序段内有作用（5）	功能（6）	代码（1）	功能开始时间		功能保持到被应用或被适当程序指令代替（4）	功能仅在所出现的程序段内有作用（5）	功能（6）
	与程序段指令运动同时开始（2）	在程序段指令运动完成后开始（3）					与程序段指令运动同时开始（2）	在程序段指令运动完成后开始（3）			
M00		*		*	程序停止	M36	*		#		进给范围 1
M01		*		*	计划停止	M37	*		#		进给范围 2
M02		*		*	程序结束	M38	*				主轴速度范围 1
M03	*		*		主轴顺时针方向	M39	*				主轴速度范围 2
M04	*		*		主轴逆时针方向	M40 ~ M45	#	#	#	#	如有需要作为齿轮换挡，此外不指定
M05		*	*		主轴停止	M46 ~ M47	#	#	#	#	不指定
M06	#	#		*	换刀	M48		*	*		注销 M49
M07	*		*		2 号切削液开	M49	*		#		进给率修正旁路
M08	*		*		1 号切削液开	M50	*		#		3 号切削液开
M09		*	*		切削液关	M51	*		#		4 号切削液开
M10	#	#	*		夹紧	M52 ~ M54	#	#	#	#	不指定
M11	#	#	*		松开	N55	*		#		刀具直线位移，位置 1
M12	#	#	#	#	不指定	M56	*		#		刀具直线位移，位置 2
M13	*		*		主轴顺时针方向，切削液开	M57 ~ M59	#	#	#	#	不指定
M14	*		*		主轴逆时针方向，切削液开	M60		*		*	更换工作
M15	*			*	正运动	M61	*				工件直线位移，位置 1
M16	*			*	负运动	M62	*				工件直线位移，位置 2
M17 ~ M18	#	#	#	#	不指定	M63 ~ M70	#	#	#	#	不指定
N19		*	*		主轴定向停止	M71	*		*		工件角度位移，位置 1
M20 ~ M29	#	#	#	#	永不指定	M72	*		*		工件角度位移，位置 2
M30		*		*	结束	M73 ~ M89	#	#	#	#	不指定
M31	#	#		*	互锁旁路	M90 ~ M99	#	#	#	#	永不指定
M32 ~ M35	#	#	#	#	不指定						

注：1. #号表示：如选作特殊用途，必须在程序说明中说明。

2. M90 ~ M99 可指定为特殊用途。

3. * 号：程序格式说明中可省略。

三、数控加工程序的结构

（1）程序的结构　数控加工程序是由程序号、程序段及相应符号组成。图 8-14 所示零件的加工程序如下：

```
0600
N1  G92  X0  Y0  Z1;
N2  S300  M03;
N3  G90  G00  X-5.5  Y-6;
N4  Z-1.2  M08;
N5  G41  G01X-55  Y-5. D03  F2.4
N6  Y0;
N7  G02  X-2. Y3.5  R3.5;
N8  G01X2  Y3.5;
N9  G02  X2. Y-3.5  R3.5;
N10  G01 X-2. Y-3.5;
N11  G02  X-5.5  Y0R3.5;
N12  G01 X-5.5  Y5.;
N13  G40  G00 X-5.5  Y6. M09;
N14  Z1. M05;
M15  X0  Y0;
N16  M30;
```

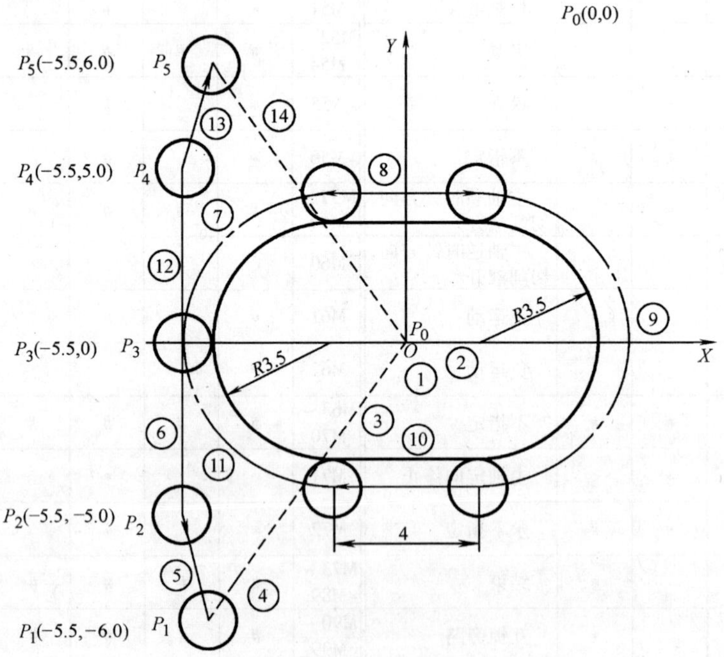

图 8-14　手工编程实例

由该例可看出，程序的开头写有程序号：0600（程序名）以便于与其他程序加以区别。

它由程序号地址码(0)及程序的编号(600)组成。不同的数控系统，程序号地址码是有差别的。FANUC 6M 为 0；SMK SM 系统则用% 等。该程序由十六个程序段组成，程序结束写 M30，是程序终了指令。

四、数控编程的方法及其发展

数控程序编制的方法有两种：手工编程及自动编程。

(1) 手工编程　手工编程方法从分析零件图样、制订工艺规程、计算刀具运动轨迹、编写零件加工程序单、制备控制介质直到程序校核整个的过程都是由人工完成的，这种编程方法称作手工编程。

对于几何形状不太复杂的较简单的零件，计算较简单，加工程序不多，穿孔纸带不很长，采用手工编程较容易实现。但是，对于形状复杂的零件，具有非圆曲线、列表曲线轮廓的，特别是对于具有列表曲面、组合曲面的零件或者虽然零件几何元素并不复杂，但程序量很大的零件，例如一个零件上有数千个孔，以及当轮廓铣削时，数控装置不具备刀具半径自动偏移功能，而只能按刀具中心的运动轨迹进行编程等情况，计算相当繁琐，程序量非常大，手工编程难以胜任，甚至无法编出程序来。而且人工穿孔更是一个繁琐的工作，据国外统计以及我国的生产实践证明，用手工编程时，一个零件的编程时间与机床上加工时间之比平均约为 30:1，而且数控机床往往由于零件加工程序编不出来而不能发挥其功能。

(2) 自动编程　自动编程方法由计算机进行工艺处理、数值计算、编写零件加工程序、自动输出零件加工程序单，并将程序自动记录到穿孔纸带或其他的控制介质上，也可由通信接口将程序直接送到数控系统，控制机床进行加工。数控机床的程序编制工作大部分或一部分由计算机完成的方法称为自动编程的方法。

第四节　自动编程方法

一、自动编程语言的发展概况

现在国际上流行的数控自动编程语言有上百种，其中流传最广、影响最深、最具有代表性的是美国 MIT 研制的 APT 系统(Automatically Programmed Tools)。APT 是 1955 年推出的，1958 年完成了 APTⅡ，适用于曲线自动编程；1961 年提出了 APTⅢ，适用于 3 ~ 5 坐标立体曲面自动编程；20 世纪 70 年代又推出了 APT Ⅳ，适用于自由曲面自动编程。由于 APT 系统语言词汇丰富，定义的几何元素类型多，并配有多种后置处理程序，通用性好，因此在世界范围内获得广泛应用。在 APT 的基础上，世界各工业国家也发展了各具特色的数控语言系统。如德国的 EXAPT、日本的 FAPT 和 HAPT、法国的 IFAPT、意大利的 MODAPT、我国的 SKC 和 ECX 等。我国原机械工业部 1982 年发布的 NC 机床自动编程语言标准(JB3112—1982)采用了 APT 的词汇语法；1985 年国际标准化组织 ISO 公布的 NC 机床自动编程语言(ISO4342—1985)也是以 APT 语言为基础的。

APT 语言系统的特点是：

1) APT 语言有多种多样的处理能力，从点位直线加工、两坐标曲线加工，直至五坐标空间曲面加工都能处理。

2) 用 APT 语言编写的零件源程序接近英语自然语言，具有和英语相类似的词汇，书写方法也与英语习惯雷同，容易被编程人员掌握。

3）APT 编程可靠性高。系统有很强的诊断功能，源程序错误可由计算机自行检查出来。

4）富有灵活性。APT 积累了上千种后置处理程序，刀具轨迹数据只需计算一次，便可调用不同后置处理程序，制备出所用机床的加工程序和穿孔纸带。

5）数据处理所需费用少，制备时间短，在编制复杂零件程序时尤为经济。

二、APT 语言的基本组成

APT 语言由基本符号、词汇和语句组成。

1. 基本符号

数控语言中的基本符号是语言中不能再分的成分，语言中的其他成分均由基本符号组成。常用的基本符号有字母、数字、标点符号、算术运算符号等。其中，字母是指 26 个大写英文字母(A ~ Z)，数字是 10 个阿拉伯数字(0 ~ 9)，标点符号是用来分隔语句的词汇和其他成分。APT 自动编程语言中常用的标点符号和算术符号如下：

1）“,”用于分隔语句内的词汇、标识符和数据。

例如：C1 = CIRCLE/0，0，25；

2）“/”用来分隔语句的主部和辅部，或者在计算语句中作除法运算符号。

例如：GOFWD/C1；A = B/D；

3）“ * ”是乘法运算符号。例如：A = BC

4）“ * * ”或“↑”是指数运算符号。例如：A = B * * 2 或 A - B↑2

5）正号“ + ”用来表示算术加法或规定一个数的符号。

6）负号“ - ”用来表示算术减法或规定一个数的符号。

例如：P2 = POINT/ +2，-15，-26；

7）“ $ ”表示语句尚未结束，延续到下一行。

例如：L1 = LINE/RIGHT，TANTO，C2，RIGHT，$ TANTO，C1；

8）“:”用于分隔语句及其标号。

9）“ [ ]”用于给出子曲线的起点号和终点号，或用于复合语句及下标变量中。

例如：Q1 = TABCYL/P1，P2，P3…Pn；

[GOFWD/2，PAST，Q1 [10，12]]

10）“ = ”用于定义时给出一个名字或者给标识符号赋值用。

例如：P1 = POINT/X，Y，Z；

11）“;”作为语句结束符号。

12）“ ( )”用于括上算术自变量及几何图形语句中的嵌套定义部分。

例如：A = ABS（B）；GOFWD/(CIRCLE/2，12，2)；

13）“.”用于分隔数的整数部分和小数部分。

2. 词汇

词汇是 APT 语言所规定的具有特定意义的单词。每一个词汇由 6 个以下字母组成，编程人员不得把它们当作其他符号使用。APT 语言中，大约有 300 多个词汇，按其作用大致可分为下列几种：

(1) 几何元素词汇　如 POINT(点)，LINE(线)，PLANE(平面) 等。

(2) 几何关系和位置状况词汇　如 PARLEL(平行)，PERPTO(垂直)，TANTO(相切)等。

(3) 与计算有关的函数类词汇　如 SINF(正弦)，COSF(余弦)，EXPF(指数)，SQRTF(平方根)等。

(4) 加工工艺词汇　如 BORE(镗孔)，CHAM(倒角)，ROUGH(粗加工)，DVSISE(加工余量)，FEED(进给量)，TQLER(容差) 等。

(5) 刀具名称词汇　如 TURNTL(车刀)，MILTL(铣刀)，DRITL(钻头) 等。

(6) 与刀具运动有关的词汇　如 GOFWD(向前)，GODLTA(走增量)，TLLFT(刀具在左)等。

表 8-3 为 APT 主要词汇英汉对照表。

表 8-3　APT 主要词汇英汉对照表

汉语拼音	英语缩写	意义	汉语拼音	英语缩写	意义	汉语拼音	英语缩写	意义
DIAN	POINT	点	YZPM	YZPLAN	YZ 平面	DAOJIAO	CHAM	倒角
XIAN	LINE	线	XDA	XLARGE	X 大	CHENKG	COSINK	沉孔
YUAN	CIRCLE	回	YDA	YLARGE	Y 大	JIANXI	CLDIST	间隙距离
LBX	TABCYL	列表线	XXAO	XSMALL	X 小	ZHZ	SPINDL	主轴
SHL	VECTOR	矢量	YXAO	YSMALL	Y 小	JENGEI	FEED	进给量
GDX	TCOTOR	过渡线	ZDA	ZLARGE	Z 大	SHENDU	DEPTH	切削深度
DQUN	PATERN	点群	ZXAO	ZSMALL	Z 小	RCA	TOLER	容差
TUOY	ELLIPS	椭圆	ODC	OSYMM	原点对称	NRC	INTOL	内容差
SQX	HYPER	双曲线	DD	READP	读点	WRC	OUTTOL	外容差
RCQX	GCONIC	二次曲线	XIANXI	LINEAR	线性	ZXJ	DISPTL	刀转心距
AJMDX	SPIRAL	阿螺线	ZNLANG	INCR	增量	YXINX	CENTRX	圆心 X 坐标
YUANZ	CONE	圆锥	RCQM	QADRIC	二次曲面	YXINY	CENTRY	圆心 Y 坐标
YUANZU	CYLNDR	圆柱	ZWM	RLDSRF	直纹面	CZU	FTPERP	垂足
SH	ALOAG	顺	QIUM	SPHERE	球面	MO	MODUL	模
NI	INVERS	逆	YXI	CENTER	圆心	JDU	ANGLE	角度
QIAN	FWD	前	BJ	RADIUS	半径	JAJO	ATANGL	夹角
HOU	BACK	后	ZUQ	LETTAN	左切	CZI	PERPTO	垂直
HU	ARC	弧	YQ	RGTTAN	右切	XJ	FLANG	斜角
XIAO	INTOF	相交	ZOQ	MIDTAN	中切	JIEJIU	NTERC	截矩
PX	PARLEL	平行	DAQ	LARTAN	大切	XL	SLOPE	斜率
XDY	XEOUAL	X 等于	XAOQ	SMATAN	小切	QL	CURVTH	曲率
YDY	YEQUAL	Y 等于	XIAQ	TANTO	相切	SL	RATCLB	升率
ZDY	ZEQUAL	Z 等于	NQ	INTAN	内切	SC	DISCLB	升程
XZB	XCOORD	X 坐标	WQ	OUTTAN	外切	DCEN	SYMMET	对称
YZB	YCOORD	Y 坐标	ZUO	LEFT	左	JL	DISTA	距离
ZZB	ZCOORD	Z 坐标	YO	RIGHT	右	FE	FE	铸铁
XYPM	XYPLAN	XY 平面	JIAO	REAM	铰孔	CU	CU	铜
XZPM	XZPLAN	XZ 平面	ZUNZX	CDRILL	钻中心孔	AL	AL	铝

（续）

汉语拼音	英语缩写	意义	汉语拼音	英语缩写	意义	汉语拼音	英语缩写	意义
STEEL	STEEL	钢	FCIX	CLDIST	防撞间隙	XY	GORGT	向右
QXCS	CUTPAR	切削参数	QXLJZ	CORECT	切削量校正	XZ	GOLFT	向左
CHENKZ	DINBFV	沉孔直径	CAILAO	MATEL	材料	XQ	GOFWD	向前
CHENKJ	ANBV	沉孔角	CHUNKG	SINK	锪孔	XH	GOBACK	向后
ZUK	CORED	铸孔	DANGX	SOLE	单工序	DX	INDIRP	点向
ANZCS	SETPAR	安装参数	NEI	IN	内	SHIX	INDIRV	矢向
LUOUJU	PITCH	螺距	WAI	OUT	外	FX	GOTO	法向
XHGZ	CYCLE	循环工作	FANGFA	WORK	加工方法	DY	FOR	对于
QDD	FROM	起刀点	JINQIE	NOCUT	禁止切削	BUC	STEP	步长
SUJ	RANDOM	随机	TAOCAO	IUMGRO	跳跃切削	KS	START	开始
JZB	RTHETA	极坐标	CUJ	ROUGH	粗加工	GC	CORCT	修改
PXSBX	PAPLEL	平行四边形	BANJNG	FIN	半精加工	GW	ENDCRT	改完
ZHUIDU	TAPER	锥度	JING	FINE	精加工	WAN	FINI	程序完
MORSE	MORSE	莫氏	FINBEG	PER	分别加工	ZHD	DOWNTO	直到
ZXQIE	TURN	直线车削	LIULAG	OV $ JSE	加工留量	HZL	MACRO	宏指令
LKQIE	CONT	轮廓车削	GUAGDU	SURFIN	粗糙度	DH	CALL	调宏指令
TCA	GROOV	切槽	YL	FLOOD	液冷	ZE	THEN	则
LUOWEN	THREAD	螺纹	WL	MIST	雾冷	FZE	ELSE	否则
ZUANK	DRILL	钻孔	BM	CODE	编码	QIEDAO	GROVTL	切对
XNC	POKET	铣内槽	SAC	DELETE	删除	ZUANTO	DRILTL	钻头
XIU	MILL	铣	AC	STOP	停车	JAODAO	REAMTL	铰刀
DAOGUA	SINK	倒刮	JT	OPSTOP	计划停车	ZXZT	CDRTL	中心钻
TANG	BORE	镗	JS	FEDRT	进给速度	SZDAO	TAPTL	丝锥
GUNSI	TAP	攻螺纹	ZT	PSTOP	暂停	TANDAO	BORETL	镗刀
ZD	TO	走到	GUAN	OFF	关	DAOJIA	CHAMTL	倒角刀
ZG	PAST	走过	ZL	COMANT	指令	XIDAO	MILTL	铣刀
ZS	ON	走上	DAOBU	OSETNO	刀补	WUHZ	NOPOST	无后置处理
ZQ	TAN	走切	ZZL	GODLTA	走增量	JC	MACHIN	机床
KZD	CONTPT	控制点	ZDD	GOTOPT	走到点	ZUOBAO	COORDI	工作坐标
JDAN	INT	交点	ZJL	UPDOWN	走距离	HUAN	SAFPOS	换刀位置
DW	CUTL	刀位	BAIJ	CUTANG	摆角	MAOPEI	BLANCO	毛坯轮廓
XXIA	GODOWN	向下	TDD	RETURN	退刀点	KUAISU	RAPID	快速
XSHAN	GOUP	向上	HENU	CROOSS	横向	YANCHI	DELAY	延迟
PD	PLATE	平底刀	ZONG	LONG	纵向	LNGQUE	COOLNT	冷却
QD	BALL	球刀	BT	TITLE	标题	BAOL	RETAIN	保留
CHEDAO	TURNTL	车刀	XIE	ATANGL	斜向	SANQY	OMIT	删去

（续）

汉语拼音	英语缩写	意义	汉语拼音	英语缩写	意义	汉语拼音	英语缩写	意义
明	MATRIX	矩阵	GS	FORMAT	格式	FUSHI	COPY	复制
DIANS	NUM	点数	HNAN	ROTABL	回转台	TUNYI	SYN	同义词
FUX	NEGX	负 X	RG	IF	如果	CUAKP	PUNCH	穿孔
FUY	NEGY	负 Y	ZUD	JUMPTO	转到	BILI	SCALE	比例
FUZ	NEGZ	负 Z	JHZY	GEOTRA	几何转移	DYDW	CLPRNT	打印刀位数据
ZX	POSX	正 X	ZBBH	PEFSYS	坐标变换			
ZY	POSY	正 Y	XAOY	LSTHAN	小于	DAYI	PRINT	打印
ZZ	POSZ	正 Z	DNY	EQULTO	等于	DWSL	UNIT	单位矢量
BHJS	NOMORE	变换结束	DAY	GRTHAN	大于	PM	PLANE	平面
GONG	METRIC	公制	SR	LNPOUT	输入	XU	OPTION	选择停
YING	INCH	英制	SHM	REMARK	说明(注释)	LJH	PARTNO	零件号
BEILU	FEEDEF	倍率	LK	CONTOU	轮廓形状	DAD	REWIND	倒带
QANJIA	BEFORE	前刀架	LKLL	OVCONT	轮廓留量	ZZU	TLLFT	刀具在左
HOUJIA	BEHIND	后刀架	LKBH	TRACON	轮廓变换	ZYO	TLRGT	刀具在右
ZUSANSU	REV	转数	LINGJA	PARTCO	零件轮廓	ZSH	TLON	刀具在上
			PINGYI	TRANSL	平移	YSC	WOVOUT	运动输出
DIAOTO	INVERS	调头	MINGZI	NAME	名字	DSC	DEFOUT	定义输出
EIA	EIA	EIA 码	ZBCS	TRANS	坐标传送	JD	TOLPO	精度
ISO	ISO	ISO 码	ZANAI	AVOID	障碍			

3. 语句

语句是数控编程语言中具有独立意义的基本单位，它由词汇、数值、标识符号等语法规则组成。按语句在程序中的作用大致可分为几何定义语句、刀具运动语句、工艺数据语句等。

三、APT 语言基本语句

1. 几何定义语句

几何定义语句是为了描述零件的几何图形而设置的。零件在图样上是以各种几何元素来表示的，在零件加工时，刀具是沿着这些几何元素来运动，因此要描述刀具运动轨迹，首先必须描述构成零件形状的各几何元素。一个几何元素往往可以用各种方式来定义，所以在编写零件源程序时，应根据图样情况，选择最方便的定义方式来描述。APT 语言可以定义 17 种几何元素，其中，主要有点、直线、平面、圆、椭圆、双曲线、圆柱、圆锥、球、二次曲面、自由曲面等。

几何定义语句的一般形式为：标识符 = APT 几何元素/定义方式；标识符由程编人员自己确定，由 1 ~6 个字母和数字组成，规定用字母开头，不允许用 APT 特种词汇作标识符，例如圆的定义语句：

C1 = CIRCLE/10,60,12.5

其中，C1 为标识符，CIRCLE 为几何元素类型，10，60，12.5 分别为圆心的坐标值和半径值。

（1）点的定义

1）由给定坐标值定义点，其格式为

标识符 = POINT/x，y，z

如已知坐标值，可以写成如下的形式

P = POINT/10，20，15

2）由两直线的交点定义点，其格式为

标识符 = POINT/INTOF，Line1，Line2

其中，INTOF 表示相交，line1、line2 为事先已定义过的两条直线。如图 8-15 所示的交点 P，可以写成如下形式

P = POINT/INTOF，L1，L2

3）由直线和圆的交点定义点，如图 8-16 所示。

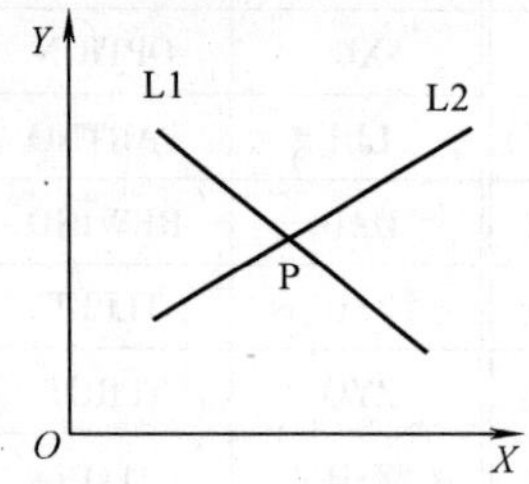

图 8-15　用两直线交点定义点

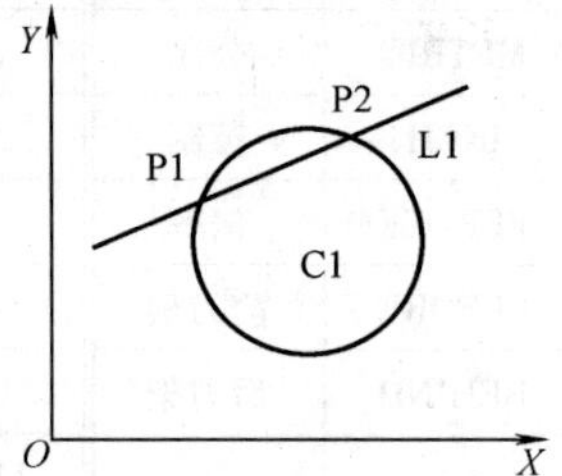

图 8-16　用直线和圆的交点定义点

P1 = POINT/XSMALL,INTOF,L1,C1

P2 = POINT/XLARGE,INTOF,L1,C1

或　P1 = POINT/YSMALL,INTOF,L1,C1

P2 = POINT/YLARGE,INTOF,L1,C1

其中，取交点中 X 或 Y 坐标值中的大值还是小值，由编程人员根据图形任选其中一项。

（2）直线的定义

1）通过两点的直线

L = LIM/P1,P2 或 L = LINE/X1,Y1,X2,Y2

2）过一点 P 与圆相切的直线，如图 8-17 所示。

L1 = LINE/P,LEFT,TANTO,C

L2 = LINE/P,RIGHT,TANTO,C

其中 LEFT、RIGHT 表示左、右，以点 P 与圆心连线方向为基准，TANTO 表示相切。

3）与两圆相切的直线，如图 8-18 所示。

L1 = LINE/RIGHT,TANTO,C1,RIGHT,TANTO,C2

L2 = LINE/RIGHT,TANTO,C1,LEFT,TANTO,C2

左右相切是以第一个圆的圆心向第二个圆的圆心作连线的方向为基准。

（3）圆的定义

1）用半径和圆心定义的圆。

C1 = CIRCLE/x，y，r

其中，x，y 为圆心坐标，r 为圆的半径。

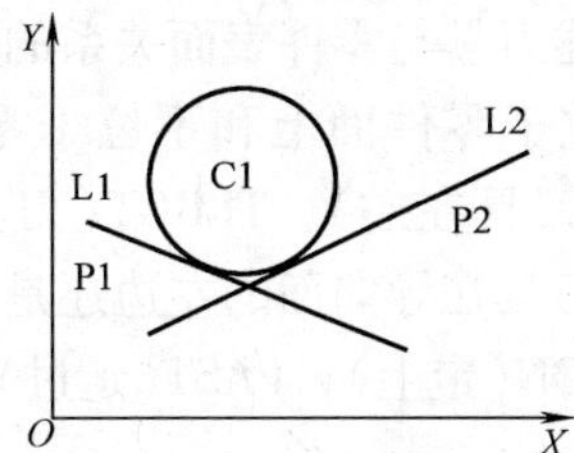

图 8-17 过一点与圆相切的直线

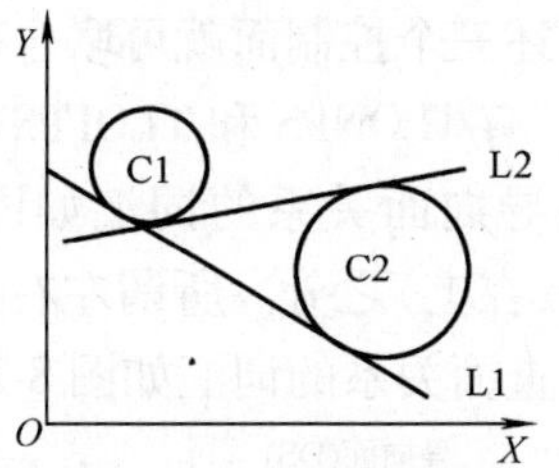

图 8-18 与两圆相切的直线

2）用已知三点定义圆。

C1 = CIRCLE/P1,P2,P3

3）用圆心和切线定义圆，如图 8-19 所示。

C1 = CIRCLE/Pc,TANTO,L

其中，Pc 为已知圆心，L 为已定义之直线。

4）与两圆相切的圆，如图 8-20 所示。

C3 = CIRCLE/YLARGE,TANTO,OUT,C1,OUT,C2

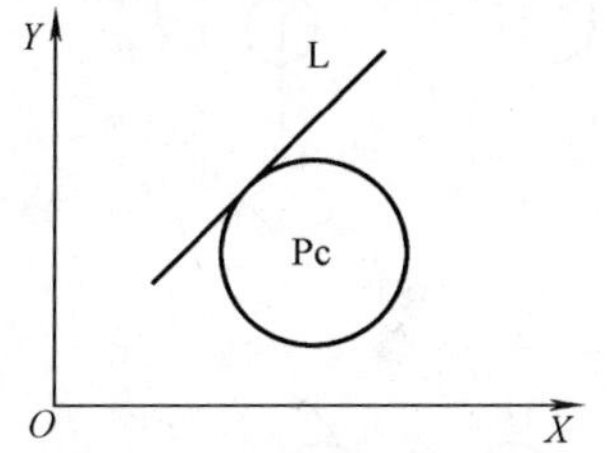

图 8-19 用圆心和切线定义圆

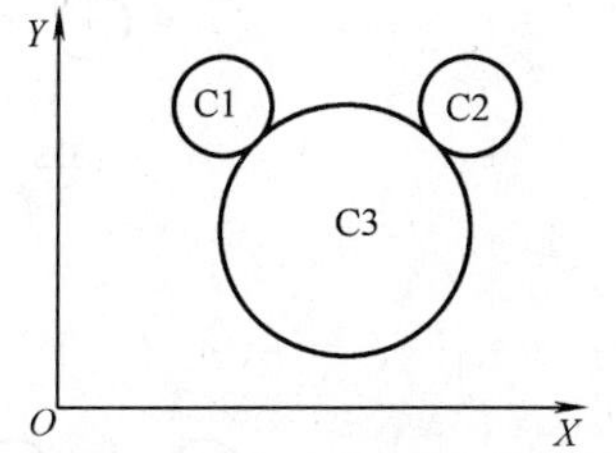

图 8-20 用和两圆相切定义圆

（4）平面的定义

1）用不共线的三点定义。

PL = PLANE/P1,P2,P3

2）通过一点平行于另一平面的平面。

PL = PLANE/P, PARLEL, PL1

3）用平面方程式 AX + BY + CZ = D 的四个系数定义的平面。

PL = PLANE/A,B,C,D

2. 刀具运动语句

刀具运动语句是用来模拟加工过程中刀具运动的轨迹。为了定义刀具在空间的位置和运动，引进了如图 8-21 所示三个控制面的概念，即零件面（PS）、导向面（DS）和检查面（CS）。零件面是刀具在加工运动过程中，刀具端点运动形成的表面，它是控制背吃刀量的表面。导向面是在加工运动中，刀具与零件接触的第二个表面，是引导刀具运动的面，由此可以确定刀具与零件表面之间的位置关系。检查面是刀具运动终止位置的限定面，刀具在到达检查面之前，一直保

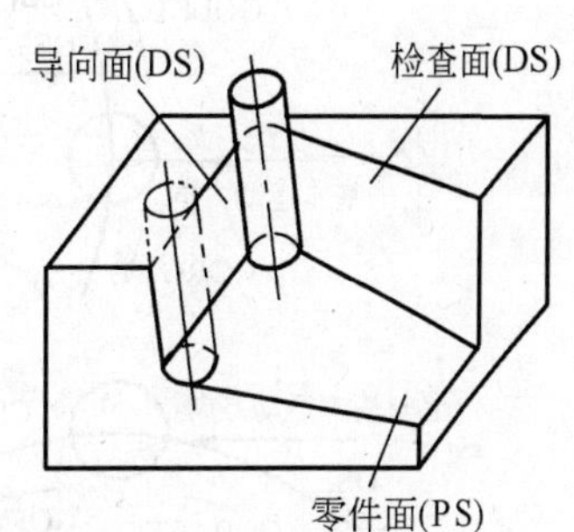

图 8-21 定义刀具空间位置的控制面

持与零件面和导向面所给定的关系，在到达检查面后，可以重新给出新的运动语句。

通过上述三个控制面就可联合确定刀具的运动，例如描述刀具与零件表面关系的词汇如图8-22a所示，有TLONPS和TLOFPS分别表示刀具中心正好位于零件面上和不位于零件面上。描述刀具与导向面关系的词汇如图8-22b所示，有TLLPT(刀具在左)、TLRGT(刀具在右)、TLON（刀具在上)之分。所谓左右是沿着运动方向向前看，刀具在导向面的左边还是右边。描述刀具与检查面关系的词汇如图8-22c所示，有TO(走到)，ON(走上)，PAST(走过)等。

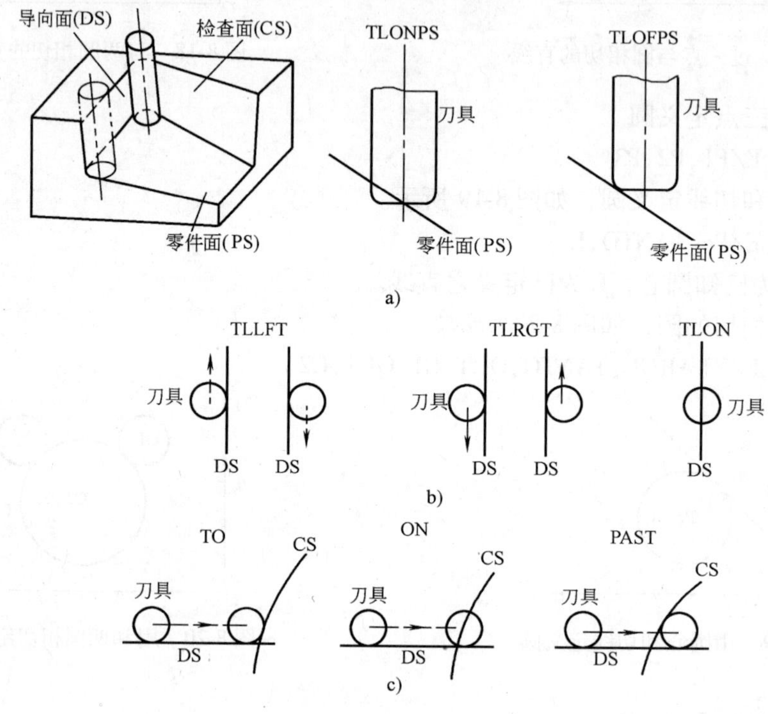

图8-22　描述刀具与零件面、导向面关系

a）刀具与零件面关系　b）零件与导向面关系　c）刀具与检查面关系

描述运动方向的语句如图8-23所示，它是指当前运动方向相对于上一个已终止的运动方向而言的，例如：GOLFT(向左)，GORGT(向右)，GOFWD(向前)，GOBACK(向后)等。

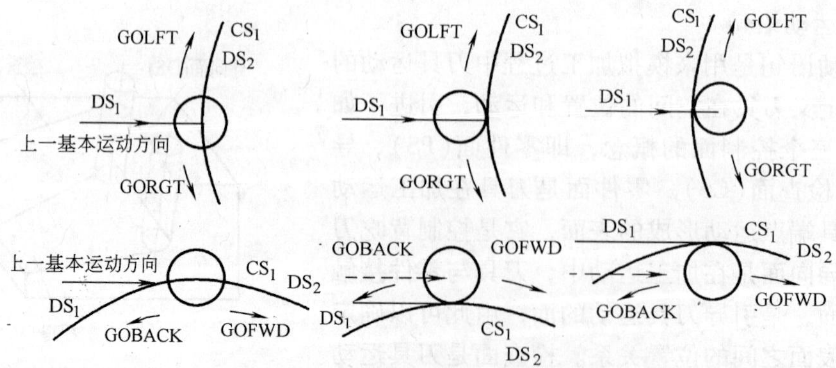

图8-23　描述刀具运动方向的语句

3. 工艺数据语句、初始语句和终止语句

工艺数据及一些控制功能也是自动编程中必须给定的，例如：

1）SPINDL/n，CLW

表示了机床主轴转数及旋转方向。

2）CUTTER/d，r

结出了铣刀直径和刀尖圆角半径。

3）OUTTOL/r

INTOL/r

给出轮廓加工的外容差和内容差。

4）MATERL/FE

给出材料名称及代号等。

初始语句也称程序名称语句，由“PARTNO”和名称组成。终止语句表示零件加工程序的结束，用FINI表示。

如图8-24所示为利用APT数控自动编程语言编写的铣削零件的源程序实例。

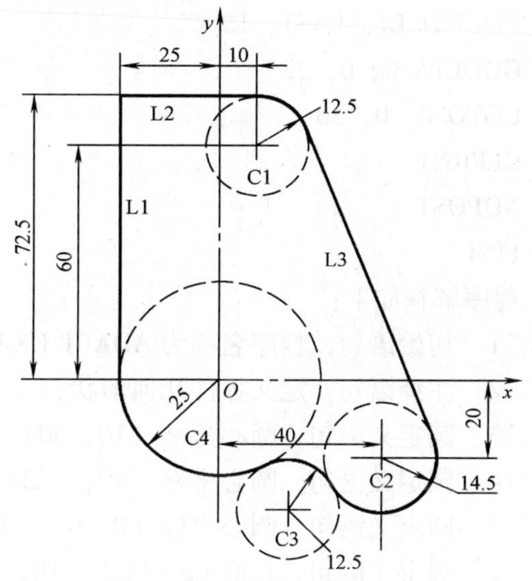

图8-24　APT语言编程举例

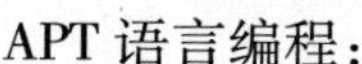

APT语言编程：

```
PARTNO/ADAPT EXAMPLE                                              *1
$$ PART GEOMETRY DEFINITIONS                                      *2
C1 = CIRCLE/10, 60, 12.5                                          *3
C2 = CIRCLE/40, -20, 14.5                                         *4
C4 = CIRCLE/0, 0, 25                                              *5
C3 = CIRCLE/TANTO, OUT, C4, OUT, C2, YSMALL, RADIUS, 12.5         *6
L1 = LINE/XSMALL, TANTO, C4, ATANGL, 90                           *7
L2 = LINE/-25, 72.5, 10, 72.5                                     *8
L3 = LINE/RIGHT, TANTO, C2, RIGHT, TANTO, C1                      *9
$$ DEFINE CUTTER AND TOLERANCES                                   *10
CUTTER/15                                                         *11
INTOL/0.005                                                       *12
OUTTOL/0001                                                       *13
$$ DEFINE DATUM AND MACHINING                                     *14
FROM/0, 0, 30                                                     *15
GODLTA/-50, 0, 0                                                  *16
PSIS/(PLANE/0, 0, 1, -2)                                          *17
GO/PAST, L2                                                       *18
TLLFT, GORGT/L2                                                   *19
GOFWD/C1                                                          *20
GOFWD/L3                                                          *21
GOFWD/C2, TANTO, C3                                               *22
```

```
GOFWD/C3, TANTO, C4        *23
GOFWD/C4                   *24
GOFWD/L1, PAST, L2         *25
GODLTA/0, 0, 32            *26
GOTO/0, 0, 30              *27
CLPRNT                     *28
NOPOST                     *29
FINI                       *30
```

程序解释如下：

*1　初始语句，程序名称为 ADAPT EXAMAPLE；

*2　注释语句，定义零件几何形状；

*3　圆定义语句，圆心坐标（10，60），半径 12.5；

*4　圆定义语句，圆心坐标（40，－20），半径 14.5；

*5　圆定义语句，圆心坐标（0，0），半径 25；

*6　圆定义语句，与圆 C2 和 C4 外切，半径为 12.5；

*7　直线定义语句，与圆 C4 相切，并与 X 轴成 90°角；

*8　直线定义语句，过点（－25，72.5）和（10，72.5）；

*9　直线定义语句，右面与圆 C2 和 C1 相切；

*10　注释语句，定义刀具和公差；

*11　指定刀具形状和尺寸，铣刀直径为 15；12 内容差为 0.005；

*13　外容差为 0.001；

*14　注释语句，定义基准和工艺数据；

*15　指定起刀点为（0，0，30）；

*16　刀具运动指令，走增量（－50，0，0）；

*17　平面定义语句，用平面方程 $ax^2+by+cz+d=0$ 中的 4 个系数定义 XY 平面；

*18　初始运动指令，走过 L2；

*19　刀具置左，向右沿 L2 运动直至切于圆 C1；

*20　沿圆 C1 运动直至切于直线 L3；

*21　沿 L3 运动直至切于圆 C2；

*22　继续沿圆 C2 运动直至切于圆 C3；

*23　沿圆 C3 运动直至切于圆 C4；

*24　沿圆 C4 运动；

*25　沿直线 L1 运动直至超过直线 L2；

*26　刀具运动指令，走增量（0，0，32）；

*27　刀具运动指令，法向走至（0，0，30）；

*28　打印刀位数据；

*29　无后置处理；

*30　结束语句。

四、数控程序系统

数控程序系统按其应用范围可分为两大类。第一类是不限定加工对象、适用范围广泛的通用系统，上述 APT 系统就是通用系统的典型代表。另一类是适用于特定目标、针对性较强的专用系统。其中通用系统按其功能来说，又可分为几何处理系统和工艺处理系统。几何处理系统的主要特点是适用于处理较复杂的几何图形，例如美国的 APT 系统、法国的 IFAPT 系统、英国的 ZCL 系统等都属于几何处理系统。这些系统虽具有较强的几何图形处理能力，但却不能自动求取工艺参数。

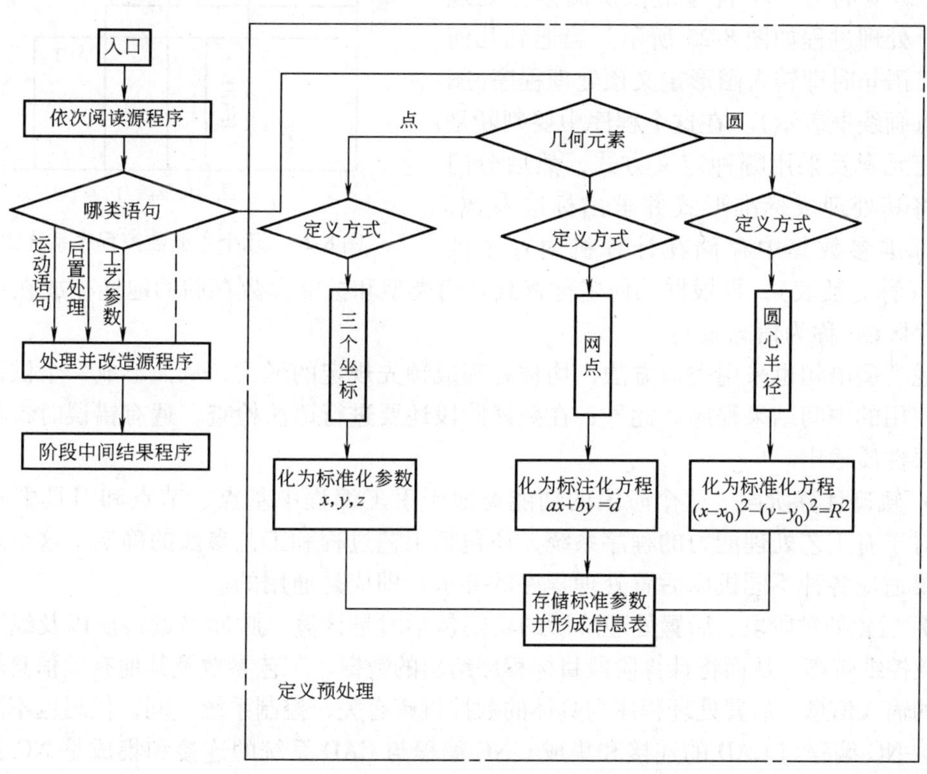

图 8-25　源程序的翻译处理过程

对许多形状比较简单而工艺过程比较复杂的零件而言，在自动编程时，特别强调的是工艺处理能力，即希望工艺处理系统能根据加工材料、加工精度、表面状态等原始条件自动地确定加工零件的工艺过程和工艺参数。德国的 EXAPT 系统就是工艺处理系统的一个典型代表。

EXAPT(Extended Subset of APT)数控编程系统是自 1964 年以来由德国阿事工业大学、柏林工业大学及斯图加特大学联合开发研制的，它采用了模块式的程序结构，分成 EXAPT—Ⅰ（点位）、EXAPT—Ⅱ(车削)和 EXAPT—Ⅲ(连续铣削加工)三种，分别适用于数控钻床、数控车床和数控铣削及电火花加工等。EXAPT 系统是在 APT 数控语言的基础上制定的，该系统语言简练，容易掌握使用，并具有可扩展性，与其他数控语言相比，它的最主要特点是：不仅能描述零件的几何形状，而且能够通过计算机自动求出加工的工艺参数，例如自动选择刀具、自动确定进给路线、自动确定进给量及转速等，甚至还可以部分解决生产工艺过程优化问题。例如加工一个螺钉孔时，EXAPT 系统的处理过程如图 8-25 所示。几个主要数控程序系统的图形处理和工艺处理能力的比较如图 8-26 所示。

数控程序系统的工作大致可分为三个阶段进行：输入翻译阶段，轨迹计算阶段和后置处理阶段。

(1) 输入翻译阶段　是为计算刀具运动轨迹阶段做准备。此阶段的主要功能是按源程序的顺序，一个符号一个符号地依次阅读并处理源程序，处理过程如图 8-25 所示。当遇到几何图形定义语句时即转入图形定义预处理程序(图中以单点画线框表示)。在这个程序中要判断是哪类几何元素及采用哪种定义方式，然后分门别类地将其处理成标准形式并求出标准参数；将这些标准参数集中存储在计算机内存中的“数区”（称为数表）；再根据几何名称将其几何类型和标准参数存储的地址存放在计算机的某个内存区内(称为信息表)。

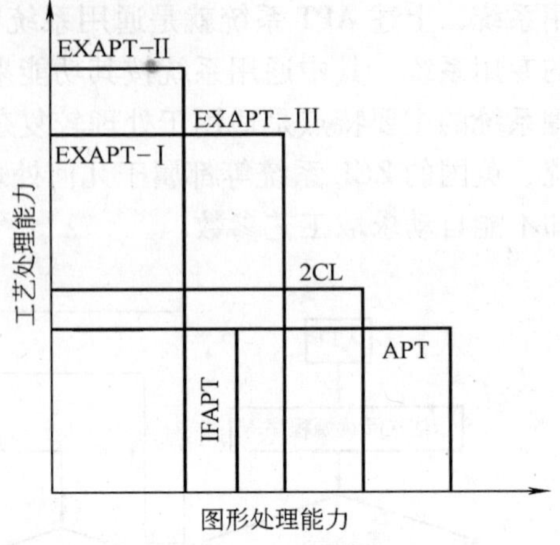

图 8-26　几个主要数控程序系统比较

其他类型语句也采用类似方法，均被处理成预先规定的形式，从而形成一个供计算机计算阶段使用的中间结果程序。此外，在翻译阶段还要进行语法检查，遇有错误时，将错误地址和错误性质输出。

(2) 轨迹计算阶段　这个阶段的功能类似于手工编程中基点、节点和刀具中心轨迹的计算。对于有工艺处理能力的程序系统，还包括工艺过程和工艺参数的确定。这个阶段的目标程序要适应各种不同机床后置处理程序的要求，即应是通用的。

(3) 后置处理阶段　后置处理阶段的功能包括增量计算、脉冲当量转换以及编写程序单和制成数控纸带等，从而将计算阶段目标程序给出的数据、工艺参数及其他有关信息转变成数控装置的输入信息。后置处理程序与具体的数控机床有关，控制系统不同，代码也不同。

(4) NC 编程与 CAD 的连接和集成　NC 编程与 CAD 系统的连接和集成是 NC 自动编程的一个非常重要的发展方向，即在 CAD 系统提供的零件信息基础上，直接进行编程，这就是通常所说的 CAD/CAM 的集成。

目前，NC 编程与 CAD 的连接有多种途径和可能性。第一种途径即前述的根据零件图样进行 NC 编程，也就是中间的转换和连接是靠人实现的。第二种途径是将 NC 编程系统作为 CAD 系统中的一个组成部分，即 CAD 软件中的一个模块，系统可对零件设计和加工中的信息自动进行集成处理，如商品化的 CAD 软件 Ⅰ—DEAS、UG—Ⅱ 等都有一个 NC 编程模块，能对系统设计出的零件进行 NC 自动编程。第三种途径是通过 CAD 系统直接产生一个针对特定 NC 语言的专用零件源程序。由于这种方法通用性差，实际中应用很少。目前应用最多的途径是将 CAD 的数据通过标准接口的方式传递给 NC 编程系统，如通过 IGES 或 STEP 标准。也有的是通过 CAPP 实现 CAD/CAPP/CAM 的集成。这种方法要求采用特征建模系统作为 CAD/CAPP/CAM 集成环境下统一的零件信息模型，并在此基础上建立特征 NC 程序库，开发基于特征的 NC 自动编程系统。它通过接口文件读取 CAPP 系统输出的工艺信息文件，经过特征识别和处理，从特征 NC 程序库中调用相应的 NC 指令，自动生成 NC 机床所需格式的 NC 代码程序，这是一种很有实用价值的实现 CAD/CAPP/CAM 集成的新方法，图 8-27 所示是这种系统的总体结构图。

五、数控程序的动态模拟系统

1. 数控程序的检验

随着科学技术及生产技术的发展，产生了许多新的制造技术和制造系统，如柔性制造系统、计算机集成制造系统、智能制造系统等。这些系统在生产工程中的应用，不仅可以降低生产成本，而且可以提高生产率。但是，从设计到系统的正式建立，需要大量的人力和物力，并且在设计时，不能把设计系统的各部分与实际情况很好地结合起来，因此具有较大的风险。在这种情况下，提出了虚拟制造技术（Virtual Manufacturing Technology），通过它，可以对从设计到创造的整个过程进行统一建模，在产品的设计阶段，实时并行模拟出产品制造的全过程及其对产品设计的影响。从中可以看出，计算机支持的模拟仿真技术是虚拟制造技术的前提，也是先进制造系统的一种手段。模拟仿真技术是一种建立真实系统的计算机模型的技术，通过模型，它能够分析系统的行为而不需要建立它的实际系统。在产品设计时，就可以实时地、并行地模拟产品生产的全过程，用以预测产品的性能、产品的制造技术和产品的可创造性。

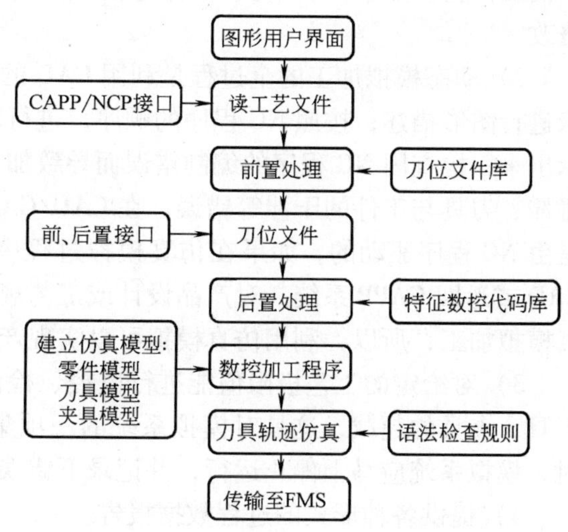

图 8-27　集成环境下 NC 自动编程系统

NC 程序的编制过程和工艺过程的设计相似，都具有经验性和动态性，在程序编制过程中出错是经常有的，为此，必须认真检查和校核 NC 程序，通常还要进行首件试切加工。这种试切往往冒一定的风险，稍有不慎就会发生事故或者损坏刀具，甚至撞坏机床。

现在，可以利用计算机仿真模拟系统，从软件上实现零件的试切过程，将 NC 程序的执行过程在计算机屏幕上显示出来。在动态模拟时，刀具可以实时地在屏幕上移动，刀具与工件接触之处就会按刀具移动的轨迹发生相应的变化。由于加工过程中刀具的移动及工件形状的变化采用位移增量法，每隔 30ms 左右就显示一次，因此对观察者来说，他在屏幕上看到的是连续的、逼真的加工过程。利用这种视觉检验装置，就可以很容易发现刀具和工件之间的碰撞及其他错误的程序指令。

采用动态模拟有许多优点，它不仅考虑系统中的确定性事件，而且也考虑系统中的随机事件。此外，动态仿真可以作为支持系统管理的一种有效的工具，它将产品的设计、工艺和制造等各部分的信息集成于产品数据模型中，以满足并行工程的要求。采用动态模拟方法检验 NC 程序能减少程序调试时间，缩短 NC 程序从编制到投入使用的周期，能代替实际的试切过程，避免机床和刀具的损坏，减轻调试人员的劳动强度，保证零件的加工质量，减少制造费用。

2. 对动态模拟系统的要求

1）检查说明 NC 程序中的各种编制错误，包括程序结构检查、语法检查和词法检查。系统可通过数据库中提供的 NC 机床规定的 NC 代码，对所编的 NC 程序进行识别，检查 NC

程序结构的完整性，并根据一定的语法规则进行检查，最后根据 G 代码和 M 代码的规定进行词法检查。如果发现错误，则应提示指明错误的类型及发生的位置，并能自动报警，进行修改。

2）动态模拟加工的全过程是利用 CAD 的图形软件，对零件、刀具、夹具及部分加工机床进行图形描述；按照 NC 程序的顺序，进行动态模拟，以实际加工过程在计算机屏幕上显示出来；检查因 NC 程序的编制错误而导致加工过程中的过切、欠切现象以及刀具与夹具的碰撞、刀具与工件的干涉等错误。在 CAD/CAM 系统中，仿真模拟是动态的，因为仿真模拟是由 NC 程序驱动的，如果在仿真模拟过程中发现产品设计或工艺设计有问题，可以返回 CAD 或返回 CAPP 系统，对产品设计或工艺规程进行修改，并生成新的 NC 程序，再进行仿真模拟加工，所以，利用仿真模拟可以实现产品的动态设计。

3）对给定的工艺极限值能进行监控、检测。工艺极限值监控的目的是为了防止机床、刀具、夹具的超载，这是对模拟系统的一项集成化要求。当一些重要的工艺值超过极限值时，模拟系统应马上停止运行，并记录下错误信息的内容及位置，以便修改程序。

4）提供各种形式的过程数据报告。

3. 数控车削程序动态模拟过程实例

图 8-28 所示为一车削 NC 程序动态模拟过程示意图，从图中可见，首先以人机对话方式输入毛坯的轮廓和尺寸。若毛坯为圆柱体，则仅输入毛坯的直径和长度即可，然后给出比例系数，以便按希望的大小在屏幕上显示。当屏幕上显示出零件毛坯和夹紧状态后，即可按下启动键，开始动态模拟过程。时间脉冲每隔单位时间生成一个新的刀具位移增量，在刀具位移的方向上，随着刀具的移动，切削刃后面的轮廓擦除，并形成新的轮廓。存储器中相应的图形数据不断被修改，每隔 32ms 一个修改过的图形就被送到屏幕上，这样，就向观察者显示出一个连续的加工过程。

当NC程序执行到更换刀具时，新刀具的数据已准备好，并在规定的时间内跟踪模拟过

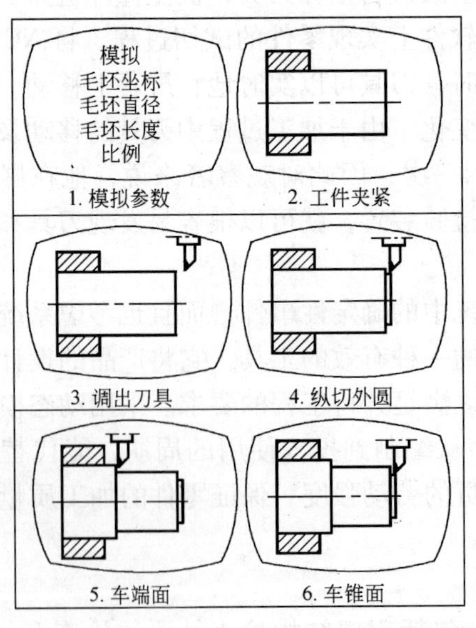

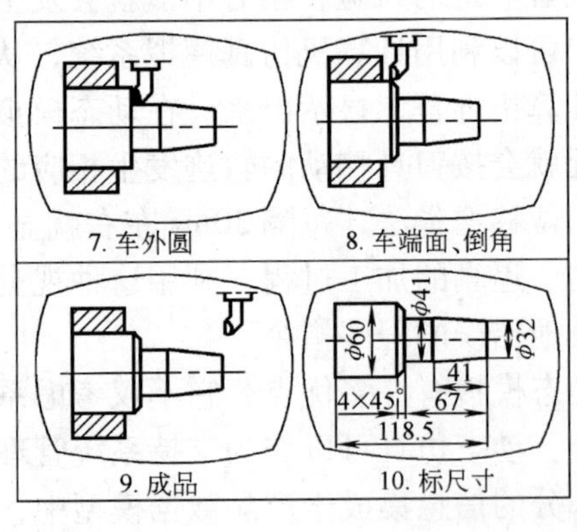

图 8-28　NC 车削程序的动态模拟过程

程和输出图形。当NC程序模拟过程完成以后，屏幕上最后显示出加工后的零件轮廓和尺寸，以便与零件图样进行比较。

在模拟过程中，一些重要的工艺极限值也同时被检验，例如：工件的夹紧长度是通过工件的长度 L 与工件的直径 D 之比值来进行检验的，如果超过极限值，模拟过程马上中断，并在屏幕上显示出一个错误信息。

思 考 题

1. 数控加工的基本概念是什么？其加工特点是什么？
2. 数控编程的内容有哪些？
3. 特征建模的功能有哪些？
4. 数控编程数学处理阶段的主要内容是什么？
5. 数控加工的工艺控制主要包括哪些内容？
6. 常用的G指令和M指令有哪些？它们的功能分别是什么？
7. 数控编程的方法有哪些？
8. 自动编程的语言(APT)基本组成是什么？
9. 对动态模拟系统的要求是什么？
10. 数控程序系统的工作大致可分为哪三个阶段进行？

第九章 机械 CAM 技术在机械工程中的应用

在市场竞争激烈、产品更新频繁的形式下，CAD/CAM 技术的应用在机械和工业产品的生产中所产生的效益是不可估量的，它缩短了产品的生产周期，提高了产品适应市场多变的能力，保证了产品高水平的制造质量，让设计、工艺人员有更多的机会去进行有意义的创造性工作。

第一节 常用机械 CAM 应用软件介绍

机械 CAD/CAM 综合性软件不断地朝着实用化、高效化、集成化方向发展。现根据目前市面上流行的 CAD/CAM 系统应用软件，选取其中的几套最新的典型软件将它们的 CAM 模块功能介绍给大家，以便了解它们的概况、技术特点和最新的技术应用。

1. Unigraphics(简称 UG)数字化制造——知识驱动的加工

Unigraphics 系统具有丰富的数控加工编程能力，是目前市场上数控加工编程能力最强的 CAD/CAM 集成系统之一。Unigraphics 为不同的加工方法(从钻孔、线切割，到 5 轴联动铣削加工)提出了一个统一的制造解决方案。工艺模式、工艺规划与优化、刀具管理直接同主设计模型相连，使生产效率得到最大的提高。此外，这些功能与 Unigraphics 强大的定制和过程获取功能结合能保证获得一次到位的、最佳的加工解决方案。

(1) UG/CAM Base(UG 加工基础) UG 加工基础模块提供如下功能：在图形方式下观测刀具沿轨迹运动的情况、进行图形化修改，如对刀具轨迹进行延伸、缩短或修改等；点位加工编程功能，用于钻孔、攻螺纹和镗孔等；按用户需求进行灵活的用户化修改和剪裁；定义标准化刀具库、加工工艺参数样板库使初加工、半精加工、精加工等操作常用参数标准化，以减少培训时间并优化加工工艺。

(2) UG/Post Execute 后处理(UG/Post Builder 加工后置处理) UG/Post Execute 和 UG/Post Builder 共同组成了 UG 加工模块的后置处理。UG 的加工后置处理模块使用户可方便地建立自己的加工后置处理程序，该模块适用于目前世界上几乎所有主流 NC 机床和加工中心，该模块在多年的应用实践中已被证明适用于 2 ~ 5 轴或更多轴的铣削加工、2 ~ 4 轴的车削加工和电火花线切割。

(3) UG/Nurbs Path Generator(UG/Nurbs 样条轨迹生成器) UG/Nurbs Path Generator 样条轨迹生成器模块允许在 UG 软件中直接生成基于 Nurbs 样条的刀具轨迹数据，使得生成的轨迹拥有更高的精度和表面质量，而加工程序量比标准格式减少 30% ~ 50%，实际加工时间则因为避免了机床控制器的等待时间而大幅度缩短。

2. Pro/Engineer (简称 Pro/E)

Pro/Engineer 已广泛应用于模具、工业设计、航天、玩具等行业，并在国际 CAD/CAM/CAE 市场上占有较大的份额。

Pro/ES 的数控加工模块包括：Pro/Casing(铸造模具设计)、Pro/MFG(电加工)、Pro/

Moldesign(塑料模具设计)、Pro/NC-Check(NC 仿真)、Pro/NCPost(CNC 程序生成)、Pro/SheetMetal(钣金设计)。

3. Gibbs CAM

Gibbs CAM 是易学、易用、易懂的计算机辅助虚拟加工系统，它采用 ParaSolid 实体造型核心，可与 Solid Edge 无缝集成。Gibbs CAM 具有独具匠心的图形化界面，即使没有电脑基础的人，也能驾轻就熟地使用 Gibbs CAM 进行加工。Gibbs CAM 具有以下特点：

(1) 对话界面与图形化刀具库及复式加工向导　全图形化的弹性刀具库设计，只要看图选取刀具即可加工。另外还可自由设计成形刀及自由组合设计加工方式，并存为加工文档供下次使用。

(2) 全功能的 2D ~ 2.5D 切削　Gibbs CAM 具有快速建立 2D、2.5D 刀具路径的超强功能。包括：各式钻孔、挖槽、轮廓、铣削、自动拉出粗切路径、沿曲线做 2.5D 扫描之路径等，并且自动留出岛屿深度的(岛屿数目不限)成形刀、铣齿、倒圆角、及斜面之断面形状。

(3) 全功能的 3D 曲面及实体切削，支持多种进刀法及最佳化路径　Gibbs CAM 可直接切削实体模型，也可切削曲面模型，采用环绕式等 Z 及不等 Z 降层粗切、投影式等方法。

Gibbs CAM 拥有最新的下刀法，可有效地快速下刀，并可做有效的 Z 轴下刀。并且能自动找出最省时间的下刀位置，而且会在下刀点自动找出并钻出不同的下刀孔。

另外，该系统支持 NURBS 高速曲线切削功能，是 Fanuc、Mitsubishi、Siemens 三大控制器指定的内建新一代 PC-Base 控制器上的 CAM 系统，由核心直接运算出 Nurbs 曲线路径，比由直线段换成曲线的路径更快、更省、更精确。

(4) 超强的 3D 实体切削模拟器，快速缝补曲面及实体补洞功能　真正的 3D 实体切削模拟，不需要出 NC 程序即可模拟，还可以快速发现加工问题，大量降低加工的失败率，达到真正的效率优化。

利用实体分模能有效地将任意相邻曲面加以缝补，避免不必要的掉刀问题，能增加加工的圆滑度，节省大量的路径运算时间，更可利用实体补洞功能及布尔运算快速分模。

(5) 人工智能 NC 程序与加工计划　人性化的加工参数化设计，可以随时依加工条件的不同更新刀具路径，更可以随时变换刀具或是补正量。只需变更一下刀具直径或是补正量，重新计算，程序就会自动更新。基于机件的刀具路径，无论是图形改变、三维模型改变、刀具改变、素材改变都可全部重新计算。

(6) 支持 3700 种以上的后处理格式　支持车床、三轴铣床、四轴定位加工铣床、四轴同动加工铣床、五轴铣床及车铣复合机等程序输出。提供 3700 种以上的专用处理器，不但符合所有的控制器，而且还能针对不同品牌的机种进行个别的处理。

4. Cimatron

以色列 Cimatron 公司为工模具制造者提供的 CAD/CAM 解决方案，它为工模具企业带来了新的效率和灵活性。该软件无缝集成了一系列强大的、兼容的模块，使得设计、造型和绘图在实体—曲面—线框的统一环境下高度关联、统一。

Cimatron 是一套易学、易用的 3D 工具，具有强大的功能。在整个设计过程中，Cimatron 无缝集成了快速分模，工程变更，生成电极、嵌件以及导向、设立冷却道等详细的模具零件设计功能。

在制造过程中，非常容易实现 2.5-5 轴的刀路轨迹编程，在编程过程中充分利用高速加工、基于毛坯残留知识的加工、模板加工等强大的功能和最佳的方案，从而大大减少编程时间和实际加工时间。更有完全智能，基于特征的 NC 处理，也为高级用户提供了足够灵活的控制权。

Cimatron 强调提高效率、消除传统设计的瓶颈，最后达到提高设计、制造全过程的劳动生产率。无可比拟的节约时间、提高效率，从而提供强有力的竞争优势。Cimatron 让用户工作在一个集成的环境中，NC 文档包含完整的 CAD 功能，一个交互式的 NC 向导条引导用户完成整个 NC 过程，加上程序管理器和界面友好的 NC 助理，Cimatron 不必重新选取几何体就能完全调整程序。

5. MasterCAM

MasterCAM 是美国 CNC 公司开发的基于 PC 平台的 CAD/CAM 软件，它具有方便直观的几何造型功能。MasterCAM 提供了设计零件外形所需的理想环境，其强大稳定的造型功能可设计出复杂的曲线、曲面零件，同时具有强劲的曲面粗加工及灵活的曲面精加工功能。

MasterCAM 提供了多种先进的粗加工技术，以提高零件加工的效率和质量；具有丰富的曲面精加工功能，可以从中选择最好的方法，加工最复杂的零件；MasterCAM 的多轴加工功能，为零件的加工提供了更多的灵活性；可靠的刀具路径校验功能使 MasterCAM 可模拟零件加工的整个过程，模拟中不但能显示刀具和夹具，还能检查刀具和夹具与被加工零件的干涉、碰撞情况。

MasterCAM 提供 400 种以上的后置处理文件以适用于各种类型的数控系统，使用 MasterCAM 可实现 DNC 加工，DNC(直接数控)是指用一台计算机直接控制多台数控机床，其技术是实现 CAD/CAM 的关键技术之一。由于有些工件较大、形状复杂，处理的数据多，所生成的程序长，数控机床的磁盘存储器已不能满足程序量的要求，因此就必须采用 DNC 加工方式，利用 RS-232 串行接口，将计算机和数控机床连接起来。利用 MasterCAM 的 Communic 功能进行通信，而不必考虑机床的内存不足问题。经大量的实践证明，用 MasterCAM 软件编制复杂零件的加工程序极为方便，而且能对加工过程进行实时仿真，真实反映加工过程中的实际情况。

6. CAXA 制造工程师

CAXA 制造工程师是国内具有自主版权的数控加工编程软件，是一款面向 2 ~ 5 轴数控铣床与加工中心、具有卓越工艺性能的铣削/钻削数控加工编程软件，是 CAXA 制造解决方案的重要构件之一。该软件的功能完全可以与国际一流的 CAM 软件相媲美。

值得一提的是，CAXA 制造工程师支持近年来发展起来的、集高效优质和低耗于一身的先进制造技术——高速加工技术。高速加工技术已在航空、航天、汽车和模具等领域得到了广泛应用。高速切削目前已是一项实用的新技术，对提高加工效率和产品质量、降低制造成本及缩短产品开发周期都起到重要作用。

其主要特点有：

（1）数据接口强大，接受各种 CAD 模型　可与各种主流 CAD 软件进行双向通畅的数据交流，保证企业与合作伙伴跨平台、跨地域协同工作；软件标准配置，无需支付额外的费用。标准数据接口：IGES，STEP，STL，VRML；直接接口：DXF，DWG，SAT，Parasolid，Pro/E，CATIA。

（2）提供复杂形状的曲面实体混合造型功能　提供基于实体的特征造型、自由曲面造型、以及实体和曲面混合造型功能，可实现对任意复杂形状零件的造型设计。

（3）提供等高线、直捣式、摆线式等多种粗加工方法

1）等高线粗加工：对于凹凸混合的复杂模型可一次性生成粗加工路径。

2）直捣式粗加工：采用立式端面铣刀的直捣式加工，可生成高效的粗加工路径，适用于大中型模具的深腔加工。

3）摆线式粗加工：以等高线为基础，使刀具在负荷一定的情况下，进行区域加工，可提高模具型腔的粗加工效率和延长刀具使用寿命。

（4）提供等高线、扫描线、3D 等距、平坦区域、导动等多种精加工方法　精加工生成加工轨迹的效率高，可以识别平坦部分和陡峭部分，根据不同部分的加工特性自动选择最适合的进给方式进行加工，同时避免重复加工；针对模具中的深肋槽提供肋条加工、导动线加工、曲线加工等特别加工方式。

（5）提供等高补加工、清根补加工、区域补加工等多种留量加工方法　留量加工方式可以自动识别前道工序不能加工到的部分，针对未加工部分生成加工轨迹，提高加工效率。等残留高度加工、摆线加工等加工方式使刀具负荷在加工过程中保持一定，延长了刀具的使用寿命。

（6）支持高速加工　可设定斜向切入和螺旋切入等接近和切入方式，拐角处可设定圆角过渡，轮廓与轮廓之间可通过圆弧或 S 字型方式来过渡形成光滑连接、生成光滑刀具轨迹，有效地满足了高速加工对刀具路径形式的要求。

（7）支持 4～5 轴加工　4～5 轴加工模块提供曲线加工、平切面加工、参数线加工、侧刃铣削加工等多种 4～5 轴加工功能。标准模块提供 2～3 轴铣削加工，4～5 轴加工为选配模块。

（8）通用后置处理匹配各种主流数控系统　全面支持 SIEMENS、FANUC 等多种主流机床控制系统。开放的后置配置系统，可以针对各种控制系统所需要的后置格式，直接生成 G 代码文件；可生成详细的加工工艺清单，方便 G 代码文件的应用和管理。

（9）独具特色的加工仿真与代码验证　可直观、精确地对加工过程进行模拟仿真、对代码进行反读校验。仿真过程中可以随意放大、缩小、旋转，便于观察细节；可以调节仿真速度；能显示多道加工轨迹的加工结果；可以检查刀柄干涉、快速移动过程（G00）中的干涉、刀具无切削刃部分的干涉情况；可以将切削残余量用不同颜色区分表示，并把切削仿真结果与零件理论形状进行比较等。

（10）卓越的工艺性与“知识加工”　可将某类零件的加工步骤、使用刀具、工艺参数等加工条件保存为规范化的模板，形成企业的标准工艺知识库。以后类似零件的加工即可通过调用“知识加工”模板来进行，以保证同类零件加工的一致性和规范化，并随着企业各种加工工艺信息的数据积累，从而实现加工顺序的标准化，同时初学者更可以借助知识加工模板，实现快速入门和提高。

（11）快捷、高效的编程与加工效率　“知识加工”的应用大大提高了编程效率；优化的工艺经验参数以及加工路径的优化处理，最大限度地减少了不合理切削用量、不必要抬刀、空行程、重复进给等，极大地提高了加工效率；代码的优化大大地减小了文件大小、缩短了文件传输时间、提高了机床加工效率；全面支持高速加工。

第二节 机械产品的 CAM 技术应用实例

一、实例 1 计算机辅助制造模具复杂型面零件

模具制造的核心在于复杂型面零件的加工，主要集中在带有圆滑过渡型面的主模零件这一类型。目前模具制造商大都采用手工制作、仿形加工或在数控机床手工编程加工等方式来完成。其制造周期长，受人为因素影响较大，模具精度也较难保证且成本费用较高，直接影响新产品的开发成本和生产周期。使用 Pro/E 工程软件 MFG 模块和加工中心（FP50CCT）来完成模具复杂型面零件的加工，流程如图 9-1 所示。

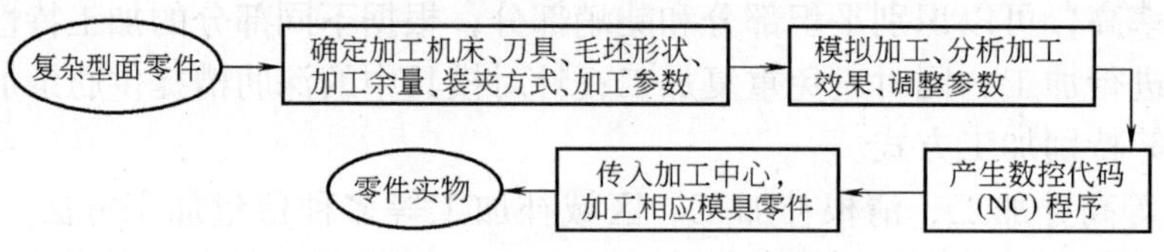

图 9-1 计算机辅助制造流程

Pro/E 软件的 MFG 模块可以对模具复杂型面零件进行模拟加工，调整加工的各种参数以控制零件的精度及表面粗糙度，输出刀具轨迹文件。该模块提供了车、铣、镗、钻等加工类型，每种类型又有多种加工方式。模具零件的复杂型面大都由铣削加工完成，铣削加工提供了区域铣、平面铣、成形铣、曲面铣、轨迹铣、清根铣等方式，适合不同轮廓的零件加工。为了符合实际加工，模拟加工还必须确定和调整工艺参数、毛坯材料、加工余量、刀具、装夹方式、切削参数及铣削方式，经过运算处理将直接动态仿真刀具运动轨迹和显示零件切削过程的加工信息。通过直接观察可以确定刀具运动轨迹是否最佳，运行 NC-CHECK 模块以不同颜色代表毛坯面、加工面或过切面，通过动态逼真的刀具移动和材料去除来判断、修改加工方式和加工参数直至达到最满意效果，如图 9-2 所示。

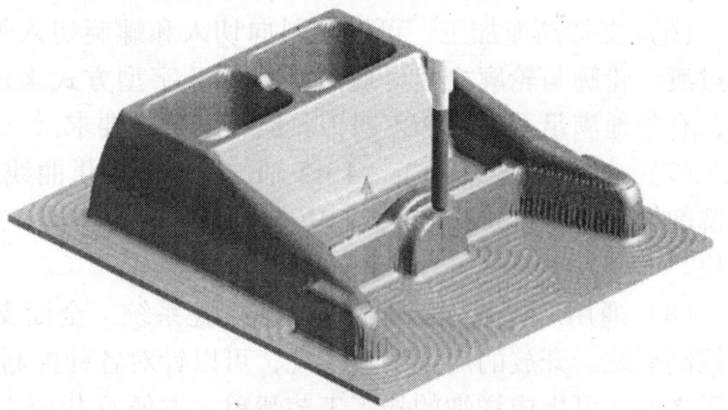

图 9-2 复杂型面零件的模拟加工

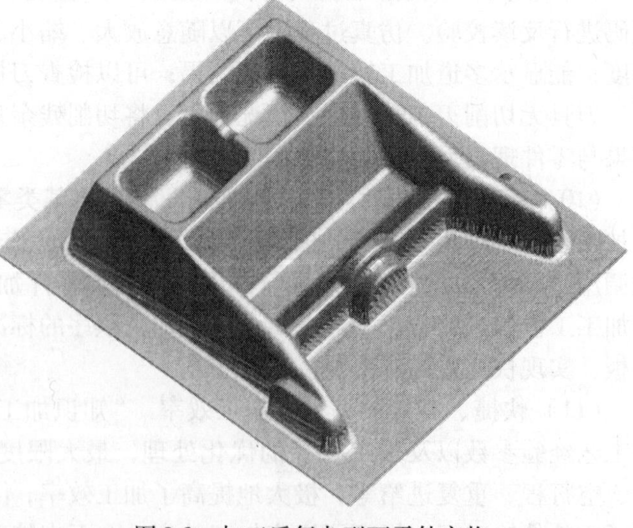

图 9-3 加工后复杂型面零件实物

在加工中使用 Pro/E 软件加工模块输出的数控代码程序，通过通

信软件（V24）传输至加工中心（FP50CCT），调整机床零点进行加工。充分利用加工中心所具有的高精度、高效率以满足三维复杂型面模具零件的要求，如图9-3所示。

采用CAM技术对171个主模零件中的64个复杂型面零件进行加工，约占模具零件总数的11%；加工时间为960h，占所有模具零件加工时间总数的57.5%；加工后的模具零件位置精度较高，可达到0.01mm，经检验和试用均合格，获得了非常满意的效果，使生产周期大大缩短，成本费用大幅度下降，赢得使用商的一致好评。当然在计算机辅助制造过程中也发现一些不理想的情况，这就要求在模拟加工过程中应当注意几个问题：

1）部分加工刀具由于所加工零件形状限制，不得不加长刀具、减小直径，导致刀具刚性不足，容易产生振动，影响零件的加工精度和表面粗糙度。因此在模拟加工中必须对加工刀具的轨迹、进刀方式加以修正，选取合适的加工参数，对半径进行补偿，最大限度符合实际情况，确保加工零件质量。

2）设计模型由于缩水率影响导致一些小圆角产生“破损”，在模拟加工中，软件对“破损”的地方无法进行处理运算，因此必须对“破损”处进行修改，或在缩水率之后加小圆角。

3）在模拟加工中，被加工零件毛坯模型应与毛坯实物相吻合，以免出现加工余量太大，导致刀具损坏。

二、实例2 汽车车身模具CAM过程

模具CAM的过程是数控（NC）加工程序的编制和执行的两个过程。一个汽车覆盖件一般需要3~4套模具才能完成冲压成形。在传统的模具制造工艺中，每套模具的型面是通过各自的实物模型仿铣加工的。由于实物模型的误差较大，造成同一零件的几套模具之间的型面不一致，使模具型面之间的研配工作量很大，延长了模具制造周期，也增加了模具的制造成本。而数学模型的设计误差很小，用它作为模具型面的制造依据可以保证制造依据的准确性和一致性，通过数控（NC）编程加工可以大幅度降低模具型面的制造误差，提高模具型面精度，使模具的型面光顺流畅，一致性好，保证了型面的协调要求。

CAM的过程一般如下：

（1）调用模具的CAD数学模型（曲面模型或实体模型）。

（2）选择加工方式

1）粗加工：采用盘状铣刀和逐层铣削的进刀方式进行切削。

2）精加工：精加工的进给进给方式很多，有平行平面加工（平行设定的平面或平行机床坐标面）；有按插值方式加工；有沿曲面等参数线方式加工等。

3）清根加工：在精加工之后，曲面连接的凹圆角处因刀具半径大而留有余量，必须采用小刀具进行清根加工，而且刀具半径必须小于或等于凹圆角半径。轮廓加工通常是指加工拉延模的凸模外轮廓、压边圈的内轮廓以及切边模和翻边模的刃口内、外轮廓等。

（3）加工参数的设置　这里主要介绍最主要的几项：

1）刀具类型的选择：盘状铣刀有平底柱状螺旋铣刀、球头柱状螺旋铣刀、球头锥状铣刀等。对于不同的加工方式采用不同的刀具类型和刀具规格。

2）刀具规格的选择：刀具规格尺寸的大小要与模具毛坯的大小和加工余量相适合。

3）主轴转速、进给进给速度、进给步距的设置：这三项参数对模具的加工效率和加工精度有重要的影响。

模具型面要达到超精铣，原则上必须减小进给步距，提高主轴转速（10000r/min 的高速铣床）和进给进给速度。

4）加工维数的设置：CAD/CAM 软件一般提供了 2～5 维的 NC 编程加工方式。对轮廓加工常采用 2 维、2.5 维、3 维加工；对型面加工常采用 3 维、4 维、5 维加工，其中 5 维加工的精度最高。

5）单向、双向进给的设置：双向进给是常用的进给方式，在用平底柱状螺旋铣刀加工型面时要采用单向进给方式。

（4）NC 程序的后置处理。

（5）NC 程序的传送和执行。

在零件的 CAM 过程中可进行模具加工过程的计算机辅助质量控制，即对模具加工的精度进行检测，其目的就是判定 NC 加工模具与数模的吻合程度，即有精确的数模，是否可以获得符合精度要求的模具。检测的方法分三步：

1）在工作站上确定数模检测点或检测断面曲线，用 EUCLID3 的检查模块，确定检测点及点的法矢长度，生成 *. DM1s 数据文件。

2）用 C 语言把 *. DMls 数据文件写进测量机 CMES 命令程序中，生成 *. PRG 自动测量程序。

3）把 *. PRG 自动测量程序传送给三坐标测量机，测量机对模具型面进行自动检测，检测点严格按法向方向进给，测量结果以公差形式输出，可以判定制造误差。

三、实例 3　注塑模型腔 CAD/CAM 一体化的实现

对于一些曲面要求复杂的注塑模型腔的 CAD/CAM 技术的应用、研究工作：利用 CAD/CAM 软件实现了模具从几何设计到加工制造的 CAD/CAM 一体化，在实际生产中已成功地加工出电饭煲模具型腔产品，电饭煲产品如图 9-4 所示。

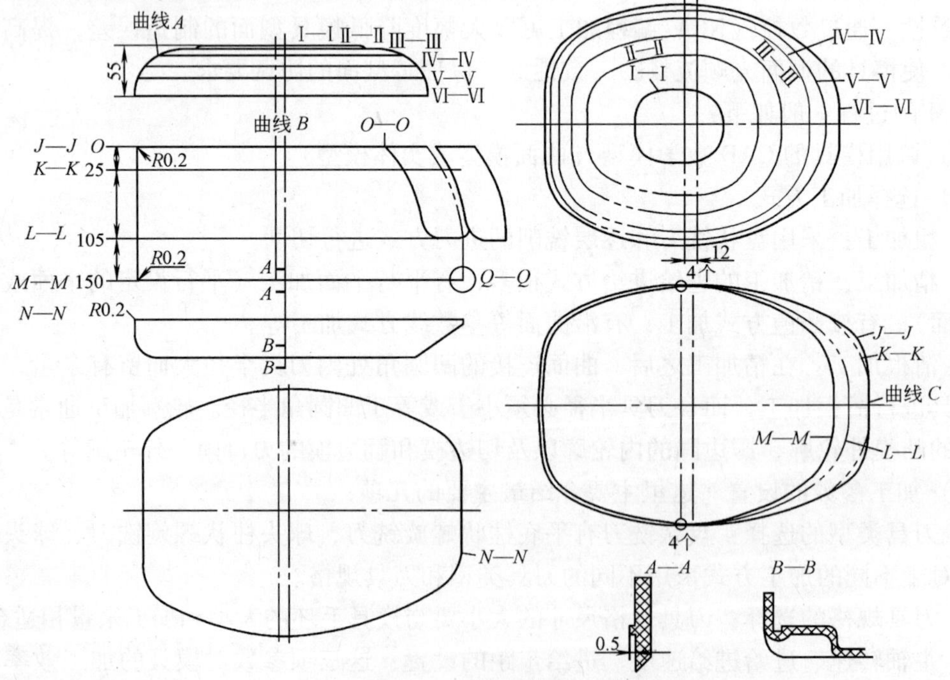

图 9-4　电饭煲简图

一般注塑模型腔的 CAD/CAM 流程如图 9-5 所示。下面将从型腔几何造型设计、刀具路径及 NC 程序生成、数据通信等几个方面进行详细讨论。

（1）型腔几何造型设计　曲线曲面的几何造型设计是注塑模具型腔 CAD/CAM 的基础。在进行该项工作之前，应对型腔型面的特征进行透彻理解，选用合理的曲线曲面类型与造型方法，以使构造出来的曲面符合实际要求。

（2）刀具路径及 NC 程序生成　在型腔 CAD/CAM 的实践过程中，曲线曲面造型与数控刀具路径的生成是实施型腔 CAD/CAM 的两个关键。曲线曲面造型是刀具路径生成的基础，而型腔加工的准确性只能在生成合理的刀具路径前提下才能保证。对于有凸有凹及弧岛的自由曲面加工，若采用平头铣刀进行加工，则在曲面的凹部位及曲面上凸凹之间的部位可能会发生过切。因此，为达到较理想的加工精度，一般采用球头铣刀加工且选择直径合理的球头刀，如图 9-6 所示。

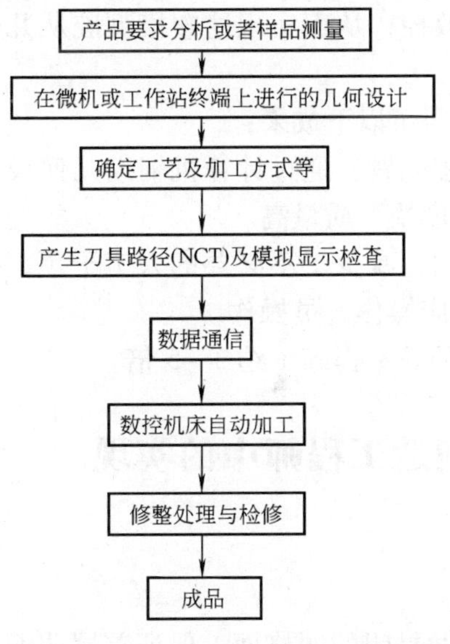

图 9-5　注塑模型腔的 CAD/CAM 流程图

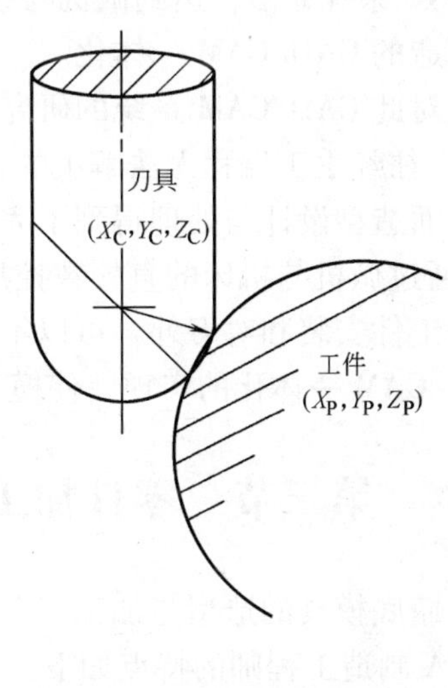

图 9-6　球头刀中心轨迹

1）用球头铣刀采用行切法加工自由曲面的刀具轨迹的计算，假设曲面点的坐标为（X_P，Y_P，Z_P），此点的法向量为 $n=(A_P, B_P, C_P)$，设球头铣刀的半径为 R，球头铣刀在加工过程中始终与曲面相切，如图 9-6 所示。刀具在切削此点时的中心轨迹坐标为（X_C，Y_C，Z_C）。

随着（X_P，Y_P，Z_P）在曲面上按之字形移动，则刀具球头的球心按一定的轨迹移动。加工时，球心按这条轨迹移动，加工出所设计的曲面形状。

2）刀具路径的生成及检查。选择合适的加工刀具、确定各轴的切削容差、选择进给方式及切削方向后，再确定残留高度、主从方向的切削步距及安全高度（主轴原点与进刀点间的高度），然后选取合适的切削参数（主轴转速、切削进给速度及切削深度等），以此作为输入参数，生成刀具路径文件（NCI 文件）。NCI 文件生成后应进行模拟显示，看其是否光顺，如有不合理的波折，应将其去除，然后再进行后置处理。

3）NC 程序的生成及校验后置处理是指刀具路径转换成 NC 程序的过程，NCI 文件必须经后置处理程序转换成 NC 文件才能被数控系统所接受。本例所用的数控系统是日本 FANUC 系统和意大利 Fidia 系统。针对这两种 CNC 系统，编制了相应的后置处理文本文件 FANUC PST 和 FIDIA. PST。经实践检验，它们能满足相应 CNC 系统的要求。

经后置处理产生的 NCA 程序并不能马上传输给数控机床执行，必须进行检查，以避免出现错切、漏切、打刀等，保证模具的加工质量，确保机床和操作人员的人身安全。检查的主要内容有：①格式是否正确；②G、M 代码是否正确；③安全高度是否合适；④切削参数是否有错；⑤X、Y、Z 的坐标值特别是正负号是否正确；⑥程序的总数目有多大。

（3）数据通信及 NC 加工　通过后置处理程序产生的 NC 程序存储在计算机的硬盘上，必须传输到机床 CNC 系统的程序存储器上才能用来控制数控机床的切削加工。

实验已证明：以 MasterCAM、SurfCAM 等软件为基础，选择符合实际型腔形状要求的曲线曲面造型设计与处理方法，再产生刀具路径，经后置处理生成 NC 程序，然后经通用接口与机床 CNC 系统通信，达到微机与数控机床的直接数控，从而实现注塑模型腔从几何设计到加工制造的 CAD/CAM 一体化。

通过对此 CAD/CAM 系统的研究与实践，主要取得了以下成果：

1）以往经手工编程无法解决的自由曲线曲面编程问题，通过计算机辅助几何设计的自由曲线曲面造型设计与处理得到了完好解决，而且速度快、质量高。

2）通过微机与机床的直接数控加工，节省了时间，减少了不必要的人工干预，提高了工效。除工件安装和对刀外，可以不再需要专门的机床操作人员操作。

CAD/CAM 一体化的实现，使模具型腔设计制造的效率提高了约 3 ~5 倍。

第三节　零件加工在 CAXA 制造工程师中的实现

可乐瓶底模具的造型与加工

CAXA 制造工程师的特点如下：

1）在曲面造型功能上，网格面的功能强大（可做封闭的网格面，保证首尾曲面的光滑连接）。

2）当单纯用实体造型很难做出来时，可以充分利用软件中提供的曲面和实体的完美结合来做出本造型。

3）线框造型极为方便。

4）展示了多曲面实体在复杂实体造型中的应用。

5）提供了多种加工方法来加工本型腔。

6）当球铣刀半径大于曲面中最小曲率半径时，能够检查刀具干涉，防止过切产生。

本例为可乐瓶底造型的凹模，尺寸按实物测量而得。以该可乐瓶底凹模的造型和加工为例全面阐述 CAXA 制造工程师的造型和加工功能。该可乐瓶底的曲面造型和凹模型腔造型如图 9-7 所示。

1. 可乐瓶底模具的造型

（1）曲面造型思路　可乐瓶底的曲面造型比较复杂，它有五个完全相同的部分，用实体造型不能完成，所以利用 CAXA 制造工程师强大的曲面造型功能中的网格面来实现。其实，只要先做出一个凸起的两根截面线和一个凹进的一根截面线，然后进行圆形阵列就可得

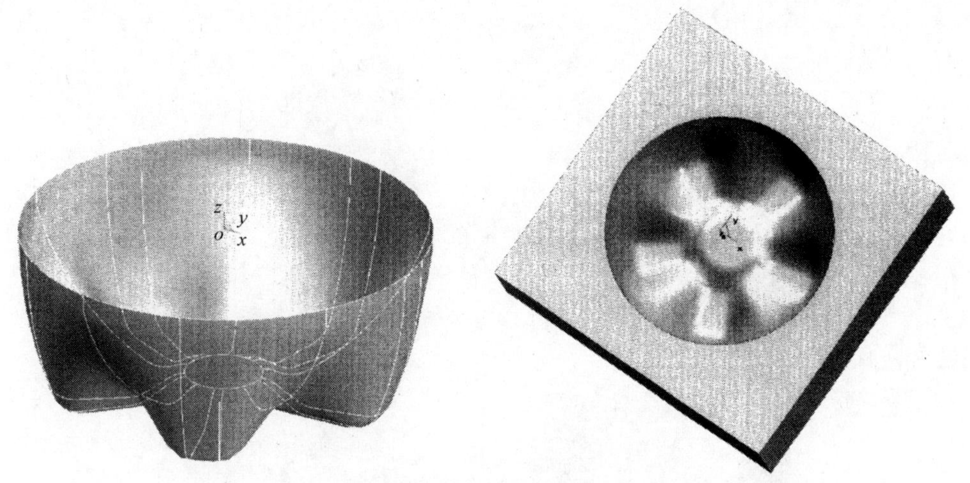

图 9-7　可乐瓶底曲面造型和凹模型腔造型

到其他几个凸起和凹进的所有截面线，再使用网格面功能生成五个相同部分的曲面。可乐瓶底的最下面的平面可使用直纹面中的“点 + 曲线”方式来做，这样做的好处是在加工时两个面（直纹面和网格面）可以一同用参数线加工。最后以瓶底的上口为准，构造一个立方体实体，再用可乐瓶底的两个面把不需要的部分裁剪掉，就可以得到要求的凹模型腔。

可乐瓶底曲面造型截面线二维图如图 9-8 所示。

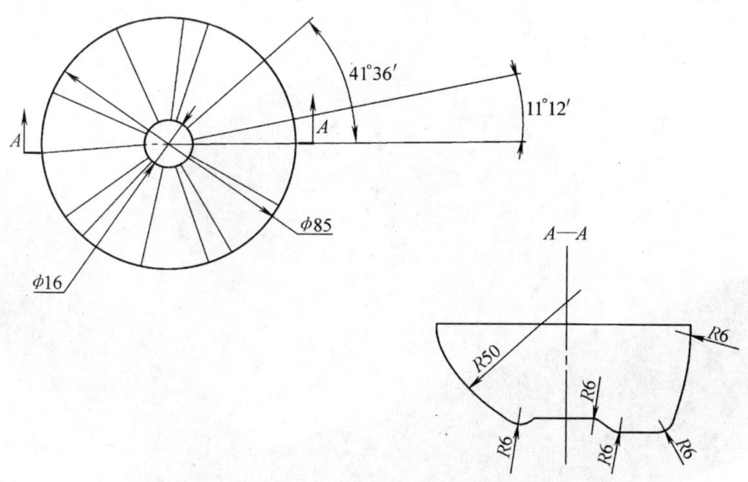

图 9-8　可乐瓶底曲面造型的二维图

可乐瓶底曲面造型的直纹面和网格面如图 9-9 所示。

（2）曲面实体混合造型思路　先以瓶底的上口为准，构造一个立方体实体，然后用可乐瓶底的两个面（网格面和直纹面）把不需要的部分裁剪掉，得到要求的凹模型腔。多曲面裁剪实体是 CAXA 制造工程师中非常有用的功能。

可乐瓶底凹模型腔造型如图 9-10 所示。

2. 可乐瓶底模具的加工

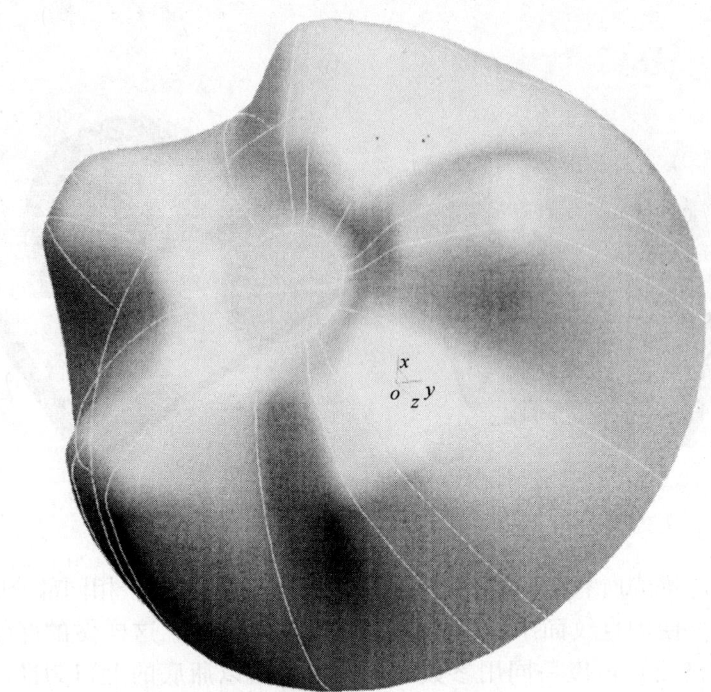

图 9-9　直纹面的生成

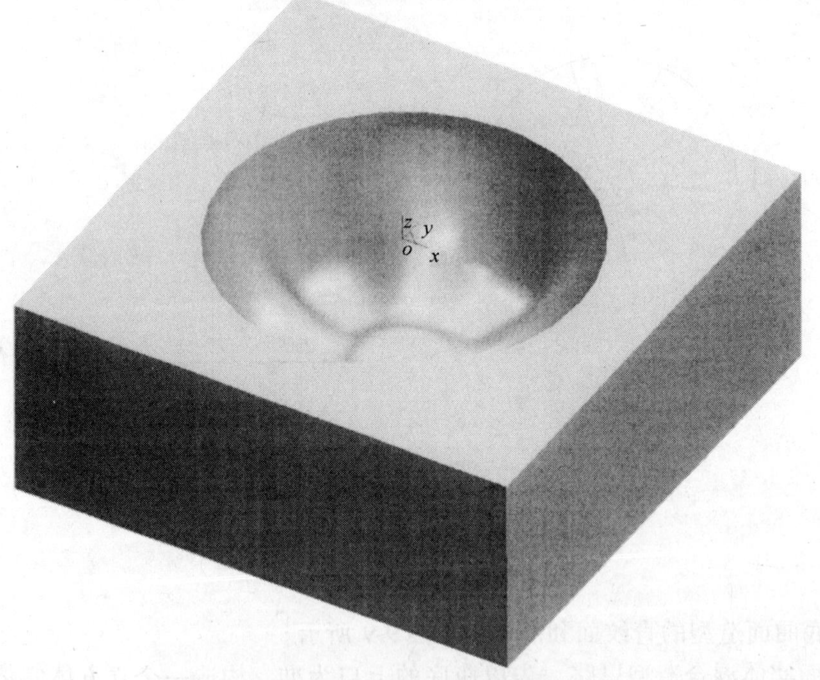

图 9-10　曲面裁剪涂料的结果

（1）加工工艺　该零件材料为奥氏体不锈钢，使用常规加工。根据本例的形状特点，粗加工和精加工都采用等高加工方式，适应可乐瓶底凹模型腔的整体形状较为陡峭的特点。

工艺参考分析：

1）不锈钢的性能特点。不锈钢是指在大气和腐蚀介质中耐磨蚀的合金钢。其品种有奥氏体及马氏体不锈钢、沉淀硬化型不锈钢和铁素体不锈钢等。不锈钢又是合金含量很高的超高强度钢，其合金含量大于20%，主要合金成分有：铬、镍、钛。其中，铬能在铁素体中固溶，又能形成碳化物。当含铬量小于0.5%时，对切削加工性影响很小。含铬量进一步增加，则钢的硬度、强度提高，切削加工性有所降低。镍能在铁素体中固溶，使钢的强度和韧性均有所提高，导热系数降低，使切削加工特性变差。当含镍量大于8%时，形成奥氏体钢，加工硬化严重，切削加工性更差。钛成分与其他金属的亲和能力强，加工时与刀刃之间易产生粘附现象，生成积屑瘤。

2）不锈钢切削加工参数要求：

①从尽可能减少积屑瘤的观点出发，选择适宜的切削速度。

②为了缩短加工硬化层与刀刃的接触时间，宜选用顺铣方式。

③在粗加工中，为了避免刀刃在加工硬化层加工，应选用足够的吃刀深度。

④为了增加刀面上的散热量，要求保证充分的冷却。

⑤确定进给量时，应考虑每齿进给量或平均切削厚度。对于奥氏体不锈钢，由于断屑性能不佳，切屑在加工区的大量堆积以及在刀具的大量粘附，极易导致切削温度的升高；同时，刀具在这种情况下易出现破损、崩刃等非正常失效，在钻削过程中这种现象更为突出，所以要求选用较大的每齿进给量。

3）不锈钢加工刀具要求：

①使用高速钢刀具：因为不锈钢的特性导致在加工中需要使用韧性较好的刀具，推荐在不锈钢的常规加工中，特别是在加工奥氏体不锈钢时使用高性能涂层高速钢刀具；但是，对于那些含镍量较高的不锈钢，由于在加工过程导热不佳，从而导致切削温度很高，所以应视情况使用高耐热性涂层或硬质合金刀具。

②较大的螺旋角：通常的铣刀螺旋角比较小，铣削不锈钢时，切屑易堵塞在齿槽中而造成崩刃。增大螺旋角，可增大容屑槽尺寸，改进切屑的流动方向，有利于排屑，因此要选用大螺旋角镜刀。但大的螺旋角又削弱刀具的耐用度，因此建议刀具螺旋角小于35°。

③减少刀齿数：可增加容屑空间；否则因为容屑槽容积不够，大量的高温不锈钢切屑堵塞在齿槽中，容易产生刀齿烧损和崩齿现象。

（2）加工前的准备工作

1）设定加工刀具

①在特征树加工管理区内选择“刀具库”命令，弹出“刀具库管理”对话框，如图9-11所示。

②增加铣刀。单击“增加刀具”按钮，在对话框中输入铣刀名称 *D*10，*r*1，增加一个粗加工需要的铣刀；在对话框中输入铣刀名称 *D*6，*r*3，增加一个精加工需要的球铣刀。一般都是以铣刀的直径和刀角半径来表示，刀具名称尽量与工厂中用刀的习惯一致。刀具名称一般表示形式为 *D*6，*r*3。（*D* 代表刀具直径，*r* 代表刀角半径）。

③设定增加的铣刀的参数。如图9-12所示在“刀具定义”对话框中键入正确的数值（其中的刀刃长度和刃杆长度与仿真有关而与实际加工无关），刀具定义即可完成。其他定义需要根据实际加工刀具来完成。

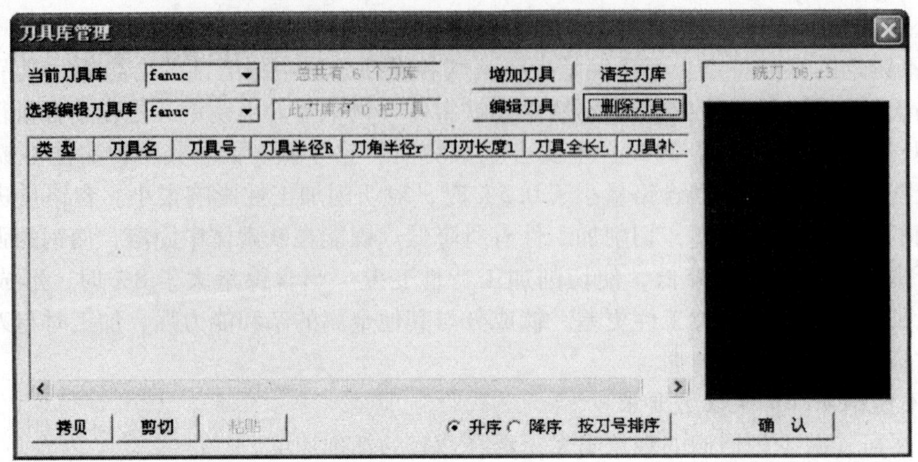

图 9-11　刀具管理对话框

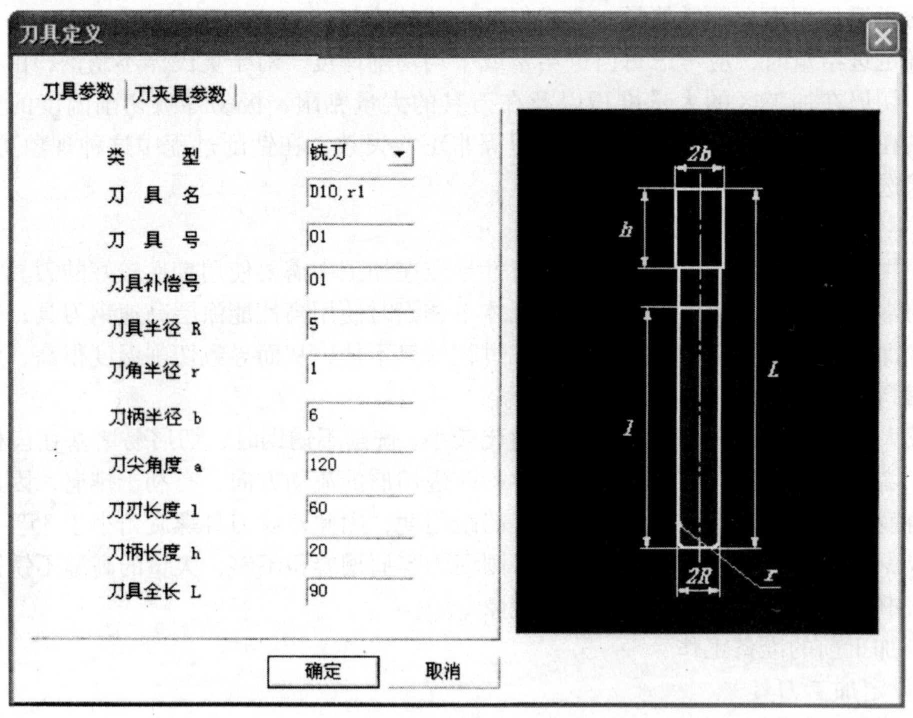

图 9-12　“道具定义”对话框

2）后置设置

用户可以增加当前使用的机床，给出机床名，定义适合自己机床的后置格式。系统默认的格式为 FANUC 系统的格式。

①选择“加工”→“后置处理”→“后置设置”命令，或者选择特征树加工管理区的“机床后置”，弹出“机床后置”对话框。

②机床设置。在“机床设置”选项卡中选择当前机床类型为 fanuc，如图 9-13 所示。

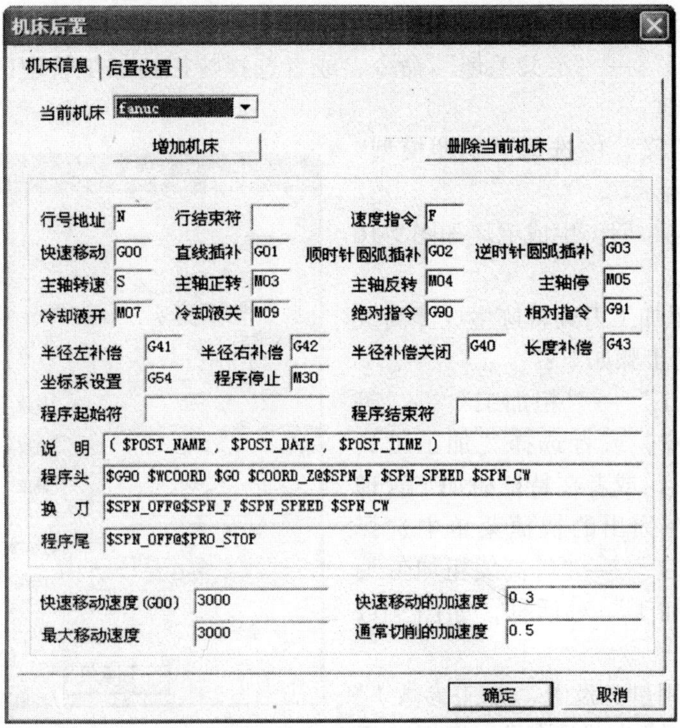

机床后置
机床信息
后置设置
当前机床
fanuc
增加机床
删除当前机床
行号地址
N
行结束符
速度指令
F
快速移动
G00
直线插补
G01
顺时针圆弧插补
G02
逆时针圆弧插补
G03
主轴转速
S
主轴正转
M03
主轴反转
M04
主轴停
M05
冷却液开
M07
冷却液关
M09
绝对指令
G90
相对指令
G91
半径左补偿
G41
半径右补偿
G42
半径补偿关闭
G40
长度补偿
G43
坐标系设置
G54
程序停止
M30
程序起始符
程序结束符
说　明
($POST_NAME , $POST_DATE , $POST_TIME)
程序头
$G90 $WCOORD $G0 $COORD_Z@$SPN_F $SPN_SPEED $SPN_CW
换　刀
$SPN_OFF@$SPN_F $SPN_SPEED $SPN_CW
程序尾
$SPN_OFF@$PRO_STOP
快速移动速度(G00)
3000
快速移动的加速度
0.3
最大移动速度
3000
通常切削的加速度
0.5
确定
取消

图 9-13 “机床信息”选项卡

③后置设置。单击“后置设置”标签，打开该选项卡，根据当前的机床设置各参数，如图 9-14 所示。

机床后置
机床信息
后置设置
输出文件最大长度 =
500
KB
行号设置
是否输出行号：
不输出
输出
行号是否填满：
不填满
填满
行号位数 =
4
起始行号 =
10
行号增量 =
2
坐标输出格式设置
增量/绝对编程：
增量
绝对
坐标输出格式：
小数
整数
机床分辨率 =
1000
输出到小数点
3
位
优化坐标值
圆弧控制设置
圆弧控制
圆心坐标(I,J,K)
圆弧半径(R)
I,J,K含义：
圆心对起点
起点对圆心
绝对坐标
圆心对终点
R 含义：
圆弧 > 180 度时 R 为负
圆弧 ≤ 180 度时 R 为正
整圆输出角度限制 =
360
圆弧输出为直线
(精度 =
0.001
)
小圆弧切削速度
=
10
(圆弧半径 <
0.001
)
后置文件扩展名：
.cut
后置程序号：
1234
确定
取消

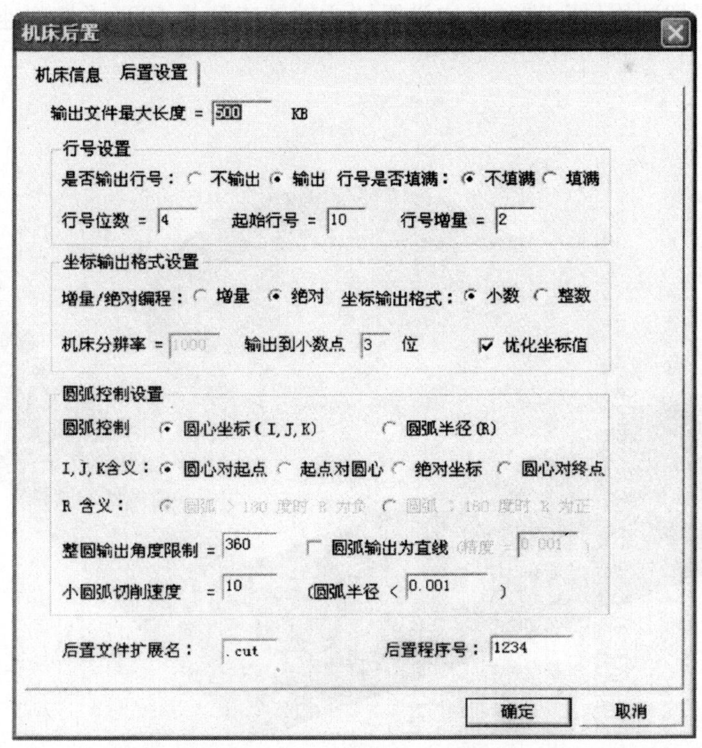

图 9-14 “后置设置”选项卡

3）设定加工毛坯

①选择“加工”→“定义毛坯”命令，或者选择特征树加工管理区的“毛坯”，弹出“定义毛坯”对话框。

②在“毛坯定义”中选择“参照模型”方式，如图9-15所示。

③单击“确定”后，生成毛坯如图9-16所示。

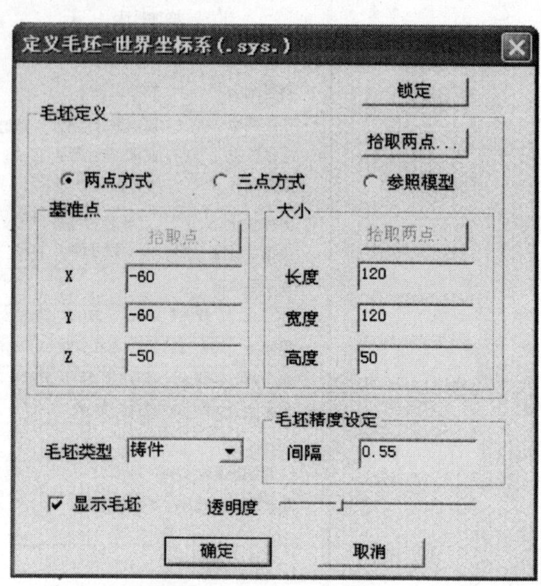

图9-15 “定义毛坯”对话框

（3）等高线粗加工刀具轨迹生成等高线粗加工刀具轨迹的步骤如下：

1）选择“加工”→“粗加工”→“等高线粗加工”命令，或者选择“加工工具条”中的相应图标，或者在特征树加工管理区空白处右击，在弹出的快捷菜单中选择“加工”→“粗加工”→“等高线粗加工”，弹出“等高线粗加工”对话框，如图9-17所示。

2）设置切削用量。设置“加工参数1”选项卡中的铣削方式为“顺铣”，根据选择刀具直径为10mm，选择“*Z*切入”中“层高”为5（该项为轴向切深），“*XY*切入”中“行距”为2（该项为径向切深），“加工余量”为0.5。在“切削用量”选项卡中设置“主轴转速”为600，“切削速度”为50，如图9-17所示。

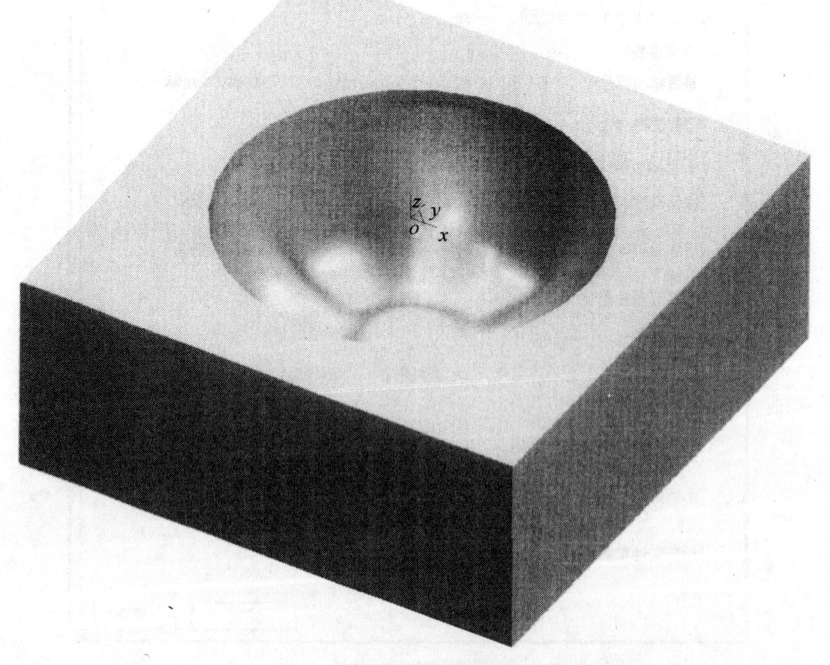

图9-16 毛坯

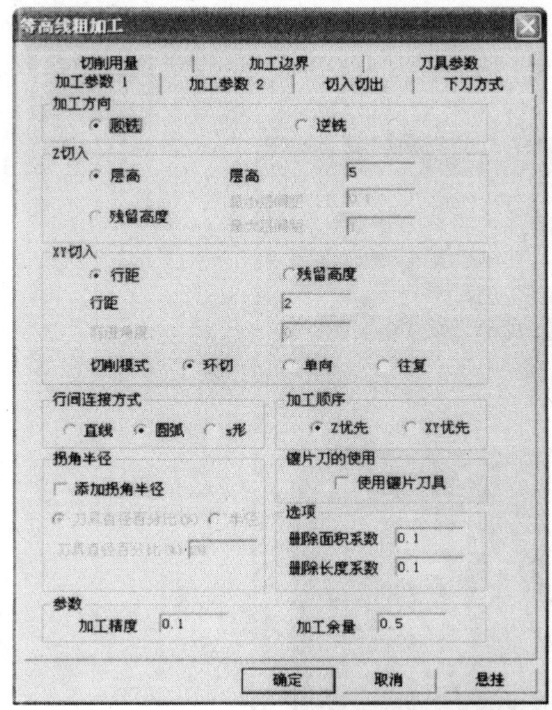

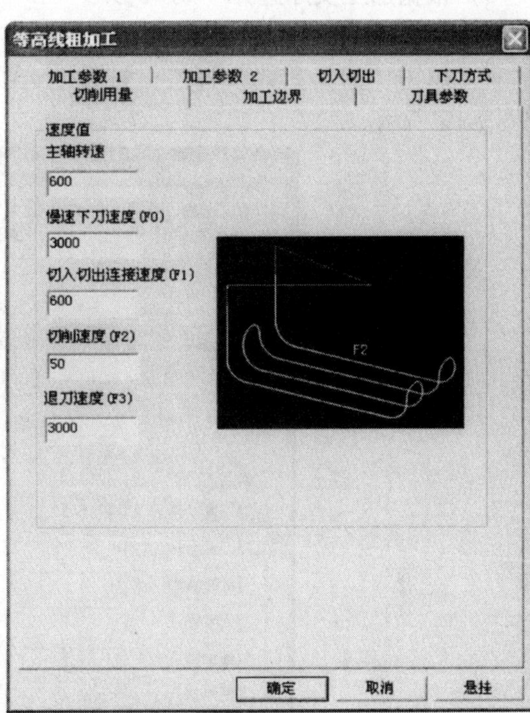

图 9-17　等高线粗加工中的切削用量的设置

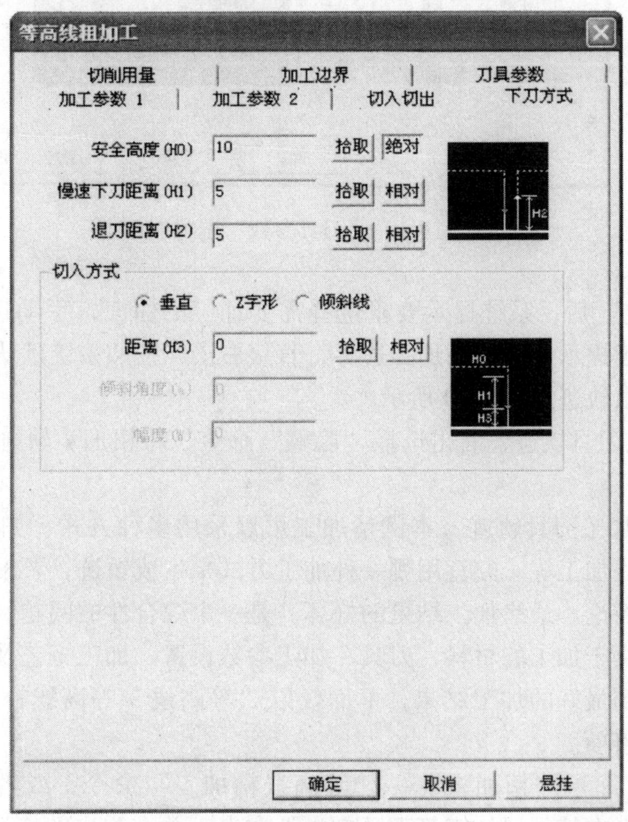

图 9-18　“下刀方式”选项卡

3）根据加工实际选择“切入切出”和“下刀方式”选项卡。“下刀方式”选项卡如图9-18所示。

4）单击“刀具参数”标签，打开该选项卡，选择铣刀为*D*10，*r*1，设定铣刀的参数，如图9-19所示。

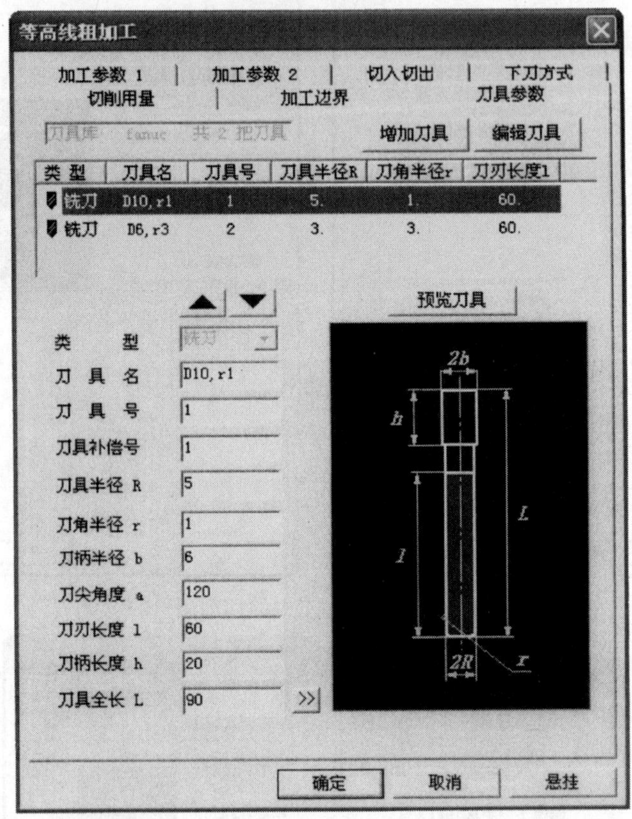

图9-19 “刀具参数”选项卡

5）单击“确定”后，系统提示要求选择需要加工的曲面，手动选择需要加工的曲面，右击确认。系统继续提示要求选择加工边界，直接右击，按照系统默认加工边界，以后系统开始计算，稍后得出轨迹如图9-20所示。

6）拾取粗加工刀具轨迹，右击选择“隐藏”命令，将粗加工轨迹隐藏，以便观察下面的精加工轨迹。

（4）等高线精加工刀具轨迹　本例精加工可以采用多种方式，如参数线、等高线＋等高线补加工和放射线加工等。究竟用哪一种加工方式来生成轨迹，要根据所要加工形状的具体特点，不能一概而论。最终加工结果的好坏，是一个综合性的问题，它不单纯取决于程序代码的优劣，还取决于加工的材料、刀具、加工参数设置、加工工艺及机床特点等，几种因素配合好才能够得到最好的加工结果。下面仅以“等高线＋等高线补加工”为例介绍软件的使用方法和注意事项。

1）选择“加工”→“精加工”→“等高线精加工”命令，或者选择“加工工具条”中的相应图标，或者在特征树加工管理区空白处右击，并在弹出的快捷菜单中选择“加工”

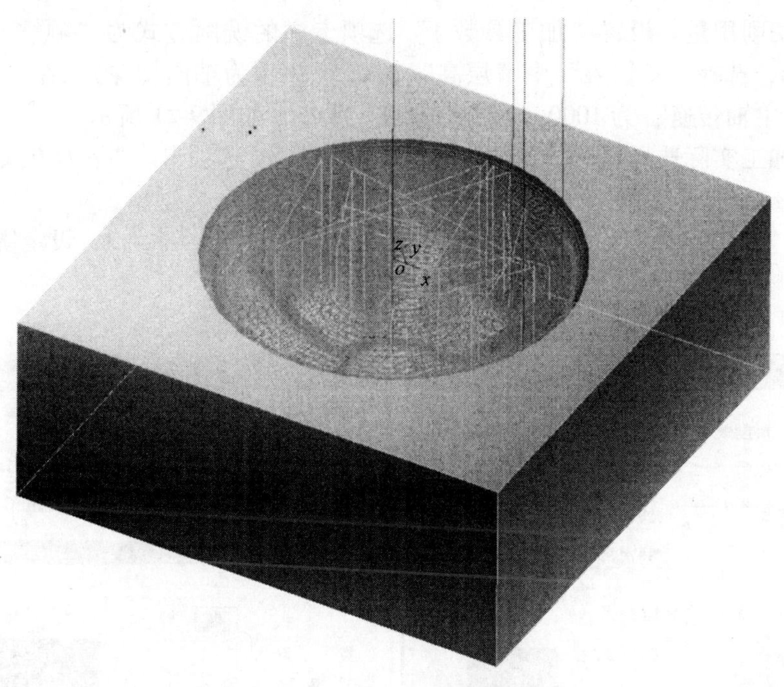

图 9-20　加工轨迹

→“精加工”→“等高线精加工”，弹出“等高线精加工”对话框，如图 9-21 所示。

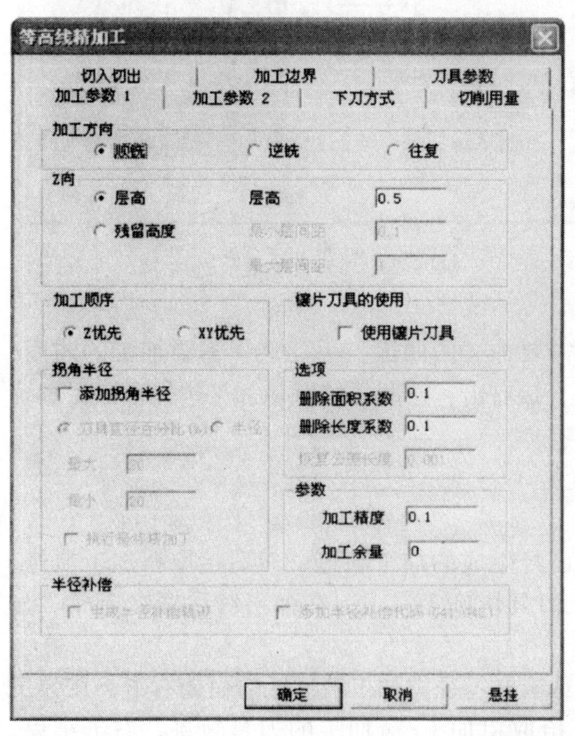

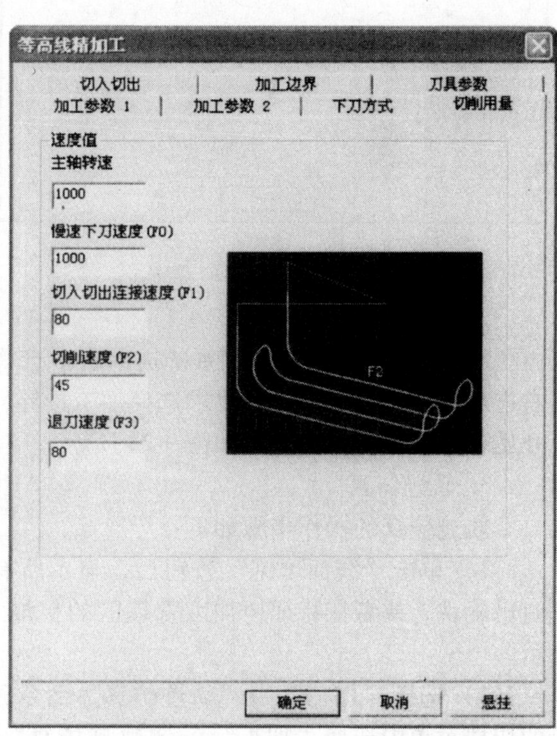

图 9-21　“等高线精加工”中的切削用量的设置

2）设置切削用量。设置“加工参数1”选项卡中的铣削方式为“顺铣”，根据选择刀具直径为6mm，选择“*Z*切入”中“层高”为0.5（该项为轴向切深）。在“切削用量”选项卡中设置“主轴转速”为1000，“切削速度”为45，如图9-21所示。

3）根据加工实际选择“切入切出”和“下刀方式”选项卡。“下刀方式”选项卡如图9-22所示。

4）单击“铣刀参数”标签，打开该选项卡，选择铣刀为*D*6，*r*3，设定铣刀的参数，如图9-23所示。

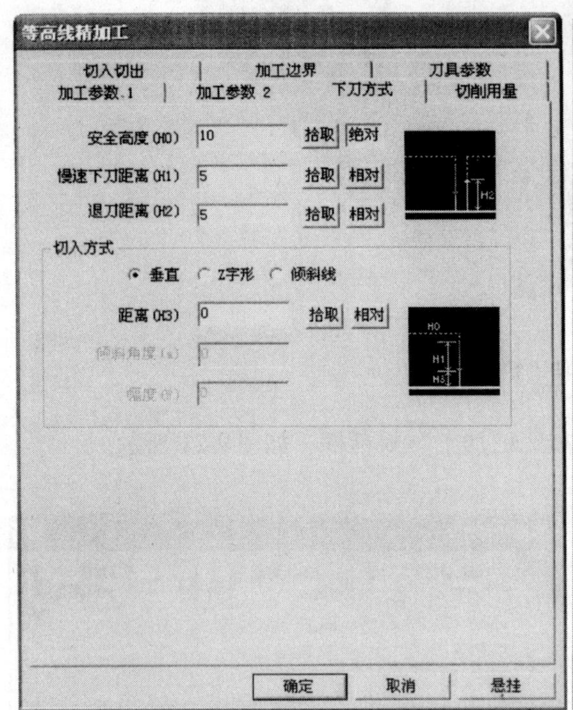

图9-22 “下刀方式”选项卡

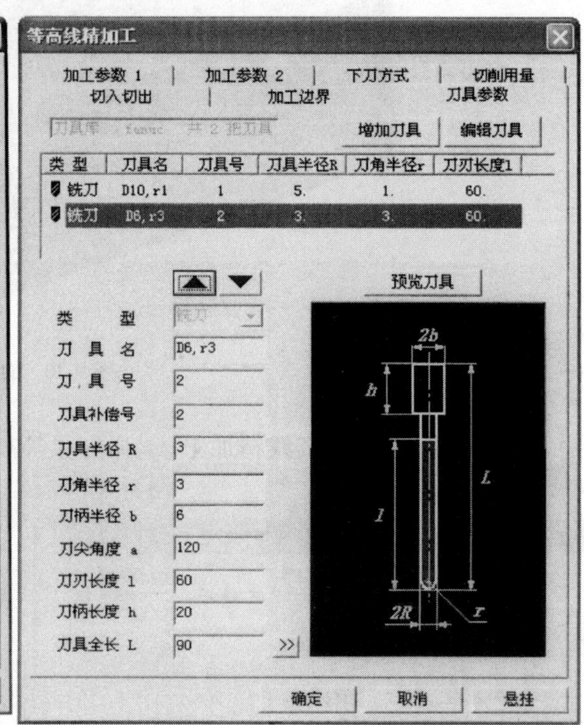

图9-23 “刀具参数”选项卡

5）单击“确定”后，系统提示要求选择需要加工的曲面，手动选择需要加工的曲面，右击确认。系统继续提示要求选择加工边界，直接右击，按照系统默认加工边界，以后系统开始计算，最后得出轨迹如图9-24所示。

3. 轨迹仿真

轨迹仿真的操作步骤如下：

1）单击“线面可见”按钮后，显示所有已经生成的加工轨迹，然后拾取粗加工轨迹，右击确认；或者在特征树加工管理区的粗加工刀具轨迹上右击，在弹出对话框中选择“显示”。

2）选择“加工”→“轨迹仿真”命令，或者在特征树加工管理区空白处右击，在弹出的快捷菜单中选择“加工”→“轨迹仿真”。拾取粗加工/精加工的刀具轨迹，右击结束，系统进入加工仿真界面。

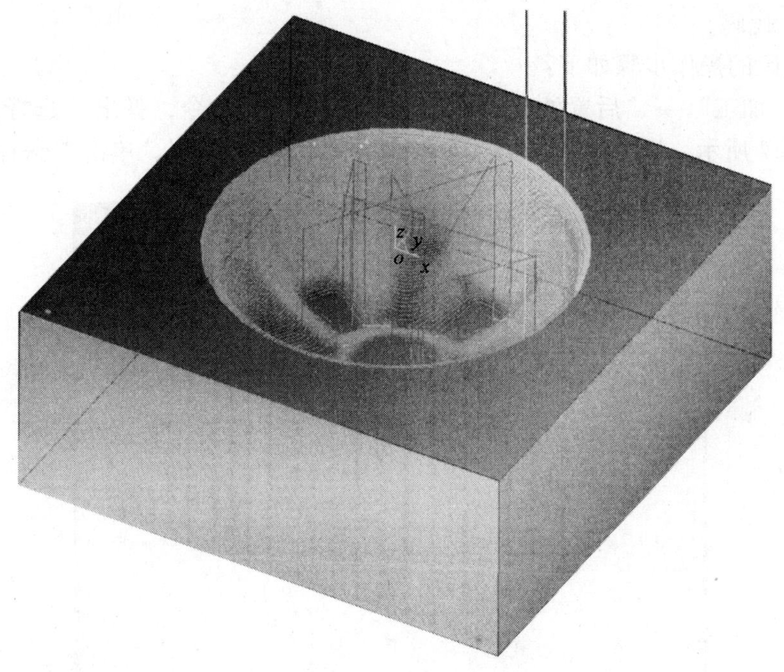

图 9-24　精加工轨迹

3）单击“仿真加工”，在弹出的界面中设置好参数后单击仿真“开始”按钮，系统进入仿真加工状态，如图 9-25 所示。

4）仿真结束后，仿真结果如图 9-26 所示。

5）仿真检验无误后，退出仿真程序回到 CAXA 制造工程师的主界面，单击“文件”→“保存”，保存粗加工和精加工轨迹。

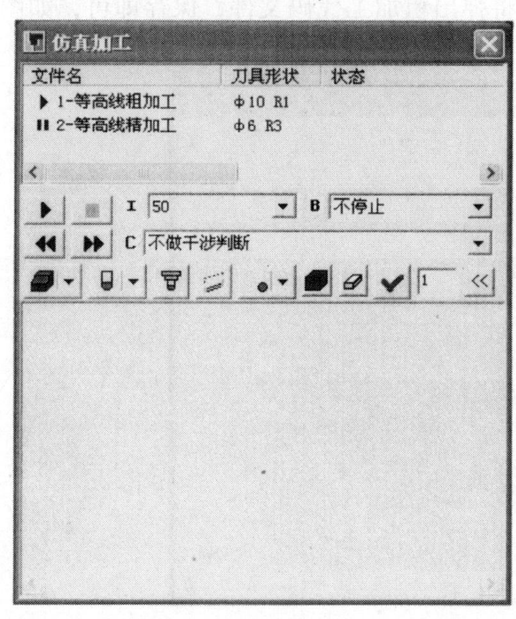

图 9-25　仿真界面图

图 9-26　仿真结果

4. 生成G代码

生成G代码的操作步骤如下：

1）选择“加工”→“后置处理”→“生成G代码”命令，弹出“选择后置文件”对话框，如图9-27所示，填写加工代码文件名“可乐瓶底粗加工”，单击“保存”。

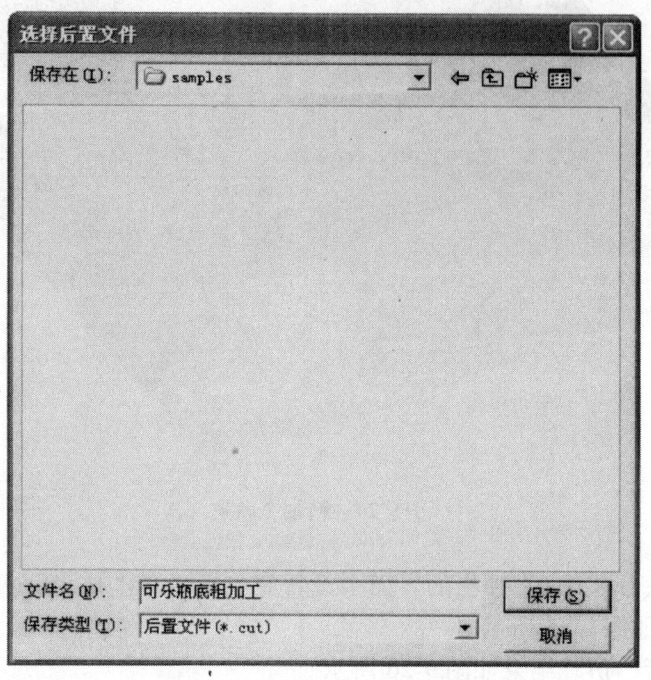

图9-27 “选择后置文件”对话框

2）拾取生成的粗加工刀具轨迹，右击确认，将弹出粗加工代码文件，保存即可，如图9-28所示。

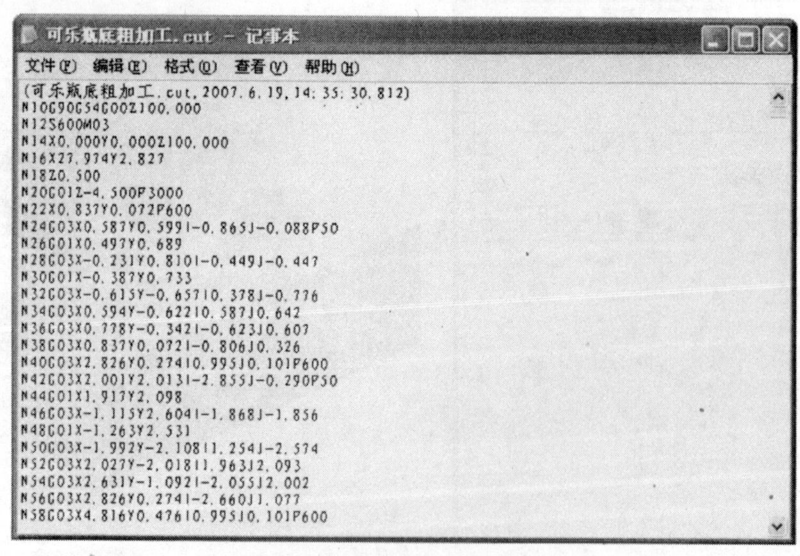
可乐瓶底粗加工.cut - 记事本

文件(F) 编辑(E) 格式(O) 查看(V) 帮助(H)

```
(可乐瓶底粗加工.cut,2007.6.19,14:35:30.812)
N10G90G54G00Z100.000
N12S600M03
N14X0.000Y0.000Z100.000
N16X27.974Y2.827
N18Z0.500
N20G01Z-4.500F3000
N22X0.837Y0.072P600
N24G03X0.587Y0.599I-0.865J-0.088P50
N26G01X0.497Y0.689
N28G03X-0.231Y0.810I-0.449J-0.447
N30G01X-0.387Y0.733
N32G03X-0.615Y-0.657I0.378J-0.776
N34G03X0.594Y-0.622I0.587J0.642
N36G03X0.778Y-0.342I-0.623J0.607
N38G03X0.837Y0.072I-0.806J0.326
N40G03X2.826Y0.274I0.995J0.101P600
N42G03X2.001Y2.013I-2.855J-0.290P50
N44G01X1.917Y2.098
N46G03X-1.115Y2.604I-1.868J-1.856
N48G01X-1.263Y2.531
N50G03X-1.992Y-2.108I1.254J-2.574
N52G03X2.027Y-2.018I1.963J2.093
N54G03X2.631Y-1.092I-2.055J2.002
N56G03X2.826Y0.274I-2.660J1.077
N58G03X4.816Y0.476I0.995J0.101P600
```

图9-28 粗加工G代码文件

3）用同样方法生成精加工 G 代码文件，如图 9-29 所示。

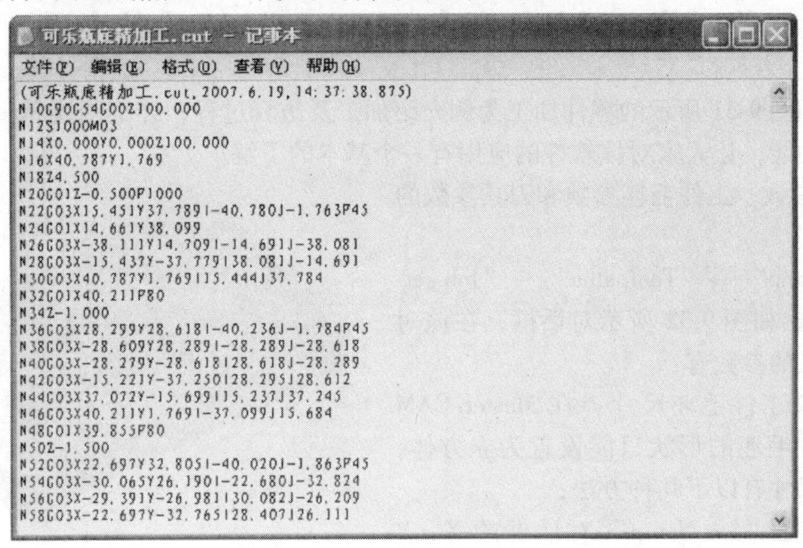


```
(可乐瓶底精加工.cut,2007.6.19,14:37:38.875)
N10G90G54G00Z100.000
N12S1000M03
N14X0.000Y0.000Z100.000
N16X40.787Y1.769
N18Z4.500
N20G01Z-0.500F1000
N22G03X15.451Y37.789I-40.780J-1.763F45
N24G01X14.661Y38.099
N26G03X-38.111Y14.709I-14.691J-38.081
N28G03X-15.437Y-37.779I38.081J-14.691
N30G03X40.787Y1.769I15.444J37.784
N32G01X40.211F80
N34Z-1.000
N36G03X28.299Y28.618I-40.236J-1.784F45
N38G03X-28.609Y28.289I-28.289J-28.618
N40G03X-28.279Y-28.618I28.618J-28.289
N42G03X-15.221Y-37.250I28.295J28.612
N44G03X37.072Y-15.699I15.237J37.245
N46G03X40.211Y1.769I-37.099J15.684
N48G01X39.855F80
N50Z-1.500
N52G03X22.697Y32.805I-40.020J-1.863F45
N54G03X-30.065Y26.190I-22.680J-32.824
N56G03X-29.391Y-26.981I30.082J-26.209
N58G03X-22.697Y-32.765I28.407J26.111
```

图 9-29　精加工 G 代码文件

5. 生成工艺清单

生成工艺清单的操作步骤如下：

1）选择“加工”→“工艺清单”命令，或在特征树加工管理区空白处右击，在弹出的快捷菜单中选择“工艺清单”，弹出“工艺清单”对话框，如图 9-30 所示，输入各明细表参数并选定工艺模板。

2）单击右下角“拾取轨迹”按钮，回到绘图主界面，用鼠标在加工管理区选取或用窗口选取，选中全部刀具轨迹，右击确认，回到“工艺清单”对话框，选取指定的工艺模板，单击“生成清单”。

至此，该可乐瓶底部模具的造型、生成加工轨迹、加工轨迹仿真检查、生成 G 代码程序及生成工艺清单的工作已经全部完成，可以把工艺清单和 G 代码程序通过工厂的局域网送到加工车间去了。在加工之前还可以通过 CAXA 制造工程师中的校核 G 代码功能，再看一下加工代码的轨迹形状，做到加工之前胸中有数。把工件打表找正，按加工工艺单的要求找好工件零点，再按工序单中的要求装好刀具找好刀具的 Z 轴零点，就可以开始加工了。

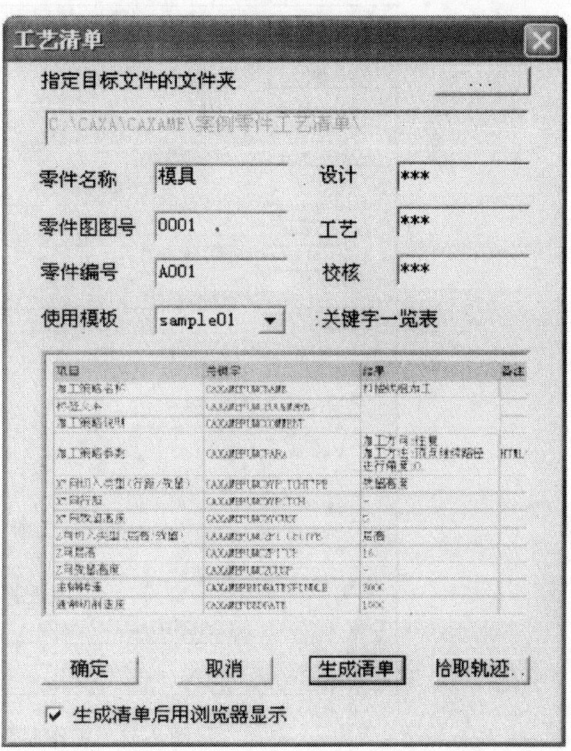

图 9-30　“工艺清单”对话框

第四节　零件加工在 Master CAM 中的实现

下面以如图 9-31 所示的零件加工为例介绍加工及仿真过程，详细阐述 Master CAM 软件加工的基本功能，让大家对该软件的应用有一个基本的了解。

1. 机床参数、工件毛坯参数和刀具参数的设定

"Main menu" → "Toolpaths" → "Job setup"，系统弹出如图 9-32 所示对话框，在该对话框中须定义的参数有：

（1）定义工件毛坯尺寸　在 Master CAM 中，铣削工件毛坯的形状只能设置为立方体，定义工件的尺寸有以下几种方法：

1）直接在 "Job Setup" 对话框的 X、Y 和 Z 输入框中输入工件毛坯的尺寸。

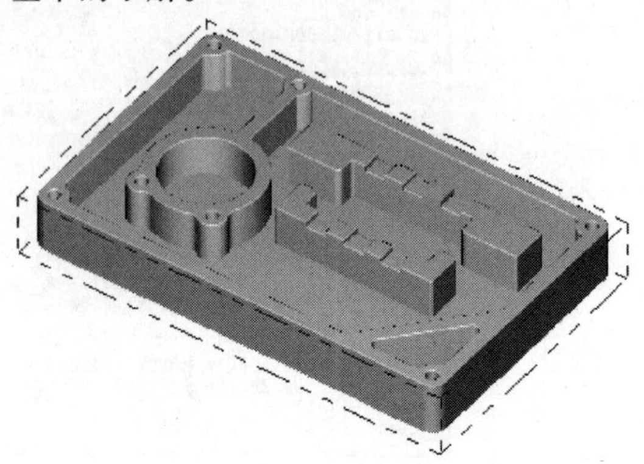

图 9-31　加工零件

2）单击 "Select corners" 按钮，在绘图区选取工件的两个角点定义工件毛坯的大小。

3）单击 "Bounding box" 按钮，在绘图区选取几何对象后，系统根据选取对象的外形来确定工件毛坯的大小。在本例中采用本方法来定义毛坯，生成的毛坯如图 9-31 中虚线所示。

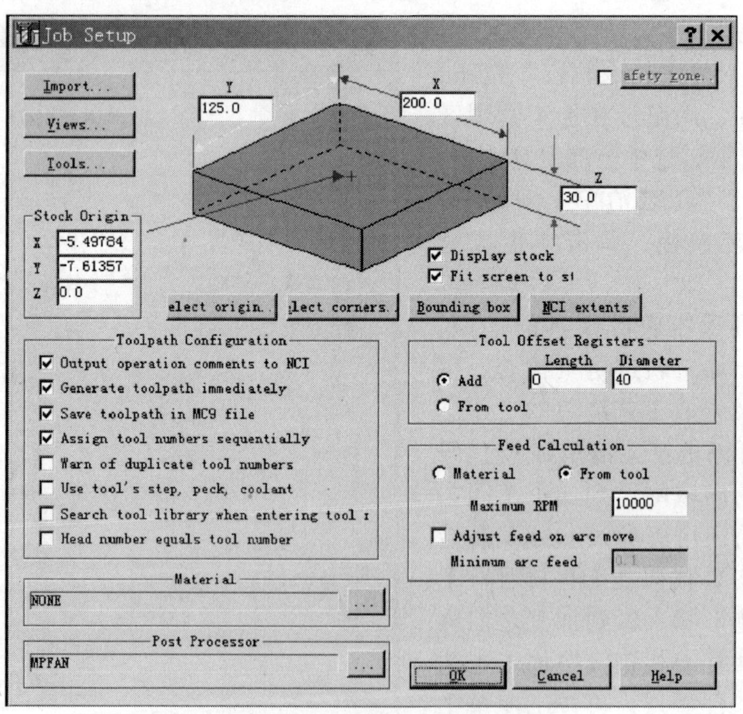

图 9-32　工作参数设置对话框

(2) 设置工件原点　在 Master CAM 中，可将工件的原点定义在工件的 10 个特殊位置上，包括 8 个角点及两个面中心点。系统用一个小箭头来指示所选择原点在工件上的位置，将光标移到各特殊点上，单击鼠标左键即可将该点设置为工件原点。

工件原点的坐标也可以直接在“Stock Origin”输入框中输入，也可单击“Select Origin”按钮后进入绘图区选取工件的原点。

(3) 设置工件材料　鼠标左键单击“Materials”项按钮，系统弹出材料菜单，在窗口内单击鼠标右键，可弹出菜单，可添加、修改、删除所使用的材料。

(4) 设置后置处理程序　鼠标左键单击“Post processor”项按钮，系统弹出系统所有的后置处理程序，用户即可对所使用的后置处理程序进行设置。

(5) 其他参数设置　下面简单介绍其他各参数（选项）的含义。

1) 工件显示控制。当选中“Display stock”复选框时，在屏幕中显示出设置的工件；当选中“Pit screen to stock”复选框时，在进行 Pit screen 操作时，显示的对象包括设置的工件。

2) 刀具路径系统规划

①Out to operation comments to NCI：当选中该复选框时，在生成的 NCI 文件中包括操作注解。

②Generate toolpath immediately：当选中该复选框时，在创建新的刀具路径时，立即更新 NCI 文件。

③Save toolpath in MC9 file：当选中该复选框时，在 MC9 文件中存储刀具路径。

④Assign tool numbers sequentially：当选中该复选框时，系统自动依序指定刀具号。

⑤Use tool's step，peek，coolant：当选中该复选框时，采用刀具的进刀量、冷却设置等参数。

⑥Search tool library when entering tool：当选中该复选框时，当在“Tool parameter”选项中输入刀具号时，系统自动使用刀具库中的对应刀具号的刀具。

3) 刀具偏移

“Tool Offset Registers”栏用来设置在生成刀具路径时的刀具偏移值。当选择“Add”单选按钮时，系统将“Length（长度）”和“Diameter（直径）”输入框中的输入值与刀具的长度和直径相加作为偏移值。当选择“From tool”单选按钮时，系统直接使用刀具的长度和直径作为偏移值。

4) 进给量计算。“Feed Calculation”栏用来设置在加工时进给量的计算方法，当选择“Material”单选按钮时，根据材料的设置参数计算进给量；当选择“From tool”单选按钮时，根据刀具的设置参数计算进给量。“Maximum RPM”输入框用来输入加工时刀具的最大转速。当选中“Adjust feed on are move”复选框时，系统在进行圆弧加工时自动调整进给量。其进给量最大不超过线性加工时的进给量，最小不小于“Mininum arc feed”输入框中输入的最小进给量。

2. 平面铣削刀具路径

平面铣削刀具路径是由沿着工件外形的一系列线和弧组成的刀具路径。平面铣削通常用于加工二维或三维工件的外形，二维外形铣削刀具路径的切削深度固定不变，而三维外形铣削刀具路径的切削深度随外形位置的不同而变化，如图 9-32 所示。

在顶面的平面铣削中主要对所加工零件的上表面进行粗加工和精加工。生成外形铣削刀具路径的操作步骤如下：

（1）“Main menu”→“Toolpaths”→“Face”→“Chain”，按顺序点击毛坯顶面的四条边线→“End here”→“Done”，完成加工面的选择，系统弹出如图 9-33 所示对话框。

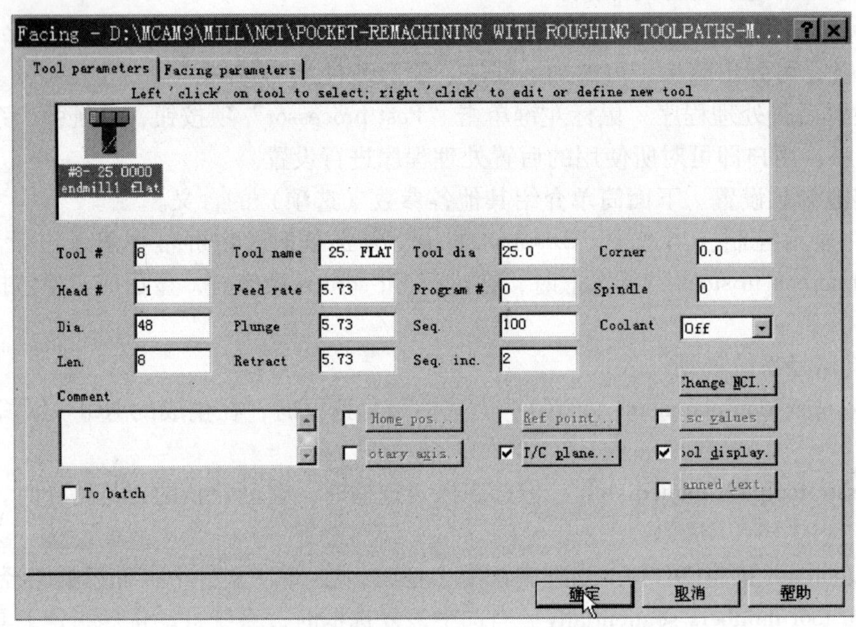

图 9-33　平面铣削 Tool parameters 对话框

“Tool parameters”对话框各参数的意义：

1）公共刀具参数。Tool #：刀具号码；Tool name：刀具名称；Tool dia：刀具直径，由于现在要进行顶面的加工，故在此选用直径为 25mm 的端铣刀；Corner：刀角半径；Head #：刀塔编号；Dia.：半径修正；Len.：长度修正；Feed rate：X、Y 轴进给速度；Plunge：Z 轴进给速度；Retract：退刀速度；Program #：程序名称；Seq.：程序起始行号；Seq. inc：行号增量；Spindle：主轴转速；Coolant：切削液。

2）Comment：注释。

3）Home point：机械原点设置。

4）Rotary axis：旋转轴设置。

5）Ref point：参考点设置。

6）T/C plane：刀具平面/构图平面设置。

7）Change NCI：改变 NCI 文件名设置。

8）Msc values：杂项变数设置。

9）Tool display：刀具显示形式设置。

10）Canned text：插入指令设置。

（2）选择“Facing parameters”标签　系统弹出如图 9-34 所示对话框。“Facing parameters”选项用来设置生成的表面铣削路径的特有参数，各参数的意义：

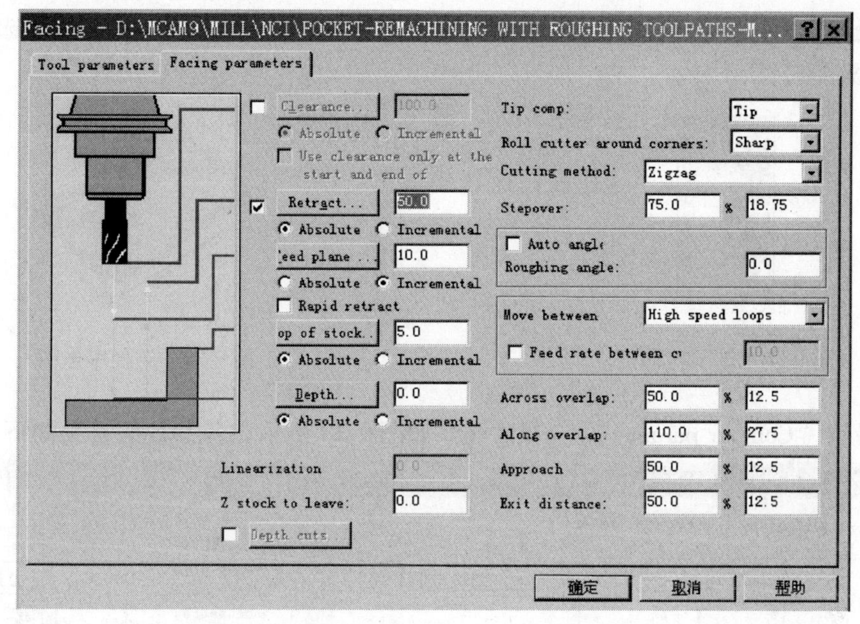

图 9-34　平面铣削“Facing parameters”对话框

1）高度设置。“Facing parameters”选项卡中共有 5 个高度（或深度）值需要设置。

①Clearance（安全高度）。此参数设定每一个刀具路径中刀具所移动的 Z 方向距离，在此高度之上，刀具可以任意平移。有两种方法来定义安全高度：“Absolute（绝对坐标）”和“Incremental（增量坐标）”。在绝对坐标下，系统按照设置的参数将安全高度设定为某一特定值，而在增量坐标下，是依据相对于工件表面的高度来设置安全高度。

②Retract（参考高度）。参考高度为下一个刀具路径前刀具回缩的位置，参考高度需高于进刀位置。

③Feed plane（进给平面）。刀具以快速移动到下刀位置后，再以慢速逼近工件，它也有绝对坐标与增量坐标。

④Top of stock（工件表面）。用以设定工件的高度，同样有绝对坐标与增量坐标。

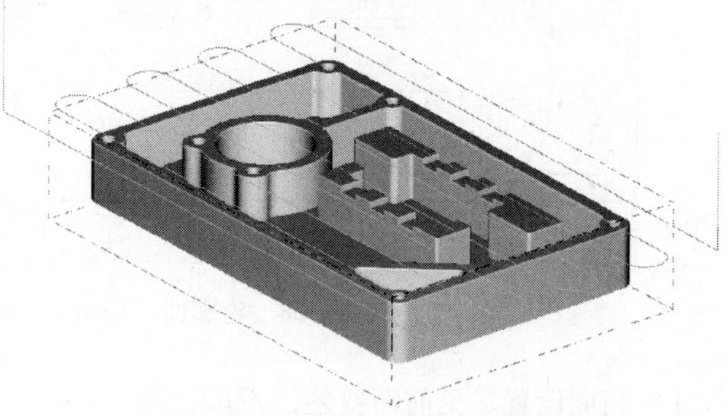

图 9-35　平面铣削刀具路径

⑤Depth（最后切削深度）。设置最后的加工深度，同样有绝对坐标与增量坐标。

2）其他参数选由系统默认参数确定，生成如图 9-35 所示的刀具路径。

3. 外轮廓刀具路径

（1）“Main menu”→“Toolpaths”→“Contour”→“Solids”　首先将如图 9-36 所示的“Edges、Loop”项设置为 Y，“Faces”项设置为 N，然后选择所加工零件的底面轮廓线，连续选择“Done”，如图 9-37 所示为路径串连图。

（2）设置“Tool parameters”对话框　由于要生成轮廓加工路径，故此选择直径为25mm的端铣刀。

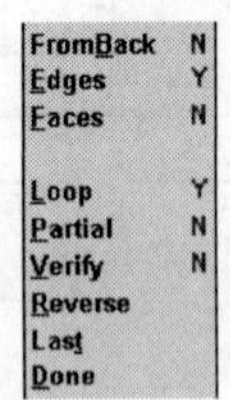

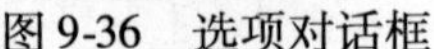
图9-36　选项对话框

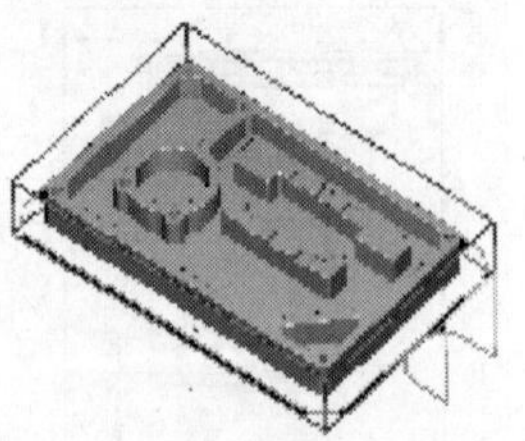
图9-37　路径串连图

（3）设置“Contour parameters”对话框　如图9-38所示，各参数的含义如下：

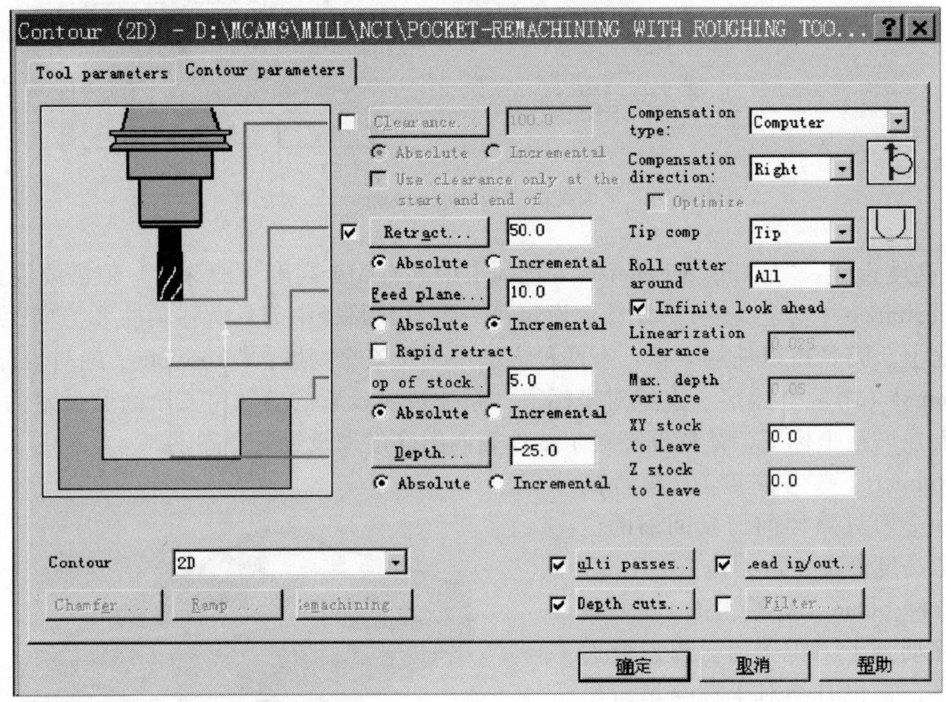

图9-38　轮廓加工Contour parameters对话框

1）高度设置。见前面叙述，不再叙述。

2）刀具补偿。刀具补偿是指将刀具中心从选取的边界路径上按指定方向偏移一定的距离。Master CAM中的刀具偏移参数可以在3种选择之间切换：Left(左偏移)、Right(右偏移）和Off(不偏移)。设置为左偏移时，刀具在路径的左边；当设置为右偏移时，刀具在路径的右边；设置为不偏移时，刀具中心在路径上。对应产生的数控指令为G41，G42，G40。

3）外形分层。单击“Mulit Passes”按钮，弹出“Mulit Passes”对话框。各参数的意义：

①Roughing passes栏。该栏中的“Number”和“Spacing”输入框分别用来输入切削平面中的粗切削的次数及间距。粗切削的间距是由刀具直径决定的，通常粗切削间距大约是刀具直径的60%～75%。

②“Finishing passes”栏。该栏中的“Number”和“Spacing”输入框分别用来输入切削平面中的精切削的次数及间距。

③“Machine finish passes at”栏。该栏用来选择是在最后深度进行精切削还是在每层都进行精切削。当选择“Final Depth”单选按钮时，则精削切路径在最后深度下产生。

④“Keep tool down”复选框。该复选框用来选择刀具在每一个切削后，是否会回到进刀位置的高度。当选中该复选框时，刀具会从目前的深度直接移到下一个切削深度；若未选中该复选框，则刀具会先回到原来进刀位置的高度，而后才进给到下一个切削的深度。

4）分层铣深。单击“Depth cuts”按钮，弹出“Depth cuts”对话框，该对话框用来设置定义外形铣削中分层铣削深度的各参数。

①“Max rough step”输入框。该输入框用于输入粗切削时的最大进给量。

②“Finish cuts”输入框。该输入框用于输入精切削的次数。

③“Finish step”输入框。该输入框用于输入精切削时的最大进给量。

④“Depth cut order”栏。该选项用来设置深度铣削的次序。

⑤“Tapered wall”复选框。当选中该复选框时，从工件表面按“Tapered wall”输入框中设定的角度铣削到最后的深度。

⑥“Sub program”复选框。选中该复选框时，在 NCI 文件中生成子程序行（1018 行标示子程序的开始，1019 行标示子程序的结束）。

5）导入/导出。单击“Lead in/out”按钮，弹出“Lead in/Out”对话框，该对话框用来在刀具路径的起始及结束加入一直线段或圆弧段使其工件与刀具路径平滑连接。加入刀具路径开始的刀具路径称为 Entry（导入），加入刀具路径末端的刀具路径称之为 Exit（导出）。

①Line（线性）进刀/退刀。在线性进刀/退刀中，直线刀具路径的移动有两种模式：Perpendicula（垂直）及 Tangent（相切）模式。垂直进刀/退刀模式所增加的直线刀具路径与其相近的刀具路径垂直，而相切模式所增加的直线刀具路径与其相近的刀具路径相切。

“Length”输入框用来输入直线刀具路径的长度，前面的输入框用来输入路径的长度与直径的百分比，后面的输入框为刀具路径的长度。这两个输入框只需输入其中的任意一个值即可。

“Ramp height（渐升（降）高度）”输入框，用来输入所加入的进刀直线刀具路径的起始点和退刀直线末端的高度。

②Arc（圆弧）进刀/退刀。该模式的进刀/退刀刀具路径由下列三个参数来定义：

a）Radius（半径）：进刀/退刀刀具路径的圆弧半径值。

b）Sweep（角度）：进刀/退刀刀具路径的角度值。

c）Helix height（螺旋高度）：进刀/退刀刀具路径螺旋（圆弧）的深度。

6）过滤设置。单击“Filter”按钮弹出“Filter settings”对话框，该对话框用于设置 NCI 文件的过滤参数。对 NCI 文件进行过滤时，通过删除共线的点和不必要的刀具移动来优化和简化 NCI 文件。

①Tolerance 输入框。当刀具路径的点与直线或圆弧的距离小于或等于该输入框的公差值时，系统自动将到该点的刀具路径去除。

②“Look ahead”输入框。该输入框用于输入每次过滤时删除的最多的点数，取值范围为 1100。取值越大，过滤速度越大，但优化效果越差。

③“Create arcs”复选框。若选中该复选框，在去除刀具路径中的共线点时用圆弧代替直线；若未选中该复选框，则仅使用直线来调整刀具路径。

④“Minimum arc radius”输入框。该输入框只有选中“Create arcs”复选框时才有效，用于设置在过滤操作过程中圆弧路径的最小半径，但圆弧半径小于该输入值时，用直线代替。

⑤“Maximum arc radius”输入框。该输入框只有选中“Create arcs”复选框时才有效，用于设置在过滤操作过程中圆弧路径的最大半径，但圆弧半径大于该输入值时，用直线代替。

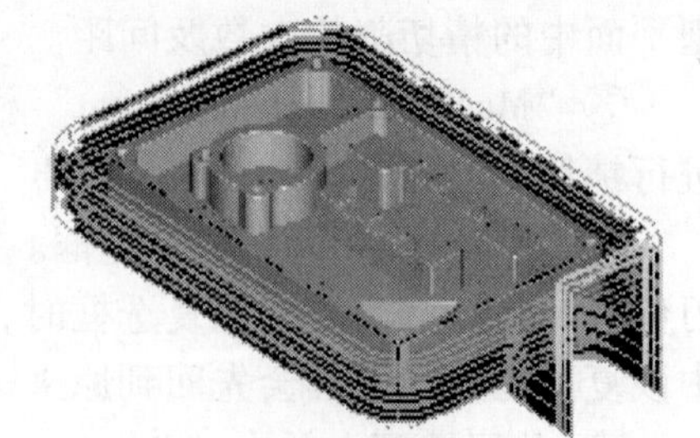

图 9-39　轮廓铣削刀具路径

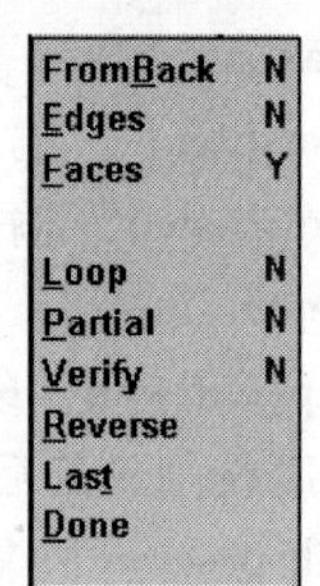

图 9-40　选项对话框

（4）单击确定按钮　单击确定按钮系统即可按选择的外形、刀具及设置的参数生成如图 9-39 所示的轮廓铣削刀具路径。

4. 挖槽加工刀具路径

挖槽铣削用于产生一组刀具路径去切除一个封闭外形所包围的材料，或者铣一个平面，也可以粗切削一个槽。挖槽加工刀具路径由两组主要的参数来定义：挖槽参数和粗加工/精加工参数。下面接着上面的例子介绍挖槽加工刀具路径的生成，挖槽铣削刀具路径构建步骤：

（1）“Main menu”→“Toolpaths”→“Pocket”→“Solids”　首先将如图 9-40 所示的“Edges”、“Loop”项设置为 N，“Faces”项设置为 Y，然后选择所加工零件的内部型腔底面轮廓，连续选择“Done”，系统弹出如图 9-41 所示的挖槽对话框。

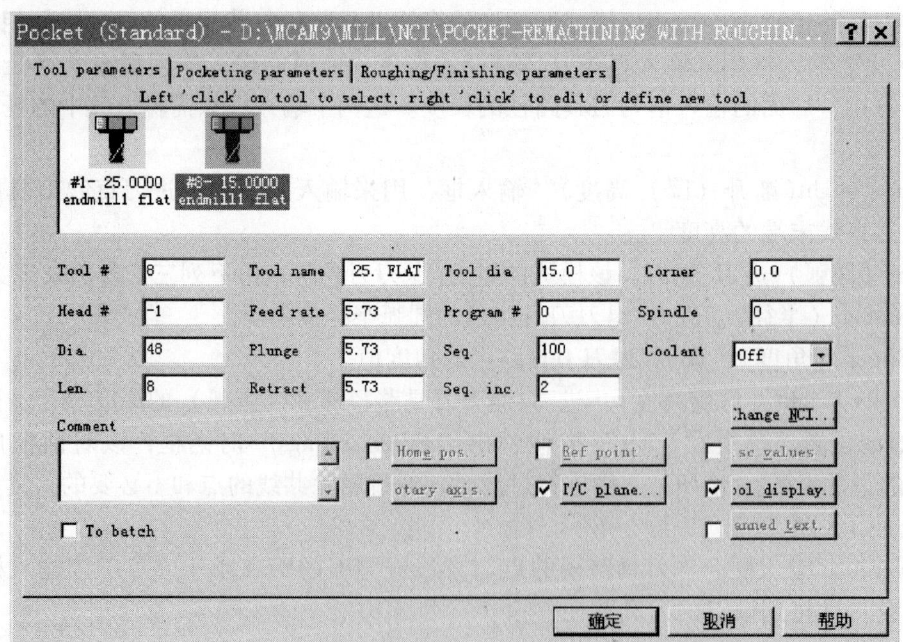

图 9-41　挖槽加工“Tool parameters”对话框

（2）设置“Tool parameters”项 由于该槽需要粗加工和精加工两道工序，首先生成粗加工刀具路径，故在此选择直径为15mm的端铣刀进行粗加工。

（3）设置“Pocketing parameters”项参数 如图9-42所示，各参数项的意义如下：

1）“Machining direction”栏。设置加工方向，铣削的方向可以有两种，顺铣和逆铣。顺铣指铣刀的旋转方向和工件与刀具的相对运动进给方向相同；逆铣指铣刀的旋转方向与刀具的进给方向相反。

2）“Depth cuts”项。本项的参数大部分与轮廓铣削相同，只是增加了“Use island depth”一项，该项用于选择是否接受槽内的岛屿高度对挖槽的影响。如果接受岛屿高度的影响，挖槽时会依岛屿的高度将岛屿和海的高度差部分挖掉；若关闭该选项，刀具路径绕过岛屿。

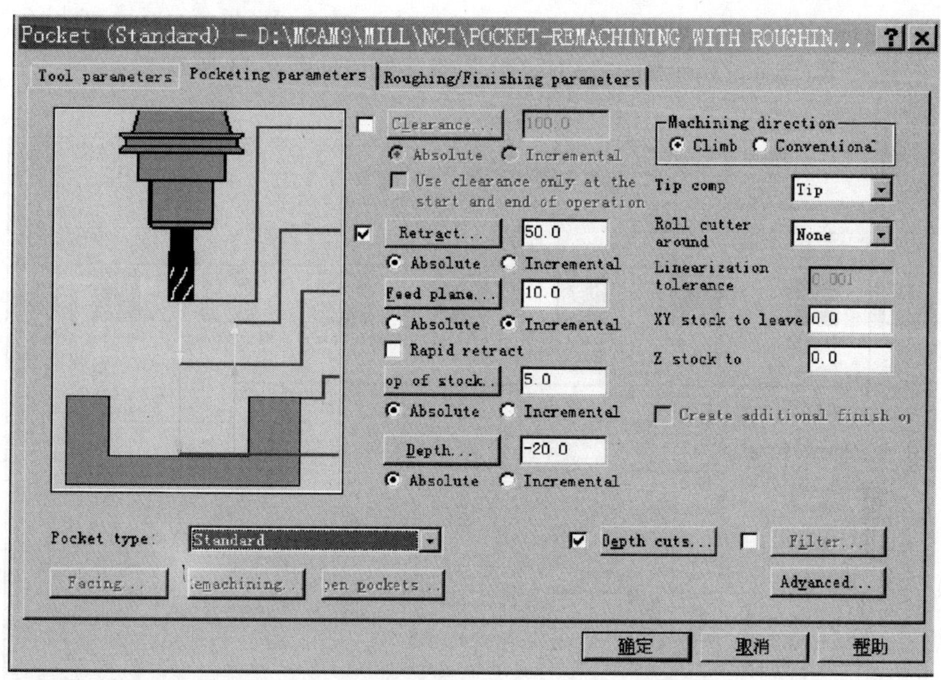

图9-42 挖槽加工 Pocketing parameters 对话框

3）“Facing”项。“Facing”对话框各参数的意义：

①Overlap percentage：可以设置端面加工的刀具路径、重叠毛坯外部边界或岛屿的刀具路径的量，该选项是清除端面加工刀具路径的边，并用一个刀具直径的百分率来表示。该区域能自动计算重叠的量，也就是说刀具可以超出挖槽地边界扩大挖槽的范围。

②Overlap amount：可以设置端面加工刀具路径、重叠毛坯外部边界或岛屿的量，该选项能清除端面加工刀具路径的边，并在*XY*轴作为一个距离计算，该区域等于重叠百分率乘以刀具直径。

③Approach distance：该距离参数是确定从工件至第一次端面加工的起点的距离，它是输入点的延伸值。

④Exit distance：退刀线的线长。

⑤Stock about islands：可以在岛屿上表面留下设定余量。

4）“Remachining”项。“Remachining”项用于重新计算在粗加工刀具不能加工的毛坯面积，构建外形刀具路径去除留下的材料，留下的材料可根据以前的操作和刀具尺寸进行计算。

5）“Open”项。通过对“Open”项参数的设置可以忽略岛屿进行挖槽加工。

6）“Advanced”项。“Advanced”项对话框部分参数解释：

①Tolerance for remachining and constant overlap：使用螺旋下刀的方式加工或者做残料清角。公差值由刀具的百分比运算得到，一个小的公差值可构建一个精密的刀具路径。残料加工时，一个较小公差可产生较大的加工面积，输入下面两个公差值的任一个：

Percent for tool：设置公差是用刀具直径的指定百分率。

Tolerance：直接指定距离来设置公差。

②Display stock for constant overlap spiral：选择该选项可以显示刀具切除的毛坯。

（4）“选择 Roughing/Finishing parameters”对话框　如图 9-43 所示。

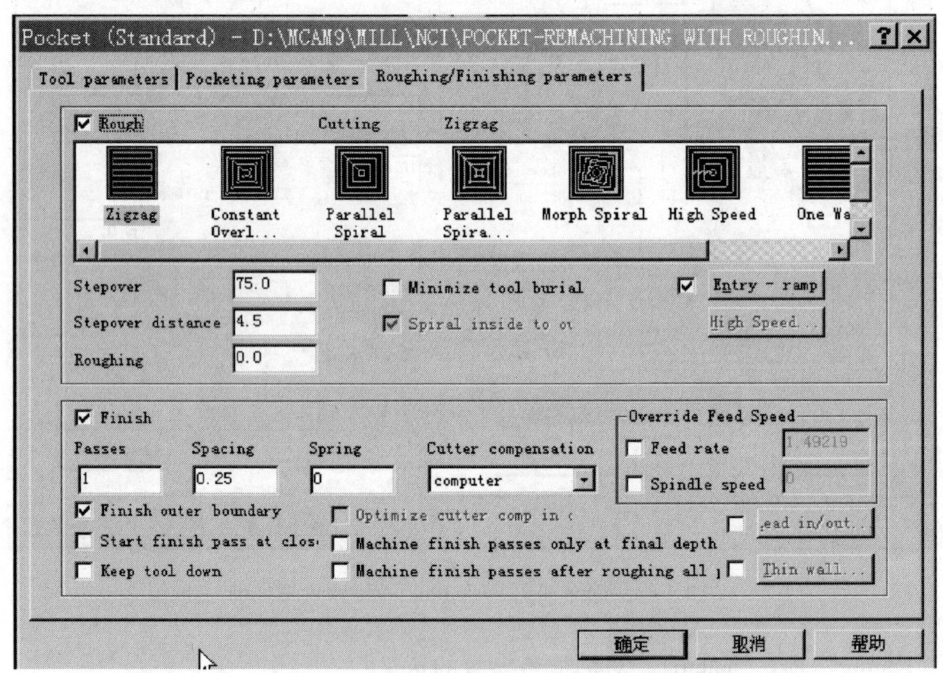

图 9-43　roughing/finishing parameters 对话框

对话框部分参数解释：

1）Rough：选择铣削图像中的一种方法，作挖槽铣削，每一种粗加工形式有图示说明。

①Zigzag：双向切削，该方式产生一组来回的直线刀具路径来粗铣挖槽。刀具路径的方向是由粗切角度参数来决定，粗切角度也决定挖槽路径的起点。

②Constant Overlap Spiral：等距环切，构建一个粗加工刀具路径，用以等距切除毛坯，并根据新的毛坯余量重新计算，重复处理直至系统铣完内腔，该选项构建较小的线性移动，可干净清除所有的毛坯加工余量。

③Parallel Spiral：环绕切削，用螺线形式粗加工内腔，每次用横跨量修正外部边界，该选项加工不能干净清除毛坯。

④Parallel Spiral and clean corners：环绕切削并清角，用与环绕切削相同的方法粗加工内腔，但是在内腔角上增加小的清除加工，可切除更多的毛坯。该选项增加了可用性，但不能保证将毛坯完全清除干净。

⑤Morph Spiral：依外形环切，在外部边界和岛屿间用逐步进行插补的方法粗加工内腔。

⑥True Spiral：螺旋切削，用所有正切圆弧进行粗加工铣削，其结果为刀具提供了一个平滑的运动、一个短的 NC 程式和一个较好的全部清除毛坯余量的加工。

⑦One Way：单向铣削，类似于双向切削，只是切削的刀具路径只在一个方向上切削。

⑧High Speed：高速铣削。

2）Stepover：该参数是设置在 X 轴和 Y 轴粗加工之间的切削间距，以刀具直径的百分率计，当设定好后可以自动调整下面的参数值（切削距离）。

3）Stepover distance：该参数是测量在 X 轴和 Y 轴粗加工之间的距离，该选项是在 X 轴和 Y 轴计算的一个距离，并等于切削间距百分率乘以刀具直径。

4）Roughing：该参数是设置双向和单向粗加工刀具路径铣刀移动的角度，是切削方向和工作坐标轴 X 轴的夹角。

5）Minimize tool burial：当环绕切削内腔岛屿时提供优化刀具路径，避免损坏刀具，要使用较小刀具加工。该选项在双向铣削时有效，并能避免插入刀具绕岛屿的毛坯太深。

6）Spiral inside to out：该选项应用于所有螺旋铣削挖槽的刀具路径，螺旋刀具路径从内空中心（内）至内腔壁（外部），默认的螺旋铣削方法是刀具从内腔外壁移至中心。

7）Entry-ramp：它是一个螺旋线或斜向进入内腔的刀具路径选项。使用螺旋线或使用斜向进刀，或两者都不用。如果不使用粗加工进刀选项，系统会自定义一个插入点。在本例中由于使用的是端铣刀，其底面中心没有切削刃，故此必须采用螺旋线或斜向进刀。

（5）填写好三个挖槽参数对话框后，确认执行，得到如图 9-44 所示的粗加工挖槽刀路径。

5. 钻孔加工刀具路径

钻孔刀具路径主要用于钻孔、镗孔和攻螺纹等加工。除了前面介绍的刀具共同参数之外，有一组专用的钻孔参数用来设置钻孔刀具路径生成方式，继续前面的例子进行钻孔加工。

生成钻孔刀具路径的操作步骤如下：

（1）“Main menu”→“Toolpaths”→“Drill”进入钻孔子菜单。

（2）使用“Point Manager”子菜单，在绘图区选取点　在本例中采用“Manual”→“Center”，选取四个钻孔点后，按“ESC”键完成选点，将出现钻孔路径，如图 9-45 所示，然后选择“Done”。

“Point Manager”子菜单提供多种选取钻孔中心点的方法，下面分别进行介绍。

1）Manual：该选项以手动方法输入钻孔中心点。选择该选项后，弹出“Point Entry”子菜单，可以按绘制点的方法输入钻孔中心点。

2）Automatic：选择该选项后，系统依次提示选取第一个点、第二个点和最后一个点，选取了这 3 个点后，系统自动选择一系列已存在的点作为钻孔中心。

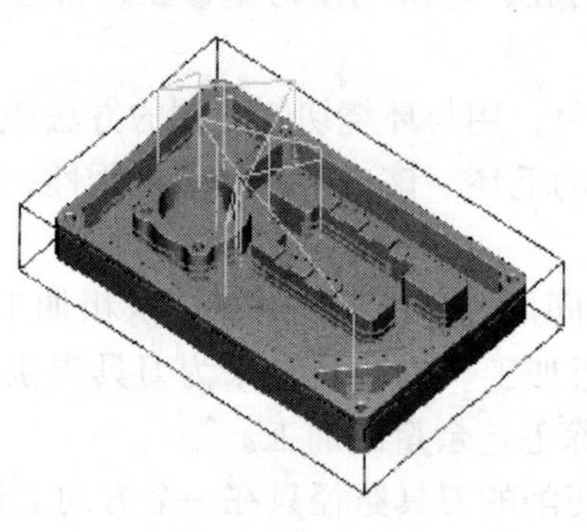

图 9-44　粗加工挖槽刀路径

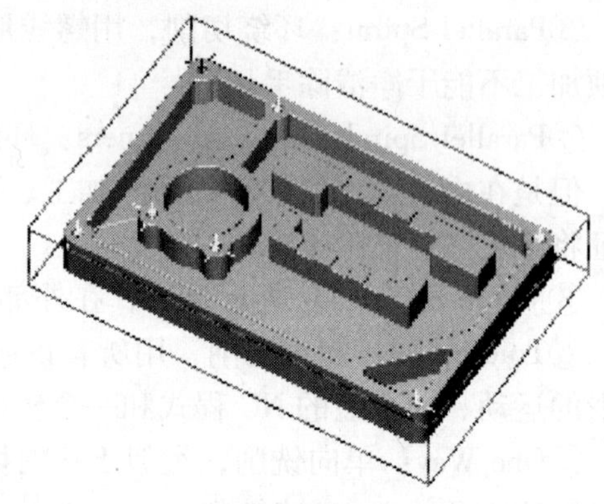

图 9-45　钻孔加工刀具路径

3）Entities：选择该选项后，通过选取几何对象，系统以选取的几何对象的端点作为钻孔中心。

4）Window pts：此方法通过选取两对角点生成一个矩形窗口，系统将窗口内的所有点作为钻孔点。

5）Last：采用上一次钻孔刀具路径的点及排列方式作为钻孔刀具路径的点及排列方式。

6）Mask On arc：该选项选取圆弧的圆心为钻孔中心。

7）Pattens：该选项有两种安排钻孔点的方法：Grid（网格）和 Bolt circle（圆周状），其使用方法与绘点命令中对应选项相同。

8）Options：该选项用来设置钻孔的排列顺序，Master Cam 9.0 提供了 17 种 2D 排列方式、12 种螺旋排列方式和 16 种交叉排列方式，如图 9-46、图 9-47、图 9-48 所示。

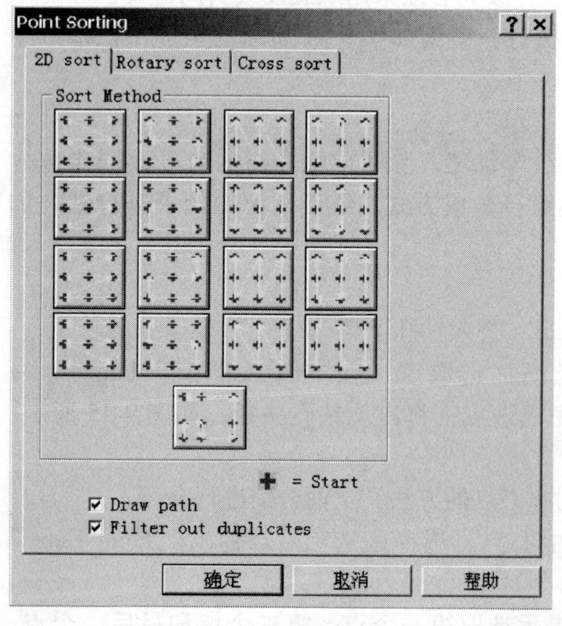

图 9-46　2D 钻孔刀具路径

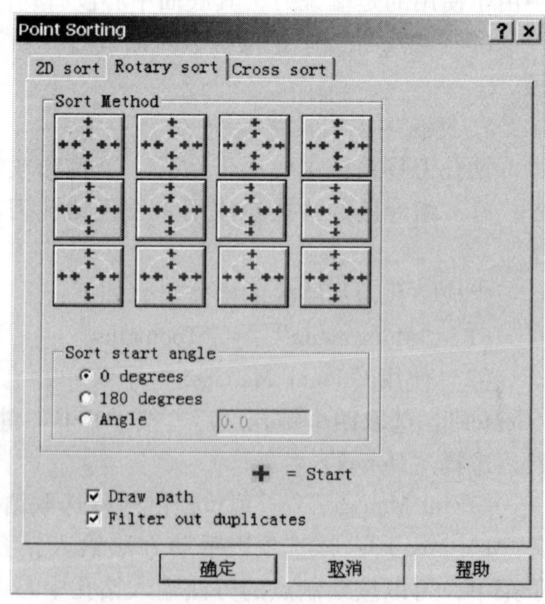

图 9-47　旋转钻孔刀具路径

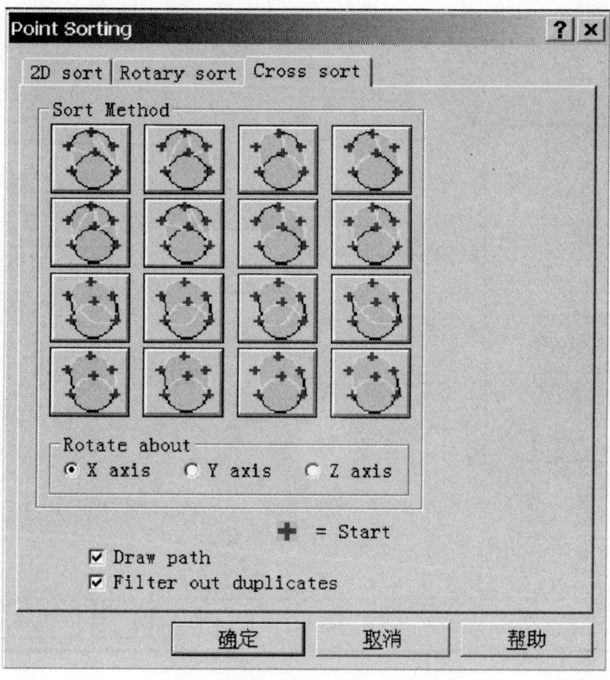

图 9-48　交叉钻孔刀具路径

（3）系统弹出“Simple drill”对话框　在“Tool parameters”参数框中选择用于生成刀具路径的刀具，首先使用中心钻打中心孔，如图 9-49 所示。

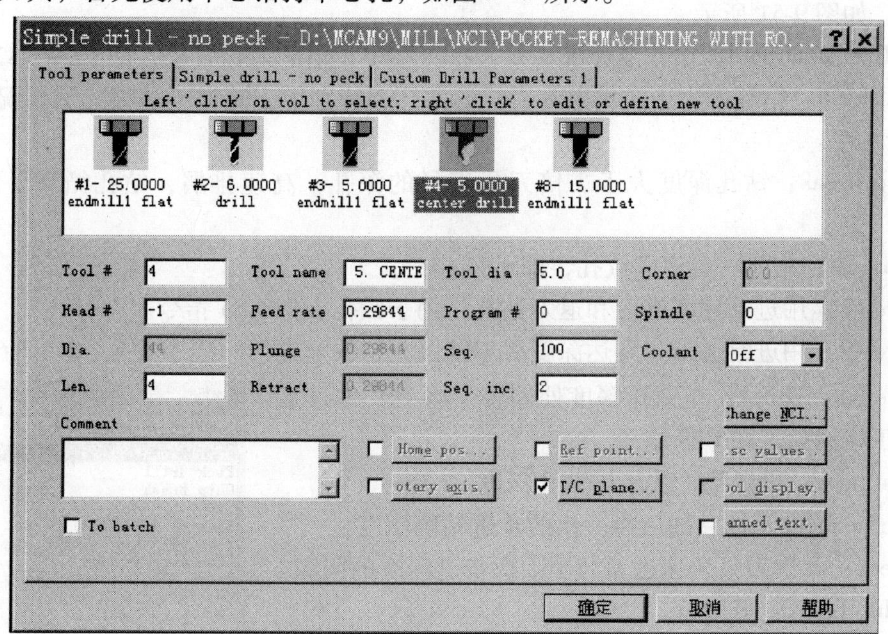

图 9-49　钻孔 Tool parameters 参数框

（4）点击“Simple drill-no peck”标签，设置钻孔类型及相应的钻孔参数，如图 9-50 所示。

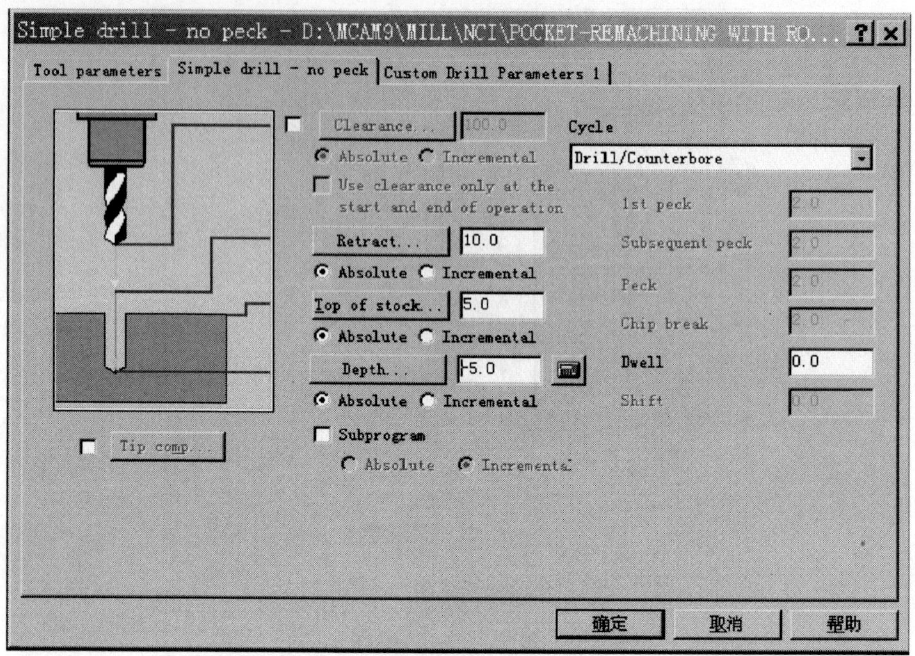

图 9-50　钻孔 Sample drill-no peck 参数框

钻孔参数对话框部分参数解释：

1）Cycle：钻孔循环，该参数提供了 8 种钻削循环选择给用户定义，从下拉式菜单中选一个选项，如图 9-51 所示。

①Drill/Counterbore：钻孔或镗沉头孔，孔深小于 3 倍的刀具直径，即 G81/G82 指令。

②Peck drill：钻深度大于 3 倍刀具直径的深孔，特别用于碎屑不易移除的情况，即 G83 指令。

③Chip Break：钻孔深度大于 3 倍刀具直径的深孔，高速排屑，钻孔循环，即 G73 指令。

④Tap：攻左旋或右旋内螺纹孔，即 G84 指令。

⑤Bore #1：用进给速度进刀和退刀钻孔，用于铰孔，即 G85 指令。

⑥Bore #2：用进给进刀，到达深度后主轴停止、快速退刀，用于镗孔，即 G86 指令。

⑦Fine bore(shift)：在钻孔深度处停转，将刀具偏移后退刀，用于精镗孔，即 G89 指令

2）Lst peck：设置第一次步进钻孔深度。

3）Subsequent peck：随后每一次的步进钻削深度。

4）Peck：本次刀具快速进刀与至上次步进深度的间隙。

5）Chip break：退刀量。

6）Dwell：刀具暂留在孔底部的时间。

7）Shift：退刀偏移量，该参数是设定镗孔刀具在退刀前让开孔壁一个距离，以防伤孔壁，该选项只用于镗孔循环。

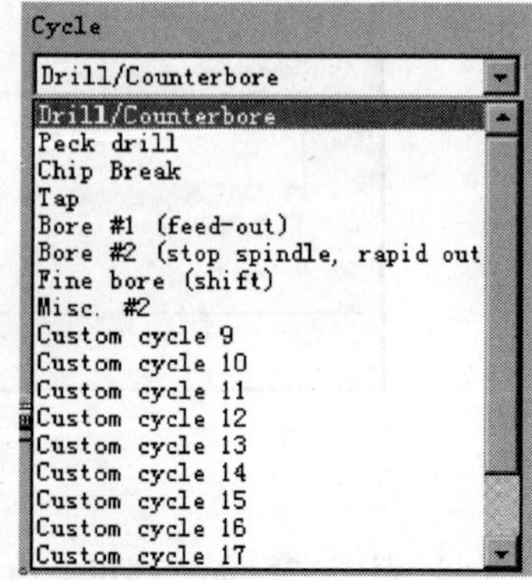

图 9-51　钻孔循环钻孔参数

8）Tip comp：刀尖补偿设置。选择该按钮可以进入刀尖补偿对话框，刀尖补偿对话框中参数解释：

①Break through：贯穿距离。

②Tip length：刀尖长度。

③Tip angle：刀尖角度。

（5）选择“OK”按钮，系统即可按设置的参数生成钻孔路径 如图 9-52 所示。

6. 加工轨迹仿真

在加工仿真的界面中设置好参数，系统进入加工仿真状态，仿真结果如图 9-53 所示。

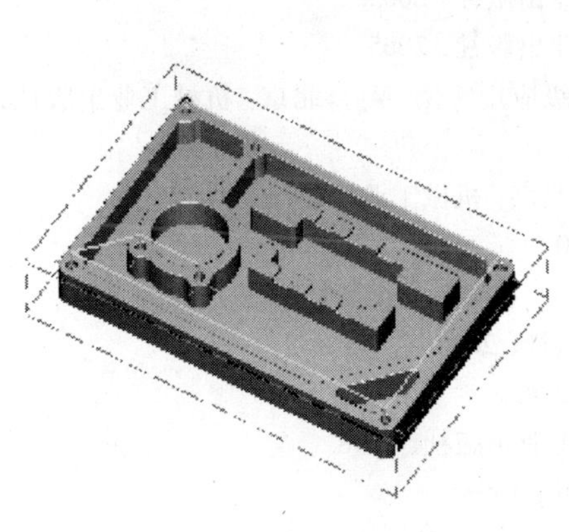

图 9-52 钻孔加工刀具路径

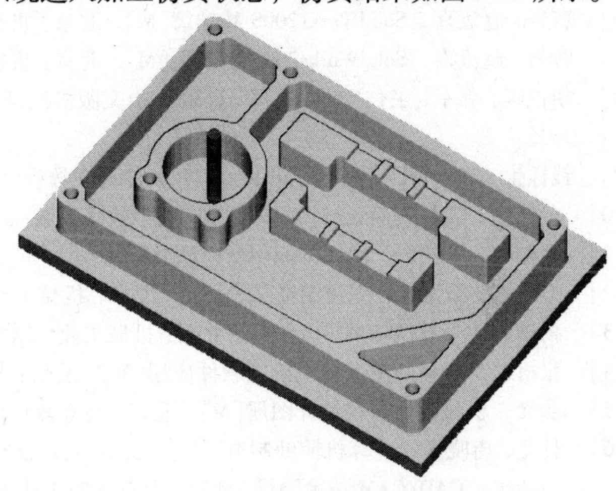

图 9-53 铣削编程的检查仿真结果

思 考 题

选择任一机械 CAD/CAM 应用软件，采用最佳方案进行零件造型和加工，题例参考《CAD 练习题集》。

参 考 文 献

[1] 王贤坤，陈淑梅，陈亮．机械 CAD/CAM 技术、应用与开发[M]．北京：机械工业出版社，2000.

[2] 宗志坚．CAD/CAM 技术[M]．北京：机械工业出版社，2001.

[3] 宋宪一．计算机辅助设计与制造[M]．北京：机械工业出版社，2002.

[4] 宁汝新，徐弘山．机械制造中的 CAD/CAM[M]．北京：北京理工大学出版社，1991.

[5] 陈清奎．机械 CAD/CAM 应用基础[M]．北京：机械工业出版社，1999.

[6] 曹岩，赵汝嘉．SolidWorks2005 基础篇[M]．北京：机械工业出版社，2005.

[7] 曹岩，赵汝嘉．SolidWorks2005 精通篇[M]．北京：机械工业出版社，2005.

[8] 胡仁喜，郭军，王仁广．SolidWorks2005 中文版机械设计高级应用实例[M]．北京：机械工业出版社，2005.

[9] 钱祥生，陈万领，袁惠敏．开目 CAPP 软件自学教程[M]．北京：机械工业出版社，2003.

[10] 黄纯颖．机械创新设计[M]．北京：高等教育出版社，2000.

[11] 赵松年，李恩光．现代机械创新产品分析与设计[M]．北京：机械工业出版社，2000.

[12] 盛晓敏，邓朝晖．先进制造技术[M]．北京：机械工业出版社，2000.

[13] 杨雄飞．计算机辅助设计[M]．北京：机械工业出版社，1998.

[14] 张祖继．机械制图及微机绘图软件应用[M]．北京：机械工业出版社，1998.

[15] 龚义．机械设计课程设计图册[M]．北京：高等教育出版社，1993.

[16] 杜斐，唐晓青．计算机辅助制造[M]．北京：北京航空航天大学出版社，1995.

[17] 唐荣锡．CAD/CAM 技术[M]．北京：北京国防工业出版社，1994.

[18] 李德庆等．计算机辅助制造[M]．北京：机械工业出版社，1991.

[19] 杨岳．CAM 技术与应用[M]．北京：机械工业出版社，1996.

[20] 孙文焕．计算机辅助设计和制造技术[M]．西安：西北工业大学出版社，1994.

[21] 宋宪一．CAD 基础教程[M]．天津：天津大学出版社，1999.

[22] 戴同．CAD/CAPP/CAM 基本教程[M]．北京：机械工业出版社，1997.

[23] 宁汝新，超汝嘉．CAD/CAM 技术[M]．北京：机械工业出版社，1999.

[24] 殷国富，陈永华．计算机辅助设计与应用[M]．北京：科学技术出版社，2000.

[25] 戴同．机构与机械零部件 CAD[M]．武汉：华中理工大学出版社，1999.

[26] Pro/e 介绍．中国仿真互动中心“Pro/E 产品介绍”[J/OL]．2004-02-24．http：//www. simwe. com. art/product/2004-02-24/product0-13-220. shtml.

[27] CATIA 介绍．中国制造信息化门户[J/OL]．2005-10-13. http：//www. e-works. net. cn/enk2004/ewkArticles/405/Article33298. htm.

[28] SolidWorks 介绍．三维机械设计软件介绍[J/OL]．http：//www. idbulo. com/user1/385/archives/2006/2225. html.

[29] 开目 CAPP 介绍．(制造业)[J/OL]．http：//product. e-works. net. cn/product/spec123/procluct35. htm.

[30] CAXA 工艺图表介绍．产品介绍[J/OL]．http：//www. caxa. com/actions/previewAction. doc.

[31] CAXA BOM 介绍．产品介绍[J/OL]．http：//www. caxa. com/actions/previewaction. doc.

[32] Cimatror 介绍．产品介绍[J/OL]．http：//www. Cimatron. com. cn/pages/operatingEnvironment. asp.

[33] MasterCAM 介绍．智造中国　软件介绍[J/OL]．2006-2-8．http：//www. ugcn. cn/mastercam/view. asp? id = 47&page = 1.

[34] GibbsCAM 介绍．产品介绍[J/OL]．http：//www. simwe. com/article/art/2/2003-02-15. html.

[35] CAXA 制造工程师介绍．产品介绍[J/OL]．http：//www. caxa. com/action.

[36] ANSYS 介绍．中国仿真互动[J/OL]．http：//www. simwe. com/article/art/2/2003-02-15. html.

[37] 零件加工在 Master CAM 中的实现．数控编程与加工技术精品课程(邯郸职业技术学院机电系)[J/OL]．2006-5. http：//www. hdvtc. edu. cn/jpkc/skjs/wskt _ skja. htm.

[38] 零件加工在 CAXA 制造工程师中的实现．CAD&CAM 软件应用精品课程(金华职业技术学院)[J/OL]．2005-5. http：//jpkc1. jhc. cn/cad/dzja _ list. asp？sortid = 1695&typeid = 3.